符合黄金分割比的世界著名建筑

埃及金字塔

希腊帕提农神殿

中国邮票中的数学题材

陈景润

2000 年被定为国际数学年

分形图欣赏

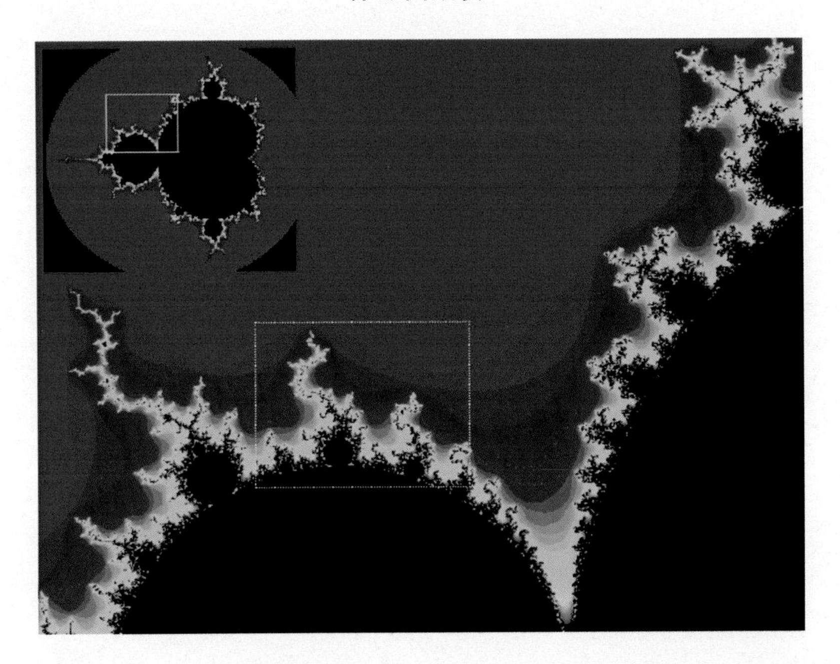

芒德勃罗(Mandelbrot)集的逐步放大

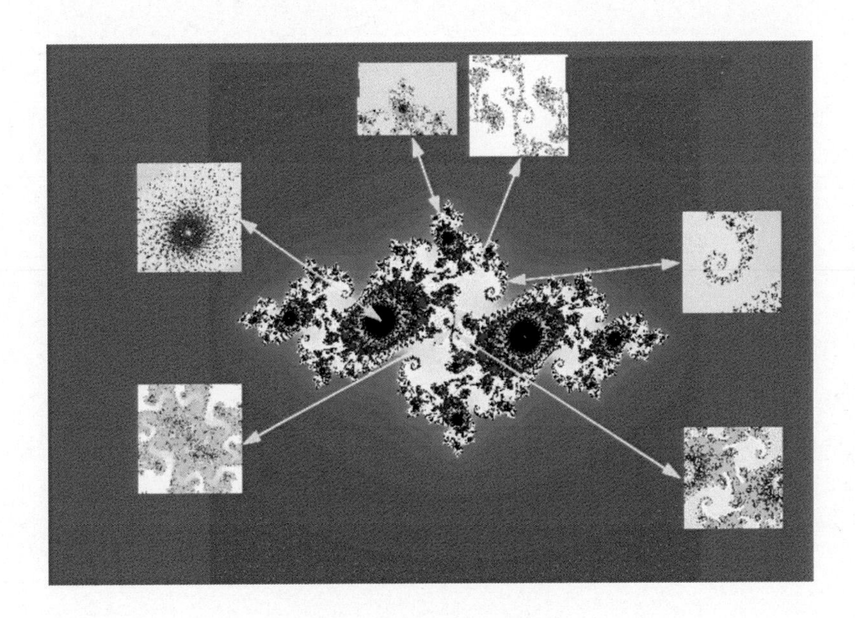

朱利亚(Julia)集的局部放大

芒德勃罗(Mandelbrot)海岸

万弦琴

海底生物

无 题

谢尔宾斯基(Sierpinski)金字塔

门杰(Menger)海绵

埃舍尔数学图形欣赏

圆的极限III(四色木刻)

在莫比乌斯带
上爬行的红蚁

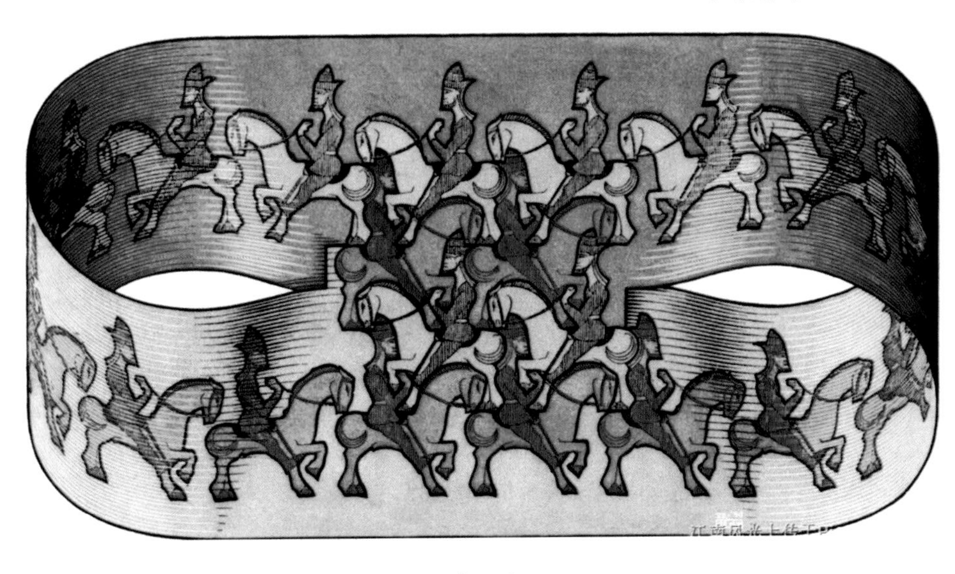

骑士图

另一个世界(异度空间)

多元视角下的数学文化

易南轩　王芝平　著

科 学 出 版 社

北 京

内 容 简 介

本书从数学题材、数学典籍、数学史料、数学名题、数学应用、数学艺术和文字学等多视角去审视数学文化，涵盖面广、内容丰富。书中选用了大量图片，形象生动。

本书观点高，起点低，可读性强。适于数学工作者、中学教师和具有高中以上文化程度的其他读者阅读。

图书在版编目(CIP)数据

多元视角下的数学文化/易南轩，王芝平著.—北京：科学出版社，2007
ISBN 978-7-03-020073-0

Ⅰ. 多… Ⅱ. ①易… ②王… Ⅲ. 数学-文化 Ⅳ. 01-05

中国版本图书馆CIP数据核字(2007)第145919号

责任编辑：孔国平 李俊峰 / 责任校对：张小霞
责任印制：李 彤 / 封面设计：张 放

科学出版社 出版
北京东黄城根北街16号
邮政编码：100717
http://www.sciencep.com
北京建宏印刷有限公司 印刷
科学出版社发行 各地新华书店经销
*
2007年 9月第 一 版 开本：B5（720×1000）
2022年 1月第八次印刷 印张：23 3/8 插页：3
字数：461 000

定价：95.00 元

（如有印装质量问题，我社负责调换）

前　言

著名数学教育家丁石孙教授说:“我们长期以来,不仅没有认识到数学的文化教育功能,甚至不了解数学是一种文化,这种状况在相当程度上影响了数学研究和数学教育。”

作者从事中学数学教育20余年,深有感触。一种较普遍的观点是,数学不过是“思维的体操”,只要达到培养“逻辑思维能力”的目标就行了。学习数学是“苦读十考试”、“计算十逻辑”。因此,当前中学数学教育培养出来的数学尖子生的模式是基础实、知识窄、能攻难题而创造能力不强,且动手和应用数学解决实际问题的能力差。他们具有更多的“好胜心”,却缺乏对事物的“好奇心”,因而就缺乏创新能力。至于那些数学“弃儿”们却把数学视为升学的“拦路虎”,认为数学是一门“与实际无关”的“枯燥乏味”的“抽象”的学科,但他们为了考试、为了升学而不得不学。中学数学教育的功能,已经不是教育管道中的“泵”,而是成了学生进入高一级学校传输线中的“过滤器”。

面对以上情况,长期以来,我们采取的对策是让老师改进教学方法,以适应对当前课本知识的传授,争取在应试时获得高分;让学生勤奋刻苦学习,以适应对当前课本知识的掌握。这实际上实施的是以“老师为中心,以教室为中心,以课本为中心,以传授知识为主导思想”的封闭式的升学教育,这种教育显然已不适应当今信息社会对高水平、高效率、高素质等多方面的要求。因此,我们当前要解决的问题,不能只停留在“如何教”、“如何学”的问题上,而关键是要解决“教什么”和“学什么”的问题。

即将在全国全面推行的新一轮的数学课程改革正是针对以上数学教学中的弊病,真正解决“教什么”、“学什么”的问题。也给丁石孙教授的感叹做出了回应。新一轮的数学课程改革,从改革理念到内容实施,都有较大的举措,特别是将“数学文化”提到了一个新的高度,予以特别的重视。

在《普通高中数学课程标准(实验)》的课程改革理念中,突出强调体现“数学的文化价值”。数学是人类文化的重要组成部分,数学课程应当反映数学的历史、应用和发展趋势,以及数学科学的思想体系、美学价值、数学家的创新精神和数学在人类文明发展中的作用,以便在学生中逐步形成正确的数学观。因此,高中数学课程提倡体现数学的文化价值,并在适当的内容中提出对“数学文化”的学习要求。也就是要将“数学文化”贯穿于整个数学课程并融于教学当中,而这些内容又不单独设置,所以要求数学教师应积极主动再学习,否则无法适应相关内容的教学,甚至无法走进课堂。这无疑是对数学教师的一个大的挑战。基于此,作者深感有为一线数学教师及高中生编写一部较为全面的“数学文化”参考书的必要,这也就是作者编写这部《多元视角下的数学文化》的初衷。

如今关于“文化”的定义已有一百余种,但尚未有一个为学术界所普遍接受的定义。“文化”的定义尚未确定,要谈“数学文化”更是一个悬而未定的“难的课题”了。如此,只能从多元角度出发,在多角度的审视下看待“数学文化”,并在适当的时候加上了该部分内容的“文化意义或影响”,表达作者对“数学文化”的理解(仅供参考)。这至少可使遗漏的东西少一些,能为读者提供一部较为全面的“数学文化”参考资料。

多元视角下的数学文化,可使之与“数学教学”、“数学学习”建立起多元联系,可拓宽“数学文化”进入数学课堂的途径,问题的关键是如何充分体现数学文化的特性,发挥“数学文化”的内在魅力。使学生深刻理解到多元数学及多元数学文化。

现在人们更愿意从文化角度来关注数学,重视数学的文化价值,这是因为数学方式的理性思维为现代人打开了一个特殊的理解事物的视野。数学不仅是一门科学,也是一门文化,即“数学文化”;数学不仅是一些知识,也是一种素质,即“数学素质”。数学文化是现代人文化素质的重要组成部分。

由于数学从思维和技术等方面多角度地为人类文化提供了方法论

基础和技术性手段，从而在极大地丰富了人类文化的同时，也推动了人类文化的发展。因此说数学文化是人类文化中最重要的组成部分。正如齐民友教授所言："没有现代的数学，就不会有现代的文化；没有现代数学，文化是注定要衰落的。"从历史上看，古希腊的文明时期、文艺复兴的文明时期也都是"数学文化"的兴盛时期。我国汉唐和清初的兴盛时期也是"数学文化"的兴旺时期。

数学是历史发展的文化。因此要讲点历史，讲点数学发展的历史，"一门科学的历史是那门科学最宝贵的一部分，因为科学只能给我们知识，而历史却能给我们智慧"。我们讲数学史，要将力量集中在划时代学科的诞生与重要概念的发展上。我们讲一点数学史，可以让我们和学生感受到数学的曼妙高深，洞知数学的过去、现在和未来，为数学的停滞而忧虑，为数学的前进而喝彩。读者可从第三章"数学史籍中的数学文化"、第四章"数学史料中的数学文化"、第五章"数学名题中的数学文化"和第九章"中国数学中的数学文化"中感受到数学界的风风雨雨，也可从中感受到数学家们平凡而伟大的人格魅力，从中体会数学家们从事数学研究的苦乐与甘辛、在数学道路上的磕磕绊绊，以及对数学执著追求的精神。

数学还是一种多元文化，因此与多门科学有着密切的联系，甚至文学与艺术。许多数学家能诗善文，有很深的文学修养和造诣，几乎所有的数学大师都有着一定的文学感情，而某些文学家亦有着一定的数学情怀，还有数学在文学中意想不到的应用。读者可从第八章"文学中的数学文化"中领略到文学与数学间的奇妙情结。

有人说数学是思维的艺术，甚至有学者说数学本身就是一种艺术。如果你读了第七章"数学应用艺术中的数学文化"的话，你就会相信"此话不虚"了。那些奇妙梦幻般的图形，其实都是数学的"杰作"。

数学也是社会生活的文化，因此，数学有着广泛的应用，在第六章"数学应用中的数学文化"中，只是就作者较感兴趣的几个问题进行了一些论述。其实数学的应用远非如此，因为数学几乎已渗透到自然科学和社会科学的所有领域。

数学是有价值的文化，在第二章中记述一些数学题材中大家熟知或感兴趣的问题，并做了一些文化内涵的阐述。这些问题启迪着人类的理性思维，体现出数学的价值。

数学又是进步科学的文化，是“人类进步与先进文化”的代表。自20世纪中叶以来，数学自身发生了巨大的变化，尤其是数学与计算机的结合，更使人类的生活产生了质的飞跃。“数字经济”、“数字地球”、“数字世界”等名词的出现，标志着人类已经进入了数字信息时代，“数学文化”已成了现代文化最重要的一个组成部分，“数学素质”是一种最重要的现代文化素质。

本书的完成，除了参考书末所列的参考文献外，还参考了其他许多书刊杂志和网上文章，并选用了大量的资料图片和数学家的图像，力求使每一题材都做到图文并茂、内容丰富。本书观点高，起点低，适用于高中及高中以上文化水平的广大读者群阅读。当数学文化的魅力真正渗入到课堂，融入到教学之中时，学生们将会进一步理解数学、喜爱数学。学生学习数学将不是一件苦事，而是一种乐趣，一种享受。

本书初稿的打印，得到了三位年轻的同事——刘建、孙文萍、袁宏娣老师的大力帮助，他们牺牲了许多业余时间，付出了辛勤的劳动，在此，向他们表示深切的感谢！

作　者

2007年3月

目　录

第一章　概　　论

“数学”一词来自希腊，原意是“科学或知识”的意思。在我国古代，数学叫做算术，后来又叫做算学和数学。

1.1　什么是数学

什么是数学？数学又是什么？众说纷纭，请看下面的一些说法。

1. 数学家谈数学

数学的本质在于它的自由。

——康托尔(G. Cantor)

在数学领域，提出问题的艺术比解答问题的艺术更为重要。

——康托尔(G. Cantor)

数学是无穷的科学。

——魏尔(H. Weyl)

问题是数学的心脏。

——哈尔莫斯(P. R. Halmos)

没有任何问题可以像无穷那样深深地触动人的情感，很少有别的观念像无穷那样激励理智产生固有成果的思想，然而也没有任何其他的概念，能像无穷那样需要加以阐明。

——希尔伯特(D. Hilbert)

数学中的美丽定理具有这样的特点，他们极易从事实中归纳出来，但证明却隐藏得极深。

——高斯(C. F. Gauss)

音乐能激发或抚慰情怀，绘画能使人赏心悦目，诗歌能动人心弦，哲学使人获得智慧，科学可改善物质生活，但数学能给予以上的一切。

——克莱因(F. Klein)

数学确属美妙的节奏，宛如画家或诗人的创作一样——是思想的综合；如同颜色或词汇的综合一样，应当具有内在的和谐一致。对于数学概念来说，美是它的第一试金石；世界上不存在畸形丑陋的数学。

——哈代(G. H. Hardy)

用功不是指每天在房里看书，也不是光做习题，而是要经常想数学。一天至少有七八个小时在思考数学。

——陈省身

任何一门数学分支，不管它如何抽象，总有一天会在现实世界的现象中找到应用。

——罗巴切夫斯基(Н. И. Luobaqiefusiji)

数学——科学不可动摇的基石，促使人类事业进步的源泉。

——巴罗(J. Barrow)

在数学中，最微小的误差也不能忽视。

——牛顿(I. Newton)

一个例子比十个定理有效。

——牛顿(I. Newton)

在数学中，我们发现真理的主要工具是归纳和模拟。

——拉普拉斯(Laplace)

数学家在他的工作中可以体验到艺术家一样的乐趣。

——庞加莱(Poincare)

新的数学方法和概念，常常比解决数学问题本身更重要。

——华罗庚

宇宙之大，粒子之微，火箭之速，化工之巧，地球之变，生物之谜，日用之繁，无处不用数学。

——华罗庚

数学主要的目标是公众的利益和自然现象的解释。

——傅里叶(J. B. J. Fourier)

世界上的万事万物都是由物质和量互相联系着的。要做到"胸中有数"，掌握事物的数量规律，就必须依靠数学这个有力的工具。

——苏步青

当今科学发展的一个重要趋势，就是各门学科的"数学化"。例如过去认为与数学关系不大的生物学，现在已开始用数学作为工具来研究了。因此，数学的基础理论一方面在实践的基础上不断发展和深化，同时又对其他科学的发展起着重要的推动作用。

——苏步青

学习数学要多做习题，边做边思索。先知其然，然后知其所以然。

——苏步青

在数学教学中，加入历史是有百利而无一弊的。

——保罗·朗之万(Paul Langevin)

我要活下去！我还有许多工作没有做完……

——阿贝尔(N. H. Abel)

我的数学兴趣还没完。

——波利亚(G. Polya)

2. 名人对数学的怪论

没有诗人气质的数学家，绝不是一个完美的数学家。

——魏尔斯特拉斯(Weierstrass)

一个好的数学家至少是半个哲学家；一个好的哲学家至少是半个数学家。

——弗雷格(Frege)

哲学与数学的统一：美丽的梦。

——笛卡儿(R. Descartes)

数学之所以古怪在于它不能为非数学家所理解。

——魏尔(H. Weyl)

应用数学是坏数学。

——哈尔莫斯(P. R. Halmos)

数学是一种别具匠心的艺术。

——哈尔莫斯(P. R. Halmos)

数学家本质上是个着迷者，不迷就没有数学。

——努瓦列斯(Nualles)

数学和辩证法一样，都是人类最高级理性的体现。

——歌德(J. W. Goethe)

千古数学一大猜！

——华罗庚

天才？请你看看我的臂肘吧。

——拉码努金(Ramanujan)

数学当作一门艺术来看时最近似于绘画，二者在两种目标间维持一种张力。在绘画中，既要表达可见世界的形状与色彩，又要在一块二维的花布上构造出赏心悦目的图案；在数学中，既要研究自然的规律，又要编织出优美的演义模式。

——拉克斯(P. Lax)

在数学中最令我欣喜的，是那些能够被证明的东西。

——罗素(B. A. W. Russell)

3. 名家论数学的本质

马克思：一种科学只有在成功地运用数学时，才算达到真正完美的地步。

恩格斯：数学研究的是物质及其运动的空间形式和数量关系。

恩格斯：数和形的概念不是从其他任何地方，而是从世界中得来的。

伽利略：数学是上帝用来书写宇宙的文字。

培根：数学是科学大门的钥匙，忽视数学必将伤害所有的知识，因为忽视数学的人是无法了解任何其他学科乃至世界上任何其他事物的。更为严重的是，忽视数学的人不能理解他自己的这一疏忽，最终导致无法寻求任何补救的措施。

培根：读史使人明智，读诗使人灵秀，数学使人周密，科学使人深刻，伦理学使人庄重，逻辑修辞学使人善辩。凡有所学，皆成性格。

爱因斯坦：如果欧几里得(几何)不能激起你年轻的热情，那么你就不能成为一个科学思想家。

爱因斯坦：在物理学中，通向更深入的基本知识的道路，是同精密的数学方法联系在一起的。

爱因斯坦：数学是一种艺术，如果你和它交上了朋友，你就会懂得，你再也不能离开它。

狄摩根：数学发明的动力，不是推理而是思想。

柏拉图：数学是一切知识中的最高形式。

柏拉图：上帝总在使数学几何化。

怀德尔：数学是一种文化体系。

维特根斯坦：数学是各式各样的证明技巧。

伦琴：第一是数学，第二是数学，第三是数学。

皮娄(加拿大生物学家)：生态学本质上是一门数学。

米斯拉：数学是人类思考中最高的成就。

钱学森：现代科学技术不管哪一部门都离不开数学，离不开数学科学的一门或几门学科。

4. 数学的20种定义

南京大学方延名教授收集了从公元前5世纪直至目前有关文化方面的资料，在《数学文化导论》一书中陈述了数学的15种定义，现补充5种，共20种，陈述如下：

1) 万物皆数说(毕达哥拉斯)："数统治着宇宙。"

2) 哲学说(亚里士多德)："新的思想家虽说是为了其他事物而研究数学，但他们却把数学和哲学看作是相同的。"

3) 符号说(希尔伯格)："算术符号是文化的图形，而几何图形则是图像化的公式；没有一个数学家能缺少这些图像化的公式。"

4) 科学说(高斯)："数学，科学的皇后；数论，数学的皇后。"

5）工具说（笛卡儿）："它是一个知识工具，比任何其他由于人的作用而得来的知识工具更为有力，因为他是所有其他工具的源泉。"

6）逻辑说（库尔）："数学为其证明所具有逻辑性而骄傲，也有资格为之骄傲。"

7）创新说（汉克尔）："在大多数科学里，一代人要推倒另一代人所修筑的东西，一代人所树立的另一代人要加以摧毁。只有数学，每一代人都能在旧建筑上增添一层。"

8）直觉说（布劳威尔）："数学构造之称为构造，不仅与这种构造的性质本身无关，而且与数学构造是否独立于人的知识、与人的哲学观点都无关。它是一种超然的先验知觉。"

9）集合说（克里奇）："今日数学以集合论为基础，每一个数学概念都用集合来描述，并且所有的数学关系都被表示为某种集合之间的连锁式成员资格关系。"

10）结构说（法国布尔巴基学派）："数学是研究抽象结构的理论。"

11）模型说（怀特海）："数学的本质就是研究相关模式的最显著的实例。"

12）活动说（波普尔）："数学是人类的一种活动。"

13）精神说（克莱茵）："数学是一种精神，特别是理性的精神，能够使人的思维得以运用到最完美的程度。"

14）审美说（普罗科拉斯）："哪里有数，哪里就有美。"

15）艺术说（波莱尔）："数学只是一门艺术。"

16）定义说（怀特）："数学是定义的科学。"

17）语言说（迪里满）："数学是语言的语言。"

18）玄学说（汤姆生）："数学是真实的玄学体系。"

19）文化说（魏尔德）："数学是一种不断进化的文化。"

20）符号加逻辑说（罗素）："数学是符号加逻辑。"

5. 通俗的说法

从数学的学科结构看，数学是模型。

从数学的过程看，数学是推理与计算。

从数学的表现形式看，数学是符号。

从数学对人的指导看，数学是方法论。

从数学的价值看，数学是工具。

其实，数学是一个历史概念，数学的内涵随着时代的变化而变化，它不可能有一个一劳永逸的定义。现在普遍接受的数学定义是：对结构、模式以及模式的结构和谐性的研究，其目的是要揭示人们从自然界和数学本身的抽象世界中所观察到的结构和对称性。这一定义实际上是用"模式"代替了"量"，而所谓的"模式"有着极广泛的内涵，它包括了数的模式、形的模式、运动与变化的模式、推理与通信的模式、行为的模式……这些模式可以是现实的,也可以是想像的,可以是定量的,也可以是定性的。

1.2 数学的特点

将数学与其他学科相比较,表现出以下明显的特点。

1. 内容的抽象性

这在简单的计算中就已经表现出来,如"2+3"既可以理解成两棵树加三棵树,也可以理解成两个小孩加三个小孩,而每次运算并不需要与具体的事物联系起来。又如乘法表总是数的乘法表,而不是男孩的数乘以苹果的数,或者是李子的数乘以梨子的价钱等。总之,各种运算都是抽象的数的运算,而撇开了具体的内容。

任何一门学科都具有抽象性,只是数学的抽象另有其特征,有如下几点:

第一,数学的抽象性保留了量的关系和空间的形式,而舍弃了其他一切。

第二,数学的抽象是经过一系列阶段而产生的,它达到的抽象程度大大超过了其他学科的一般抽象。从最原始的概念一直到函数、复数、微分、积分、泛函、n 维甚至无限空间等抽象概念,都是从简单到复杂,从具体到抽象不断深化的过程。即抽象化程度是一个高于一个的。

第三,不仅数学概念是抽象的,数学方法本身也是抽象的。自然科学家为了证明自己的结论,总是通过实验的方法,而数学家证明自己的一个定理或一个猜想却不需要用实验的方法,而只需推理和计算。

如果一个几何学家宣布他用模型发现了一条新定理,任何一个数学家都不会承认这条定理是被证明了的,而必须用逻辑的方法证明后该定理才算成立。这样看来,不仅数学的概念是抽象的、思辨的,而且数学的方法也是抽象的、思辨的。

英国哲学家怀特海(A. N. Witehead)说过:"数学是人类头脑所能达到的最完善的抽象境界。"数学完全可以摆脱特殊的事例,处在绝对抽象的领域里。数学越是向前发展,其抽象化程度便越高,由于数学是所有学科中最抽象的一门学科,所以它与别的学科的共性也最多,这样,它对别的学科也就具有更多的指导作用。

2. 推理的严谨性和结论的明确性

数学定义的准确性,数学推理的逻辑严密性,结论的确定性是无可争辩和无可置疑的。这可从中学课本里充分显示出来,数学真理本身是不容置疑的,但数学的严格性不是绝对的、一成不变的,数学的原则不是一劳永逸的、僵立不动的,它在发展着。如欧几里得的《几何原本》曾作为逻辑的严密的典范,是人类历史上的科学杰作,一直为后世推崇。但后来发现《几何原本》也有不完美的地方,如某些概念定义得不明确，基本命题中还缺乏严密的逻辑根据，从而导致了“非欧几何”的产生和更严密的希尔伯格公理体系的建立，这正体现了人类认识逐渐深化的过程。

两千多年来，许许多多的学者为了追求确定性的知识，都把目光投向了数学，投向了欧几里得创立的几何公理化方法，企图借鉴数学方法，从别的学科领域里也获得确定性的知识。美国的《独立宣言》和法国的《人权宣言》都渗透着公理化思想。

3. 应用的广泛性

数学是描述世界图式的强有力工具，被誉为“科学的皇后”。数学规律不但自然界遵循，而且人类社会也遵循。数学不但在自然界中有着广泛的应用，而且在人类社会中也有着广泛的应用。无论是在自然科学里的各个学科还是社会科学里的各个学科，都可寻到数学的踪影。

尽管数学的概念、推理、结论极为抽象，然而它在现实中却有着广泛的应用。如最简单的计算日子或开支，就用到了算术；计算住宅面积就用到了几何。如果没有数学，现代科学进步是不可能的。从最简单的技术革新到复杂的人造卫星、宇宙飞船的发射，都离不开数学。

关于数学应用之广泛，早在1959年5月，我国著名的数学家华罗庚教授就在《人民日报》发表了“大哉数学之为用”的文章：“宇宙之大，粒子之微，火箭之速，化工之巧，地球之变，生物之谜，日用之繁，无处不有数学的贡献。”

下面举几个历史上数学应用的光辉例子：

1）海王星的发现。如今，被认为太阳系最远的行星——海王星是在1846年在数学计算的基础上发现的。1871年天王星发现后，英国天文学家亚当斯（J. C. Adams）和法国天文学家勒维耶（Le Verrier）经过很长时间的计算，观察其运行轨道总是和预测的结果不相符，怀疑其运行不规律性是由于其他行星的引力所致。勒维耶根据力学法则和引力法则计算出了这颗行星的位置，并把这个结果告诉德国柏林天文台助理员伽勒（J. G. Galle），伽勒果然于1846年9月23日，在勒维耶制定的位置上看到了这颗行星——一颗星图上没有的星——海王星。海王星的发现，不仅是力学、天文学和哥白尼日心说的伟大胜利，而且也是数学计算的胜利。

2）电磁波的发现。英国物理学家麦克斯韦（J. C. Maxwell）概括了由实验室建立起来的电磁波现象规律，把这些规律表达为二阶微分方程的形式。他用纯数学观点从这些方程推导出存在电磁波，且这种波按光速传播，由此提出了光的电磁波理论。这理论后来被证明，促进了现代无线电技术的产生和发展，纯粹数学在此起到巨大的作用。

3）爱因斯坦的相对论。“闵可夫斯基（Minkowski）空间”为爱因斯坦的狭义相对论提供了合适的数学模型。黎曼几何和不变量理论为爱因斯坦的广义相对论提供了绝妙的描述的数学工具。爱因斯坦发现自己过去曾经轻视数学是一个极大的错误,他后来反省说:“在几年独立的科学研究后,我才逐渐明白了在科学探索过程中,通向更深入的道路是同最精密的数学方法联系在一起的。”

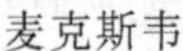
麦克斯韦

爱因斯坦

4) 计算机的发明。英国数学家图灵(A. Turing)判断计算机科学中的一个极为重要的“可计算性”概念,提出了一种理想的计算机模型,即今天所说的“图灵机”。图灵机从理论上预示着设计制造电子计算机的可能性,后由冯·诺伊曼(Von Neumann)制造出了第一台电子计算机。

以上这些,都显示出了数学的广泛应用和巨大威力。如今,电磁波和计算机已走进了千家万户,从根本上改变了人类的生活,并影响着整个社会的人类文明。

1.3　数学文化概述

1. 什么是数学文化

长期以来,中国的数学教材、数学教学都存在着脱离社会的孤立现象:认为数学是单纯的逻辑思维,使得数学几乎完全形式化,使人错误地认为数学发展无需社会的推动,数学的进步也无需社会文化的哺育,数学只是少数天才脑子里想像出来的“自由创造物”。

也许人们已经意识到这种缺陷,在《普通高中数学课程标准(实验)》(以下简称《课程标准》)中,突出强调了数学的文化价值——数学是人类文化的重要组成部分,对数学文化给予了特别的重视,要求数学文化贯穿整个高中数学课程并融入到教学中。但“数学文化”作为一个专有名词,在《课程标准》中对这一概念未作清楚的说明,只是强调了“数学文化价值”,解读了“数学文化内涵”。什么是文化,什么是数学文化,都未作清楚的说明。

《辞海》把“文化”界定为“从广义上来说,指人类在社会历史实践过程中所创造的物质财富和精神财富的总和;从狭义上来说,指社会意识形态,以及与之相适应的制度和组织机构。”数学的内容、思想、方法和语言已成为文化的重要组成部分,而数学的观念,如推理、归纳、整体、抽象、审美等意识都具有精神领域的功效,它蕴涵着深厚的人文精神,具有特殊的文化内涵。

南开大学数学科学院副院长、“国家级教学名师”顾沛教授在南开大学开设多轮“数学文化”课时是这样说的:“‘文化’一词有广义和狭义两种解释。狭义的‘文化’仅指知识,说的是一个人有文化就说他有知识;广义的‘文化’,则泛指人类的物质财富和精神财富的积淀。数学文化中的‘文化’用的是文化的广义的解释。‘数学文化’的解释也有广义和狭义之分。狭义的指数学的思想、精神、方法、观点、语言以及它们的形成和发展;广义的解释除这些外,还包含数学史、数学美、数学教育、数学与人文的交叉,以及数学的各种文化的关系。”

数学不只是一系列数字符号的堆砌,其实它还包含着人文精神内涵,它体现了求真、勇敢、合作、献身等人类精神,这些都是人文精神的升华,而这就是一种文化的体现。种种现象表明数学其实就是一种具有特殊价值的人类文化。数学是人类的一种创造性活动的结果,是人类抽象思维的产物,因此数学文化是人类历史的一种高层次的文化。数学文化作为人类文化的重要部分,其根本特征是表达了一种探索精神,正如我国著名数学家齐民友教授所说:“历史已经证明,而且将继续证明,一种没有相当发达的数学的文化是注定要衰落的,一个不掌握数学作为一种文化的民族也是注定要衰落的。”

齐民友

2. 数学文化的特征

数学文化不同于艺术、技术一类的文化,它属于科学的文化。数学文化的主要特征是:

(1) 思维性

数学研究的任务,主要是应用人类关于现实世界的空间形式和数量关系的思维成果。因此,思维是数学的灵魂。数学教学的核心是思维的教学,思维教学应贯穿于整个教学之中。

(2) 数量化

数量化是数学文化区别于其他文化的显著特点之一,也是区分个人是否具有数学素养的标尺之一。任何人都应该具备运用数学的素养,其中包括具有运用数学的意识,有良好的信息感、数据感,以及数量化的基础知识和基本技能。数学中所研究的数量化,包括寻求一个个可序化、可运算、可测度和可运筹的相对封闭的系统。这样的系统往往成为解决繁难问题的钥匙。由于数学的数量化特性,使得解决数学问题的方法有别于其他学科。

(3) 发展性

数学家始终处于"寻求完美—打破完美—寻求新的完美"的循环之中,而每一个这样的循环,都使得数学得到了拓宽、加深、添元、增维这些效益,大量的新数学分支由此涌现出来并得到应用。"发展"是数学的本能,是数学家和应用数学的人们的欲望。由于数学的不断发展,数学才有了越来越强大的生命力。

(4)实用性

数学文化的最大魅力,就是它的实用。它是人人必需、人人必用的一种工具。学习它就是为了利用它。它具备着有效、简捷、相容、互补,以及或可精确或可近似等诸多优良的禀性。使得任何领域与数学都有一种我中有你、你中有我的水乳交融的关系。

(5)育人性

数学在培养人的思维能力、良好的个性品质和世界观方面,与人文科学和自然科学起着相辅相成的作用。

3. 数学文化的内涵

数学是人类文明发展的主要力量,同时人类文化的发展极大地影响了数学的进步。数学不但具有科学的价值,而且还有文化的价值。数学的内容、方法和语言已成为现代文化的重要组成部分。

(1) 数学文化的理性精神

自第一次数学危机后,数学家们即意识到人类的直观不可靠,数学的理性精神就开始发展,而且还使人类的理性精神得到提高。因此我们在数学教学中,应培养学生的独立思考、勇于批判的精神。培养人类的理性精神,应成为数学教育的最高境界。

(2) 数学文化的人文精神

所谓人文精神,是浓厚的文化积淀和为人的素质,它以个体的人格完善为最高

数学文化

目标。人文精神是现代社会公正、文明、健康、祥和等社会目标的一个根本支柱，也是现代社会进步和发展的一种强大动力。

数学的严格规范，对于形成严肃认真、踏实细微、团结协作、遵纪守法的作风，起到了潜移默化的作用。数学中的数式美、图形美、符号美和数学中严谨的结构、完美的体系以及灵活多变的解题方法技巧，都折射出美的神韵，让人心旷神怡，是对学生进行心灵美、行为美、语言美和科学美极好的美育。数学中的正与负、有限与无限、常量与变量、函数与反函数、微分与积分等都是进行对立统一、量变与质变等辩证唯物主义教学极好的教材，有助于培养学生的世界观和方法论。我国著名数学家陈景润在极端艰苦的条件下，出于对数学的痴迷热爱，仍坚持不懈地对数学进行研究，对世界著名难题“哥德巴赫猜想”进行攻克的事例，可激励学生对科学的热爱和献身精神。

(3) 数学文化应用性的体现

数学虽然极具抽象性，然而却有着广泛的应用。由于数学来源于社会生活和生产实际，是从人们生活、生产过程的经验中抽象概括出来的一门关于空间形式和数量关系的学科。小到日常生活中的银行存款、助学贷款、购房分期付款、商品减价、买彩票、股票，大到火箭发射、宇宙航行等都用到数学。数学中的每一次重大发现，都给人以丰富的启迪，如非欧几何用于相对论，改变了人们的时空观念。数论

王梓坤

的用于密码破译，更使这门古老的数学分支大放异彩。

由中国科学院数学物理学部王梓坤院士起草的《今日数学及其运用》课题，特别强调了数学的贡献，他说："数学的贡献在于对整个科学技术（尤其是高新技术）水平的推进与提高，对科技人才的培养和滋润，对经济建设的繁荣，对全体人民的科学思维和文化素质的哺育，这四方面的作用是极为巨大的，也是其他学科所不能全面比拟的。"

(4) 数学文化的相对稳定与延续性

由于数学文化是一个延续的、积极的、不断进步的整体，因而其基本成分在某一特定时期内具有相对不变性；由于数学有其特殊的价值标准和发展规律，相对于整个文化环境而言，数学的发展具有一定的独立性。尽管战争、灾害等因素在某种程度上会影响它的进程，但却无法改变它的方向。而一个有利的社会环境和有效的科学组织，又能加速其发展，应该看到数学文化与整个人类文化在整体上的一致性与和谐性。

(5) 数学文化的反思、批判和完善

数学讲究严谨，追求一种完全确定可靠的知识，并寻求一种最简单、深层次的结论。然而数学在其发展过程中，在遇阻后不断进行反思，如三次数学危机，每一次危机后都促使对自己进行反思、批判，从而使数学不断完善，向前跨进了一大步。如第一次数学危机发现了无理数；第二次数学危机促使极限理论的建立，从而完善了微积分学；第三次数学危机使得对数学基础进行了重新审视。

又如"古希腊的三大几何作图难题"、"五次以上方程解的根式表示"，后来人们证明了"三大几何作图难题"仅用直尺和圆规是不可能做出的，而一般的五次以上方程的解也不可能用根式表示。这是数学对自己的否定，但并非就此停滞不前了。相反，否定的结果是"从一无所有之中创造了新的宇宙"。数学是在不断反思、判断中逐渐完善的。

(6) 数学文化的世界性

世界上能不分国家和种族都使用的同一"文字"，只有唯一的数学符号。

公元前6世纪，印度首创：1、2、3、4、5、6、7、8、9，以及以后的"0"的数字记号，为数学的书写和运算带来了极大的方便。现在我们十分熟悉的"＋"、"－"、"×"、"÷"、"<"、">"等一系列符号，则是在数学经过了一千年的探索后才逐渐出现的。

如式子$(a+b)^2=a^2+2ab+b^2$，$1+2+3+\cdots+n=\frac{1}{2}n(n+1)$，只要念过初中

的学生就能理解第一个式子,对于学过数列的学生就能理解第二个式子。

从某种意义上说,数学是不受地域、民族、信仰等限制和影响的一种文化。因此,数学文化更适合人类的交流。

4. 数学文化的价值

在《数学课程标准》中,突出了"体现数学的文化价值"。数学课程应反映数学的历史、应用和发展趋势。数学对推动社会发展的作用,数学的社会需求,社会发展对数学发展的推动作用,数学科学的思想体系,数学的美学价值,数学家的创新精神,并帮助学生了解数学在人类文明发展中的作用。为此,从数学文化的视角来了解数学文化的价值体系很有必要。

(1) 数学是一种精密的思维工具

一个人不论从事何种职业、都必须进行思维,思维能力是人的一种无形的财富,这种能力必须经过长期的培养。而数学是训练思维的体操,具有运用抽象思维去把握实在的能力,思维最基本的两大方面应该是"证"与"算"。

"证"就是逻辑推理与演绎证明,每一个数学公式、定理都要严格地从逻辑上加以证明后才能成立;"算"就是算法、构造与计算。二者对人类精密思维的发展都不可缺少。

从几条不言自明的公理出发,通过逻辑的演绎、推理、论证,推出一系列的定理,这种演绎论证的思维模式,是欧几里得《几何原本》首先开创建立的,其影响远远超过了数学乃至科学领域,对人类社会发展有不可估量的作用。牛顿所建立的力学系统,则可看成是自然科学中成功运用公理化方法的典例。数学的精密思维、逻辑论证,不仅用于数学和自然科学,而且还可用于社会科学,甚至为政治服务。

法国大革命时期的基本文献《人权宣言》的篇首这样说:"组成国民议会的法国人民的代表们……决定把自然的、不可剥夺的和神圣的人权,阐明于庄严的宣言中,以便公民们今后以简单而无可争辩的原则为根据的那些要求能经常针对着宪法与全体幸福之维护。"而后来公布的《法国宪法》又将《人权宣言》置于篇首,作为整部宪法的出发点。

无独有偶,美国独立战争所产生的《独立宣言》开头也这样说 :"我们认为下述真理乃是不言而喻的,人人生而平等,造物主赋予他们若干固有而不可让与的权利,其中包括生存权、自由权以及谋求幸福之权。"

把大家认为"简单而无可争辩的原则"和 "不可言喻的真理"作为出发点,按照数学的语言,这就是从公理出发,也就是公理化的方法。显然,领导法国大革命和美国独立战争的思想家和政治家们都接受了欧几里得数学思维的影响。上述例子说明数学公理化思维、逻辑论证思维对人类文化思维和社会进步的影响。

由于数学是一种极为重要的思维工具，所以在高度发达的现代社会里，数学成了许多行业必备的知识。人类为了更好地生存，就必须进行数学式思维。可以预见，人类文化越发展，信息化程度越高，数学思维就越重要，对其他学科的影响也越大。

(2) 数学是一种科学的语言

数学是一种符号语言，它可以摆脱自然语言的多义性。数学语言的简洁性，有助于思维效率的提高；数学语言也便于量的比较，便于数量分析；数学语言还可以探讨自然法则的更深层面，而这是其他语言不可能做到的。所以，我们说数学是一种科学的语言。各大文明古国的思想家都不约而同地采用数学语言来进行世界体系的建构。

大数学家高斯说："数学是科学的皇后，数学也是科学的女仆。"前一句话突出了数学的精密思维，后一句话则强调了数学为其他学科服务。哲学家康德说："我坚决认为，任何一门自然学科，只有它数学化后，才能称得上是真正的科学。"

著名理论物理学家狄拉克(P. A. M. Dirac)曾写到："数学是特别适合于处理任何种类的抽象概念的工具，在这个领域内，它的力量是没有限制的。正因为这个缘故，关于新物理学的书，如果不是纯粹描述实验工具的，就必须基本上是数学的。"马克思也曾说过："一种科学只有在成功地运用数学时，才能达到真正完美的地步。"

科学史上大量的事实说明了康德和马克思的观点。

(3) 数学是理性的艺术

数学与艺术是人类所创造的风格与本质迥然不同的两类文化产品。在数学中强调了逻辑思维，而在艺术中则是运用形象思维。然而数学与艺术又确实有许多相似之处。

先谈谈数学与音乐：

音乐中的五线谱、数学中的符号，都是用抽象语言来表达内容的。数学的抽象美，音乐的艺术美，经受了岁月的考验相互的渗透，如今有了数学分析和电脑显示技术，眼睛也可以辨别音律，这是多么激动人心的成就。难怪有人说数学是理性的音乐，音乐是感性的数学。

再谈谈数学与绘画：

数学与绘画的关系，即数与形的关系。在绘画中的线条结构和数学中的符号式子都是用抽象语言来表达内容的。要在二维画布上反映三维空间的实体，就要用到"透视学"，从而得到"远小近大，远淡近浓，远低近高"等一些定性的结论。文艺复兴时期的著名画家达·芬奇说："任何人的研究，如果没有经过数学的证明，就不可能成为真正的科学。”

近代计算机技术已将数学与美术这两者结合起来，“分形几何”的产生，可由一些简单的公式或线条图形经过多次迭代，产生出许多奇妙、诱人、出人意料的美术作品，各部分的自相似，美在似与不似之间，为人们留下了丰富的想像余地。

而计算机的当场临摹事物或作品，再自动拓展设计出复杂的图案和形体，被广泛用于印染、针织、装潢、电影上。20 世纪末已形成了一门新的艺术形式——计算机美术，许多复杂的绘画过程和难以得到的视觉效果，在计算机中变得轻而易举，它不仅极大地丰富了当代的视觉艺术世界，而且有助于人类精神与情感的沟通。

数学和艺术都是描绘世界图式的有力工具，都是人类文明发展的产物，是人类认识世界的有力手段。数学的研究对象在很大程度上被看成是“思维的自由想像和创造”。因此，数学在很大程度上可被看成是一种艺术，一种理性的艺术。

数学和艺术都是运用理想化的世界语言，它们可以超越时空，显示出永恒。

(4) 数学是人类文化的重要组成部分

其实在前面的论述中已经证明了这一论点，现在加以回顾和整理。

在人类文化的长河中，我们随机地截取一段，都可以发现数学是其中的一个重要组成部分。在古希腊和东方中国至今保存下来的文化遗产中，有很大部分是艺术和数学。数学在文化保存和传播中发挥着潜在作用，并直接或间接地影响着人们精神面貌的改变。

数学在不同的历史发展时期，都扮演着重要角色，发挥着重要作用。古希腊推崇理性，重视数学，促进了希腊文明的兴盛。而古罗马的专制、轻视数学，导致文化的衰落。

工业技术革命起源于计算机技术的改进，数学的发展促进了技术的进步，技术的进步也刺激了数学的发展，二者共同促进了人类文化的发展。

数学界最高奖菲尔兹奖奖章及其获得者

数学无论是追求美学而创新，还是作为工具解决现实世界中的问题而进行的活动，都是对已有文化的重新整理或突破，是一种不断创造的过程。正是数学这种不断加工创新的过程，使人类既获得了物质方面的财富，又获得不断的精神升华。

数学是一种理性，又是一种技术，这种二重性几乎只有数学才具备。技术的进步是高速的，而理性的进展是缓慢的，两千年前古希腊的许多数学思想文化，在今天对人的思维训练等方面仍发挥着重要的作用；但一百年前(甚至几十年前)的技术在今天已显得陈旧。然而理性一旦获得突破，将给数学与技术带来巨大的飞跃。“没有非欧几何就没有相对论，也就没有全部现代物理以及以之为基础的全部现代技术。当然也不会有全部关于数学基础的研究，不会有哥德尔定理，也不会有计算机”。

在最广泛的意义上讲，数学是一种精神，一种理性的精神。重视这种精神，使得人类的思维得以运用到最完美的程度，影响着人的物质、道德和社会生活。这种精神从柏拉图时代就开始，在柏拉图学院的门口挂着“不懂几何学者不得入内”的牌子；美国著名的西点军校也对数学非常重视，提出较高的要求。轻视数学，忽视数学，许多国家都已为此付出了巨大的代价。可喜的是，在新《课标》中，我国对数学精神、数学文化作用的认识，提高到了一个新的水平。

可以这样说，没有现代数学就不会有现代文化，一个“没有现代数学文化的国家是注定要衰落的”。生活在21世纪的现代公民，面对着飞跃发展的科学技术，必须具备一定的文化素养，包括必要的数学知识和技能，以及对数学本身的一种文化理解，因此重视数学是现代公民必备的一种文化素养。

第二章　数学题材中的数学文化

2.1　黄金分割引出的数学问题

1. 美妙的黄金分割

中世纪德国数学家、天文学家开普勒深信上帝依完美的数的原则创造世界，他赞同中外比享有特殊地位，称之为神圣分割。他认为中外比是几何学中的珠玉，而勾股定理则是黄金，两者可称之为“双宝”。

公元前500年，古希腊学者发现了“黄金长方形”，即长方形的长与宽之比为1.618最佳（看起来令人赏心悦目），这个比叫做“黄金分割比”。1.618用字母G来表示，其倒数的近似值为0.618，这个数称为“黄金分割数”。1.618这个比值于1854年由德国美学家蔡辛（A. Zeising）正式定为“黄金分割律”，而0.618被文艺复兴时期著名艺术家达·芬奇誉为“黄金数”。

这个美妙的比例实质上是将一个单位长的线段分成两段，使$\frac{\text{全段}}{\text{大段}}=\frac{\text{大段}}{\text{小段}}$，这就是众所周知的“分线段为中外比”。取一条一个单位长的线段将其分成大小不同的两段，设大线段长为x，则小线段长为$1-x$，于是有$\frac{1}{x}=\frac{x}{1-x}$，解得$x=\frac{-1\pm\sqrt{5}}{2}$，取其正值得$\frac{-1+\sqrt{5}}{2}\approx0.618$。

中外比（黄金分割比）的作图并不难，如图2-1-1，只需取一个直角三角形，它的两条直角边AC、BC分别为1、$\frac{1}{2}$，则斜边AB长为$\frac{\sqrt{5}}{2}$，再将它减去$\frac{1}{2}$的直角边BC之长，得$AD=\frac{\sqrt{5}}{2}-\frac{1}{2}=\frac{-1+\sqrt{5}}{2}$，然后在$AC$上取$AE=AD$，则点$E$分线段$AC$为中外比（黄金分割比）可知$AE=AD=\frac{-1+\sqrt{5}}{2}\approx0.618$，就是人们所说的“黄金数”。

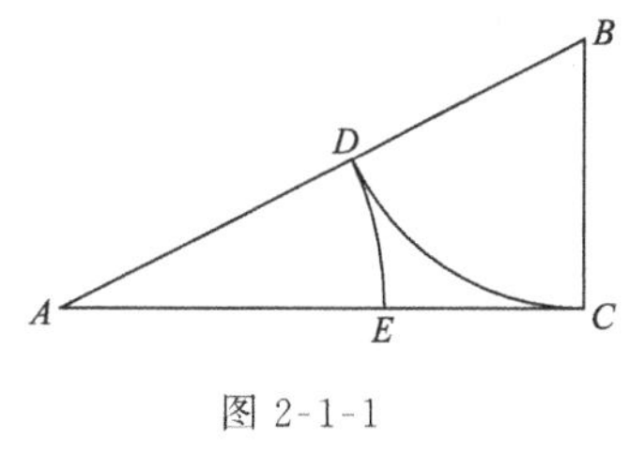

图2-1-1

2. 用纸折出黄金数

仿照上面的作图，我们可以用纸折出黄金比（图2-1-2）。取一张正方形纸

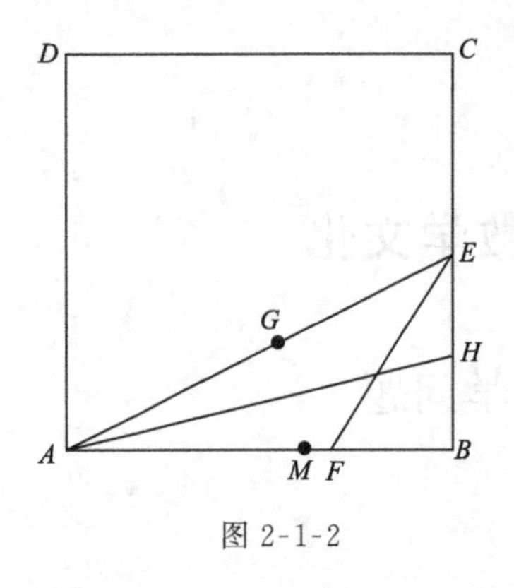

图 2-1-2

$ABCD$,先折出 BC 的中点 E,然后折出直线 AE,再折出$\angle AEB$ 的平分线 EF,得出 B 点落在 AE 上的位置G,然后再折出$\angle BAE$ 的角平分线 AH,得出 G 点落在AB 上的位置M,则点 M 即为 AB 的黄金分割点。

3. 美妙的黄金几何图形

1) 黄金矩形：长和宽之比为黄金比的矩形。对黄金矩形依次舍去所作的正方形,可得到一系列不断缩小的黄金矩形(图 2-1-3),用圆规在黄金矩形中的各个正方形里,画 1/4 圆弧,这些圆弧便形成一条曲线——等角螺线(图 2-1-4)。

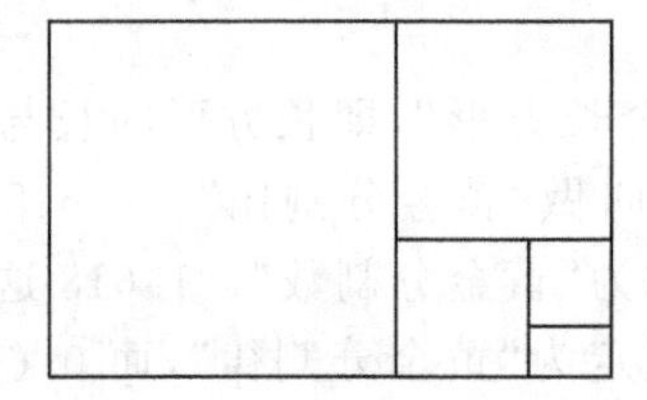
图 2-1-3

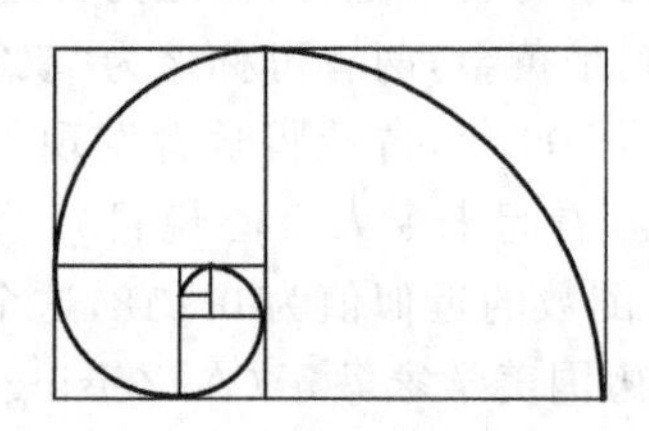
图 2-1-4　等角螺线

等角螺线是因螺线切线与螺线半径所形成的角是全等的角,故名为“等角螺线”。它以几何级数增大,因此任何半径被螺线分割成的线段形成几何数列,但当它增大时不会改变自己的形状。

2) 黄金三角形：分两类,第一类是腰与底之比为黄金数的等腰三角形如图 2-1-5中的$\triangle ABC$,$\triangle DAB$,$\triangle EBD$,……组成不断缩小的黄金三角形序列(这类黄金三角形的底角为 36°)。如埃及的胡夫金字塔,其正投影即为此类黄金三角形。第二类是底与腰之比为黄金数的等腰三角形,如图 2-1-6 中的$\triangle ABC$,$\triangle BCD$,$\triangle DEC$……组成不断缩小的黄金三角形序列(这类黄金三角形的顶角为 36°)。

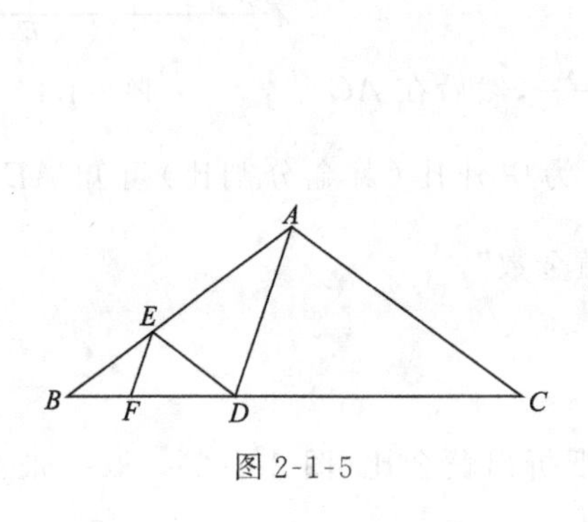

图 2-1-5

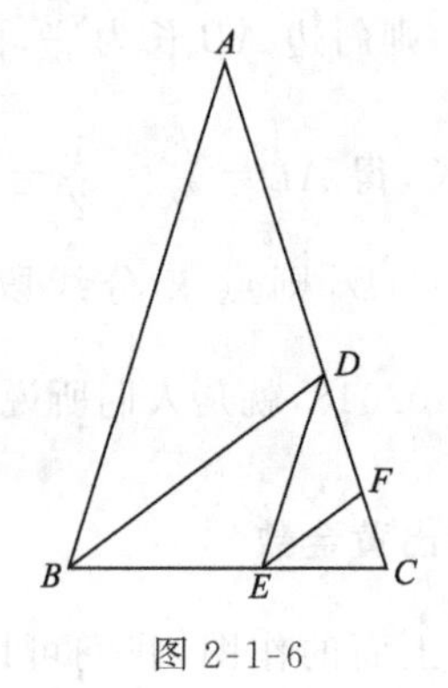

图 2-1-6

3) 黄金椭圆：短轴与长轴之比为黄金数的椭圆(图 2-1-7)，它的面积与以它的焦距为直径的圆的面积相等，它的离心率的平方也是黄金数。

4) 黄金双曲线：实半轴与虚半轴之比为黄金数的双曲线(图 2-1-8)，它的离心率的倒数也是黄金数。

5) 黄金长方体：长∶宽∶高等于 G^{-1}∶1∶G(G 为黄金数)的长方体称为黄金长方体(如图 2-1-9)，黄金长方体具有以下奇妙的性质：黄金长方体表面积与外接球表面积之比为 G∶π。这样就建立起了 G(无理数)与 π(超越数)之间的一种关系。

以上这些黄金图形使人看起来赏心悦目，是同类图形中最和谐最优美的图形。

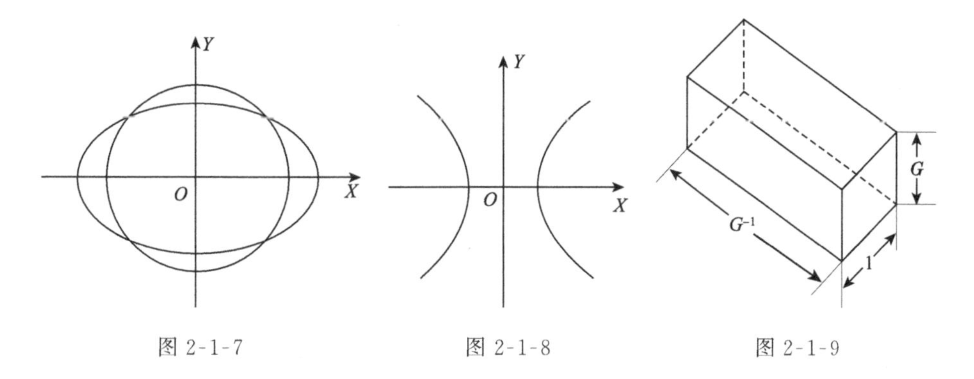

图 2-1-7　　图 2-1-8　　图 2-1-9

4. 黄金数之谜

顾名思义，“黄金数”当有着黄金一样的价值。无论在人们的生活、生产还是在绘画、建筑、音乐、人体医学上等都有着不同的应用，甚或在自然界的许多植物也遵循着“黄金比”的规律，因而“黄金数”被人们称之为“神赐的数”。

古希腊毕达哥拉斯学派是一个神秘的团体，团体成员间传授交流知识，对外保密，绝不外传，他们用一个正五角星作为学派的标志，这是一个难画的几何图形，也是他们认为最美的一个几何图形。

五角星的形成来自于大自然(如五角星花瓣)，它也和大自然一样，既有美妙的对称，也有扣人心弦的变化。

将圆周分成五等份，依次隔一个分点相连，则可一笔画成一个正五角星形(图 2-1-10)。首先在连接图形的过程中，就让人惊异于图形的奇妙(五条边相互分割成黄金比，如 I、J 是 AD 的两个黄金分割点)；而连成的图形又具有如此的对称性。在正五角星形中还隐藏有两种黄金三角形，一种是顶角为 36°

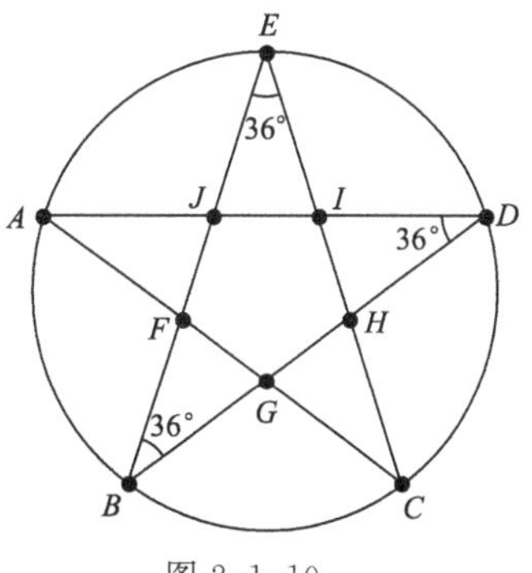

图 2-1-10

的黄金三角形，如$\triangle EJI$；另一种是底角为36°的黄金三角形，如$\triangle JBD$，黄金比是美的核心，是给人产生美感的原动力。因此，使得五角星形具有如此巨大的魅力，成为世人所喜爱的图形。我国的国旗、国徽、军旗、军徽，以及有些国家的国旗也有五角星形。黄金数是一个"神赐的数"，一个"美的数"，也是一个"美的密码"，在这个"美的密码"中还有许多"隐秘"有待我们去揭露。

5. 将黄金数表示成无穷表达式

1）由线段的黄金比$\frac{1}{x}=\frac{x}{1-x}$，得$x^2+x-1=0$（*）。其正数解即为黄金数$G=\frac{-1+\sqrt{5}}{2}$，又由（*），有$x(1+x)=1$，得$x=\frac{1}{1+x}$，对等式右边分母中的$x$又以$\frac{1}{1+x}$代替，可得$x=\cfrac{1}{1+\cfrac{1}{1+x}}$，以此类推得连分数：$x=\cfrac{1}{1+\cfrac{1}{1+\cfrac{1}{1+\cdots}}}$，即

$G=\cfrac{1}{1+\cfrac{1}{1+\cfrac{1}{1+\cdots}}}$。

2）由（*）得$x^2=1-x$，因为$x>0$，所以有$x=\sqrt{1-x}$，对右式中的x又以$\sqrt{1-x}$代替，可得$x=\sqrt{1-\sqrt{1-x}}$，以此类推，可得$G=\sqrt{1-\sqrt{1-\sqrt{1-\sqrt{1-\cdots}}}}$

3）方程$a^2-a-1=0$的正数解$a=\frac{1+\sqrt{5}}{2}$，而$\frac{1+\sqrt{5}}{2}$与黄金数$G=\frac{-1+\sqrt{5}}{2}$互为倒数，即$\frac{1+\sqrt{5}}{2}\times\frac{-1+\sqrt{5}}{2}=1$。由$a^2-a-1=0$，有$a^2=1+a$，$a=\sqrt{1+a}$，对右式中的$a$又以$\sqrt{1+a}$代替，可得$a=\sqrt{1+\sqrt{1+a}}$，以此类推，可得$a=\sqrt{1+\sqrt{1+\sqrt{1+\cdots}}}$，故黄金数的倒数可表示成另一连分数$G^{-1}=\sqrt{1+\sqrt{1+\sqrt{1+\cdots}}}$。

黄金数的连分数表示，给人以有序而无穷的印象，使人具有不言而喻的美感。黄金数与连分数之间竟有如此迷人的联系，怎不让人惊叹！

6. 其他与黄金数有关的数学命题

举出几个与黄金数有关的命题，限于篇幅不作证明。

1）有一个正数，若它的小数部分、整数部分和该数本身组成一个等比数列，则这个数的倒数是黄金数G；

2）一个各项为正数的等比数列若从第2项起每一项都等于它的前后两项之

差，则这个等比数列的公比为黄金数 G；

3）设 $z\in C$，且 $\left|z+\dfrac{1}{z}\right|=1$，则 $|z|_{\min}=G$；

4）如图 2-1-11，在矩形 $ABCD$ 的边 AD 上取一点 E，连接 AC、EC，若将 $\triangle ABC$、$\triangle AEC$、$\triangle EDC$ 分别绕 AB 旋转一周，所得旋转体的体积都相等，则有 $\dfrac{ED}{AE}=G$。

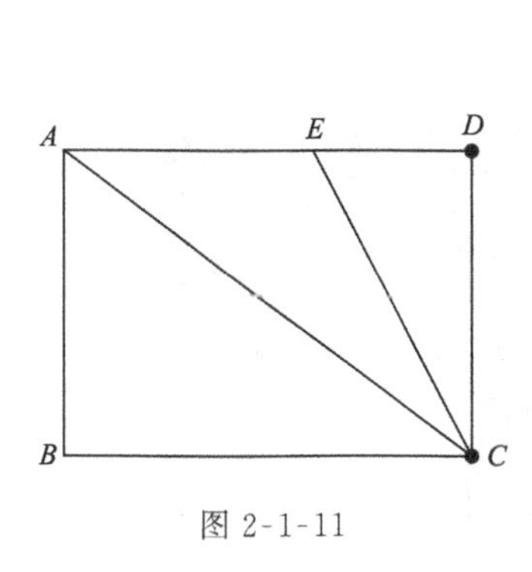

图 2-1-11

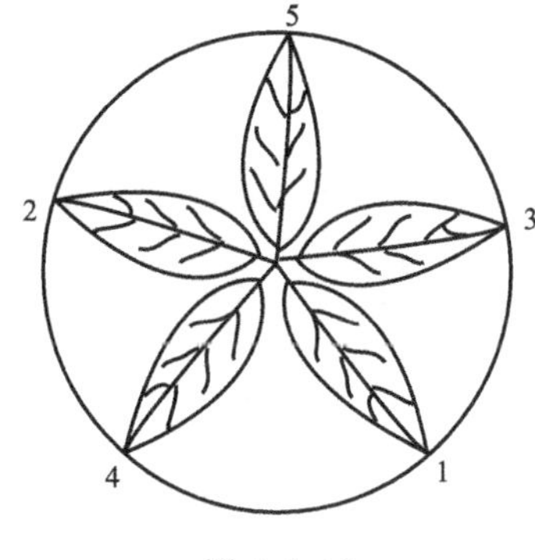

图 2-1-12

7. 植物叶子分布与黄金数

植物叶子千姿百态，生机盎然，给大自然带来了美丽的绿色世界。尽管叶子形状随种而异，但它在茎上的排列顺序(称为叶序)，却是极有规律的。从植物茎的顶端向下看，经细心观察，发现上下层中相邻两层叶子之间约成 137.5°角，如果每层叶子只画一片来代表，第一层和第二层的相邻两片之间的角度差约 137.5°，以后二层到三层，三层到四层……叶与叶之间都成了这个角度(如图 2-1-12)。

植物学家经过计算表明：这个角度对叶子的采光、通风都是最佳的。叶子间的 137.5°角中，藏有什么“密码”呢？

我们知道一周是 360°，360°－137.5°＝222.5°，而

$$137.5°:222.5°\approx 0.618，222.5°:360°\approx 0.618$$

因为这样从顶端往下看，不会有一片叶子被另一片叶子完全遮住。这就是“密码”！原来在叶子的精巧而神奇的排列中，竟隐藏着“黄金数”0.618。

8. 人体美与黄金分割

据医学专家研究发现，体形健美者的容貌外观结构中，至少有 4 种共 42 个因数和“黄金分割”有关。专家提出的人体黄金分割因素包括 4 个方面：

1）18 个“黄金点”：如脐为头顶至脚底之分割点，喉结为头顶至脐的分割点，眉间点为发缘点至颌下的分割点等；

2) 15 个“黄金矩形”：如躯干轮廓、头部轮廓、面部轮廓、口唇轮廓等；

3) 6 个“黄金指数”：如鼻唇指数是指鼻翼宽度与口裂长之比，唇目指数是指口裂长度与两眼外目此部距之比，唇高指数是指面部中线上下唇高度之比等；

4) 3 个“黄金三角形”：如外鼻正面三角，外鼻侧面三角，鼻根点至两侧口角点组成的三角等。

近年学者还发现，前牙的长宽比、眉间距与内目此间距之比等，均接近于“黄金分割点”的比例关系。专家认为这些发现不仅为评价体型优劣提供了科学依据，而且为美容医学的发展以及为临床进行人体美容的创造和修复提供了科学的依据(图 2-1-13)。

图 2-1-13 从著名雕塑中看到人体整体形象的和谐美

9. 音乐与“黄金分割”

当我们比较音乐艺术和数字中的符号的形式要素和组合它们的美感秩序时，就能发现它们之间竟然有很多相同之处。

在音乐上，作曲家往往把一个乐曲的高潮放在黄金分割点上：例如一个起、承、转、合的方正四句乐段，“起句”为主题句；“承句”在“起句”的基础上利用种种发展手法发展而来；“合句”为了完整的结束乐思，有时便回顾“起句”和“承句”的音调；“转句”则出现一定的变化和转折，如旋律的变化、新的节奏因素的出现、句停顿音形式的调式色彩等。利用各种旋律的发展手法开始把乐曲推向高潮，而“黄金分割点”正好处于“转句”那一段上，因此乐曲给人一种连贯美的感受。

1952 年 12 月在武汉召开的全国聂耳、冼星海作品研讨会上，武汉音乐学院院长童忠良宣读了一篇引人注目的论文，题为《论义勇军进行曲的数列结构》。该文整个建立在数学理论的基础上，先后讲述了黄金分割、华罗庚的 0.618、斐波那契数列，并据此分析了《义勇军进行曲》的曲式结构，从而提出了一种突破传统式结构理论的观点，即其所称的“长短型数列结构”体制。该文引起的轰动不仅在于聂耳的杰作及论文本身的新颖，更在于引起了音乐工作者的思考——要改变自身的知识结构需要充实一些科学知识，包括数学知识。

10. “黄金分割”与建筑

人类对黄金分割比的应用，可上溯至4600年前埃及建成的最大的胡夫金字塔，该塔高146米，底部正方形边长为232米(经多年风蚀后，现在高137米，边长227米)两者之比为146∶232≈0.629(图2-1-14)。

在2400年前，古希腊在雅典城南部山冈上修建的供奉庇护神雅典娜的帕提农神殿，其正立面的长与宽之比为黄金比(图2-1-15)。

图2-1-14

图2-1-15

图2-1-16

于1976年竣工的加拿大多伦多电视塔，塔高553.3米，而其工作厅建于340米的半空，其比为340∶553≈0.615(图2-1-16)。

无独有偶，这三座具有历史意义的不同时期的建筑，都不约而同地用到了黄金比，这也许是由于黄金分割具有非常悦目的效果，能使建筑物看来和谐、协调。

11. “黄金分割”与优选法

做馒头需要加碱，到底放多少碱才合适？这是一个优选问题。为了加强钢的强度，在钢中加入碳，到底放多少碳才能使钢的强度最大？这也是一个优选问题。在日常生活和生产中，我们常常可以遇到许多优选问题。到底怎样来解决这个问题就要靠试验。但怎样节省时间，使试验的次数最少就能达到目的？

数学家们设计了运用数学原理来科学安排试验的方法，这就是人们所说的“优选法”。数学大师华罗庚从1964年起，走遍大江南北二十几个省市，推广优选法，其中用的最多的是0.618法(即黄金分割法)。假设已给出每吨钢加入的碳在1000～2000克，现在用0.618法来作优选碳的试验：

0.618法确定第一个试验点在试验范围的0.618处，这点的加入量可由公式(大－小)×0.618＋小＝第一点，于是得第一点加入量为(2000－1000)×0.618＋

1000＝1618 克。

再在第一点的对称点处作第二次试验，这一点加入量可由下面公式计算(以后各次试验点都用此公式计算)：大－中＋小＝第二点。得第二点的加入量为：2000－1618＋1000＝1382。

比较两次试验结果，如果第二点较好，则去掉 1618 克以上部分；如果第一点较好，则去掉 1382 克以下部分。现假定第二点较好，那么去掉 1618 克以上部分，在留下部分找出第二点的对称点作第三次试验。第三点的加入量为 1618－1382＋1000＝1236 克。

再将第三点与第二点比较，如果仍是第二点较好，则去掉 1236 克以下部分做第四次试验，第四点加入量为 1618－1382＋1236＝1472 克。

第四次试验后，再与第二点比较，并整合再继续进行试验直到找到最佳点为止。

用 0.618 试验，每次约能去掉相应范围的 382∶1000，能较好的减少试验次数，迅速找到最佳点。不少工厂在配方、工艺操作条件等方面，用 0.618 法解决了优选问题，从而提高了质量，增加了产量，降低了消耗，取得了很好的经济效益。

12. "黄金分割"与战争

人们很难想像到 0.618 还与炮火连天、硝烟弥漫、血肉横飞的惨烈、残酷的战场有着不解之缘，在军事上也显示出巨大神秘的力量。

(1) 黄金分割律与武器装备

1918 年，一个名叫阿尔文·约克的美国远征军下士，对步枪的枪把和枪身的长度比不断进行改进，使得枪把和枪身的长度比恰恰符合 0.618 的比例。

成吉思汗

在大炮射击中，如果最大射程为 12 000 米，最小射程为 4000 米，则其最佳距离在 9000 米左右，为最大射程的 2/3，与 0.618 接近。因此在进行战斗部署时，如果是进行战斗，则大炮应配置距己方前沿 2/3 最大射程处。

(2)"黄金分割律"与战术布阵

春秋战国时期，晋厉公率军伐郑，与援郑之楚军决战于鄢陵，厉公听从楚叛臣苗贲皇的建议，把楚之右军作为主攻点，而此点恰在整个战线的黄金分割点上。

成吉思汗的蒙古骑兵能像飓风扫落叶般地席卷欧亚大陆，除了其剽悍勇猛、残忍诡谲、善于骑射的骑兵的机动性外，还与骑兵队形有关，在他的 5 排制阵形中，人盔马甲的重骑兵和快捷灵动的轻骑兵的比例为 2∶3，这也是一个黄金分割比，是这位马背军事家的天才妙悟，才使得他纵横四海，所向披靡。

在马其顿与波斯的阿贝拉之战中，马其顿的亚力山大大帝把他的军队攻击点选在波斯军队的左翼和中央结合部，而此点恰好是整个战线的“黄金分割点”。而使得马其顿军击溃了多于自己数十倍的波斯军。

在海湾战争中，美英联军先对伊进行了长期轰炸达 38 天，直到摧毁了伊拉克军坦克的 38%，装甲车的 32%，火炮的 47%。这时伊军实力下降至 60%左右，这正是军队丧失战斗力的临界点。也就是将伊军军力削弱到“黄金分割点”上后，美英联军才抽出“沙漠军刀”砍向萨达姆，从而使美英联军在这场被誉为“沙漠风暴”的战争中取得了胜利。

(3)“黄金分割律”与战略战

一代枭雄拿破仑怎么也不会想到，他的命运会与“黄金分割律”紧密联系在一起。1812 年 6 月正是莫斯科气候最为凉爽宜人的夏季，拿破仑率领大军进入了莫斯科，这时拿破仑正踌躇满志、不可一世，谁知他一生事业的顶峰和转折点正在同时到来。最后，他在大雪纷飞、寒风呼啸中灰溜溜地撤离莫斯科。三个月的胜利进军，两个月的盛极而衰，从时间轴上来论，拿破仑的脚下正好踩着黄金分割线(图 2-1-17)。

图 2-1-17　拿破仑脚下踩着黄金分割线

从 1914 年 6 月，纳粹德国启动了针对苏联的“巴巴罗萨”计划，实行闪电战，在长达两年多的时间里，德军一直保持进攻势头，直到 1943 年 8 月，“巴巴罗萨”行动结束，德军从此转入守势。而苏联卫国战争的转折点斯大林格勒战役，就发生在战争爆发后的第 17 个月，正是德军由盛而衰的 26 个月时间轴上的黄金分割点。

13. 随处可见的“黄金分割比”

在现代，黄金矩形的造型已深入到家家户户，如写字台的桌面、墙上的挂历、信封、过滤嘴烟盒、电视机屏幕、图书室的目录卡……几乎都是黄金矩形，这说明人们对黄金矩形的偏爱。

在现代艺术舞台上，有经验的节目主持人在报幕时，不是站在舞台正中，而是站在离左边或右边的 1/3 多一点的位置(近似于“黄金分割点”)，这样使观众在视觉上感到主持人自然大方，在听觉上音响效果也比较好。芭蕾舞演员之所以用脚

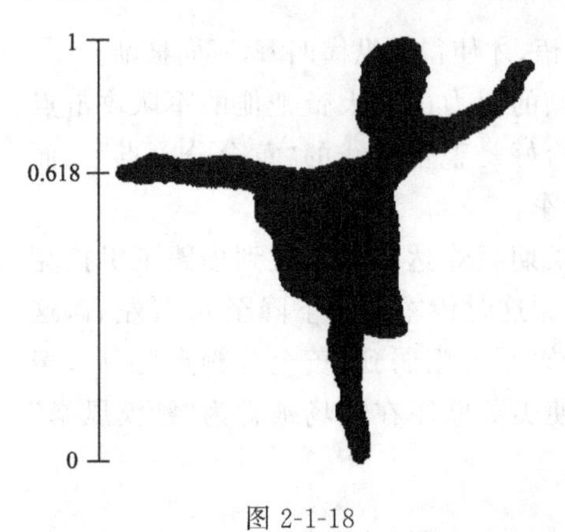

图 2-1-18

尖跳舞，就是因为这样能使观众感到演员的腿长与身高的比例更加符合黄金分割，舞姿更显得优美(图 2-1-18)。

女孩子喜欢穿高跟鞋，问她们穿的原因，她们会说穿上高跟鞋会显得更漂亮、更有美感。其实女孩凭直觉得出这一结论是有一定科学道理的。一个人的躯干与身高的比愈接近黄金数 0.618，就越能给人以美感。很可惜，一般人的躯干(肚脐到脚底的长度)与身高的比都低于 0.618 这个比值，大约只有 0.58～0.60，而穿上高跟鞋之后可以改变这一比值。比如某女孩身高为 160 厘米，她原本躯干与身高的比为 0.60，那么当她穿上 4 厘米的高跟鞋后，这个比值可提高到 0.618 左右，如果她穿上 7.5 厘米的高跟鞋，这个比值恰好等于 0.618，从而获得最佳美感。由此可知女孩们穿高跟鞋使她们更美是有数学依据的。

14. 斐波那契数列与黄金数

斐波那契

13 世纪意大利数学家斐波那契(Fibonacci)在他的《算盘书》修订本中，增加了一道著名的兔子繁殖问题，为黄金分割大放异彩。

问题是这样的："假定一对刚出生的小兔子一个月后长成大兔子，再过一个月就能生出一对小兔子，并且以后每个月都生一对小兔子。设所生兔子都是一雌一雄，均无死亡，问一对刚出生的兔子一年后可繁殖多少对兔子？"

先看看前几个月的情况：第一个月只有一对刚出生的兔子，即 $F_1=1$；第二个月，这对小兔子长成成年兔即 $F_2=1$；第三个月，这对成年兔生出一对小兔，共有两对兔子，即 $F_3=2$；第四个月，成年兔又生出一对小兔，原出生的小兔长成成年兔，共有 3 对兔子，即 $F_4=3$；第五个月，原成年兔又生出一对小兔，长成成年兔的小兔也生出一对小兔，共有 5 对兔子，即 $F_5=5$。……

以此类推，可得每月的兔子对数，组成数列：1，1，2，3，5，8，13，21，34，55，89，144，233，…这个数列便是著名的斐波那契数列。如图 2-1-19，给出的是六个月兔子数的图示。由各月兔子对数可得如下关系式：

$$\begin{cases} F_1=F_2=1 \\ F_n=F_{n-1}+F_{n-2}(n\geqslant 3) \end{cases}$$

其通项公式为

$$F_n=\frac{1}{\sqrt{5}}\left[\left(\frac{1+\sqrt{5}}{2}\right)^n-\left(\frac{1-\sqrt{5}}{2}\right)^n\right](n\in N^*)$$

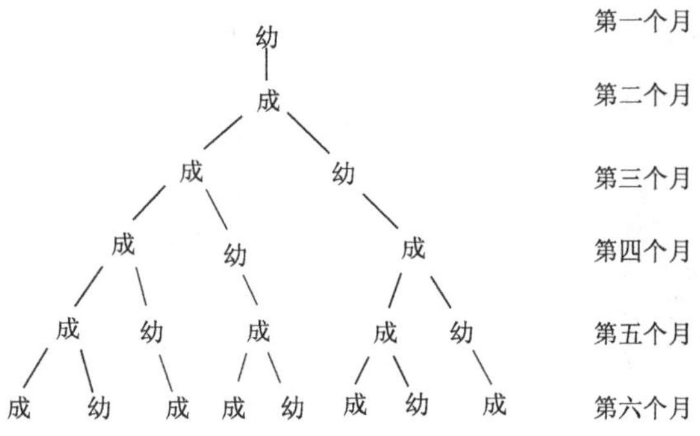

幼	第一个月
成	第二个月
成　幼	第三个月
成　幼　成	第四个月
成　幼　成　成　幼	第五个月
成　幼　成　成　幼　成　幼　成	第六个月

图 2-1-19

奇妙的是公式中含有无理数$\sqrt{5}$，而 n 用正整数代入时所得结果都是正整数。我们注意到斐波那契数列中的每一项与其后一项的比：1/1，1/2，2/3，3/5，5/8，8/13，…当项数越大时，这个比值越接近黄金数 G。可以证实当 n 趋近于无穷大时，它的极限恰好是黄金数，即$\lim\limits_{n\to\infty}\frac{F_n}{F_{n+1}}=\frac{-1+\sqrt{5}}{2}\approx 0.618$。

15. “黄金分割律”——美的密码，“神赐的比例”

以上我们从多方面揭示了黄金分割的数学美学特征，充分表明了它的简单性、统一性、和谐性、无穷性……可以说黄金分割与大千世界的万事万物都有着千丝万缕的联系，宇宙万物凡符合黄金分割的，总是最美的。

黄金分割是一种变换，但千变万化，却殊途同归。不论从哪一个角度欣赏，它都是玲珑剔透，恰到好处；不论从哪一方面分析，它都内蕴深厚，含义隽永，具有永恒的魅力。

黄金分割体现出科学与艺术的统一，感性与理性的统一，形象思维与逻辑思维的统一，是人类认识世界收获的硕果中的精品。黄金分割是神赐的“美的密码”。

2.2　神秘的无穷世界

1. 走向无穷

20 世纪伟大的数学家希尔伯特说过“无穷是一个永恒的谜”，另一位伟大的数学家外尔说“数学是无穷的科学。”什么是无穷，我们引用三位诗人对无穷的理解：

第一位诗人哈勒尔(A. Haller)写道：

席勒

我们积累起庞大的数字，
　　一山又一山，一万又一万，
世界之上，我堆起世界；
　　时间之上，再加上时间，
我从可怕的高峰，仰望着你
　　——以眩晕的眼，
所有数的乘方，再乘以万千遍，
　　距你的一部分还差很远。

第二位诗人席勒(J. C. F. Schiller)写道：

空间有3个维度，
它的长度绵延无穷，永无间断，
它的宽度辽阔广远，没有尽头，
它的深度，下降至不可知处。

第三位诗人威廉·布莱克(Willian Blake)写道：

一粒沙子见世界，
一朵野花见宇宙，
一手掌握无穷大，
一个小时容永久。

以上是三位诗人对“无穷”的直观理解。其实“无穷”要比这深奥得多。下面我们以此为起点对“无穷”进行一些探索。

2. 出人意料的结论

我们知道全体正整数有无穷多个，全体正偶数也有无穷多个，但是偶数是正整数的一部分。如果有人说：“全体正整数与全体正偶数一样多。”你一定会感到很奇怪，难道一部分和全体一样多吗？不仅如此，还有以下离奇的结论：“全体正整数与全体完全平方数一样多”；“三角形中位线上的点与三角形底边上的点一样多”。更让人吃惊的结论是：“一条只有一毫米(甚至更短些)长的线段上的点与整个空间上的点一样多。”

对以上这些出人意料的结论，我们又怎样来理解呢？

3. 问题解决的桥梁

中学生都接触过“集合”的概念，“集合”是一个不加定义的原始概念。我们称每一组确定对象的全体形成一个集合，集合里各个对象叫做集合中的元素，由无穷多个元素组成的集合称为“无限集”。自然数集、正整数集、正偶数集、线段或直线上的点集都是“无限集”。

要比较两个无限集的大小，也就是说看这两个集合中的元素哪个多。显然我们对两个“无限集”比较大小没有经验，但对“有限集”(由有限个元素组成的集合)比较大小却是有办法的——设法建立起两个集合中元素间的“一一对应”关系。而我们要比较两个无限集的元素的多少也不妨施用此办法：如果两个无限集的元素间能建立起某种“一一对应”关系，我们就说这两个无限集的元素“一样多”，即“一样多”的唯一意义是“可以一一对应”。有了这个定义，则前面提出的“出人意料”的结论，便可“迎刃而解”了。

4. “出人意料”结论的图示解读

现在将前面提出的几个“出人意料”的结论建立起“一一对应”的图示后，就可知道他们之间的元素是否一样多了。

1）全体正整数与全体正偶数一样多。

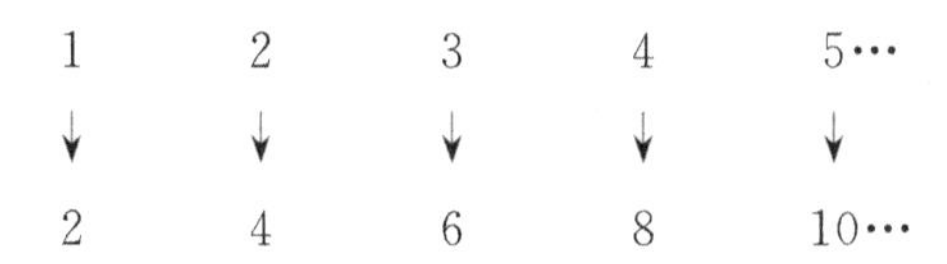

2）全体正整数与全体完全平方数一样多。

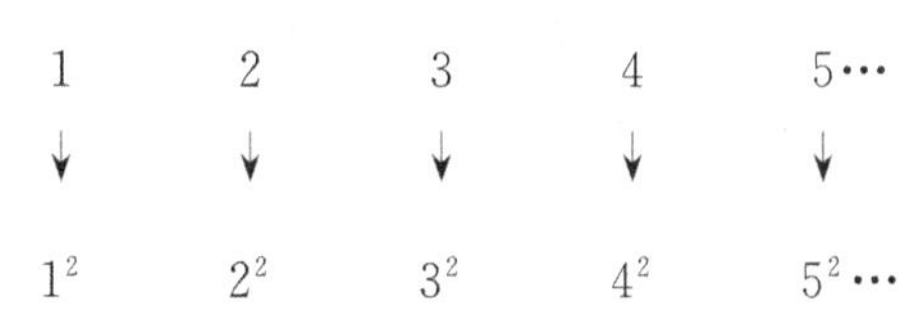

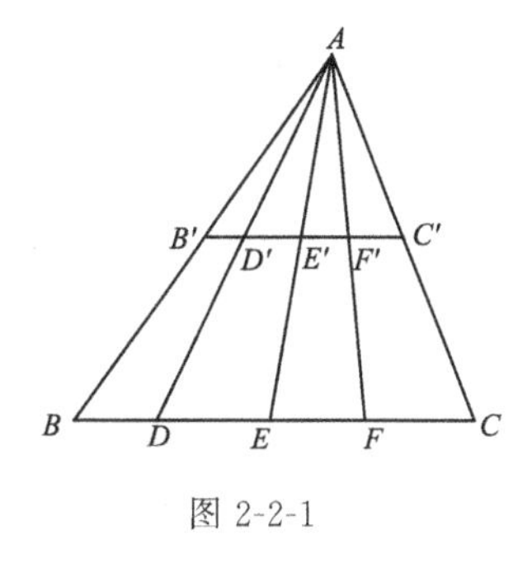

图 2-2-1

3）三角形中位线上的点与三角形底边上的点一样多(图 2-2-1)。

4）半圆周上的点与直线上的点一样多(图 2-2-2)。

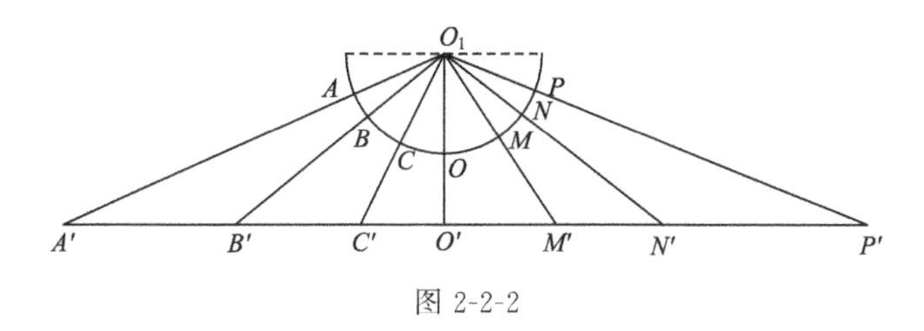

图 2-2-2

5）一条线段上的点与一条直线上的点一样多(图 2-2-3)。

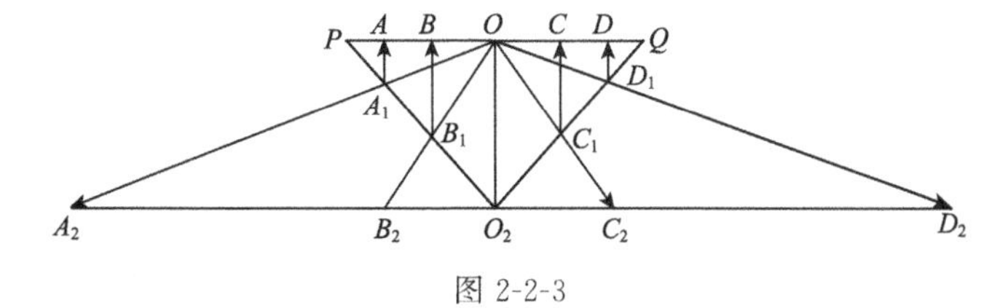

图 2-2-3

但是建立起一条线段上的点与整个空间点的“一一对应”关系就比较复杂些，在这里不再论述了。

5. 无穷与悖论

对于只熟知有限概念的古人来说，对“无限”这一概念是感到陌生和神秘的，下面说几个古人由“无限”概念引出的悖论：

(1) 芝诺悖论

公元前5世纪中叶，古希腊大诡辩家芝诺(Zeno)能言善辩，提出过四个悖论，在数学史、哲学史、逻辑史上有着巨大的影响，现举三个如下：

1)“运动是不存在的”。如图2-2-4，物体从A移动到B，按常理从A到达B之前必先到达AB的中点C，而要到达C之前又必须先到达AC的中点D，要到达D点前，又必须先到达AD的中点E，……如此下去，显然有无穷多个这样的中间点，而要找出这无穷多个“中间点”，需要的时间也是无穷的，即永远也找不到距A最近的一个中间点。因而也就无法将物体从A移动到B，因此结论是“运动是不能的”。这显然是与常理相矛盾的，事实上用极限思想解释如下：设$AB=1$则$\lim\limits_{n\to\infty}\frac{1}{2^n}=0$，即与$A$点最近的中间点即为$A$自身，因此只需超越自己就算运动了。

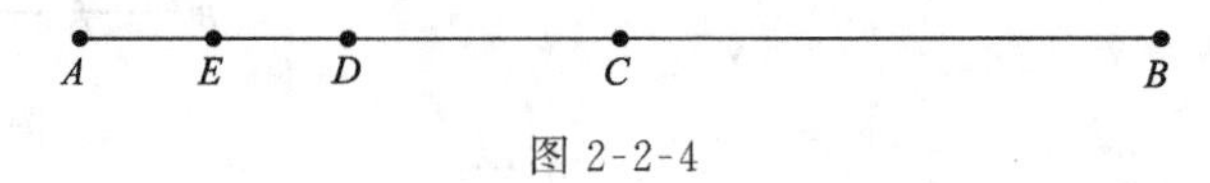

图 2-2-4

2)“阿其里斯追龟不及”。假设乌龟和阿其里斯(阿其里斯是古希腊神话中的神行太保)赛跑。只要乌龟起跑点在阿其里斯的前一段距离，则阿其里斯就永远也追不上乌龟。芝诺是这样解释的：

如图2-2-5，假设阿其里斯的速度是乌龟的10倍，又设乌龟在阿其里斯的前100米起跑，当阿其里斯跑了100米到达乌龟起跑点时，乌龟已向前爬行了10米，阿其里斯再跑10米乌龟又向前爬了1米……这样无限继续下去，阿其里斯与乌龟永远相隔一小段距离，这样不就是阿其里斯永远追不上乌龟吗？显然这是与常理相矛盾的。

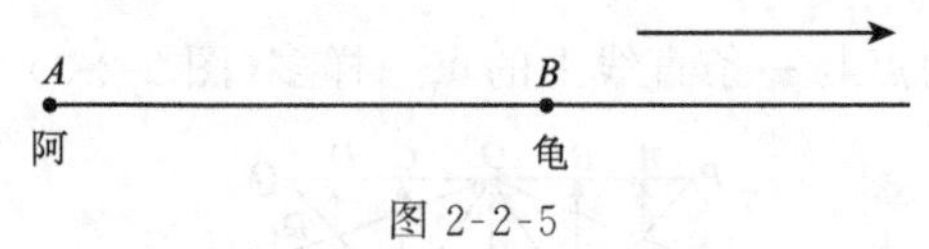

图 2-2-5

事实上，设$V_{阿}=10$米/秒，$V_{龟}=1$米/秒，$AB=100$米，由$S=vt$，得$t=\frac{s}{v}$，则阿其里斯追上乌龟需要的时间为

$$t=\frac{100}{10}+\frac{10}{10}+\frac{1}{10}+\frac{0.1}{10}+\cdots=10+1+0.1+0.01+\cdots$$

$$=\frac{10}{1-\frac{1}{10}}=11.111\cdots\text{（无穷递缩等比数列求和）}$$

即阿其里斯只需要不到 12 秒的时间就可以追上乌龟了。

3）"飞矢不动"。理由是飞矢在任何一个时刻只占据空间的一个特定位置，即在这一瞬间它就静止在这个位置上，所以飞矢的所谓运动只是许多静止的总和，因而飞矢不可能动。现在我们知道物体在某一时刻是否运动只与它的瞬时速度有关，而与它所在的位置无关。

（2）无穷数列和 $S=1-1+1-1+1-1+\cdots=?$

一方面 $S=(1-1)+(1-1)+(1-1)+\cdots=0$

另一方面 $S=1-(1-1)-(1-1)-(1-1)-\cdots=1$

那么岂不是 $0=1$ 吗？

这一矛盾连傅里叶那样的数学家都困惑不解，甚至连欧拉这样的大数学家也犯下了如下的错误：

欧拉由 $1+x+x^2+x^3+\cdots=\frac{1}{1-x}$（*），令 $x=-1$，得

$$S=1-1+1-1+1-1+\cdots=\frac{1}{1-(-1)}=\frac{1}{2}$$

这不又成了 $0=\frac{1}{2}=1$ 吗？岂不是更加混乱了？事实上 $S=1-1+1-1+1-1+\cdots$，这是一个首项为 1，公比为 -1 的无穷等比数列的求和问题，因为公比 $q=-1$，而 $|q|=|-1|=1$，只有当公比 $|q|<1$ 时，（*）式才成立，因此此数列和不存在。

6. "无穷大"符号"∞"的由来

早在公元前 6 世纪，人们就认识到"无穷大"的存在，由于由无穷大导出的一系列与常识相悖的结论，因而对"无穷大"充满了恐惧，并对它尽量进行回避。这样持续了约两千年之久。直到 1579 年，法国数学家韦达发现了一个可以算出 π 的无穷项乘积的公式：

$$\frac{2}{\pi}=\frac{\sqrt{2}}{2}\times\frac{\sqrt{2+\sqrt{2}}}{2}\times\frac{\sqrt{2+\sqrt{2+\sqrt{2}}}}{2}\times\cdots$$

这个公式告诉我们继续相乘再继续相乘，以至无穷，它预示着无穷大不再是不吉祥的东西，而是一个可以进入数学王国的数学概念。

后一位英国数学家沃利斯（J. Wallis）在 1656 年也发现了一个涉及无穷大的求 π 公式：

$$\frac{\pi}{2}=\frac{2\times2\times4\times4\times6\times6\cdots}{1\times3\times3\times5\times5\times7\times7\cdots}$$

也正是这两位数学家首次使用了“∞”这个符号来表示无穷大。有资料认为“∞”这个符号很可能取自罗马数码，因为在罗马数字里，表示“1亿”就是用一个放在筐里的“∞”构成。

7. “无穷”可以比较大小吗？

“整数有无穷多个”，“一条直线上有无穷多个点”，那么到底哪个数多呢？即它们能否比较大小？关于这个问题，德国著名数学家G.康托尔认为：一一对应的概念是计算有限集合的依据，也是计算无限集合的依据，从而产生了关于“超限数”的理论，这是数学发展史上的一个重要的里程碑。

下面介绍一些有关这一理论的重要的结论：

1）一一对应的定义：A、B为两个集合，若集合A中的任一个元素a在集合B中存在唯一的一个元素b和它对应，且B中的任一个元素b在A中也有唯一的元素和它对应，这时称在A与B之间建立起了一一对应。

2）“同势”（或称“对等”）的定义：若集合A与B间能建立一一对应，则称A与B是“对等”的，此时记作$A\sim B$。

两个集合其势相同，意味着这两个集合中的元素个数“相同”。

3）可数集的定义：凡与“正整数集N^*”同势的集合，都叫做可数集合或称是可数的。

由此可知可数集都是同势的，如前面所提到的正整数集和正偶数集、正整数集与完全平方数集、半圆上的点集与直线上的点集、线段上的点集与直线上的点集等它们都是同势的，即它们间的元素个数是“相同的”。

4）正有理数的集合是可数的。

证明 每个正有理数都可以写成$1,2,\frac{1}{2},\frac{1}{3},3,4,\frac{3}{2},\frac{2}{3},\frac{1}{4},\frac{1}{5}\cdots$的形式，所以我们可以把全体正有理数按下面的方阵排列出来：

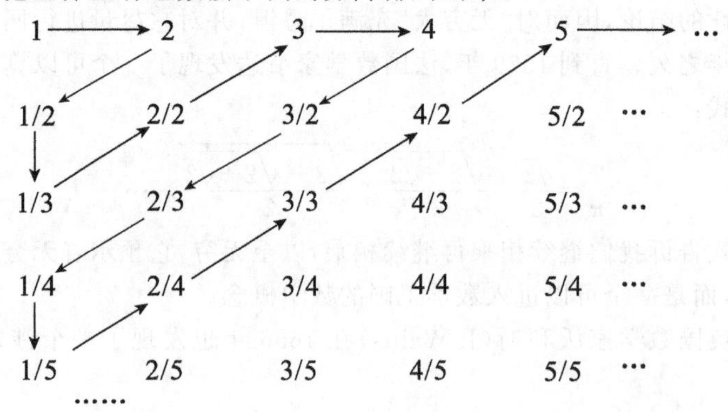

按照图中箭头方向走下去，我们可以得到如下的序列：$1,2,\frac{1}{2},\frac{1}{3},\frac{2}{2},3,4,\frac{3}{2},\frac{2}{3},\frac{1}{4},\frac{1}{5},\cdots$在这个序列中消掉所有 a、b 有公因子的分数 a/b，于是每个正有理数 r 作为最简分数在上面的序列中只出现一次，这样我们便可得到如下的序列：$1,2,\frac{1}{2},\frac{1}{3},3,4,\frac{3}{2},\frac{2}{3},\frac{1}{4},\frac{1}{5},\cdots$在这个序列中包含了每一个正有理数，且只包含一次，因而我们建立起了正整数集与正有理数集间的一一对应，从而可知正有理数集是可数的。

5）实数集是不可数的

康托尔是用反证法证明这一定理的，先假设实数集是可数的，实际只需假定(0,1)间的实数是可数的，把它们排成一个序列，然后只需在(0,1)中找出一个实数不在这个序列中，这就出现了矛盾，因而实数集是不可数的(证略)。

6）不同势的存在

给定一个集合，我们都可以构造一个高于该集合"势"的一个新的集合，办法是给定一个集合 M，则由它的所有子集组成的集合叫做原集合的幂集，记作 $P(M)$。

康托尔的幂集定理：设 S 是一个集合(有限的或无限的)，那么 S 的幂集 $P(S)$ 的势严格地大于 S 的势。康托尔利用势将无限集进行了分类，最小的无限集为可数集 A，即指与正整数集等势的无限集，可知实数集的势大于正整数集的势。康托尔发现了不是所有的无限集都是"同势"以后，建立了与有限集的算术相似的无限集领域的算术，即"无限算术"，这就是康托尔创立的"超限数理论"，为 20 世纪的数学家提供了一个重要的工具。

为了区分不同的无穷大数，数学家们把无穷大数分成三个等级：像可数集(如：自然数集、正整数集、偶数集、有理数集)中元素个数有无穷多个，称第一级无穷大数；像直线上的点的个数这样一些更大的数目，属于第二级无穷大数；任意一条线段上的点的个数，任意一个正方形内点的个数，都与直线上的点的个数一样多，所以它们都属于第二级无穷大数；数学家们发现各种曲线上的点的个数比直线上的点的个数还要多，所以它们属于第三级无穷大数。

8. 线段上点集的势大于正整数集的势

亦即线段上的点的个数大于正整数的个数，为此我们只取 1 个单位长的线段，线段上每一点可用这一点到线段的一个端点的距离来表示，而这个距离可写成小数：

第 1 个点：　$0.a_{11}a_{12}a_{13}a_{14}\cdots$；　第 2 个点：　$0.a_{21}a_{22}a_{23}a_{24}\cdots$；
第 3 个点：　$0.a_{31}a_{32}a_{33}a_{34}\cdots$；　……；　……；
第 k 个点：　$0.a_{k1}a_{k2}a_{k3}a_{k4}\cdots$；　……；　……。

现在我们取一个点:$0.b_1b_2b_3b_4\cdots(1\leqslant b_i\leqslant 9, i=1,2,3,\cdots)$,使得 $b_1\neq a_{11}, b_2\neq a_{22}, b_3\neq a_{33}, \cdots, b_k\neq a_{kk}, \cdots$,这样得到的 b 点仍在这单位线段上(且不为单位线段的两端点),但它不同于序列中的任何一个点。

这样单位线段上(不包括单位线段的两个端点)的点与正整数间不能建立起一一对应的关系,显然单位线段上的点的数目要大于正整数的个数,亦即线段上的点集的势大于正整数集的势。其实用上面的方法即可证明实数集是不可数的。

9. 实无限与潜无限

对于无限的理解存在着两种不同的思想:实无限思想与潜无限思想。实无限思想是把无限看作一个整体,是已经构造完成了的东西。例如,欧几里得几何,把直线上的点看成是一个整体,这实际是实无限的理解。潜无限思想是"把无限看作永远在延伸着的一种变化,看成一种不断增加的过程"。如同用一个口袋装自然数,装完一个,还有许多,永远装不完一样。

亚里士多德只承认潜无限,他声称直线不是由点组成的,即不能谈直线上的点的集合,就连大数学家高斯在 1831 年给舒马赫(Schumacher)的信中也说:"我反对把无穷量作为现实的实体来用,在数学中是永远不允许的,无限只不过是一种说话的方式。"产生对无限的一种偏见,妨碍了日后无限概念的发展。这种思想突出表现在现行标准分析的极限定义中,并由此建立起来的微积分理论。

直到 20 世纪 60 年代由 A. 鲁滨孙(A. Robinson)创立的非标准分析,使无穷小量再现光辉,堂而皇之地登进了数学殿堂,而可与柯西(A. L. B . Cauchy)的极限理论分庭抗衡。尤其在康托尔的无穷集合论中,体现的是一种实无限的思想。

那么,无限到底是实无限还是潜无限呢?两种无穷思想在数学上经历了此消彼长与往复更迭后,已与现代数学日趋和流;在现代数学中早已既离不开实无限也离不开潜无限了。因为在标准分析与非标准分析中,采用的这两种不同的无穷思想,但得到的是同样的结果。这种"殊途同归"的结局,我们只能说:"无限既是一种实无限也是一种潜无限。"无穷本身是一个矛盾体,它既是一个需无限逼近的过程,又是一个可供研究的实体。诚如我国著名数学家徐利治教授所称:"实无限、潜无限只是一枚硬币的两个面罢了。"

10. 希尔伯特的无穷旅店

大数学家希尔伯特在一次演讲中,虚构了这样一个故事:有一家旅店,设有无穷多个房间,假设每个房间只能住一人,所有的房间都住满了人。这时来了一位新旅客要住一个房间,房主说:"不成问题"。他把这位旅客安排在 1 号房间,让 1 号房间的旅客住到 2 号房间,2 号房间的旅客住到 3 号房间,3 号房间的旅客住到 4 号房间,……这样就把新来的旅客安排下了。

但是严重的问题出现了，一次来了一个“无穷旅行团”，它的成员个数与正整数一样多。这时，刚才的应急措施行不通了，怎样办呢？店主人又有了新招。他请 1 号房间的旅客住到 2 号房间，2 号房间的旅客住到 4 号房间，3 号房间的旅客住到 6 号房间，…这样所有奇数号的房间都空出来了，正好可安排给这个“无穷旅行团”的成员住下。

如果到了旅游旺季，来了无穷多个“无穷旅行团”怎么办呢？店主人想出了一条妙计，把无穷多个“无穷旅行团”的成员也安排住下了。那么，店主人到底是怎么安排的呢？

设(m,n)(其中 $m=1,2,3,\cdots$)表示第 m 个旅行团的第 n 个成员，则

第 1 个旅行团中的成员为：(1,1)(1,2)(1,3)(1,4)…

第 2 个旅行团中的成员为：(2,1)(2,2)(2,3)(2,4)…

……

第 m 个旅行团中的成员为：$(m,1)(m,2)(m,3)(m,4)\cdots$

……

然后按下面图中箭头的顺序，每人住进安排的 1 号、2 号、3 号、4 号……房间内，这样，便可将所有的旅行团的成员都住进了。

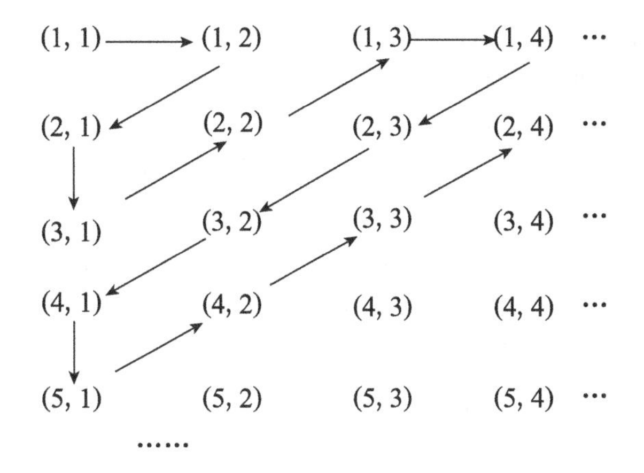

知旅行团成员住进房间号的顺序为：

(1 ,1),	(1 ,2),	(2 ,1),	(3 ,1),	(2 ,2),	(1 ,3),	(1 ,4),…
↓	↓	↓	↓	↓	↓	↓
1	2	3	4	5	6	7
(2 ,3),	(3 ,2),	(4 ,1),	(5 ,1),	(4 ,2),	(3 ,3),	(2 ,4),…
↓	↓	↓	↓	↓	↓	↓
8	9	10	11	12	13	14

11. 我国古代的无穷思想

在我国古代的一些哲学家或数学家就已经具有无穷思想,如在《庄子》一书中,就有“一尺之棰,日取其半,万世不竭”,从中就体现出我国早期对数学无穷的认识水平。

又如,我国魏晋时期著名数学家刘徽,他提出用增加圆内接正多边形的边数来逼近圆的“割圆术”,即当圆内接正多边形的边数越多时,正多边形的周长与圆周长相差越小,而当正多边形的边数无限增大时,这个无限边的正多边形的周长即为圆周长了。

再如“祖暅原理”,对夹于二平行平面间的两个几何体作无穷多次平行的截割时,每次截割所得截面面积都相等时,我们才能判定二几何体的体积相等。

12. 结语

正如数学家外尔所讲:“数学是研究无穷的科学”,因而数学与无穷结下了不解之缘,从初等数学到高等数学,是人们的认识由“有限”到“无限”的过程,由具体到抽象的过程。

又如希尔伯特所言:“无穷是一个永恒之谜”,人们想认识它,接近它,但由于在运用它时所带来的麻烦(矛盾),人们又在不断地回避它,然而这又是无法回避的。从数学产生之日起,“无穷”就如影相随,因而希尔伯特又说:“无穷既是人类最伟大的朋友,也是人类心灵宁静的最大敌人。”人们对“无穷”的认识,一直存在实无穷与潜无穷两种不同的观念,分庭抗衡,最后是“平分秋色”,谁也不能少。在无穷的王国里,康托尔的工作是革命性的、划时代的,对现代数学产生了巨大的影响。然而无穷问题并未一劳永逸地获得解决。人们认识无穷、征服无穷是一个漫漫长途,需要我们不懈地去努力、去攀升。

2.3 勾股定理赏析

1. 关于勾股定理

“勾股定理”是我们最熟悉的平面几何中的一个最著名、最精彩、最有用的一条定理,是数学大厦的一块基石,被天文学家开普勒誉为几何学的一大宝藏。勾股定理至今仍活跃在人们心中,具有强大的生命力。

我国古代称直角三角形的两条直角边为“勾和股”,称斜边为“弦”。“在直角三角形中,两条直角边的平方和,等于斜边的平方”,因而,此结论在我国被称为“勾股定理”。

早在周朝初年(约公元前 1100 年),周朝大夫商高就发现了直角三角形的一个特例：有“勾三、股四、弦五”之说；在我国古算书《周髀算经》中记载了陈子已发现了勾股定理这一结论，但未予证明。公元3世纪，三国时吴人赵君卿给出了勾股定理的一个巧妙证明。

在西方，这个定理被称为“毕达哥拉斯定理”，于公元前500余年由古希腊数学家毕达哥拉斯发现。实际这比中国人的发现晚了500～600年。相传毕达哥拉斯对这一发现十分重视，曾宰杀牛百头用来祭缪斯女神（希腊神话中掌管文艺、科学之神），认为此秘密关系的发现完全是神的旨意，并广设盛宴以示庆贺，可知对这一定理的重视。

勾股定理发现至今虽已有千年，但各种证法接连涌现，世界各地的人们对其着迷的程度依然不减。这一定理证明方法之多是任何其他定理无法比拟的。据说，现在世界上已找到了400多种证明，由鲁密斯（Loomis）搜集整理的《毕达哥拉斯定理》一书的第二版中，就收集了370种不同的证法。由此可见人们对勾股定理的青睐，其魅力长久不衰。

2. 勾股定理几种特殊而优美的证法

下面介绍勾股定理的几种特殊而优美的证法。

（1）赵君卿证法

三国时，吴国数学家赵君卿提出了以下巧妙的证法：

如图2-3-1、图2-3-2是两个边长为$a+b$的全等正方形，双方都去掉直角边分别为a、b的四个全等带阴影的直角三角形后，两正方形剩下部分的面积应相等。由图可知有

$$a^2+b^2=c^2$$

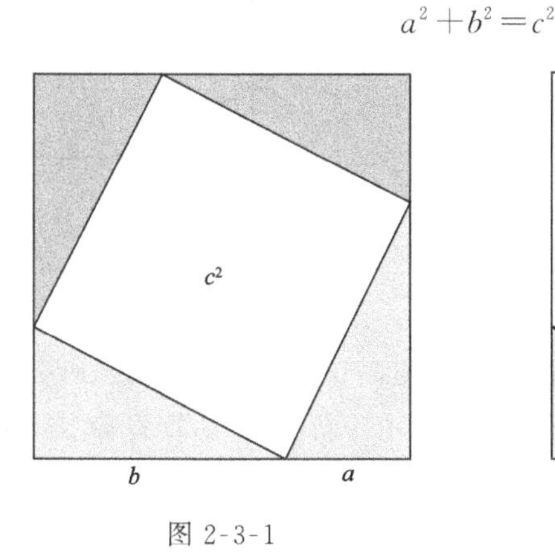

图2-3-1

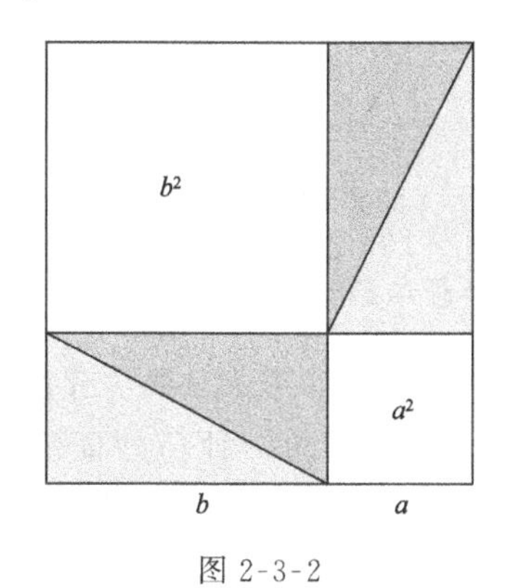

图2-3-2

（2）赵爽的证法

三国时赵爽在《勾股方圆图注》中，采用了证明几何问题的割补原理。如图

2-3-3中，以 a、b、c 表示勾、股、弦，以 a、b 为直角边的每个直角三角形叫做“朱实”，即图中有 4 个“朱实”，中间的一个以 $b-a$ 为边长的小正方形叫做“中黄实”，以弦 c 为边长的大正方形叫“弦实”，此图称为“弦图”，由图可知有

$$c^2=(b-a)^2+4\times\frac{1}{2}ab=a^2+b^2$$

2002 年 8 月在北京召开的国际数学家大会的会徽就是赵爽所作的“弦图”。

(3) 刘徽的证法

与赵爽大约同时的刘徽采用“出入相补法”对勾股定理也给出了一个证法：

如图 2-3-4 所示 ABC 为勾股形，以勾为边的正方形称为“朱方”，以股为边的正方形称为“青方”。按图中的标示进行“出入相补法”（“－”号表示移出，“＋”表示补入）后拼成了弦方，依面积关系，显然有关系式：

弦方＝朱方＋青方，即 弦^2＝勾^2＋股^2。

运用这个图形，几乎不需标注任何文字，只需按图涂以朱、青二色，就能使证明一目了然。

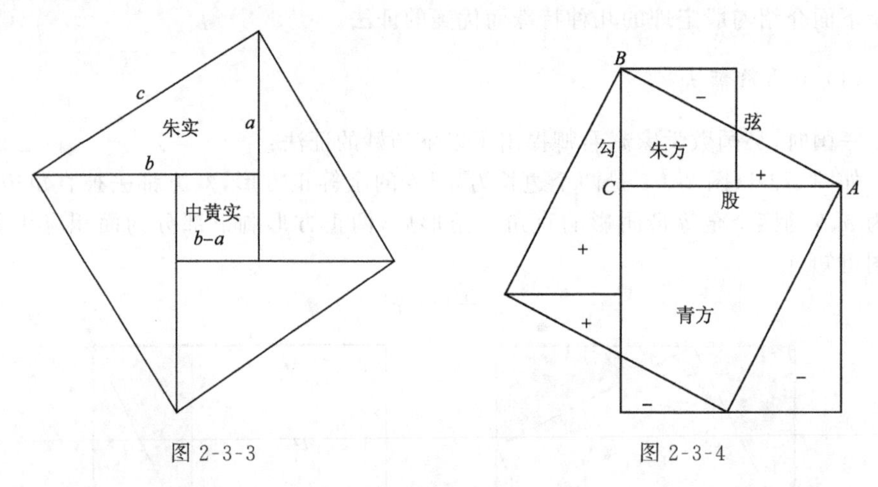

图 2-3-3　　图 2-3-4

(4) 伽菲尔德证法

美国前总统伽菲尔德对数学有着浓厚兴趣。1876 年当他还是一名众议员时，就发现了勾股定理的一种巧妙证法，并发表在《新英格兰教育杂志》上。如图 2-3-5，他是用两种方法来计算同一梯形的面积的。

梯形的面积＝$\frac{1}{2}$(上底＋下底)×高＝$\frac{1}{2}(a+b)(a+b)$

又梯形面积＝三个直角三角形面积之和＝$\frac{1}{2}ab+\frac{1}{2}ab+\frac{1}{2}c^2$，

于是有$\frac{1}{2}(a+b)(a+b)=\frac{1}{2}ab+\frac{1}{2}ab+\frac{1}{2}c^2$，

即 $a^2+2ab+b^2=\frac{1}{2}ab+\frac{1}{2}ab+\frac{1}{2}c^2$，

所以有 $a^2+b^2=c^2$。

回头看看(1)赵君卿证法,可作如下的解释：

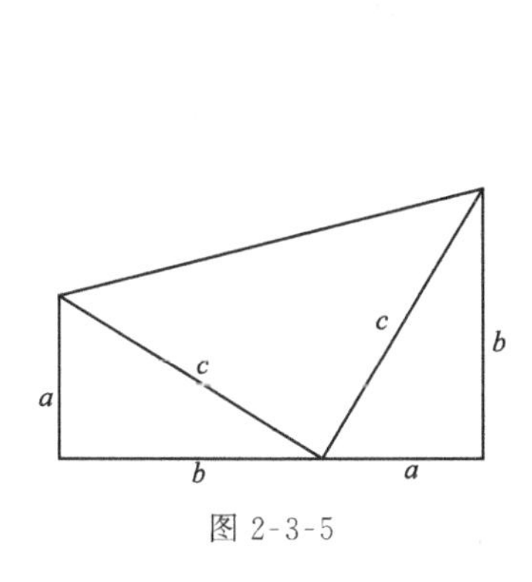

图 2-3-5

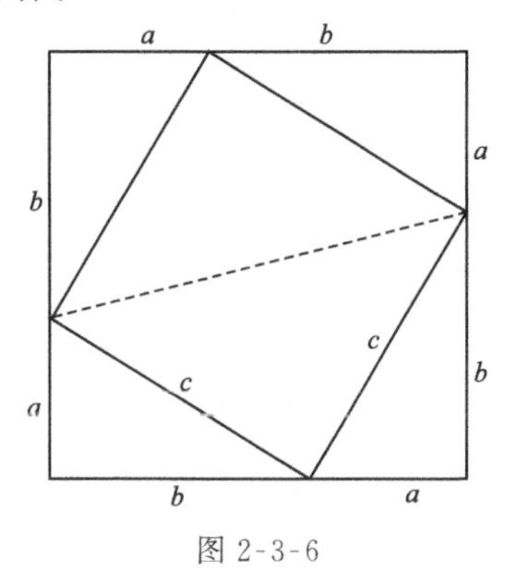

图 2-3-6

如图 2-3-6,是一个边长为 $a+b$ 的正方形，它的内接正方形的边长为 c，于是有

$$(a+b)^2=c^2+4\times\frac{1}{2}ab$$

即

$$a^2+2ab+b^2=c^2+2ab$$

故得

$$a^2+b^2=c^2$$

这是多么直观、浅显的证明！用虚线将图 2-3-1 中的正方形一分为二,下面的一半与伽菲尔德证法完全一样。但此证法显然要简便,因为他并未用到梯形知识。

(5) 现代最简证法

作三边长分别为 a,b,c 的直角三角形,斜边 c 上的高为 h,得到两对相似三角形(图 2-3-7),从而可列出两组比例式：

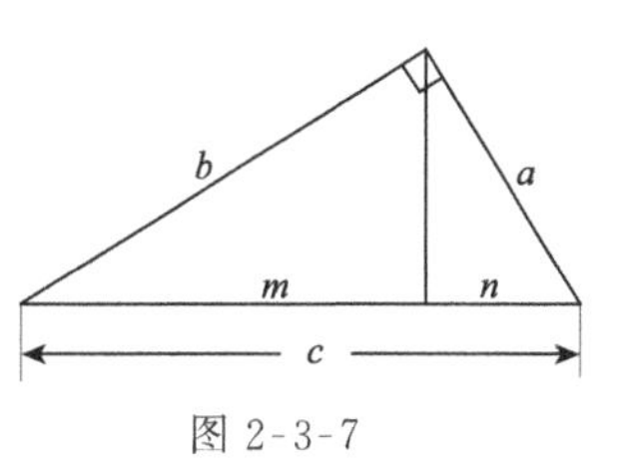

图 2-3-7

$$\begin{cases}\dfrac{c}{b}=\dfrac{b}{m}\\[2ex]\dfrac{c}{a}=\dfrac{a}{n}\end{cases}\Rightarrow\begin{cases}mc=b^2\\nc=a^2\end{cases}\Rightarrow(m+n)c=a^2+b^2\Rightarrow a^2+b^2=c^2$$

3. 几个未作说明的勾股定理的面积证法

构造“弦图”是我国古代数学家用来证明勾股定理的有力工具。清代的梅文

鼎、李锐、何梦瑶也都创造了各自的勾股定理的面积证法。现图示如下,请读者将说明补上。

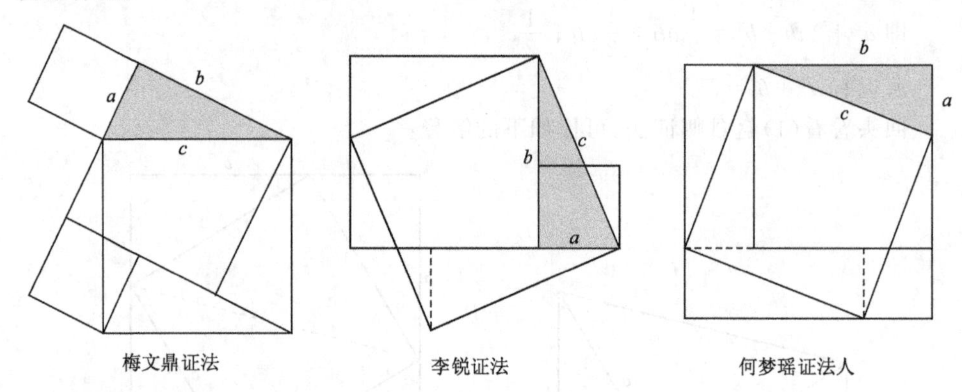

4. 勾股定理的欧几里得证法

如图 2-3-8,在 Rt$\triangle ABC$ 的各边上向外作正方形,连接 CD、FB。

因为 $AC=AF$,$AB=AD$,$\angle FAB=\angle CAD$,

所以$\triangle FAB \cong \triangle CAD$,作 $CL /\!/ AD$,CL 与 AB 交于点 M

因为 $S_{\triangle FAB}=\dfrac{1}{2}FA \cdot AC=\dfrac{1}{2}S_{ACHF}$。

所以 $S_{\triangle CAD}=\dfrac{1}{2}AD \cdot DL=\dfrac{1}{2}S_{ADLM}$。

同理可证:$S_{BKGC}=S_{MLEB}$

所以 $AB^2=BC^2+AC^2$,即 $a^2+b^2=c^2$。

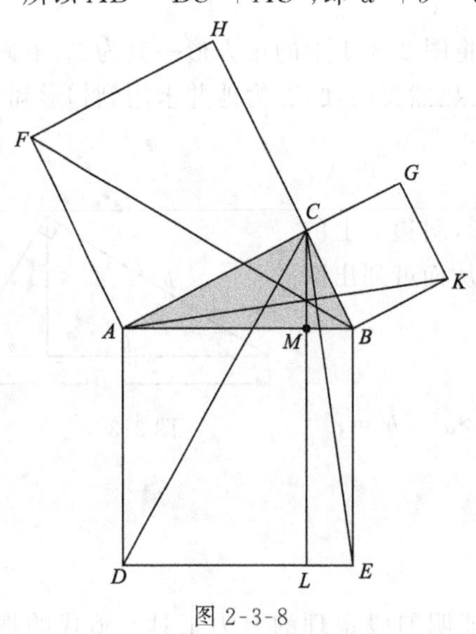

图 2-3-8

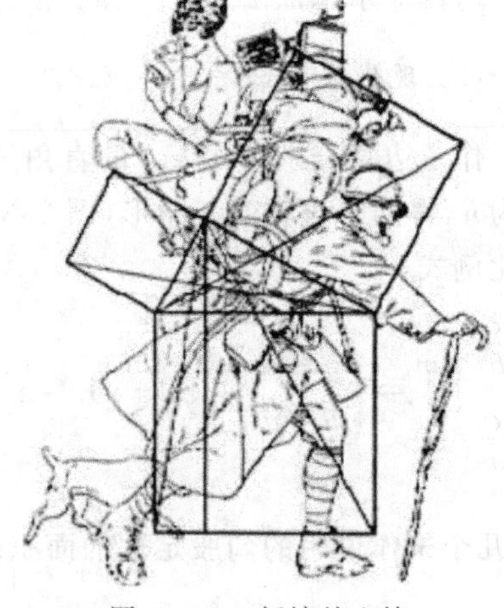

图 2-3-9 新娘的坐椅

欧几里得的证明广为流传，希腊人称之为“已婚妇女的定理”；法国人称之为“驴桥问题”；阿拉伯人称之为“新娘图”、“新娘的坐椅”（图 2-3-9）；在欧洲又称之为“孔雀的尾巴”或“大风车”。

5. 勾股定理在古算中的应用

1）在《九章算术》第九章里，即勾股章有这样一道题。

甲乙两人同时从同一地点步行出发，二者速度若甲为 7，则乙为 3；乙向东行，甲向南行 10 步后转向东北，并与乙相会，求甲乙走的路程。

《九章算术》中的算术解法：7 自乘，3 自乘，相加，取和的一半，得甲沿斜路行走之路程比，从 7 的平方中减去此比，即为向南行走之比。3 乘 7，为乙向东行走之比，以 10 步分别乘甲沿斜路行走之比、乙向东行走之比，两者作为被除数。将此被除数除以南行之比，即得所行路程，其步骤如下：

甲沿斜路步行比：$\dfrac{3^2+7^2}{2}=29$；甲南行之步行比：$7^2-\dfrac{3^2+7^2}{2}=20$；

乙东行之步行比：$7\times3=21$；甲沿斜路行走之路程为：$\dfrac{10\times29}{20}=14\dfrac{1}{2}$（步）；

乙东行之路程为：$\dfrac{10\times21}{20}=\dfrac{21}{2}=10\dfrac{1}{2}$（步）。

2）在明朝程大位著：《直角算法统宗》里，有这样一道趣题：

荡　秋　千

平地秋千未起，踏板一尺离地，
送行二步与人齐，五尺人高曾记，
仕女家人争蹴，终朝笑语欢嬉，
良工高士素好奇，算出索长有几？

其大意是：一架秋千当它静止不动时，踏板离地 1 尺，将它向前推两步（将一步算做五尺）即 10 尺，秋千的踏板就和人一样高，此人身高 5 尺，如果这时秋千的绳索拉得很直，请问绳索有多长？

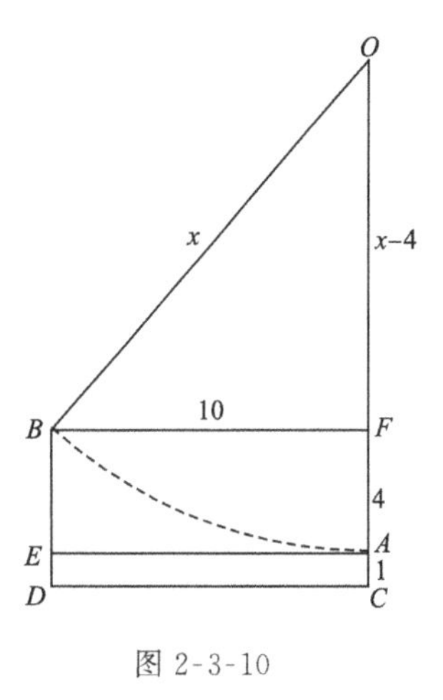

图 2-3-10

解　如图 2-3-10，设 OA 为静止时秋千绳索的长度，$AC=1$，$BD=5$，$BF=10$，问题即为求 OA 之长，设 $OA=x$，则 $OB=OA=x$，据题意有 $FA=FC-AC=BD-AC=5-1=4$，则 $OF=OA-FA=x-4$，在 Rt$\triangle OBF$中：得 $x^2=10^2+(x-4)^2$，解得 $x=14.5$，即秋千绳索长为 $14\dfrac{1}{2}$尺。

6. 勾股定理与无理数

无理数是无限不循环小数,如$\sqrt{2}$=1.41421356…,π=3.141592653…等。为了获得更精确的近似值,如今也可用高功率的计算机和无穷数列,可将这些近似小数求到任何精确的程度,然而我们应考虑耗费的时间和效果。

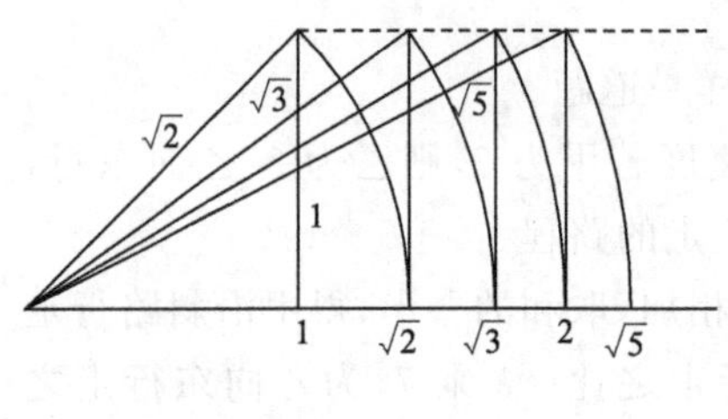

图 2-3-11

令人惊奇的是,许多无理数用勾股定理可以精确地求出。古希腊数学家用勾股定理作出了一些长度为无理数(与单位长度相比)的精确线段。如

$$\sqrt{2},\sqrt{3},\sqrt{5},\sqrt{7},\cdots$$

这些线段的长度都可用勾股定理作出。然后利用圆规画弧将其定位于数轴上。如图 2-3-11 是$\sqrt{2},\sqrt{3},\sqrt{5},\cdots$线段长度的作法。

7. 勾股数组

所谓勾股数组,是由三个正整数组成的集合,这三个正整数适合下列关系:即其中两个数的平方和,等于第三个数的平方。是否有一个能产生勾股数组的公式呢?下面我们就来介绍几个求勾股数组的公式。

(1) 毕达哥拉斯公式

$$\left(\frac{m^2+1}{2}\right)^2=\left(\frac{m^2-1}{2}\right)^2+m^2$$

当 m 取大于 1 的正奇数时,$m,\frac{m^2-1}{2},\frac{m^2+1}{2}$是一组勾股数组。如当 $m=15$,$113^2=112^2+15^2$,所以 15,112,113 是一组勾股数组。显然当 m 取正偶数时,不能组成勾股数组。

(2) 柏拉图公式

$$(m^2+1)^2=(m^2-1)^2+(2m)^2$$

这个公式也同样的不能给出所有的勾股数组,因为 m^2+1 与 m^2-1 相差 2,所以像 7,24,25 这样的勾股数组就不能给出。

(3) 丢番图公式

$$(a+\sqrt{2ab})^2+(b+\sqrt{2ab})^2=(a+b\ \sqrt{2ab})^2$$

这个公式整齐美观,可以求出全部勾股数组,是一个很了不起的发现,用这个

公式可求出前面几个较小的勾股数组。如表 2-3-1 所示。

表 2-3-1

a	b	$x^2+y^2=z^2$	其中：
1	2	$3^2+4^2=5^2$	$x=a+\sqrt{2ab}$
1	8	$5^2+12^2=13^2$	$y=b+\sqrt{2ab}$
2	4	$6^2+8^2=10^2$	$z=a+b+\sqrt{2ab}$
1	18	$7^2+24^2=25^2$	
2	9	$8^2+15^2=17^2$	
3	6	$9^2+12^2=15^2$	
1	32	$9^2+40^2=41^2$	
2	16	$10^2+24^2=26^2$	
……	……	……	

(4) 欧几里得公式

$$(x^2+y^2)^2=(x^2-y^2)^2+(2xy)^2 \qquad (x、y\in N^*)$$

现列举前几组勾股数组，如表 2-3-2 所示。

表 2-3-2

x	y	$c^2=a^2+b^2$	其中：
2	1	$5^2=3^2+4^2$	$c=x^2+y^2$
3	1	$10^2=8^2+6^2$	$a=x^2-y^2$
3	2	$13^2=12^2+5^2$	$b=2xy$
4	1	$17^2=15^2+8^2$	
4	2	$20^2=12^2+16^2$	
……	……	……	

(5) 刘徽公式

刘徽在《九章算术》中也列出了一组求勾股数的公式：

$$\begin{cases}x=ab\\ y=(a^2-b^2)/2\\ z=(a^2+b^2)/2\end{cases}$$，(其中 a、b 为同奇或同偶的正整数，且 $a>b$)

则有 $x^2+y^2=z^2$，可以得出欧几里得公式中的所有勾股数组。

(6) 古代巴比伦人发现的 15 组勾股数组

1945 年，人们在发现的一份古代巴比伦人的手稿中，列出了 15 组勾股数组，其数目之大令人惊讶。其年代之久远，在我国商高和古希腊毕达哥拉斯之前，约公元前 1900～前 1600 年，可知古代巴比伦人在数学上曾有过辉煌的成就，可惜未曾完整保存而被时间淹没了。

这 11 组勾股数组如下：

(119,120,169),(3367,3456,4825),(4601,4800,6649),(12709,13500,18541),(65,72,97),(319,360,481),(2291,2700,3541),(799,960,1249),(481,600,769),(4961,6480,8161),(45,60,75),(1679,2400,2929),(161,240,289),(1771,2700,3229),(56,90,106)。

8. 勾股定理的推广

(1) 推广 1——边上图形一般化

勾股定理有如下关系 $a^2+b^2=c^2$，即给出一个直角三角形，立于直角边 a 、b 边上的两个正方形面积之和，等于斜边 c 上正方形的面积。

假如我们把立于直角边上和斜边上的正方形用其他相似的图形代替，它们的面积是否也有以上的关系呢？

欧几里得在《几何原本》中记述了该定理的一个推广，即"直角三角形斜边上的一个多边形，其面积等于两直角边上两个与它相似的多边形的面积之和"(图 2-3-12)，并给出了一般性的证明：

设 a、b、c 三边上所立三个相似多边形的面积分别为 S_a、S_b、S_c，

因为$\frac{S_a}{S_c}=\frac{a^2}{c^2}$，$\frac{S_b}{S_c}=\frac{b^2}{c^2}$，所以有 $S_c\cdot a^2=S_a\cdot c^2$，$S_c\cdot b^2=S_b\cdot c^2$，相加得 $S_c(a^2+b^2)=(S_a+S_b)c^2$，$a^2+b^2=c^2$，所以有 $S_a+S_b=S_c$。

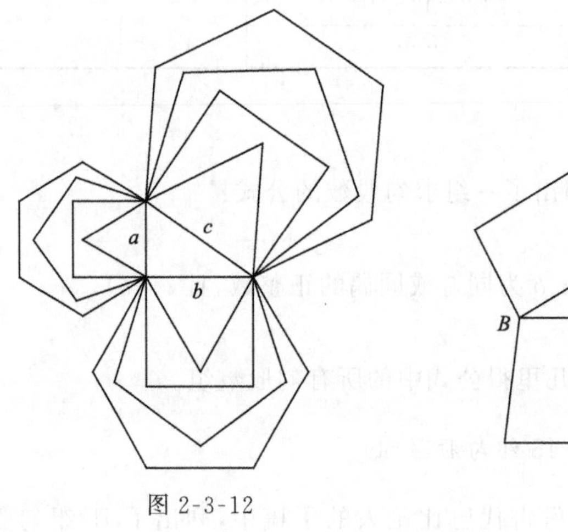

图 2-3-12

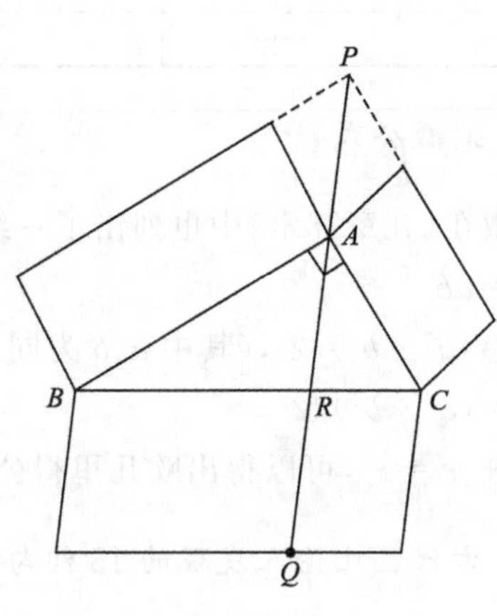

图 2-3-13

(2) 推广 2——边上图形的不相似

帕普斯(Pappus)是公元前 300 年的一位希腊数学家，他证明了勾股定理的一个有趣的变形：即将立于直角三角形边上的正方形改为平行四边形（不一定相似），但需要按以下步骤构造平行四边形(图 2-3-13)。

1) 在二直角边上构造任意大小的两个平行四边形；

2) 延长此二平行四边形的边长使其相交于 P；

3) 连接 PA 并延长至 Q 使其与 BC 相交于 R，并取 $RQ=PA$；

4) 以斜边 BC 为一边画平行四边形并使其另一组对边与 RQ 平行且相等。

作出的三个平行四边形的面积有如下关系："立于斜边上平行四边形的面积等于立于二直角边上的平行四边形的面积之和"。至于如何证明留给读者去思考。

(3) 推广 3——推广为任意三角形

若 a、b、c 分别表示任意三角形的三条边长，C 为边 c 的对角，则有

$$c^2=a^2+b^2-2ab\cos C$$

此即余弦定理。

(4) 推广 4——推广为凸多边形

点 P 是凸多边形 $A_1, A_2, \cdots, A_n$ 所在平面上任意一点，从点 P 分别向各边作垂线，垂足分别为 $B_1, B_2, \cdots, B_n$(图 2-3-14)，则有

$$A_1B_1{}^2+A_2B_2{}^2+\cdots+A_nB_n{}^2=B_1A_2{}^2+B_2A_3{}^2+\cdots+B_{n-1}A_n{}^2+B_nA_1{}^2$$

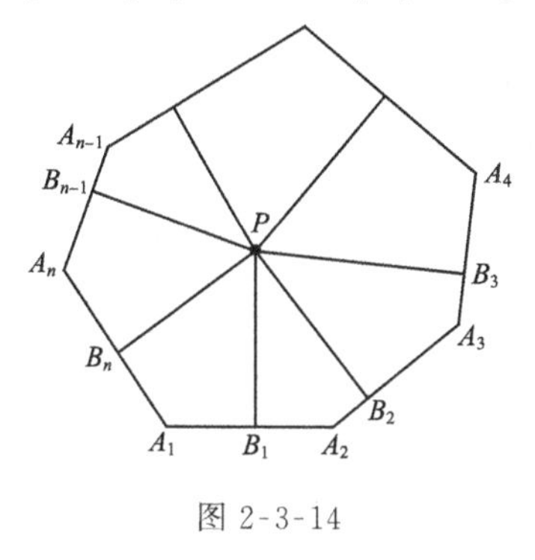

图 2-3-14

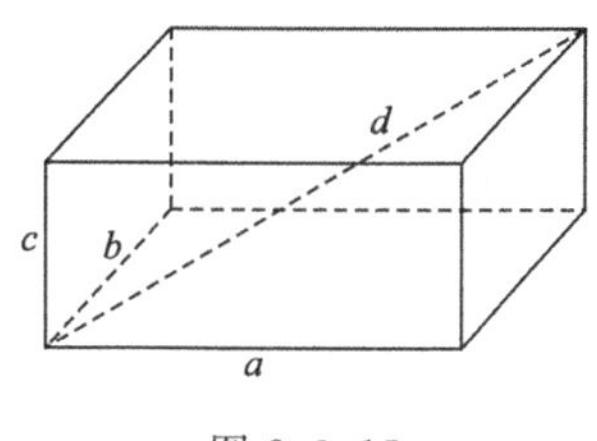

图 2-3-15

(5) 推广 5——推广为长方体

① 若长方体的长宽高分别为 a、b、c，体对角线为 d(图 2-3-15)，则有 $a^2+b^2+c^2=d^2$；

② 若长方体的三个面对角线分别为 l、m、n，则有 $l^2+m^2+n^2=2d^2$。

(6) 推广 6——推广为直角四面体

我们称从一个顶点出发的三条棱两两垂直的四面体为直角四面体。在直角四面体中,若非直角三角形面的面积为 S_D,其余三个直角三角形的面积分别为 S_A、S_B、S_C,则有 ${S_A}^2+{S_B}^2+{S_C}^2={S_D}^2$。

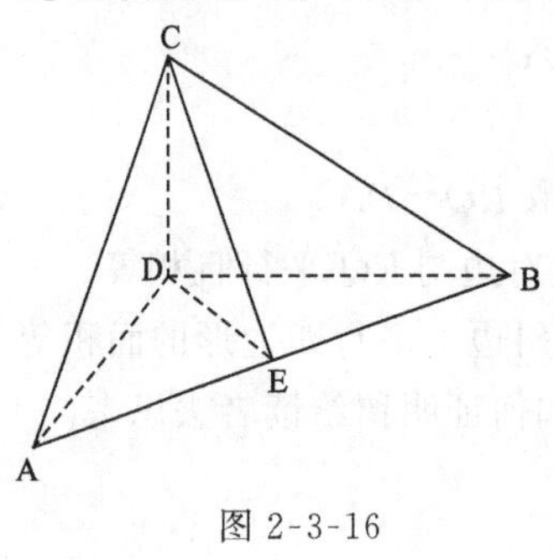

图 2-3-16

证明　如图 2-3-16,在直角四面体 $ABCD$ 中,$\triangle ABC$ 为非直角三角形,$CE\perp AB$,由题设

$$
\begin{aligned}
4{S_D}^2&=(AB\cdot CE)^2=AB^2\cdot CE^2\\
&=AB^2(CD^2+DE^2)\\
&=AB^2\cdot CD^2+AB^2\cdot DE^2\\
&=(AD^2+BD^2)\cdot CD^2+AB^2\cdot DE^2\\
&=AD^2\cdot CD^2+BD^2\cdot CD^2+AB^2\cdot DE^2\\
&=4{S_B}^2+4{S_A}^2+4{S_C}^2
\end{aligned}
$$

故有

$$
{S_A}^2+{S_B}^2+{S_C}^2={S_D}^2
$$

9. 勾股定理飞向太空

人类生活在地球上,常常会想在茫茫宇宙中,是否还有类似地球的星球,上面是否生活着具有人类智慧的生物。自从人类进入太空,寻找“外星人”成了人类颇具诱惑力的一种幻想,如果存在外星人的话,在没有共同语言的情况下,我们人类用什么媒介沟通信息呢?

1972 年,美国发射的国际飞船先锋 10 号已给“外星人”送去了一块由美国科学家设计的信息板,上面最引人注目的是两个正在招手致意的地球人形象,这种设计能不能使外星人理解地球人的友好感情,曾引起了不少争议。

很多学者认为要寻找“外星人”,首先应该寻找一种跟外星人相互沟通的语言,科学家们很自然地想到了用图形表述几何中最基础、最著名的勾股定理,正如我国数学家华罗庚教授所言:“要沟通两个不同星球信息交往,最好在太空飞船中带去两个图形——表示数的洛书与表示数形关系的勾股定理图。”因为勾股定理中反映了宇宙中最基本的形和数关系,如果外星球真有智慧的高级生物,就一定能理解其含义:给他们送图的“邻居”上的生物,不但懂得数形关系,而且善于几何证明,必定是具有高度智慧和文明的友邻。

10. 让人眼花缭乱的“勾股树”

我们利用几何画板可以作出一颗动态美丽让人眼花缭乱的“勾股树”。

它的树干和树枝是由一幅幅大小不同的勾股定理图形组成的,而这些图形都是相似的，我们可以改变第一个勾股定理图中直角三角形的比例而改变树形，我们还可改变迭代的“深度”而改变树枝的密度。由第一个直角三角形直角顶点在半圆周上运动而使得整个勾股树不断左右摆动(图 2-3-17)。当你按动按钮时，一颗动态的、千姿百态的勾股树就会呈现在你的眼前。

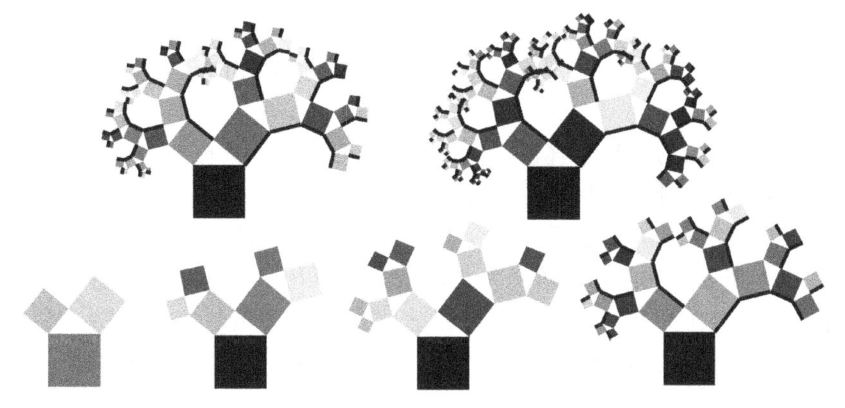

图 2-3-17　勾股树

11. 勾股定理的文化意义

勾股定理是几何大厦的基石，是中华数学的精髓，诸如我国古算中的开方术、方程术、天元术等技艺的诞生与发展，寻根探源，都与勾股定理有着密切的关系。古代数学家常以勾股形代替一般三角形研究，使几何体系简单明了。

勾股定理的证明是论证数学的发端，它是历史上第一个把形与数联系起来的定理，即第一个把几何与代数联系起来的定理，也是数学家认为探索外星文明与外星人沟通的最好“语言”。勾股定理导致希伯索斯无理数的发现，引发了第一次数学危机，加深了人们对数的理解，促进了数学的进步发展。勾股定理是历史上第一个给出不定方程的解答，从而促使费尔玛大定理的提出，这是一只下金蛋的鹅，数学家们经过 350 年的历程才获得解决，这期间给整个数学界带来了巨大的财富。

我国古代数学家对勾股定理的证明，极富创意，即使在理论方面也占一席之地。以赵爽的“弦图”作为 2002 年在中国召开世界数学家大会的会徽，可知“弦图”已作为了我国古代数学成就的代表。而在西方，欧几里得在证明勾股定理的同时结合图形分析，以演绎推理的方法获得了一系列的定理和推论，为几何公理体系的完善和发展写下了新的篇章。

中国的数学文化传统反映的是重视应用，数形结合以算为主的务实精神。由于述而不作研究，使勾股定理在中国古代一直没有超越直观经验和具体运算，发展成一套完整的演绎体系，而只是作为一种技艺在传播应用，走的只是解决实际问题的模式化道路。从丰富多彩的数百种勾股定理的证法中，可看出中西证法所反映出来的不同的数学文化传统。

在学习和发扬我国古代数学家所展示的割补原理和数形结合思想这些数学文化传统精髓的同时，也应学习西方数学文化中严谨的逻辑和理性推理所展示的数学美和对数学理性的追求。

2.4　π——一首无穷无尽的歌

圆周率就是圆的周长与直径之比，1706 年英国数学家琼斯(W. Jones)提出用希腊字母“π”来表示圆周率，现在小学生们都知道 $\pi \approx 3.14159$。在中学数学计算中，只需要 3.14 表示 π 就够了。迄今人们用电子计算机已把 π 算到小数点后几亿位，为什么人们要作如此的追求呢？德国数学家康托尔(G. Cantor)曾指出：“圆周率的精确度可以作为衡量一个国家数学水平的标志。”虽然这种说法未免有些夸张，但人们对圆周率精确度的追求正是一种智力探索的激励，是人们锲而不舍的精神追求，是一种博大的奋斗之美，也是一种对计算机技术的促进。

1. 人类追求“π”值精确度的旅程

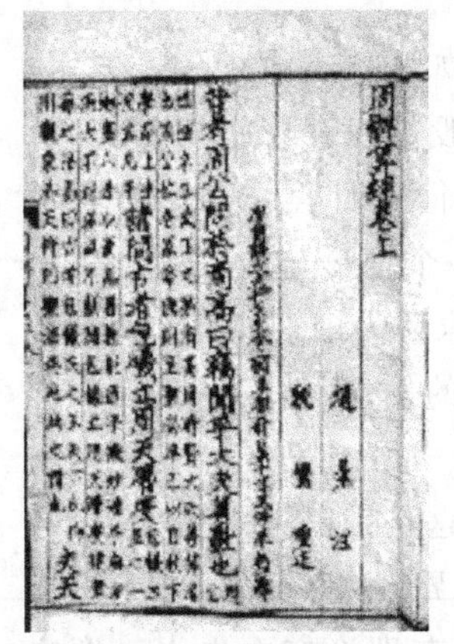
周髀算经卷上
昔者周公问于商高曰窃闻乎大夫善数也

《周髀算经》

早在我国的《周髀算经》中就记载有“周三径一”这一结论。我国的木工师傅也早有流传下来的“周三径一，方五斜七”之说，意思是说，“直径为一的圆，周长约为三；边长为五的正方形，对角线约为七”。这正反映了早期人们对圆周率 π 和$\sqrt{2}$这两个无理数粗略的认识，东汉时官方规定圆周率取 3 为计算面积的标准，后人称之为“古率”。古希腊数学家阿基米德率先将 π 值算到两位小数 3.14，后人将 3.14 叫做“阿基米德数”或“阿氏率”。

我国三国时期魏国人刘徽利用“割圆术”算出 $3.141024 < \pi < 3.142709$，后人称 3.14 为“徽率”；南北朝时南朝人祖冲之基于对刘徽割圆术的继承和发展，于公元 460 年求得了 $3.1415926 < \pi < 3.1415927$，后人称3.141592为“祖率”；事隔 1000 多年后，法国数学家韦达(F. Viete)才于 1579 年求得 π 值为 3.14159265358979323。

圆周率用分数表示的进程是：3，22/7，333/106，355/113，102573/32650。

17 世纪德国数学家鲁道夫(Geulen Ludolfvan)穷尽毕生之力，把圆周率计算到了小数点后 35 位，在莱顿市

阿基米德

的杨德·帕泰中心教堂的墓碑上，刻上了他的这一成就。1946 年一英国大学生与美国人连契，用手算圆周率至小数点后 80 位。20 世纪中叶，英国人贤可士用毕生的时间，把 π 推进到小数点后 527 位；1948 年 1 月弗格森和伦奇两人共同发表有 808 位小数的 π 值，这是人工计算的最高记录。1988 年日本人金田康正用巨型计算机将 π 值算到小数点后 150 万位；1989 年 8 月美国哥伦比亚大学计算机组将 π 计算到 4.8 亿位；1989 年 9 月，日本人金田康正用计算机花 69 小时 13 分，将 π 计算到 5.3687 亿位，若将这些数字排列起来，可达 1103 公里之遥！同年 π 值又突破了 10 亿大关，1995 年 10 月超过 64 亿位。1999 年 9 月 30 日，《文摘报》报道，日本东京大学教授金田康正已将 π 值求到 2061.5843 亿位的小数值。又据最新报道，金田康正利用一台超级计算机计算出圆周率小数点后 1 兆 2411 亿位数，再次改写了他本人创造的记录。据说第一兆位数是 2，第 12 411 亿位数是 5。这些 π 值，如果一秒钟读一位数，需 4 万年才能读完。如果将它们全部写在 0.1 毫米厚的纸上，每张写 1 万位，这些纸摆起来高达 12 411 米，比珠穆朗玛峰还高。

2. 背诵圆周率的记录

我国著名桥梁专家茅以升，在少年时代就被圆周率迷住了。一次在学校新年晚会上，他表演了一个独特的精彩节目——背诵圆周率到小数点后 100 位。直到 90 岁高龄时，他还和上海一少年比赛背诵圆周率，结果都背诵到了小数点后 100 位，这在当时是罕见和令人叹服的。

茅以升

1988 年，我国一个聋人少年周婷婷 8 岁时就创造了背诵 π 值 1000 位的记录，1991 年吉林 23 岁的青年女教师王力争用 1 小时 51 分时间准确背诵了 π 值到 10 500 位。目前我国成年人背诵 π 值的记录是 11 100 位。1994 年年仅 12 岁的成都学生柏乐，用 7 分 2 秒时间准确背诵 π 值达小数点后 1400 位，创下了 π 值背诵的我国青少年记录。2001 年 8 月，广西北海市 28 岁的公务员袁博云在一次民间记忆力大赛中，由公证处公证背诵 π 值达小数点后 6020 位，被奖励一部笔记本电脑和一张 1000 元的 IP 联通卡。

现在，世界上背诵圆周率的“吉尼斯世界记录”的创造者为日本人寄英哲。已是 50 多岁的寄英哲为了把自己的大名记入“吉尼斯世界记录”内，起早贪黑地背诵，竟能在 3 小时内背诵圆周率达小数点后 15 151 位数字。若把这些数字排列起来，将是 20 页的一本小册子。从此，他居然感到脑细胞越来越活跃，晚上睡觉也香，甚至连儿童时代的往事也能一件件地记起来了。这说明人的脑子越用越灵，这是毅力的胜利，也是锲而不舍精神的胜利。1979 年 10 月寄英哲将 π 值背到两万位。

3. 记忆圆周率的“诀窍”

相传新中国成立前，浙江省某处山下有一所小学校，校内有一名数学教师经常和山顶上的和尚喝酒下棋。有一次，他布置学生背诵圆周率，要求背到小数点后22位，即3.141 592 563 589 793 238 462 6，并说背不出来的要打手板。谁知等他喝完酒下完棋之后回来，学生个个都能背出来，后查得原来是一名聪明的学生把先生喝酒的事用谐音编写成了一个故事。故事情节是：

山颠一寺一壶酒，尔乐苦煞吾，把酒吃，酒杀尔，杀不死，乐尔乐！

3.14159　　26535　　897　　932　　384　　626！

记住了情节，就记下了小数点后22位圆周率的数字了。还有一首打油诗，可帮助记住小数点后15位数字：山，一石一壶酒，二侣舞仙舞，罢酒去旧衫，……

4. π 与黄金数 G

1）前面说过古埃及的金字塔与“黄金数”有关，如建于公元前2600年左右的胡夫金字塔，其塔高146.73米与塔底边长230.4米之比 $\frac{146.73}{230.4} \approx$ 黄金数。

因金字塔底是一个正方形，我们发现用金字塔周长除以高度的2倍，其结果为3.14，即 $\frac{4\times 230.4}{2\times 146.73} \approx 3.14$。而3.14即是圆周率 π 的一个近似值。

2）将长、宽、高分别为 $1/G, 1, G$（G 为黄金数）的长方体称为“黄金长方体”，不难算出它的表面积 S 与它的外接球的表面积 T 之比为 $S : T = G : \pi$。这就把“黄金数”这个无理数 G 与超越数 π 奇妙地联系在一起了，而这种联系不是来自代数而是来自几何。

3）我们称短半轴与长半轴之比为黄金数的椭圆为“黄金椭圆”，即有 $b : a = G$，所以 $b = aG$，因而知椭圆面积 $S = \pi ab = \pi Ga^2$，知“黄金椭圆”的面积将 π 与 G 联系在一起。

5. 用0~9十个数码凑出“π”的近似值

用0，1，2，…，9这十个数码组成一个分数，要求不重不漏，而且分子、分母各五个数码凑出 π 的近似值，下面给出八个结果：

76 591/24 380≈3.141 550 451 19；39 480/12 567≈3.141 561 231 79；

95 761/30 482≈3.141 558 952 82；97 468/31 025≈3.141 595 487 51；

37 869/12 054≈3.141 612 742 65；95 147/30 286≈3.141 616 588 52；

49 270/15 683≈3.141 618 312 82；83 159/26 470≈3.141 632 036 26。

希望读者能找出更精确的 π 的近似值。

6. 用 π 表示整数

许多人认为 π 是宇宙的基石，如同建造房屋的钢筋、水泥一样。而整数是数的基石，如果运用适当的记号，一切整数都可以通过为数最小的 π 予以表达。除了常见的四则运算与乘方、开方外，如果准许使用“取整”记号“[　]”，即 $[a]$ 表示小于实数 a 的最大整数，如 $[7.55]=7$，$[\pi]=3$，您能用三个 π 来表达自然数 17、18、19 和 20 吗？经过思索和试探之后是可以做到的，答案如下：

$$17=[\pi\times\pi\times\sqrt{\pi}]\quad 18=[\pi]\times[\pi+\pi]\quad 19=[\pi(\pi+\pi)]\quad 20=\left[\frac{\pi^{\pi}}{\sqrt{\pi}}\right]$$

亲爱的读者，你还能想到其他正整数的表达式吗？

7. 刘徽的割圆术

三国时魏国人刘徽，是我国历史上最杰出的数学家之一，在世界数学史上也处于光辉地位。他首次运用作圆内接正多边形的方法对圆周进行了估算，创立了驰名中外的“割圆术”，开创了我国数学史上研究圆周率的新纪元。

“割圆术”就是将圆周等分，截取等分点，待圆内接正多边形（刘徽是首先作圆内接正六边形），再依次倍增圆内接正多边形的边数，从而使圆内接正多边形的面积逐渐接近于圆面积（图 2-4-1）。当边数为 96 时，可算得

$$\pi=\frac{157}{50}=3.14，通常称为“徽率”。$$

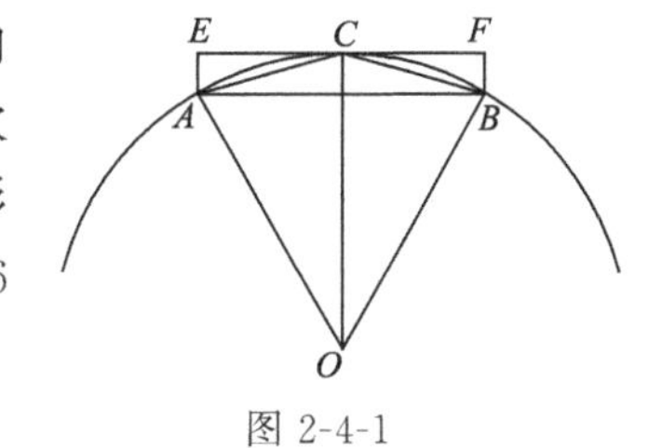

图 2-4-1

据说刘徽算到边数 $=192$ 时，得 $\pi=\dfrac{3927}{1250}=3.1416$，故也有称 $\pi=3.1416$ 为“徽率的”。而这一结果，如果光用割圆计算，需要割到内接正 3072 边形，所以刘徽的这种精加工方法的效果是奇妙的，这也是刘徽割圆术最为精彩的部分，从而奠定了以后我国在圆周率计算方面领先世界其他国家近千年的理论基础。

8. 祖冲之与圆周率

刘徽之后两百多年，圆周率的计算又获得了新的重大突破，这是由我国南北朝时杰出的数学家、天文学家和机械发明家祖冲之做出的卓越贡献。这位中国古代杰出的科学家卓越的数学成就受到全世界的赞扬和推崇。

在法国首都巴黎的“发现宫”科学博物馆的金壁上，镌刻着他的名字和他的辉煌成就；在莫斯科大学礼堂的走廊上，镶嵌有祖冲之肖像；在月球背面的东经 148 度，北纬 17 度的地方的一座环形山命名为祖冲之山。

祖冲之

1955 年 8 月 25 日，我国邮电部发行了一组《中国古代科学家（第一组）》的纪念邮票，其中第二枚（编号 126）就是“数学家祖冲之”。第二年元旦，邮电部又发行了这组邮票的小型张。1966 年 4 月 9 日南京紫金山天文台将该台发现的 1888 号小型星命名为“祖冲之星”，足见我国人民对祖冲之的尊敬和怀念。

祖冲之对圆周率的贡献，在唐代由魏征等所撰《隋书》卷十六《律历志》中有这样的记载：“古之九数，圆周率三，圆径率一，其术疏舛。自刘歆，张衡，刘徽，王蕃，皮延宗之徒各设新率，未臻折衷。宋末，南徐州从事史祖冲之更开密法，以圆径一亿为一丈，圆周盈数三丈一尺四寸一分五厘九毫二秒七忽；朒数三丈一尺四寸一分五厘九毫二秒六忽，正数在盈朒二限之间。密率：圆径一百一十三，圆周三百五十五。约率：圆径七，周二十二。又设开差幂，开差立，兼以正圆参之。指要精密，算氏之最者也。所著之书，名为《缀术》，学官未能究其深奥，是故废而不理。”

在这段文字中明确指出：古率很粗略，刘歆、张衡、刘徽、王蕃、皮延宗等人虽然对圆周率有新的计算，但仍不精确，祖冲之则“更开密法”，求得圆周率的“正数在盈朒二限之间”，并分别给出了密率值和约率值。这里清楚地记载了祖冲之的两大贡献：

其一是求得圆周率 $3.1415926<\pi<3.1415927$；其二是得到圆周率的两个分数近似值，即约率为 22/7；密率为 355/113。他算出 π 的 8 位可靠数字，不但在当时是最精密的圆周率，而且保持世界记录达几百年之久。

可惜文中没有说明祖冲之是怎样“更开密法”，怎样求得圆周率新的数值的。祖冲之对圆周率研究和计算的方法，写在他的数学著作《缀术》中。直到唐代，《缀术》都列为数学教科书，并流传到日本和朝鲜。然而由于《缀术》内容比较深奥，以致在元代后失传。

对祖冲之如何求得圆周率的新数值，虽然文中未有记载，但一般数学史家认为祖冲之仍是继承刘徽“割圆术”的思路和方法，在一个直径为一丈的圆内作圆内接正多边形，边数以 6×2^n（$n=1,2,3,\cdots$）逐次增加，求出正 12 288（即 2×2^{11}）边形的面积，进而算出 24576（即 6×12^{12}）边形的面积，从而求得圆周率 π 值的上、下界：

$$3.1415926<\pi<3.1415927$$

是否还有其他巧妙的方法，由于他的著作《缀术》的失传，就不得而知了。

祖冲之的约率 22/7 曾由阿基米德算出，但他的密率 355/113 则是世界圆周率计算史上的空前杰作，古今中外莫不为这一结果之精妙而叹服。我国著名数学家华罗庚指出，密率 355/113 是分子、分母不超过 1000 的分数中最接近 π 值的分数。

在数学上更重要的意义是提出了"用有理数最佳逼近实数"的问题。密率 355/113 形式简单优美，而且记忆容易，将最小奇数 1、3、5 各写两次，得六个数字 113 355 再画一条分数线，把前三个数字 113 作为分母，后三位数 355 作分子，就得到密率 355/113 了。

祖冲之这一成就，要领先世界 1200 年，我国著名科学家茅以升在他所写的《中国圆周率略史》中，称祖冲之的 π 值是"精丽罕俦，千古独绝"。日本学者三上义夫在其 1913 年出版的《中日数学发展史》中建议将 355/113 称为"π 的祖冲之分数值"。1917 年我国科学家茅以升在《科学》杂志发表的文章中率先把 355/113 称为"祖率"。

李约瑟在《中国科学技术史》第三卷指出：在圆周率方面，中国人不仅赶上了希腊人，而且公元 5 世纪又出现了跃进，祖冲之的密率 355/113 或 3.1415929203，直到 16 世纪末，一直是举世无双的。

2000 年 10 月，在祖冲之的家乡河北涞水县建立了"祖冲之纪念馆"，召开了祖冲之逝世 1500 周年学术讨论会，纪念他在数学、天文、机械制造和文学等多方面的成就。会上日本学者小林龙彦说，祖冲之的《缀术》一书曾经在日本流传，对日本古代数学影响很大，他要在日本寻找到该书，哪怕是只有 0.000 000 000 000…1 的希望，这是多么感人的事！

9. 毕生贡献给计算 π 值的数学家

1）德国数学家鲁道夫于 1585 年通过计算圆的内接正 192 边形，得到 $\pi<3.14205<1521/464$，1586 年他又得到 $3.14103<\pi<3.142732$，1596 年，他又将 π 值算到小数点后 20 位。他将这个值刊登在他出版的书的封面本人画像的下边，他很为此自豪。此后鲁道夫又算了 14 年的 π 值，直到他逝世的 1610 年他已将 π 值算到了 35 位。1615 年在他的妻子出版的书中刊载了这个值。

鲁道夫生于 1540 年，曾任莱顿大学的数学、建筑学、军事学教授，他一生大部分的时间都用于计算 π 值上，并要求在遗嘱上写明他的成就。鲁道夫在 1610 年的最后一天与世长辞，被安葬在莱顿(原属德国，后属荷兰)市的杨德 · 怕特中心，即彼得教堂的基地里。后人就把这个 π 值刻在他的墓碑上，这就是著名的"π 墓志铭"，墓碑上刻的 π 值是

3.141 592 653 589 793 238 462 643 383 279 502 88

虽然如今墓碑已不复存在，但在今天，德国人把圆周率叫做"鲁道夫数"。

2）1851 年，英国数学家威廉 · 山克斯(William Shanks)将 π 值算到了 319 位；1853 年他又先后将 π 值算到 530 位和 608 位。虽然后来知道这两个 π 值只有前 528 位是正确的，但却是花掉了他"十载寒窗"的结果。

经过 20 年的努力，山克斯利用台式机械计算机和马青公式，于 1873 年将 π 值

算到小数点后 708 位，这个值被刊登在《皇家学会学报》上。在他去世后，人们将他这 708 位 π 值刻在他的墓碑上，且在 1937 年巴黎召开世界博览会时，在“发现馆”的天井里依然还刻着山克斯的这个 708 位的 π 值。直到 1945 年，由数学家弗格森在仔细核算自己正确计算出的 541 位值中，发现山克斯计算的 π 值，仅前 528 位是正确的。

以上这两位数学家，几乎把他们毕生的精力都献给了对 π 值的计算，表现出了一种执着追求的精神。

10. 多种 π 值的无穷表达式

要用分析表达式计算 π 值，需将它化成各种“无穷”的形式，其中包括无限连分式、无穷乘积、无穷级数、反正切式等。虽然“反正切式”不是“无穷”形式，但在计算 π 时常利用 $\arctan x=x-\frac{x^3}{3}+\frac{x^5}{5}-\cdots$，将它展开成无穷级数来进行计算，故我们仍可认为反正切式为无穷表达式。

(1) 无限连分式

π 的小数值本是“杂乱无章”的，但从 1655 年英国数学家沃利斯(John Wallis)出版的《无限算术》中，记载了布龙克尔(Brorncker)为解答他的质疑时，将 π 值表示成连分式的形式中，却发现有规律地从 1 开始的连续奇数的平方，使人觉得似乎其中包藏着奥妙，有规律可循，充满了数学的神奇美。其连分式形式如下：

$$\pi=\cfrac{4}{1+\cfrac{1^2}{2+\cfrac{3^2}{2\cfrac{5^2}{2\cfrac{7^2}{2+\cdots}}}}}$$

(2) 无限乘积式

直到 16 世纪后，人们才开始摆脱求多边形周长的繁难计算，利用无穷级数或无限连乘积来计算 π 值。

1579 年法国数学家发现

$$\frac{2}{\pi}=\frac{\sqrt{2}}{2}\cdot\frac{\sqrt{2+\sqrt{2}}}{2}\cdot\frac{\sqrt{2+\sqrt{2+\sqrt{2}}}}{2}\cdots$$，这是 π 的最早分析表达式

1650 年英国数学家沃利斯将 π 值表示成

$$\frac{\pi}{2}=\frac{2\cdot2\cdot4\cdot4\cdot6\cdot6\cdot8\cdot8\cdot10\cdot10\cdot12\cdot12\cdots}{1\cdot1\cdot3\cdot3\cdot5\cdot5\cdot7\cdot7\cdot9\cdot9\cdot11\cdot11\cdot13\cdot13\cdots}$$

(3) 无穷级数式

无穷级数千奇百怪，变化莫测，其中最著名的是莱布尼兹的结果

$$\frac{\pi}{4}=1-\frac{1}{3}+\frac{1}{5}-\frac{1}{7}+\frac{1}{9}-\frac{1}{11}+\cdots$$

欧拉发现许多 π 的无穷级数表达式，其中最著名的是

$$\frac{\pi^2}{6}=\frac{1}{1^2}+\frac{1}{2^2}+\frac{1}{3^2}+\frac{1}{4^2}+\frac{1}{5^2}+\cdots$$

下面再举出几个优美的 π 的无穷级数式：

$$\frac{\pi}{2}=1+\frac{1}{3}+\frac{2}{3\cdot5}+\frac{2\cdot3}{3\cdot5\cdot7}+\frac{2\cdot3\cdot4}{3\cdot5\cdot7\cdot9}+\cdots \qquad \text{(夏鸾翔式)}$$

$$\frac{\pi}{4}=1-\frac{1}{3!}-\frac{3}{5!}-\frac{3^2\cdot5}{7!}-\frac{3^2\cdot5^2\cdot7}{9!}-\cdots \qquad \text{(李善兰式)}$$

$$\frac{\pi}{18}=\frac{1}{2}+\frac{2}{4\cdot3\cdot2^2}+\frac{3\cdot2}{6\cdot5\cdot4\cdot3^2}+\cdots \qquad \text{(拉马努金式)}$$

(4) 反正切式

下面列举几个有名的反正切式：

$$\pi=4\arctan1 \qquad \text{(莱布尼兹式)}$$

$$\pi=4\arctan\frac{1}{2}+4\arctan\frac{1}{3} \qquad \text{(欧拉式)}$$

$$\pi=12\arctan\frac{1}{4}+4\arctan\frac{1}{10}+4\arctan\frac{1}{1985} \qquad \text{(高斯式)}$$

$$\pi=4\arctan\frac{1}{2}+4\arctan\frac{1}{5}+4\arctan\frac{1}{8} \qquad \text{(达泽式)}$$

$$\pi=8\arctan\frac{1}{3}+4\arctan\frac{1}{7} \qquad \text{(克拉森式)}$$

$$\frac{\pi}{4}=\arctan\frac{1}{4}+\arctan\frac{1}{5}+\arctan\frac{1}{7}+\arctan\frac{1}{8}+\arctan\frac{1}{13} \qquad \text{(李文军式)}$$

(5) 其他形式的表达式

π 除了有以上的四种表达式外，还有其他形式的表达式，现列举两则如下：

$$\frac{4}{\pi}=\tan\frac{\pi}{4}+\frac{\tan\frac{\pi}{8}}{2}+\frac{\tan\frac{\pi}{16}}{4}+\cdots$$

$$\frac{\pi}{4}=\sum_{n=0}^{\infty}\frac{\sin(2n+1)x}{2n+1}\left(0<x<\frac{\pi}{2}\right)$$

11. 离奇的求 π 方法——π 与概率

我们计算 π 值,除了前面提到过的几何法、分析法、计算机计算外,还有一种不用繁杂计算的稀奇方法——实验法。

精确性是经典数学的一大特点,各种精确的计算公式和无懈可击的定理正是这种特点的表现之一。但现实生活中许多问题,要找到描述它们的精确的数学公式却是十分困难的,甚至是难以办到的,对于某些具有偶然性的事件更是如此。

蒲丰

(1) 蒲丰实验

法国博物学家蒲丰(Comte de Buffon),在研究偶然事件的规律时曾发现,有时数学问题无需进行繁杂的运算而只需通过实验就会有其必然结果。1777 年,由他设计的投针计算圆周率的实验就是应用这种方法的一个著名例子。

蒲丰在一张纸上,用尺画一组相距为 d 的平行线,用一些粗细均匀长度小于 d 的小针扔到画了线的纸面上,并记录着小针与平行线相交的次数。如果投针的次数非常的多,则由扔出的次数和小针与平行线相交的次数,通过某种运算,便可求出 π 的近似值。历史上曾有不少数学家做过这个实验,结果如表 2-4-1 所示。

表 2-4-1

实验者	年　份	投掷次数	π 值
蒲丰	1777	2212	3.142
沃尔夫	1850	5000	3.1596
史密斯	1855	3204	3.1553
福克斯	1894	1120	3.1419
拉兹里尼	1901	3408	3.1415929

由表可看出,由抛针实验所得出的结果与 π 值的确相近。但也看出,拉兹里尼实验次数比沃尔夫少,但 π 值反而精确度高些。由此可知,不一定实验次数越高,精确度就一定越高,这涉及一个重要的数学问题——最优停止问题,也就是投到多少停止才可获得较优的 π 值问题。

(2) 抛针实验与 π

为什么在一些随意抛针实验中,会与圆周率 π 发生联系呢?我们先看一个假想实验:找一根铁丝弯成一个圆圈,使其直径等于二平行线间的距离 d,那么,无论怎样扔下圆圈，都会和平行线有两个公共点，如果扔 n 次，则圆圈与平行线相交 $2n$ 个交点次。如果把圆圈拉直成一根针，则针长 $EF=\pi d$，这样针 EF 与平行线有交点的方式有：4 个交点，3 个交点，2 个交点，一个交点，0 个交点(图 2-4-2)。由于这是随机过程的多次重复试验，总的可能性和它在圆周形式下相同。因而，将针 EF 扔 n 次，它与平行线相交乃 $2n$ 个点次。

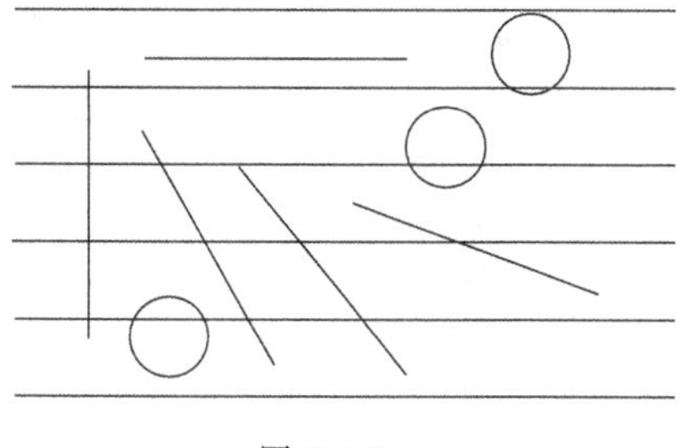

图 2-4-2

经过多次(数千次)重复试验，证实针 EF 与平行线相交点的次数 m 将随着试验次数增大而逐渐向 $2n$ 逼近。如果用不同长度的针 l 和 l' 投掷，它们与平行线相交的次数与针 l、l' 的长度成正比。

由上可知，用针长为 l 的针与针长为 πd 的针 EF 分别与平行线交点的次数 m 与 $2n$ 之比为

$$\frac{m}{2n}=\frac{l}{\pi d}\pi=\frac{2nl}{md}$$

如果我们取 $l=\frac{a}{2}$，则有 $\pi=\frac{n}{m}=\frac{\text{投掷总次数}}{\text{碰线总次数}}$。

这个实验的设计和公式，首先是由法国博物学家蒲丰在论文《或然性算术尝试》中提出的。1901 年，意大利的拉兹里尼，使用长为 $L=0.83d$ 的针投扔了 3408 次，求出 π 的近似值 3.14 592，精确到 6 位小数，这不但为圆周率的研究开辟了一条新路，并逐渐发展成一种新的数学方法——统计试验法(又叫“蒙特卡罗(Quasi-Monte Carlo)方法”)。现在这个工作尽可全部交由计算机，在几秒钟之内便可完成。

(3) 另一种奇特的求 π 值方法

您相信吗？如果让一些人，每人任意随机地写出几个正整数，然后由写出的所有正整数对中，检查多少对正整数是互质的，再由互质的对数与所有给出的正整数对的比，竟可求得 π 的近似值，这实在是太出人意料了，简直是超出常人的想像力，使人感到震惊！

事实上，有人就做过这样的实验。大约在 1904 年，查里斯让 50 名学生每人随机地写出 5 对正整数，在所得的 250 对正整数中，他发现有 154 对是互质的，这样出现互质对数的概率便是 154/250。如果把这个数目说成 $6/\pi^2$，则可算出 $\pi=3.12$，而 $\pi=3.14159\cdots$，“奇迹”终于出现了！

要严格证明上述概率是 $6/\pi^2$，需要用到较高深的数学知识，且很难找到像蒲丰实验那样巧妙的设计和证明。我们只能通过以下简单的例子而得到解释。

随机地写出两个小于1的正数 x 与 y，它们与数1一起组成三数组 $(x,y,1)$，这样三个数正好是一个钝角三角形三边的概率是 $\frac{\pi-2}{4}$。这个实验与查里斯实验结构是极其相似的。但是它的证明却无需用到很多的数学知识。由于 $0<x$、$y<1$，所以，以数对 (x,y) 确定的点必均匀分布在单位正方形内，也就是对应的点 (x,y) 出现在正方形中每一处的机会都相等。如果符合条件的点（指与三数 $(x,y,1)$ 能构成钝角三角形的数对 (x,y) 对应的点），落在一个阴影区域 G 内（图 2-4-3），根据机会均等的原则，所求概率应为

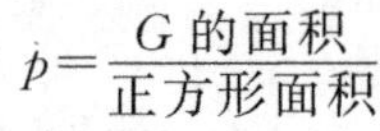

$$p=\frac{G\text{ 的面积}}{\text{正方形面积}}$$

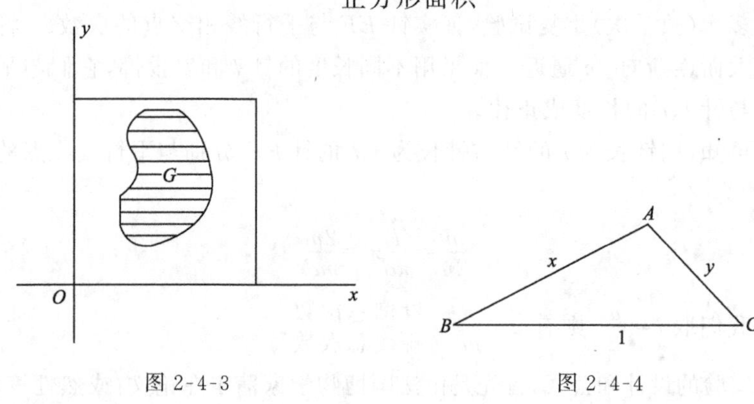

图 2-4-3　　图 2-4-4

我们再来考虑以 x、y、1为边长的钝角三角形（图 2-4-4），由于 $0<x$、$y<1$，可知 x、y 所对的角都是锐角，只有为1的边所对的角 A 为钝角，在△ABC 中，由余弦定理，有

$$1^2=x^2+y^2-2xy\cos A$$

即

$$x^2+y^2=1+2xy\cos A$$

由于 $\cos A<1$，所以 $2xy\cos A<0$，故得

$$x^2+y^2<1 \qquad ①$$

此即△ABC 为钝角三角形的充要条件，而以三数 $(x,y,1)$ 为边能构成三角形的必要条件是 $x+y>1$，亦即

$$y>1-x \qquad ②$$

因满足①的点 (x,y) 在单位圆内部，而满足②的点 (x,y) 在正方形对角线 AB 的上方，故同时满足不等式①、②的点必落在图 2-4-5 的阴影部分内。这样三数 $(x,y,1)$ 能构成三角形的概率为

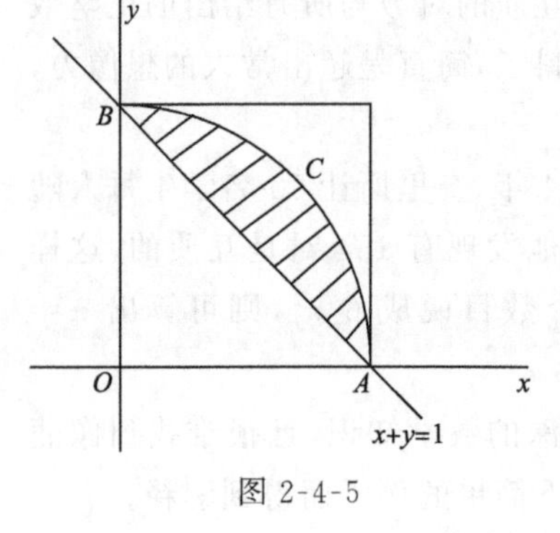

图 2-4-5

$$p=\frac{\text{弓形 }ABC\text{ 的面积}}{\text{单位正方形的面积}}$$

$$=\frac{\frac{1}{4}\text{单位圆面积}-\frac{1}{2}\triangle AOB\text{ 面积}}{\text{单位正方形面积}}$$

$$=\frac{\frac{1}{4}\pi\cdot 1^2-\frac{1}{2}\cdot 1\cdot 1}{1^2}=\frac{\pi}{4}-\frac{1}{2}=\frac{\pi-2}{4}$$

这不是吗?"π"确实出现在随机写数的场合中,这是多么神奇!

下面,便可进行类似于查里斯的试验了:可叫来许多的学生,让每人随机地写下一对小于1的正整数,然后,让大家检查一下,看随机写下的两个数 x,y 与1能否构成1个钝角三角形$\left(\text{即要同时满足}\begin{cases}x+y>1\\x^2+y^2<1\end{cases}\right)$。若有 m 名学生写出的数对中能与1构成钝角三角形三边的数对 (x,y) 有 n 个,则有 $\frac{n}{m}=\frac{\pi-2}{4}$,这样便有 $\pi=\frac{4n}{m}+2$。

12. π 中数字的奇异排列

将π值算到上兆(万亿)位后,在这一长串的数字中,会出现哪些特别的现象呢?有人对计算到1.3544亿位的π值进行分析和统计,发现小数点后的1000万位内,同一个数字连续六个排在一起的事发生了87次;在小数点后的24 658 601位起连续出现了9个"7",连续出现数字"6"或"8"的情形也有,而同一数字连续出现9次的几率为一亿分之一。

与π的前8位数3.1415 926有相同顺序的排列出现过1次,与π前7位数3.141 592有相同顺序的排列出现过4次,与π的前6位数3.14159有相同顺序的排列出现过6次。

而最神奇的发现是美国《科学美国人》"数学游戏"专栏作家马丁·加德纳,竟能从数百年来人们熟视无睹的π的前33位数中发现一些奇妙的"对称"。

将π的前33位数字画成下面图形:在这32位小数中,有两个26,在第二个26的两边有79,32,38这三对数位列它的两边,以他为"轴对称";前一个26的前5个数"1,4,1,5,9"和后5个数"5,3,5,8,9"它们之和为50。而且这10个数,正好是第一根竖杠前的10个数,而这个"50",又恰好是第二根竖杠后的数;后一个26的

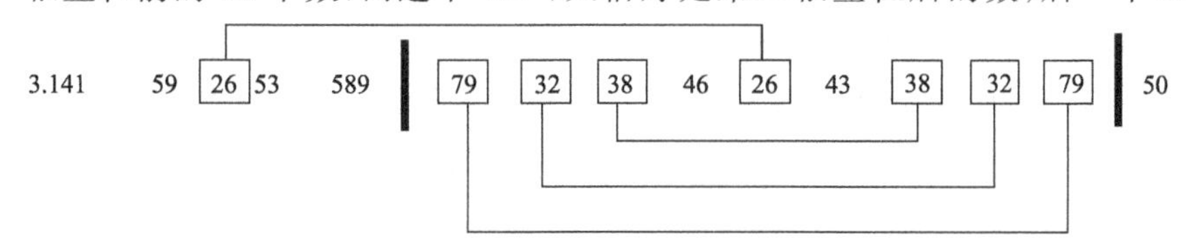

前、后的46与43之和是89，这恰是第一个竖杠前的两个数；关于后一个26同“轴对称”的三对数79，32，38中间的数32，正好是79，32，38各个数字之和。

以上的“对称”虽然有些牵强，但却十分有趣迷人，由此也可看出马丁·加德纳的独具慧眼。

13. π是一首唱不完的歌

π值隐藏的规律是如此的丰富多彩，因而促使人们对π的规律性的研究欲罢不能。

数学家欧仁·萨拉明(Eugene Salamin)于1976年发表论文《利用算术平均数和几何平均数计算π值的新方法》，例如当$n=22$时，即可算到π值的11 445 209位有效数字，可见π的分布规律已开始为人们所认识。

1985年，有人利用印度数学家所发现的计算π的有效公式

$$\frac{1}{\pi}=\frac{2\sqrt{2}}{980!}\sum_{k=0}^{\infty}\frac{(4k)!(1103+26390k)}{(k!)^4\cdot 396^{4k}}$$

获得了π的1700万位有效值。

1994年日本人利用公式

$$\pi=\sum_{k=0}^{\infty}\frac{1}{16^k}\left(\frac{4}{8k+1}-\frac{2}{8k+4}-\frac{1}{6k+5}-\frac{1}{8k+6}\right)$$

计算出π的40亿位数字。

20世纪90年代，数学家更发现了一种关于π的“小龙头算法”，即在原先计算出的基础上，利用递推方法计算出相继的数字，而不必从头开始计算。

更有意思的是计算机专家利用计算机发现了一个非常漂亮有效的公式：

$$\pi=\sum_{k=0}^{\infty}\frac{1}{16^k}\left(\frac{4}{8k+1}-\frac{2}{8k+4}-\frac{1}{6k+5}-\frac{1}{8k+6}\right)$$

在十六进位制中，可单独计算出π的任何一位数字，例如它无需算出100亿位以前的数字，便可算出100亿位数字是多少。

其实人们只需知道π的40位有效数字，就足以保证银河系周长的计算误差比一个质子直径还小，更不用说其他的了。然而，人们对“π”表现出很大的热情和重视，如在巴黎的科学宫中就专门建立了一座圆周率馆(图2-4-6)，为什么到了20世纪后期人们还如此热衷于π精确度的计算呢？也许是基于以下的原因：

一是检查计算机硬件和软件的完整性及计算的有效性；

二是为了研究π的数字分布规律；

三是人类的一种进取精神的驱使，如同登山体验攀登一座座高峰的喜悦。

诺贝尔文学奖得主、波兰著名女诗人维斯拉瓦·申博尔斯卡(Wislawa Szymborska)在题为“π”的诗中是这样写的：

图 2-4-6　巴黎科学宫中的圆周率馆

地球上最长的蛇不过四十英尺
神话和传说中的蛇也无分轩轾
组成 π 的数字列队行进逶迤
它不会在页边栖息
它会继续走过书桌，穿过空气
越过墙壁、树叶、鸟巢、云霓
直上九霄
穿过广袤无垠的天际
那彗星的尾巴显得多么短小
就像鼠尾和小辫子
而星光显得多么脆弱
撞在空间上便弯曲了轨迹
……

图 2-4-7

圆周率像一座迷宫，让人流连忘返(图 2-4-7)；圆周率像一首朦胧的诗，像一曲悠扬的乐章，又像一座入云的高山，让人遐想，让人陶醉，更让人奋进，去攀登不息！

2.5　中国剩余定理

1970 年国际数学界流传着一个轰动的消息：由德国大数学家希尔伯特(D. Hilbert)于 1900 年在国际数学家大会上提出的 23 个世界难题中第 10 题和数论有

关,已被苏联一个才 22 岁青年尤里·马蒂杰雪维奇所解决了。

他在解决这个问题时,用到了斐波那契数、美国数理逻辑家研究的成果,并在一个关键地方用到了中国人在 1500 年前就发现了的一个定理——“中国剩余定理”。而这一定理是由南宋时期的数学家秦九韶完成的。

1. “孙子问题”——中国剩余定理的发端

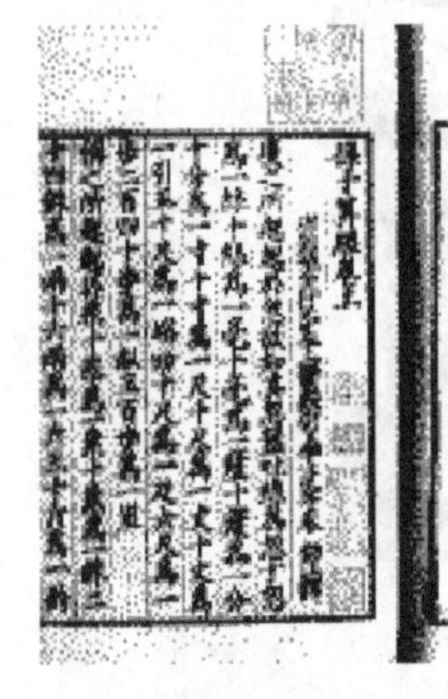

《孙子算经》

成书于我国晋朝(约公元 4 世纪)的数学巨著《孙子算经》的下卷第 26 题是一道“物不知数”的问题,“今有物不知其数,三三数之,剩二;五五数之,剩三;七七数之,剩二,问物几何?”

这个问题的意思是:“现在有一些东西不知道它们的个数,如果三个三个地数,剩下 2 个;如果五个五个地数,剩下 3 个;如果七个七个地数,剩下 2 个,问这些东西有多少个?”为了记忆,宋人周密作隐语诗道:

三岁孩儿七十稀,五留廿一事尤奇。

七度上元重相会,寒食清明便可知。

此问题亦称“孙子问题”,有许多有趣的别名,如“鬼谷算”、“秦王暗点兵”、“隔墙算”、“神算术”、“大衍求一术”等等。

1852 年《孙子算经》传入欧洲,人们发现孙子的解法与著名数学家高斯的高斯定理是一致的,而中国人的研究要早一千多年,于是大家称之为“中国剩余定理”。

2. “孙子问题”的解法

(1) 孙子的解法

《孙子算经》中记载了对此问题的一般解法:“三三数之剩二,置一百四十;五五数之剩三,置六十三;七七数之剩二,置三十。并之,得二百三十,以二百一十减之,即得。凡三三数之剩一,则置七十;五五数之剩一,则置二十一;七七数之剩一,则置十五。一百六十以上,以一百五减之,即得。”答案是二十三。

(2) 程大位的解法

明代数学家程大位在其《算法统宗》里用诗歌概括了这个问题的解法:

三人同行七十稀,五树梅花廿一枝,

七子团圆月正半,除百零五便得知。

程大位的《算法统宗》传入日本、朝鲜及东南亚,对那里的数学发展产生了很大的影响。现在我们来看这首诗歌解法的含义:

第一句是用 70 乘被 3 除的余数：$70\times2=140$，

第二句是用 21 乘被 5 除的余数：$21\times3=63$，

第三句是用 15 乘被除的余数：$15\times2=30$，

然后加起来 $70\times2+21\times3+15\times2=233$。

第四句是 $233-105-105=23$。

程大位

为什么 70、21、15 有如此妙用？原来：70 被 3 除余 1，而 70 能被 5、7 除尽；21 被 5 除余 1，而 21 能被 3、7 除尽；15 被 7 除余 1，而 15 能被 3、5 除尽。因而有：

$70a$ 被 3 除余 a，而能被 5、7 除尽；$21b$ 被 5 除余 b，而能被 3、7 除尽；$15c$ 被 7 除余 c，而能被 3、5 除尽。

这样一来，$70a+21b+15c$ 被 3 除余 a，被 5 除余 b，被 7 除余 c。

在程大位的诗歌里，前三句的意义是点出了 3、5、7 与 70、15、21 的关系，后一句指出求最小正数解还需减 105。

(3) 代数解法

孙子问题可归结为解如下方程：$x=3y+2$，$x=5z+3$，$x=7u+2$ 或 $3y+2=5z+3=7u+2$，由此得 $3y=7u$，$y=\frac{7}{3}u$，令 $u=3t(t\in N^*)$，得 $y=7t$，于是有

$$\begin{cases}21t+2=5z+3\\21t-5z=1\end{cases}\qquad(t\in N^*)$$

用试值法，可求出上面不定方程组的一组解：$\begin{cases}t=1\\z=4\end{cases}$。

一般公式可写为：$t=1+5q$，$z=4+21q$ $(q\in N)$，将上式代入 $x=21t+2$，得 $x=23+105q$。当 $q=0$ 时，$x=23$；$q=1$ 时，$x=128$；$q=2$ 时，$x=233$；$q=3$ 时，$x=338$；……

(4) 现代数学解法

利用同余概念，这个问题是求正整数 x，使得下式成立：

$$\begin{cases}x\equiv2\pmod 3\\x\equiv3\pmod 5\\x\equiv2\pmod 7\end{cases}$$

这个同余方程组的公共解即是问题的答案。为解决这一问题，首先将问题分解成简单问题求解，它们分别具有如下性质：

P 满足两个条件：① $5\mid P$，$7\mid P$；② $P\equiv1\pmod 3$；

Q 满足两个条件：① $3\mid Q$，$7\mid Q$；② $Q\equiv1\pmod 5$；

R满足两个条件：① $3 \mid R, 5 \mid R$； ② $R \equiv 1 \pmod 7$；

把它们叠加起来就得到解：$2P+3Q+2R$。如何确定 m？只能直接算：

令 $m=1$，得 $P=35\equiv 2 \pmod 3$；令 $m=2$，得 $P=70\equiv 1 \pmod 3$，知 $P=70$。同理可求得 $Q=21$，$R=15$，于是得解是 $2P+3Q+2R=2\cdot 70+3\cdot 21+2\cdot 15=233$。

因为 $3\times5\times7=105$，所以任何解加上 105 或减去 105 仍是解，故得最小值解是 $233-105-105=23$，此问题的一般解是 $23+105n, n\in N^*$。当 $n=0$ 时，便是"孙子问题"的答案。

3. 类似问题

"孙子问题" 即是求不定方程组的解的问题，下面举几则与"孙子问题"类似的问题。

(1)"韩信点兵"

韩信是汉初刘邦手下的一员大将，善于用兵。相传有一天，他在一名部将的陪同下，检阅士兵的排练。当全体士兵编成三路纵队时，韩信问："最后一排多少人？"部将报告："最后一排剩二人。"当队伍编成五路纵队时，韩信又问："最后一排剩几人？"答曰："剩三人。"最后韩信下令队伍编成七路纵队，得知依旧余二人。

编队结束后，韩信问："今天有多少将士参加操练？"部将回答说："今天上场操练的应当有 2345 人。" 韩信想了一想说："不对吧！场上实际上只有 2333 人，比你报的数目少 12 人。"部将将信将疑，下令重新清点队伍，结果果然是 2333 人，一个不差，部将和众士兵无不佩服！当部将问韩信是怎样得知这一准确数字时，韩信说："我是根据你刚才报的编队排尾余数算出来的。"这实际是求下列不定方程组的一组解：设总队人数为 N，三次纵队中各纵队的人数分别为 x、y、z，则有

$$\begin{cases} N=3x+2 & ① \\ N=5y+3 & ② \\ N=7z+2 & ③ \end{cases}$$

由上①、③知 N 被 x 和 z 除后都余 2，可求出 3 和 7 的公倍数再加 2，即 $N=3\cdot7+2=23$，而 23 被 5 除余数恰为 3，知又满足②，即 23 即为所求的数目。不过 3、5、7 的最小公倍数是 $3\cdot5\cdot7=105$，所以 23 再加上 105 的整数倍都符合要求。故 N 可为 23，128，233，338，…，由于韩信听部将说是 2345 人，上列数中与 2345 相近的一个数是 2333，故韩信说参加操练的有 2333 人。

(2)"鬼谷神算"

在一个古老年代，一条繁华的大街上，只见许多人围在一个竹竿高挑写着"鬼

谷神算”的布条下，原来是一位“仙风道骨”模样的算命先生对另一位老者说：“老人家你不需告诉我岁数，只需说出你的岁数除以二、三、五后的余数各是多少，我就知道你的岁数了”。

只听这位老者说：“我的岁数用二除余一，用三除也是余一，用五除是余三。”只见算命先生摆弄一下算筹就说：“老人家你已经七十三岁了。有道是人生七十古来稀，老人家你童颜鹤龄，龙马精神，真有福气。”算命先生算对了，他是怎样算出来的呢？

用同余概念可归结为解下列方程组：

$$\begin{cases} x \equiv 1 \pmod 2 \\ x \equiv 1 \pmod 3 \\ x \equiv 1 \pmod 5 \end{cases} \quad \text{明显地} \quad \begin{matrix} 3\times5\times1 \equiv (\text{mod } 2) \\ 2\times5\times1 \equiv (\text{mod } 3) \\ 2\times3\times1 = (\text{mod } 5) \end{matrix}$$

可知有 $x \equiv 15+10+6\times3=43 \pmod{30}$，或 $x \equiv 13 \pmod{30}$，得一般公式 $x=30k+13$。若 $k=1$，则 $x=30+13=43$；若 $k=2$，则 $x=60+13=73$。由于算命的是一位老者，岁数不可能是 43，故可知这位老者的年龄是 73。

4. 秦九韶的贡献

秦九韶

秦九韶，字道古，南宋时期数学家，自幼喜好数学，经过长期积累和苦心研究，于 1247 年写成《数书九章》。全书十八卷，约 20 万字，收集了 81 个与生活有关的问题，这部中世纪的数学杰作，代表了当时世界数学的最高水平。美国哈佛大学科学史家萨顿(G. Sarton)对秦九韶的评价是：“秦九韶是他那个民族，那个年代，并且也是所有时代最伟大的数学家之一。”

秦九韶的主要成就有三：一是大衍求一术；二是数字高次方程的近似解；三是线性方程组的解法。其中求解一次同余组的“大衍求一术”更具有世界意义。

秦九韶是在蒙古进入中原、兵荒马乱的动荡年代里写成《数书九章》这部名著的。在书中说：“数理精微，不易窥识，穷年致志，感于梦寐，幸而得知，谨不敢隐。”书中的解联立一次同余式的“大衍求一术”(即中国剩余定理)这一方法，直到 500 多年后才被德国大数学家高斯于 1801 年出版的《算术研究》中做出一般性叙述的。

一般情况下，中国剩余定理可表述为：

若某数 x 被互质诸数 $d_1, d_2, \cdots, d_n$ 除所余之数相应为 $r_1, r_2, \cdots, r_n$，则 x 可表示为：$x=k_1r_1+k_2r_2+\cdots+k_nr_n$。

其中，k_1 为 $d_2, d_3, \cdots, d_n$ 的公倍数，而被 d_1 除余 1；k_2 为 $d_1, d_3, \cdots, d_n$ 的公倍

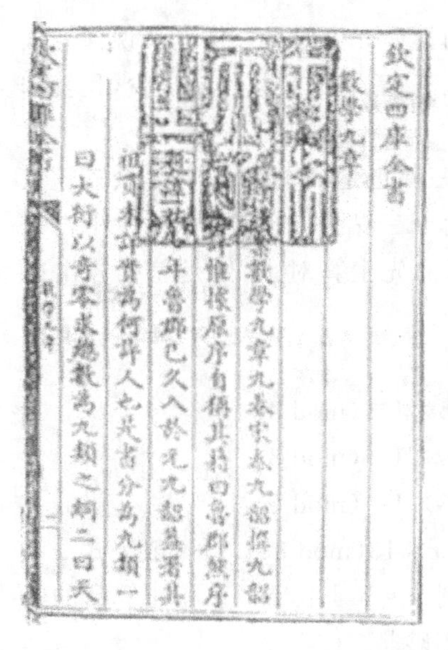

欽定四庫全書
數學九章
數學九章九卷宋秦九韶撰九韶
推據原序自稱其籍曰魯郡然序
年魯郡已久入於元九韶蓋署其
祖貫耳所實為何許人也是書分為九類一
曰大衍以奇零求總數為九類之綱二曰天

文澜阁四库全书本《数书九章》书影

数，而被 d_2 除余 1。余此类推；l 为 $d_1, d_2, \cdots, d_n$ 的最小公倍数，q 为整数。如在“孙子问题”中：$d_1=3, d_2=5, d_3=7; k_1=70, k_2=21, k_3=15; l=105, q=-2$，将这些数代入上面公式，便可求得 $x=23$。

在《数书九章》中，秦九韶广泛用“大衍求一术”来解决历法、工程、赋役和军旅等实际问题。从“孙子问题”到“大衍求一术”，关于一次同余式求解的研究，形成了中国古典数学研究的特色中国剩余定理。

学习了“中国剩余定理”现提供下列几道问题供有兴趣的读者练习：

1）古代印度的一个数学问题：

一篮中装有鸡蛋，每次取 2 个，剩下 1 个；每次取 3 个，剩下 2 个；每次取 4 个，剩下 3 个；每次取 5 个，剩下 4 个；每次取 6 个，剩下 5 个；如果每次取 7 个，则刚好取完，问篮中有鸡蛋多少个？

2）杨辉在 1275 年写的《续古摘奇算法》一书里有三个这样的问题：

①“二七数剩一，八数剩二，九数剩三，问本数”；

②“二十数剩三，十二数剩二，十三数剩一，问本数”；

③“二数剩一，五数剩二，七数剩三，九数余四、问本数”。

2.6 七桥问题与一笔画

1. 七桥慢步

在离布勒格尔河流入波罗的海海口不远的地方，有一座古老的城市——哥尼斯堡。哥尼期堡城是条顿骑士团在 1308 年建立的，作为日尔曼势力最前端的哨所达四百余年之久，曾作为东普鲁士的首府。第二次世界大战后，被更名为加里宁格勒，成为前苏联最大的海军基地。现在哥尼斯堡位于立陶宛与波兰之间，但加里宁格勒现属俄罗斯。

在第二次大战时，法军经这里入侵波兰。后来苏军也从此地打进德国，所以哥尼斯堡是一座历史名城。同时在这里诞生和养育过许多伟大人物。其中最有名的有两位，一位是 18 世纪著名唯心主义哲学家康德，终生没有离开此城；另一位是 19 世纪的大数学家希尔伯特。

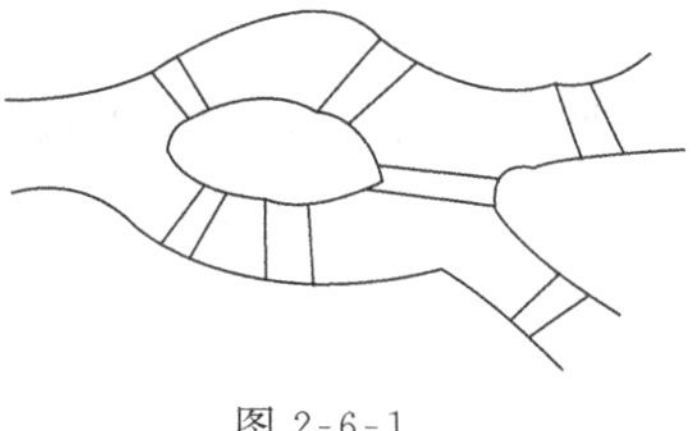
图 2-6-1

但是,最早给这座城市带来声誉的是那横跨布勒格尔河,把哥尼斯堡连成一体的七座桥梁。在哥尼斯堡城中,布勒格尔河横贯城中(图 2-6-1),河有两条支流,一条称新河,一条叫旧河,中间一座河星岛,叫千内福夫岛,这是城中繁华的商业中心。由于布勒格尔河的流过,使全城分为四个地区:岛区、北区、东区和南区。在布勒格尔河上,架了七座桥,其中五座将河岛与河岸连接起来,另有两座架在一条支流上。这一别致的桥群,吸引了众多的哥尼斯堡居民和游人来此河边散步或去岛上买东西。也引发了数学史上一项重要的研究。

一天又一天,这七座桥上走过了无数的行人,人们随着从波罗的海吹来的潮湿和带着咸味的海风,听着内福夫岛上大教堂里传出的一阵阵悠扬宏亮的钟声,脚下的七座桥触发了人们的灵感,一个有趣的问题在居民中传开:"能否在一次散步中每座桥都走一次,而且只能走一次最后又回到原来的出发点?"这个问题看上去是这样的简单,人人都乐意去测试一下自己的智力。可是把全城人的智慧加在一起,也没有找出一条合适的路线。这个问题传开后,许多欧洲有学问的人也参与思考,同样是一筹莫展。就这样,哥尼斯堡由于这个"七桥问题"给人们提供了丰富的乐趣和数学的兴味,因而使得这座波罗的海的海滨古城闻名暇尔。

2. 欧拉与哥尼斯堡七桥问题

欧拉

1735 年有几名大学生写信给当时正在俄国彼得堡科学院任职的天才数学家欧拉,请他帮助解决。欧拉并未轻视生活中的"小问题",他似乎看到了其中隐藏着某种新的数学方法。事实上,要走遍这七座桥的所有走法,有 $A_7^7=7!=5040$ 种,要想一一试验是不可能的,只能是另找新的方法,欧拉依靠他深厚的数学功底,运用娴熟的变换技巧,经过一年的研究,于 1736 年,29 岁的欧拉向彼得堡科学院递交了一份题为《哥尼斯堡七座桥》的论文,圆满地解决了这一问题。欧拉不是单纯地解答了桥的问题,而是具有更加深远的意义,对数学产生了巨大的影响,他提出的新的思想导致了一门新的数学分支——"图论"的诞生。

欧拉是如何解决这"七桥问题",是如何将这生活的趣味问题转化为数学问题的呢?又是如何证明要想一次走过这七座桥是不可能的呢?欧拉的方法十分巧妙:既然问题是要找一条不重复地经过七座桥的路线,把哥尼斯堡城的 4 个地区形状、大小无须考虑,不妨把它们看成是连接桥梁的 4 个点:C(岛区)、B(北区)、D(东区)、A(南区);而桥梁的曲直、长短也无须考虑,不妨把它们看成是连接这 4 个点的 7 条线,用 1、2、3、4、5、6、7 七个数字表示(图 2-6-2),于是一座仪态万千的哥尼斯堡古城在欧拉的笔下就变成了一个结构简单的几何图形。

于是寻找不重复地经过哥尼斯堡七桥的路线问题,就变成了用笔不重复地(笔不离开纸面)画出这个几何图形的问题,即"一笔画"问题。如果可以画出来,则图形中必有一个起点和一个终点,如果这两个点不重合,则与起点或终点相交的线都必是奇数条(称奇点)。如果起点与终点重合,则与之相交的线必是偶数条(称偶点)。而除了起点与终点外的其他点也必须是"偶点"。由上分析可知,如果一个图形可以一笔画出来,必须满足如下两个条件:

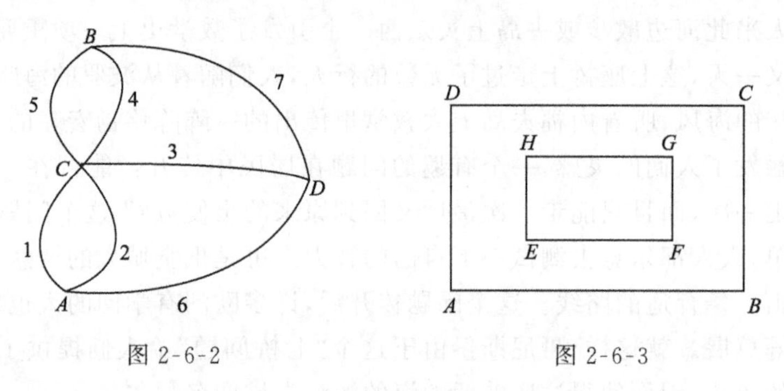

图 2-6-2　　图 2-6-3

(1) 图形必须是连通的

即图中的任一点通过一些线一定能达到其他任意一点。如图 2-6-3,就不是连通的,其中有的点(如 A 与 E)之间就没有线连接。

(2) 图中的"奇点"数只能是 0 或 2

我们可依次来检验图形是否可"一笔画出"。回头来看"七桥问题",在图 2-6-2 中的四个连接点全都是"奇点",可知该图不可能"一笔画出",也就是不可能不重复地通过所有的七座桥。当欧拉将这一结果发表时,震惊了当时的数学界,人们赞叹这位天才数学家的创造能力。

3. 引申与推广

欧拉解决"七桥问题"的方法并不深奥,但却很新颖,他的新颖之处不仅在于欧拉独辟蹊径的解题思路,更在于"一笔画"问题虽然是一个几何问题,可是这种几何问题却是欧几里得几何所没有研究过的。

在"一笔画"的问题里长度、角度、面积、体积等概念都变得没有了。四大块陆地压缩成四个点,连线条的长短曲直,交点的准确方位,都是无关紧要的,要紧的只是点线之间的相关位置,或相互连接的情形。如图 2-6-4、图 2-6-5 中的两种图形都没有改变图 2-6-2"一笔画"问题的性质。

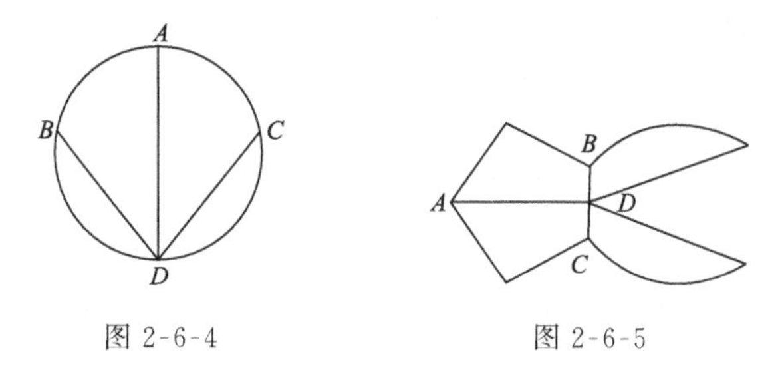

图 2-6-4　　图 2-6-5

后来布勒格尔河上又架起了第八座桥——铁路桥(图 2-6-6),这座桥的建成,使人又想起了那有趣的问题。虽然一次不重复走遍七座桥不可能,那么,如今八座桥可一次不重复走过吗?从图 2-6-7 中,可知"奇点"只有两个(D 点和 C 点),所以可以一次不重复地走过八座桥。

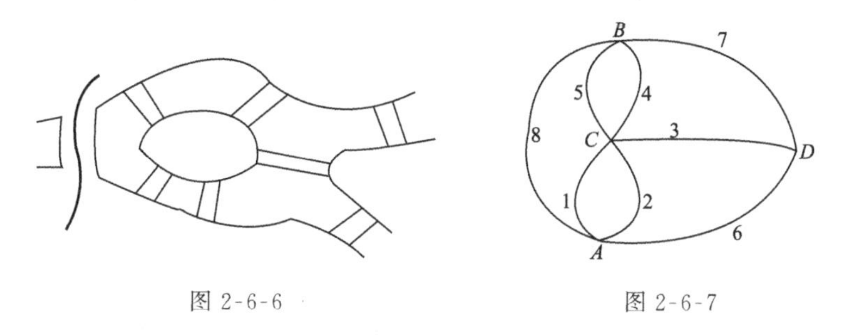

图 2-6-6　　图 2-6-7

图 2-6-8 是国际奥林匹克运动会的会标,也可以"一笔画"。其中一条线路可以是:

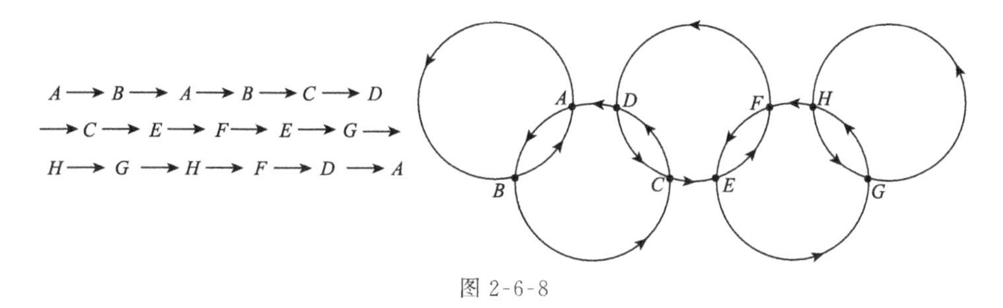

图 2-6-8

4. 新学科的形成

欧拉对"哥尼斯堡七桥问题"的解决所以著名,不仅仅因为它的趣味性和欧拉解题思路的巧妙,更重要的是这个问题的解决开创了一个新的数学分支——图论。

所谓"图论",就是运用直观的图形和数学的方法来研究组合关系的一门新兴学科。图论原是组合数学的一个重要课题,由于发展迅速现已成了一个独立的数学分支。它把被研究系统中的各个元素作为点,把元素之间的关系作为连线,然后画成图。通过对图形的研究，找出解决实际问题的办法。

图论为研究任何一类离散事物的关系结构提供了一种本质的框架，在经济学、心理学、社会学、遗传学、运筹学、计算机科学、网络理论、信息论、控制论、逻辑学、语言学以及在物理学、化学、微电子技术、通信科学、系统工程等方面都有着广泛的应用。

值得一提的是，欧拉对七桥问题的研究，后来演变成多面体理论，得到了著名的欧拉公式：

$$V+F=E+2$$

其中，V、E、F 分别表示凸多面体的顶点数、棱数和面数。这就是高中立体几何中著名的关于凸多面体的欧拉定理。欧拉定理是拓扑学的第一个定理，这个定理使我们看到了几何问题的一种更具深刻内涵的性质。拓扑学已成为 20 世纪最丰富多彩的一门数学分支（“拓扑学”在我国早期曾译为“形势几何学”、“连续几何学”、“一对一的连续变换群几何学”，1956 年在统一的《数学名词》里，把它确定为“拓扑学”。

5. 最短邮路问题

由“七桥问题”很容易想到一个简单、实用的例子，就是“最短邮路问题”。因为邮递员每天要走遍自己投递范围内的大街小巷，选择怎样的路线才能使邮路最短？这是一个很实际的问题。我们把投递单位画作点，投递路线画作线，就可以用图论来解决了（图 2-6-9）。

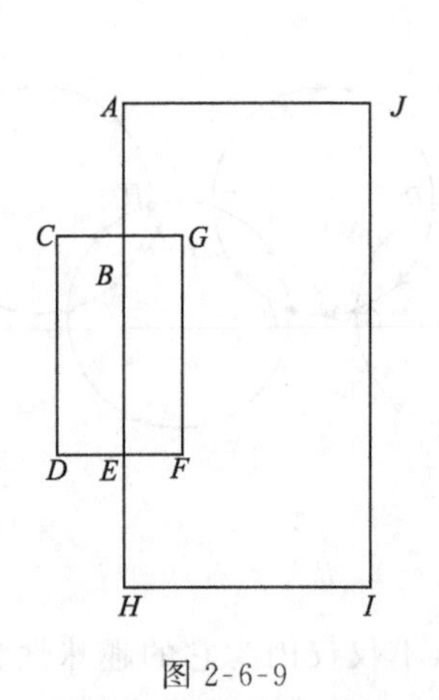

图 2-6-9

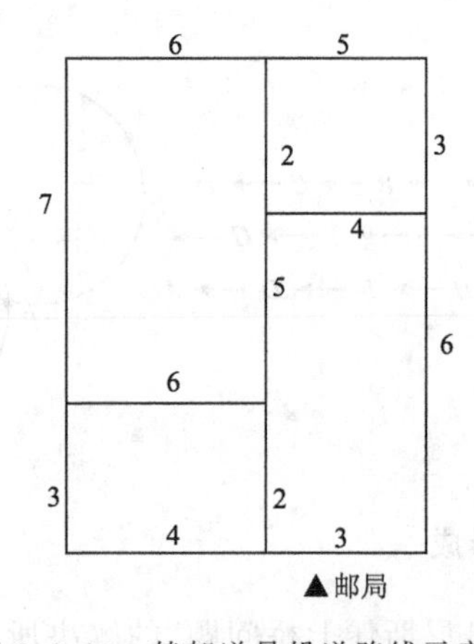

图 2-6-10　某邮递员投递路线示意图

假设一位邮递员投递信件的街道如图 2-6-10，如果能一笔画出这张图，就能找到最短投递路线。如果这张图一笔画不出来，那么问题就变成在不得不重复的情况下，怎样走有重复路线时的最短路线，这就比“一笔画”问题更要深入了。

如果一张图中奇数点的个数是大于2，且为2的n倍，则该图至少需要n笔才能画成，如图2-6-11有2×2个奇数点，故需2笔才能画成。回头看邮路图中有6个奇数点，因此至少要有3笔才能画出。重复的部分应选择最短的邮递区间。因此图2-6-12中的三个方案中以方案(3)最好。

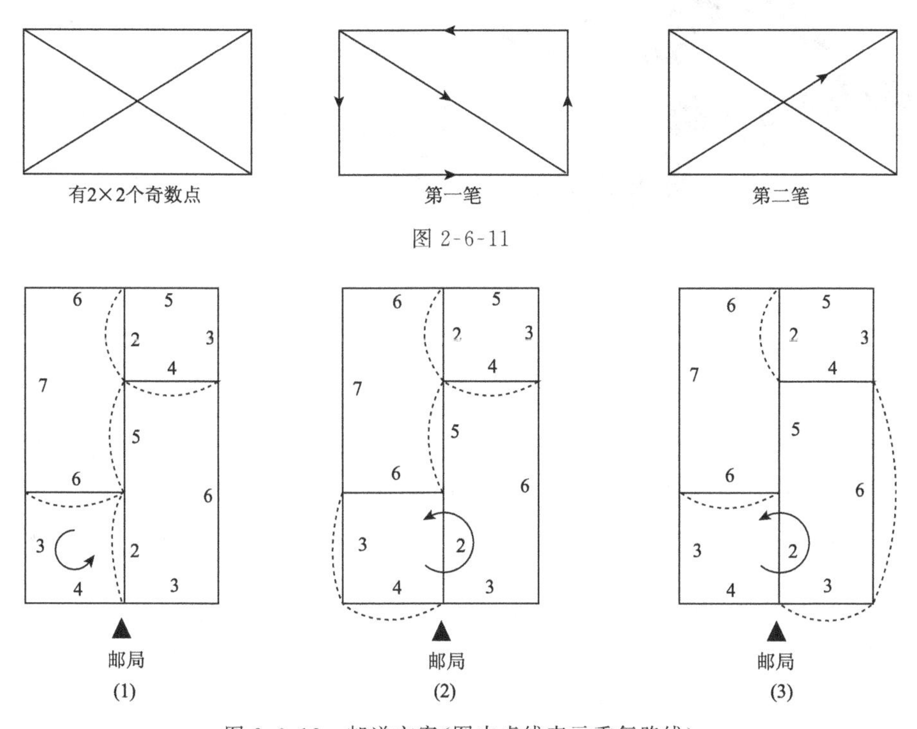

图 2-6-11

图 2-6-12　邮递方案(图中虚线表示重复路线)

“最短邮路问题”是1960年由我国山东师范大学的管梅谷教授提出并解决的，因此国际上称之为“中国邮路问题”。

6. 今天的哥尼斯堡桥

哥尼斯堡的七座桥各有专名(图2-6-13)，如今七座大桥只剩下三座——密桥、高桥、木桥。一条新的跨河大桥已经建成，它完全跨过河心岛——内福夫岛。但导游们仍向游客讲述哥尼斯堡桥的故事，甚至有些导游们声称问题仍未解决，以留给游客去遐想。七座哥尼斯堡桥虽已成历史，但是“七桥问题”留下的遗产不像这些桥那样容易破坏，欧拉卓越的解答将永载数学史册。

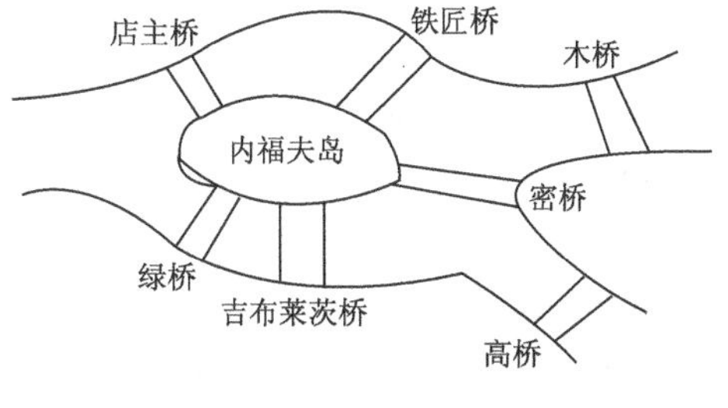

图 2-6-13

下面图形是现在哥尼斯堡桥的示意图(图 2-6-14),图 2-6-15 是保留至今的原有三座桥之一的照片。

图 2-6-14　　图 2-6-15　哥尼斯堡桥保留至今的原有三座桥之一

2.7　几何三大作图难题

古代希腊人较重视用直尺和圆规作图,以在数学中训练人的逻辑思维能力,发展其智力。在这种限制下,即使一些简单的几何作图也无法解决。最著名的是被称为几何三大难题的三个古希腊作图难题,即三等分任意角问题、立方倍积问题和化圆为方问题。

当时很多有名的希腊数学家都曾着力研究这三大难题,但由于尺规作图的限制,都一直未能如愿。两千年来几十代人为之绞尽脑汁,均以失败告终。直到 19 世纪 90 年代,人们证明了这三个问题不可能用"尺规作图"来解决,这才结束了历时两千年的数学难题公案。值得一提的是,如果允许借助其他工具或曲线,这"三大难题"都可以解决,也就不成为"难题"了。

1. 三大难题的由来

(1) 三等分任意角问题

就是仅用直尺和圆规将任意角三等分。

一条线段,可以很容易地将其三等分,不仅三等分,而且可以任意等分。借助数学联想很容易把这种想法移植到角上去,即将角三等分。这是历史上最为长久、流传最为广泛、耗费人的精力最多的一道几何作图题。因为两等分角是那么容易,人们也认为三等分角不会很难。两千多年来,"三等分角"问题吸引着无数的数学家和数学爱好者。

在美国,数学杂志每年总要收到许多三等分角的来信;在报纸上还常有人宣称自己已解决了这个千古难题。在我国,1966 年以前,中国科学院数学研究所每年都要收到许多号称“解决三等分角问题”的来稿，以至于数学研究所不得不在《数学通报》上发表声明，劝告人们不要在这个不可能的问题上浪费时间和精力。

(2) 化圆为方问题

求作一个正方形，使它的面积等于已知圆的面积。

这个问题的产生似乎是必然的。如果您得到一个圆规，画出的第一个图形就是圆。另外，还有一个十分自然的图形——正方形。其中每一个图形都有一个确定的面积，在这两个具有相同面积的图形之间，可以自然地搭起一座桥来，就是其中的一个图形变换成另一个图形，这就产生了用尺规作出一个面积等于已知圆面积的正方形的一条边，这就是“化圆为方”问题。

在历史上恐怕没有一个几何问题像这个问题那样强烈地引起人们的兴趣。在公元前5世纪，古希腊唯物主义哲学家——阿拉克萨哥拉(Anaxagoras)，因为他认为太阳只是一个炙热无比的火球体，而根本不是什么“阿波罗神”，被认为亵渎了神灵，而被投入了监狱。

厚厚的石墙、坚固的牢门，禁锢了阿拉克萨哥拉的行动自由，但是禁锢不了他自由的思想。透过牢房粗大栏杆的窗口，看到那起伏的丘峦，广阔的原野，脑海中充满了一连串无穷无尽的遐想，他的眼前呈现出许多优美的几何图像：正方形，弓形，多边形的外接圆……，他暂时忘却了心中的忧伤，拾起一根小木条，在地上比画起来……

在监狱里，阿拉克萨哥拉也思考并用木条比划着“化圆为方”问题，借冥思苦想来打发那令人苦恼的无所事事的生活。阿拉克萨哥拉未能解决这一问题，古希腊的数学家也未能解决此问题。在他以后的2200年里，一代一代的学者为此倾注了许多的聪明才智，问题依然存在。

(3) 立方倍积问题

求作一个立方体，使其体积是已知立方体体积的两倍。

关于立方倍积问题，有这样的传说。公元前400多年，在古希腊爱琴海南部有一个叫第罗斯的小岛瘟疫流行，死亡的阴影笼罩着人们，人们对瘟疫束手无策，于是就到神庙去祈求太阳神阿波罗的保护。阿波罗的代言人——神殿的女祭司毕菲亚对大家说，这次瘟疫是神在惩罚不重视几何学的第罗斯人。想要结束这场深重的灾难，第罗斯人必须把现有的祭坛的体积加大一倍，而且不许改变立方体的形状。第罗斯人赶紧量好尺寸连夜赶制了一个祭坛送往神庙。他们把祭坛的长、宽、高都加大了一倍，以为这样就满足了神的要求。谁知第二天瘟疫非但没有被消灭，反而更加疯狂地蔓延开来，原来神发现这个祭坛的体积不是原来的2倍，而是原来的8倍!

传说终归是传说，三大几何难题的起因应当产生于几何问题的研究中。其所以两千多年来具有如此长久的魅力，是因为限制了作图工具——仅用直尺和圆规之故。

2. 三大几何难题为什么不能用尺规作出

希腊人强调，几何作图只能用直尺和圆规的理由有如下几种：

1）希望从极少数的基本假设出发推出尽可能多的问题，因此对作图工具也应有相应的最大限制；

2）受柏拉图哲学思想的影响，重视数学在智力训练方面的作用。他主张通过几何学习达到训练逻辑思维的目的，因此必须对工具进行限制；

3）毕达哥拉斯学派认为，直线和圆是几何学中最基本的研究图形，因此规定只使用这两种工具。

其实证明几何三大难题不可能，其本质是代数问题，而不是几何问题。在代数发展还未达到一定水平时，几何三大难题是不可能解决的。

(1) 尺规作图的功能

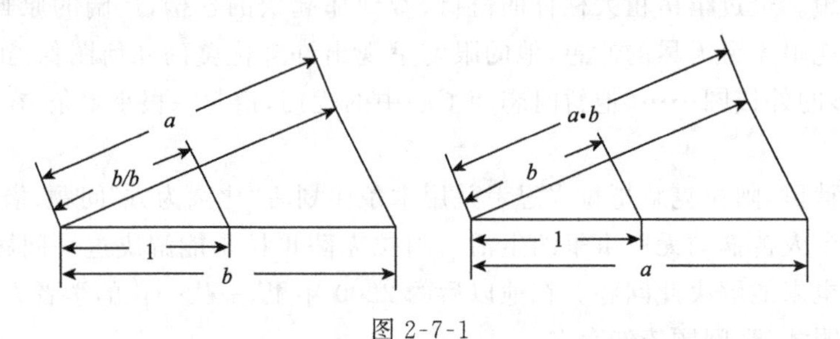

图 2-7-1

图 2-7-2

在中学里，我们知道下面的图是可作出的：①二等分已知角；②n 等分已知线段；③作已知线段的 n 倍；④已知线段 a，b，则线段 $a+b$，$a-b$，ab，a/b 都可以作出(图 2-7-1)；⑤已知线段 a，作$\sqrt{a}$：利用 $1+a$ 为直径作半圆，从线段连接点 P 引垂线交半圆于 Q，则 $PQ=\sqrt{a}$(图 2-7-2)。这是因为 $\mathrm{Rt}\triangle APQ \sim \mathrm{Rt}\triangle PQB$ 所以$\dfrac{PQ}{a}=\dfrac{1}{PQ}$，$PQ^2=a$，故 $PQ=\sqrt{a}$。⑥反复利用⑤中的方法，又可将$\sqrt[4]{a}$，$\sqrt[8]{a}$，……为长度的线段作出来。一般说来，只要是有理数，经过有限多次“加、减、乘(乘方)、除、开平方”五则运算得出的数量，都可用尺规作出以这些数量为长度的线段来。我们把这些数量叫做“可作图几何量”。例如下面的数量

$$\sqrt{\left(7+\sqrt{\frac{2}{3}}+\sqrt{5}\right)\times\sqrt{\frac{3}{5}}}$$

就是一个“可作图几何量”。因此，要判断一个平面几何上的图形是否可以用尺规作出，只要分析一下所要确定的几何量是否为“可作图几何量”就行了。

（2）几何与代数的结合

现在回到三大几何作图难题上来：

1）三等分任意角的问题。设已知角的 1/3 为 α，则已知角为 3α，取它的余弦，由三倍角余弦公式，得 $\cos 3\alpha=4\cos^3\alpha-3\sin\alpha$，即 $8\cos^3\alpha-6\cos\alpha-2\cos 3\alpha=0$，令 $2\cos 3\alpha=m$，$2\cos\alpha=x$，则方程可化为 $x^3-3x-m=0$，这就是三等分任意角的代数方程。

如果这个方程的根 x 可用尺规作图作出来，则角的大小就可以作出，然而这个方程的根不能表示成“可作图几何量”。因此，“三等分任意角”问题不可能用尺规作图作出。

2）立方倍积问题。设正方体祭坛的棱长为 a，新立方体的棱长为 x，则有 $x^3=2a^2$，不妨设 $a=1$，则有 $x=\sqrt[3]{2}$，而$\sqrt[3]{2}$不是“+、−、×、÷、$\sqrt{\ }$”五种运算所能得出的。所以$\sqrt[3]{2}$是一个“非几何作图量”，因而“立方倍积”问题不可能用尺规作图作出。

3）化圆成方问题。设正方形的边长为 x，圆的半径为 r，则有 $x^2=\pi r^2$，不妨设 $r=1$，则化圆成方问题可表示成 $x^2=\pi$，于是 $x=\sqrt{\pi}$。

1882 年，德国数学家林德曼（F. Lindemann）证明了 π 和$\sqrt{\pi}$都是超越数（非有理数），所以它不属于“可作图几何量”的范围。因而，“化圆成方”问题也不可能用尺规作图作出。

1895 年，德国近代数学家兼教育家克莱因（C. F. Klein），总结了前人的研究，给出了三大几何难题不可能用尺规作图的简明证法，著有《几何三大问题》一书，彻底解决了两千多年来的悬案，除此之外，还有许多书籍和文章对此给出了不可能性的证明。

3. 取消尺规作图的限制后“三大几何难题”的可解性

所谓“三大几何难题”的“难处”在于限制用直尺和圆规。两千多年来，数学家们为解决这三大问题而投入了大量的精力，如果解除这一限制，问题很容易解决。下面介绍几种取消尺规作图限制后解决这三大问题的方法。

（1）三等分任意角

1）帕普斯方法。希腊亚历山大学派晚期的数学家帕普斯（Pappus）把希腊自古以来各名家的著作编为《数学汇编》，共 8 卷，其中包括了他自己的创作。在第 4 卷中，对三等分任意角问题，给出了以下的方法：

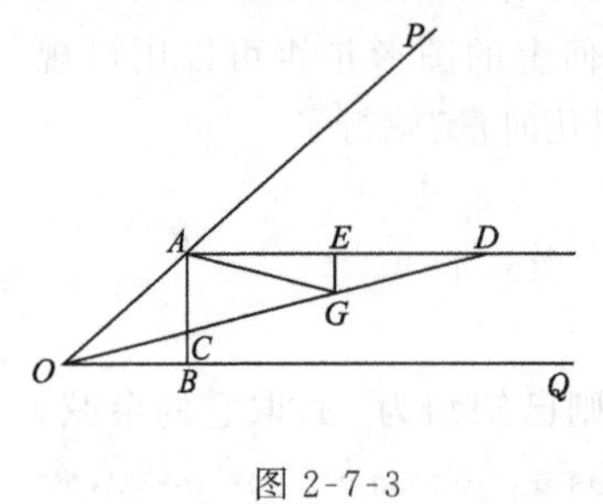

图 2-7-3

如图 2-7-3，设$\angle POQ=\alpha$，在 OP 上取一点 A，并设 $OA=a$，过点 A 作角 α 另一边 OQ 的垂线 AB，过点 A 作 OB 的平行线。考虑过点 O 的一条直线，它交 AB 于点 C，交平行线于 D，并使 $CD=2a$，这时 $\angle COB=\frac{1}{3}\alpha$。设 G 是 CD 的中点，并作 $GE\perp AD$，从而直线 $GE\parallel AB$，由 $CG=GD=a$，所以 $AE=ED$，可知$\triangle AGE\cong\triangle DGE$，从而$\angle GDA=\angle GAD$，$AG=GD=a$，又$\angle GDA=\angle COB$（内错角），由于$\triangle AOG$ 是等腰三角形，于是$\angle AOG=\angle AGO=\angle GDA+\angle GAD=2\angle GDA=2\angle COB$ 即 OD 是$\angle POQ$ 的一条三等分线，从而$\angle COB=\frac{1}{3}\alpha$。

这种作法的关键是使 $CD=2\cdot OA$，这只能是有刻度的直尺才能实现，它违反了欧几里得几何学的作图规定。具体作法是，在直尺上标出一段线段 MN 使其长 $MN=2\cdot OA=2a$，然后调整直尺的位置，使它过点 O，且 M 在 AB 上，N 在过 A 的平行线 AD 上。

2）阿基米德方法。在阿基米德著作中，发现有如下的三等分任意角的方法。如图 2-7-4，设所要三等分角为$\angle AOB=\alpha$，取一直尺，其一端点为 P，另在尺边缘上取一点 Q，以 O 为圆心，OQ 为半径作一半圆交$\angle AOB$ 两边分别于 A、B。P 点在 AO 的反向延长线上移动，当直尺刚好通过 B 点时，画出直线 PQB，这时$\angle APB=\frac{1}{3}\angle AOB=\frac{1}{3}\alpha$。

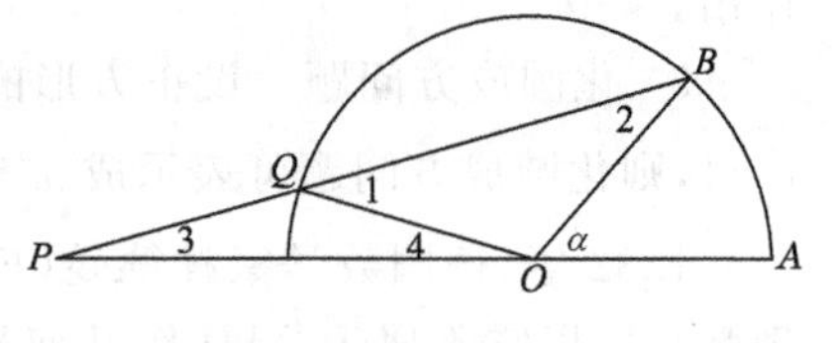

图 2-7-4

$$\alpha=\angle 3+\angle 2=\angle 3+\angle 1=\angle 3+\angle 3+\angle 4=3\angle APB$$

故$\angle APB=\frac{1}{3}\alpha$

3）时针三等分任意角。原苏联别莱利曼的著作《趣味几何学》是一本很好的科普读物。其中介绍了用时针三等分任意角问题。

我们知道，分针走一圈，时针走一个字，也就是说，分针转过 360 度，时针转过 360 度的 1/12，即 30 度，注意到 12 是 3 的倍数，我们就可以利用时针来三等分任意角。

把要三等分的任意角画在一张透明纸上，开始时把时针和分针并在一起，设它们正好在 12 的位置（图 2-7-5），把透明纸铺到钟面上，使角的顶点落在针的轴心上,角的一边通过 12 的位置。然后把分针拨到和角的另一边重合的位置。这时时针转动了一个角,在透明纸上把时针的现在位置记下来。我们知道,时针所走过的 $\angle AOC$ 一定是 $\angle AOB$ 的 1/12,把 $\angle AOC$ 放大 4 倍,就是 $\angle AOB$ 的 1/3 了。

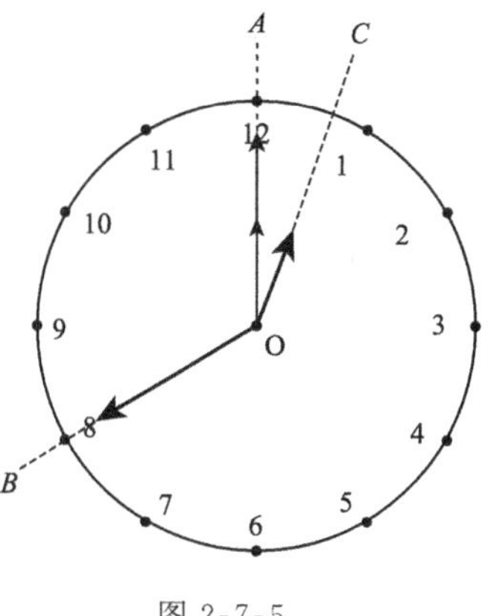

图 2-7-5

4)“三分角器”与“复合圆规”。三分角器是利用阿基米德原理作出的,如图 2-7-6,$\angle AOB$ 为要三等分的任意角。图中 AC、OB 两滑块可在角的两边内滑动,始终保持有 $AO=CO=PC$,知 $\angle APB=\frac{1}{3}\angle AOB$。复合圆规它有 4 条腿,里面的两条腿总是位于外边的两条腿夹角的三等分角线上,利用它可以将任意角三等分了(图 2-7-7)。

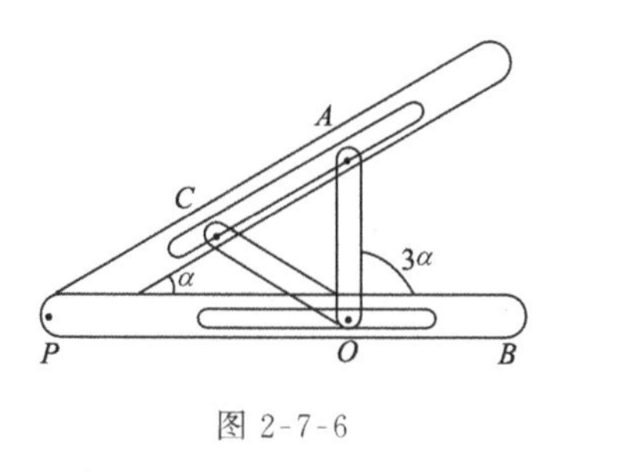

图 2-7-6

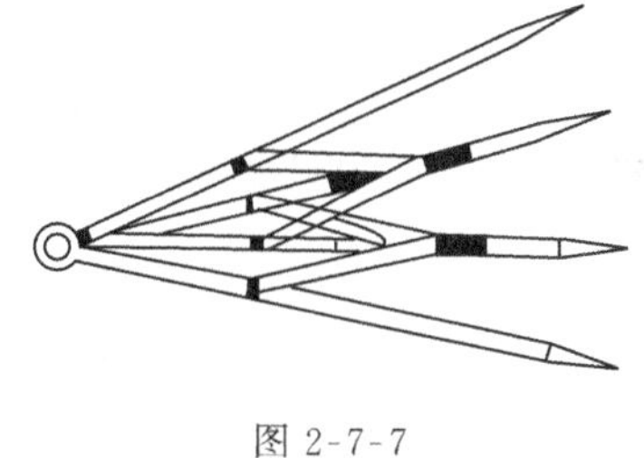
图 2-7-7

(2) 立方倍积问题

如图 2-7-8 所示,作互相垂直且交于 O 的两条直线 m 和 n,分别在其上取 $OA=a$,$OB=2a$。取两个互相垂直的 L 形曲尺,使一个曲尺的顶点在 n 上,一边过 A 点;另一曲尺的一边过 B 点,顶点在 m 上,且两曲尺的一边互相密合。这样两曲尺的顶点分别在 m、n 上确定了 C、D 两点,OC 即所求正方体的棱长 x。

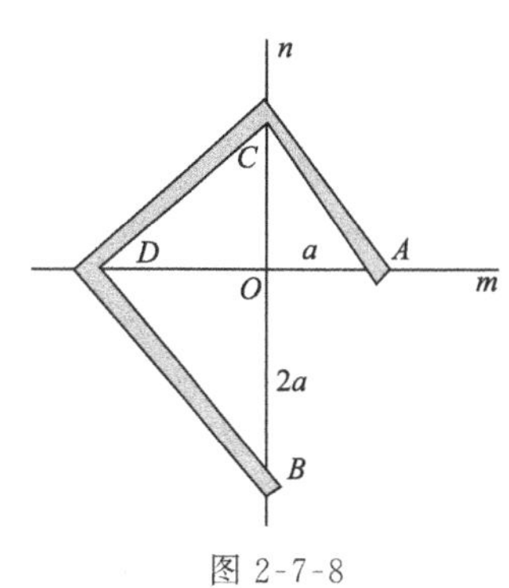

图 2-7-8

证明　如图 2-7-8,$OC^2=OD\cdot a=\sqrt{OC\cdot 2a}\cdot a$,得 $OC^4=OC\cdot 2a^3$,$OC^3=2a^3$,$OC=\sqrt[3]{2a}$,可知以 OC 为棱长的正方体的体积是原以 a 为棱长正方体体积的 2 倍。

(3) 化圆成方问题

化圆成方问题曾被文艺复兴时期的大师达·芬奇用一种巧妙的方法解出。如图 2-7-9,设已知圆半径为 r,则它的面积为 πr^2。我们用木料作一圆柱体,使其下底与已知圆等积,高为$\frac{r}{2}$。然后,把这圆柱在平面上滚一周,在平面上就滚出了一个矩形。它的长为$2\pi r$,宽为$\frac{r}{2}$,则这个矩形面积为$2\pi r \cdot \frac{r}{2} = \pi r^2$,与圆面积是相等的。剩下的问题是求作一个与此矩形等积的正方形,这显然是容易办到的。如图2-7-10,$AB=AC+BC=2\pi r+\frac{r}{2}$。以$AB$为直径作半圆,过$C$作$AB$的垂线交半圆周于$P$,则$PC$即为所求作正方形的边长.

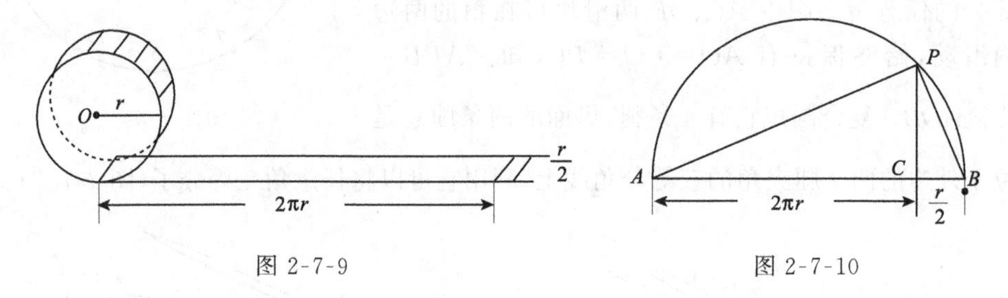

图 2-7-9　　　　图 2-7-10

4. 在寻求"三大几何难题"解决中的收获

"三大几何难题"虽然最后证明用尺规作图不可能解决,但在两千多年来,三大几何难题引起了许多数学家对它们的深入研究,不但给予希腊几何学以巨大影响,而且引出了大量新的数学方法和数学成果。

在解决"三等分角问题"时,古希腊数学家进行了探索,如尼哥米德发现了"蚌线",他利用高次平面曲线进行三等分角;希皮阿斯(Hippias)发现了"割圆曲线";阿基米德发现了"阿基米德螺线"。为解决三等分角问题,人们已设计出许多机械装置、联动装置和复合圆规等。

1837年法国数学家凡齐尔(Wantzel)首次运用了代数的方法严格证明了这个"倍立方问题"用尺规作图是不可能的。由于对它的研究使人们发现了一些特殊的曲线,如圆锥曲线、蚌线、蔓叶线等,促进了圆锥曲线理论的建立和发展。

希腊安提丰为解决此问题而提出的"穷竭法"是近代极限论的先声。大意是指作圆内接正方形(或正六边形),然后每次将边数加倍,得内接8、16、32、……边形,他相信"最后"的正多边形必与圆周重合,这样就可"化圆成方"了。虽然结论是错误的,但却提出了求圆面积的近似方法,成为阿基米德计算圆周率的先导,与中国刘徽的"割圆术"不谋而合,而穷竭法正是微积分的先导。后来又有关于有理数域、代数数与超越数、群论等的发展。

2.8　两个超越无理数 e 和 π

我们知道黄金数$\frac{\sqrt{5}-1}{2}$是整系数方程 $x^2+x-1=0$ 的一个根，它是一个无理数。而 e 与 π 虽然也是无理数(以后将论及)，但它们不是整系数方程的根。因此它们虽是无理数，但在名称上是有区别的。$\frac{\sqrt{5}-1}{2}$是代数无理数，而 e 和 π 是超越无理数。e 与 π 的背景是不一样的，π 与几何相联系，而 e 是与某种数量增减相联系。由于 π 在“2.4　π——一首无穷无尽的歌”中已有较详细的论述，故在这节中主要是对 e 的论述，然后说明这两个超越无理数的一些联系。

1. e的产生

e 是唯一的一个不为古人所知的无理数，是数学里一个非常重要的超越数，其重要性甚至不亚于 π。e 是大数学家欧拉(Euler)的第一个字母“e”，故称为欧拉数。e 的定义是一个极限值

$$\lim_{n\to\infty}\left(1+\frac{1}{n}\right)^n=e$$

欧拉

(1) 与复利的联系

在复利计算中的公式是：$A=P\left(1+\frac{r}{n}\right)^{nt}$。

这里，A=本利和，P=本金，r=年利率，n=一年内计算利息的次数，t=存钱的年数。假设你到银行去存 100 元，年利率为 5%，到第一年的本利和为

$$A_1=100(1+5\%)=105 \text{ 元}$$

如果以 105 元作第二年的本金，则第二年末的本利和为

$$A_2=100(1+5\%)=100(1+5\%)^2=110.25 \text{ 元}$$

不难算得 10 年后的本利和为 $A_{10}=100(1+5\%)^{10}=162.89$ 元。

以上是每年计算一次利息，即每过一年把利息加入到本金一次。如果我们以每月、每星期、每天，甚至每小时、每分钟、每秒钟……把利息加入到本金一次，看看有什么结果。

下面我们每月把利息加入到本金一次，则一年后的本利和为

$$A_1=100\left(1+\frac{5}{100\times12}\right)^{12}=105.12 \text{ 元}$$

比 105 元多出 0.12 元，看来一年之内计算利息的次数越多，利息也越多。

如果计算的次数“无限多”时，利息也会不会“无限多”呢？这样岂不是会成为“大款”了吗？我们不妨再往下计算一下，看结果是否如此。

仍按每月把利息加入到本金一次，则 10 年后的本利和为

$$A_{10}=100\left(1+\frac{5}{100\times 12}\right)^{12\times 10}=164.87\text{ 元}$$

比 162.89 元多出 1.98 元，而这 1.98 元>0.12×10=1.2 元，多出 0.78 元。这也说明一年中计算利息的数越多，所得到的利息也越多，但并不会当计算利息的次数“无限多”时，所得的利息也会“无限多”。

我们不妨在公式 $A=P\left(1+\frac{r}{n}\right)^{nt}$ 中，令 $\frac{r}{n}=\frac{1}{m}$，则 $n=mr$，于是

$$A=P\left(1+\frac{r}{mr}\right)^{mrt}=P\left[\left(1+\frac{1}{m}\right)^{m}\right]^{rt}$$

由于 $\lim\limits_{m\to\infty}\left(1+\frac{1}{m}\right)^{m}=\mathrm{e}$，所以 $A=p\mathrm{e}^{rt}$。

这样，如果你存入 100 元，哪怕利率是 100%（通常不会有这么高的利率），即使你一年计算无数次利息（即无数次将利息计入本金），则一年后的本利和也只会有

$$A=100\mathrm{e}=271.82\text{ 元}$$

因而你也不可能存入 100 元靠利息而成为“大款”的。更何况既使是年利率是 100%，也须过一年后才能付给你 100 元利息。

(2) 为什么以 e 作为对数与指数的底数

下面我们从对数函数 $y=\lim\limits_{x\to\infty}\log_a x\,(a>0,a\neq 1)$ 求导数说起：

$$y'=\lim_{\Delta x\to 0}\frac{\log_a(x+\Delta x)-\log_a x}{\Delta x}=\lim_{\Delta x\to 0}\frac{1}{\Delta x}\log_a\frac{x+\Delta x}{x}$$

$$=\lim_{\Delta x\to 0}\frac{1}{x}\cdot\frac{x}{\Delta x}\log_a\left(1+\frac{\Delta x}{x}\right)=\frac{1}{x}\cdot\lim_{\Delta x\to 0}\log_a\left(1+\frac{1}{\frac{x}{\Delta x}}\right)^{\frac{x}{\Delta x}}$$

$$=\frac{1}{x}\cdot\log_a\lim_{\Delta x\to 0}\left(1+\frac{1}{\frac{x}{\Delta x}}\right)^{\frac{x}{\Delta x}}$$

由于当 $\Delta x\to 0$ 时，$\frac{x}{\Delta x}\to\infty$，所以

$$\lim_{\Delta x\to 0}\left(1+\frac{1}{\frac{x}{\Delta x}}\right)^{\frac{x}{\Delta x}}=\log_a\lim_{\frac{x}{\Delta x}\to\infty}\left(1+\frac{1}{\frac{x}{\Delta x}}\right)^{\frac{x}{\Delta x}}=\mathrm{e}$$

即 $y'=\frac{1}{x}\log_a\mathrm{e}$，如果令 $a=\mathrm{e}$（即以 e 作为对数的底数），则 $\log_e\mathrm{e}=1$，这时便有

$(\log_a e)' = \frac{1}{x}$，亦即$(\ln x)' = \frac{1}{x}$。

而且也只有以 e 为底数的对数的导数才会有“$\frac{1}{x}$”这样简单的形式。同时我们还知道$(e^x)' = e^x$，这在所有函数中也只有 e^x 的导数是它本身。

由上可知以 e 作为对数与指数底数的优越性。同时还可证明，在计算技术和编码理论中，用 r 进制表示十进制的数，$r = e \approx 2.718$ 效率比较高。因此，用 e 作为对数的底数不是某个数学家的偏好，而是数学运算的必然结果，是自然规律反映出来的一种对数形式和指数形式，这也是把以 e 为底的对数称为“自然对数”的原因。

(3) e——欧拉数、纳皮尔数

纳皮尔（Napier）对数是底数为$(1.000001)^{1000000}$的对数，这个数可写成$\left(1+\frac{1}{1000000}\right)^{1000000}$，把$\left(1+\frac{1}{1000000}\right)^{1000000}$作为对数底数，如果 n 越大，真数 N 的间隔就越小，这样的对数就越有用，人们自然想到一个问题，让 $n \to \infty$ 时，它的极限作为对数的底数会不会更好？同时此极限在许多数学公式中经常出现，所以不可避免要给它一个特别的记号。欧拉是第一个体会到它的重要性的数学家，大约在 1727 或 1728 年的手稿中首先用“e”表示这个数，这也是后人称“e”为欧拉数或纳皮尔数的原因。

那么 e 的值究竟是多少呢？请看表 2.8.1 所示。

表 2.8.1

n	$\left(1+\frac{1}{n}\right)^n$	n	$\left(1+\frac{1}{n}\right)^n$
1	2	10	2.5736
2	2.25	20	2.6534
3	2.3074	50	2.6915
4	2.4414	100	2.7051
5	2.4888	10^7	2.7182

由表 2.8.1 可看出，当 n 越来越大时，$\left(1+\frac{1}{n}\right)^n$ 的值也不断地由 2 开始增大，在开始的时候增长速度比较快，但当 n 大于 100 以后，$\left(1+\frac{1}{n}\right)^n$ 值的增长极其缓慢，由此可估计 e 值在 2.71～2.72 之间。事实上，$\left(1+\frac{1}{n}\right)^n$ 的极值是一个无穷小数，是一个超越无理数。

2. e的各种表示

e的值除了用极限式$\lim\limits_{n\to\infty}\left(1+\frac{1}{n}\right)^n$表示外，还可表示成无穷级数：

$$e=\sum_{n=0}^{\infty}\frac{1}{n!}=\frac{1}{0!}+\frac{1}{1!}+\frac{1}{2!}+\frac{1}{3!}+\frac{1}{4!}+\cdots$$

其中，$n!=1\cdot 2\cdot 3\cdot\cdots\cdot n$，表示1到$n$的连乘积，而$0!=1$，所以

$$e=1+1+\frac{1}{2}+\frac{1}{6}+\frac{1}{24}+\cdots$$

"连分数"是在一个分数里包含另一个分数的分数，下面介绍e的连分数表示：

如$4+\cfrac{1}{2+\cfrac{1}{7+\cfrac{1}{6}}}$，一定是一个有理数，可简记为[4;2,7,6]；

而$1+\cfrac{1}{2+\cfrac{1}{2+\cfrac{1}{2+\cdots}}}$，一定是一个代数无理数，可简记为[1;2,2,2,…]。

而e是一个超越无理数，所以它应该是一个无限不循环的连分数，将它写出来也许会将你吓一跳：

$$e=2+\cfrac{1}{1+\cfrac{1}{2+\cfrac{1}{1+\cfrac{1}{1+\cfrac{1}{4+\cfrac{1}{1+\cfrac{1}{1+\cfrac{1}{6+\cfrac{1}{1+\cfrac{1}{1+\cfrac{1}{8+\cdots}}}}}}}}}}}$$

可简记为e=[2;1,2,1,1,4,1,1,6,1,1,8,…]。

e还有一个和谐优美的表达式：

$$e=2\cdot\left(\frac{2}{1}\right)^{\frac{1}{2}}\cdot\left(\frac{2}{3}\cdot\frac{4}{3}\right)^{\frac{1}{4}}\cdot\left(\frac{4}{5}\cdot\frac{6}{5}\cdot\frac{6}{7}\cdot\frac{8}{7}\right)^{\frac{1}{8}}\cdot\cdots$$

在上面e的连分数表达式中虽然没有无限循环的模式，但是每间隔两个数，第三个数就增加2(如2,4,6,8,…)，这样的模式至少能告诉我们下面三个整数是什么。

附带说一下，π也是一个超越数，它也可表示成级数形式：π＝

$4\cdot\left(1-\frac{1}{3}+\frac{1}{5}-\frac{1}{7}+\cdots\right)$，也可表示成连分数：$\pi=\cfrac{4}{1+\cfrac{1^2}{2+\cfrac{3^2}{2+\cfrac{5^2}{2+\cfrac{7^2}{2+\cfrac{9^2}{2+\cdots}}}}}}$

3. e和π的超越性

(1) e的无理性的证明

1744年，大数学家欧拉首先证明了e是无理数。下面介绍一种e是无理数的初等证明：

因为$\frac{1}{2!}+\frac{1}{3!}+\frac{1}{4!}+\cdots<\frac{1}{2^1}+\frac{1}{2^2}+\frac{1}{2^3}+\cdots=1$，由$e=2+\frac{1}{2!}+\frac{1}{3!}+\frac{1}{4!}+\cdots$，可知$2<e<3$，这说明e不是一个整数。为证明e是无理数，采用反证法：

假设e是一个有理数，令$e=\frac{p}{q}$，其中p、q均为正整数，因为e不是整数，故$q\geqslant 2$，在e定义的级数中两边同乘以$q!$，有

$$e\cdot q!=\sum_{n=0}^{\infty}\frac{q!}{n!}=\sum_{n=0}^{q}\frac{q!}{n!}+\sum_{n=q+1}^{\infty}\frac{q!}{n!}$$

注意到等式左边的$e\cdot q!=p\cdot(q-1)!$显然为整数，而等式的右边第一项也是整数，由此推出右边的第二项也应为整数。但从$q\geqslant 2$知$q+1\geqslant 3$，因而有

$$0<\sum_{n=q+1}^{\infty}\frac{q!}{n!}=\frac{1}{q+1}+\frac{1}{(q+1)(q+2)}+\cdots\leqslant\frac{1}{3}+\frac{1}{3^2}+\cdots$$

上述不等式的右边恰为无穷等比数列，其和等于$\frac{1}{2}$，由此得出矛盾，故知e为无理数。

(2) π的无理性的证明

为节省篇幅，可以把形如

$a_0+\cfrac{b_1}{a_1+\cfrac{b_2}{a_2+\cfrac{b_3}{a_3+\cfrac{b_4}{a_4+\cdots}}}}$和$a_0-\cfrac{b_1}{a_1-\cfrac{b_2}{a_2-\cfrac{b_3}{a_3-\cfrac{b_4}{a_4-\cdots}}}}$的连分式简写为

$a_0+\left[\frac{b_n}{a_n}\right]_{n=1}^{\infty}$和$a_0-\left[\frac{b_n}{a_n}\right]_{n=1}^{\infty}$。

1761 年,德国数学家兰伯特(Lambert)从欧拉发现的$\frac{e-1}{2}=1+\left[\frac{1}{4n+2}\right]_{n+1}^{\infty}$和英国数学家布龙克尔发现的$\frac{4}{\pi}=1+\left[\frac{(2n-1)}{2}\right]_{n=1}^{\infty}$公式入手,得出下列两个连分式:

$$\frac{e^x-1}{e^x+1}=\left[\frac{1}{(4n-2)/x}\right]_{n=1}^{\infty} \qquad \tan x=\frac{1}{x}-\left[\frac{1}{(2n+1)/x}\right]_{n=1}^{\infty}$$

在研究这两个式子的性质之后,得出下列定理:"如果 x 是 0 以外的有理数,则 $\tan x$ 必为无理数;反之,如果 $\tan x$ 是 0 以外的有理数,则 x 必为无理数。"

由此,我们如果设 $x=\frac{\pi}{4}$,则 $\tan x=1$,因为 1 是有理数,所以$\frac{\pi}{4}$是无理数,因而 π 是无理数。

(3) e 与 π 的超越性

以上虽然证明了 e 与 π 都是无理数,但它们是否都是有理系数多项式的根?如果是,则称为代数数;否则就称为超越数。

法国数学家埃尔米特(C. Hermite)在 1873 年运用高超的技巧,证明了 e 是超越数,亦即 e 不会是任何非零整系数多项式的根,这是一项伟大的成就。事后,埃尔米特在给朋友的信中说:"我不敢去试着证明 π 的超越性,但如果有人承担起这项工作,对于他们的成功没有比我更高兴的人了。"

到了 1882 年,德国数学家林德曼(Lindeman)用了埃尔米特类似的方法,终于证明了 π 也是超越数,从而也顺便解决了"三大几何作图难题"中的"化圆为方"问题。

在我们的印象中,认为超越数只是实数中很少的一部分数,其实代数数只是组成数轴上的数的很少的一部分,而绝大部分数都是像 e 和 π 这样怪异的超越数。如果我们把数轴上所有的数放进一个桶里,然后伸手向桶里随机地抽取一个数,我们保证你会抽到的是超越数,因为代数数所占的比例实在太小了。

4. e 与 π 的联系

(1) 在小数表示中找相同的数字

e 与 π 的来源和背景不同,表述形式也不同,它们的小数表示也如此不同:

π=3. 141 592 653 589 793 238 46…

e=2. 718 281 828 459 045 235 36…

尽管如此,人们却在探寻这两个极其特殊的超越数之间的联系时,发现在这两个数的小数表示中:小数点后的第 12 位都是 9,第 16 位都是 2,第 17 位都是 3,第

20 位都是 6，第 33 位又都是 2。人们甚至猜测每隔 10 位数就会出现一个相同的数。还有人猜测在 π 的数字中必有 e 的前 n 位数字。如果将它们的小数四舍五入取整数，发现它们都是 3，可知 3 是这对“邻居”公用的“墙”。

（2）拉马努金公式

人们发现在印度传奇数学家拉马努金丢失的笔记本中，留下有 4000 多个公式，其中也有 π 和 e 相互联系的公式，请看下面的两个有趣的公式。

一个是

$$\cfrac{1}{1+\cfrac{e^{-2\pi\sqrt{5}}}{1+\cfrac{e^{-4\pi\sqrt{5}}}{1+\cfrac{e^{-6\pi\sqrt{5}}}{1+\cdots}}}}=\left[\frac{\sqrt{5}}{1+\sqrt[5]{5^{\frac{3}{4}}\cdot\left(\frac{\sqrt{5}-1}{2}\right)^{\frac{5}{2}}-1}}-\frac{\sqrt{5}+1}{2}\right]\cdot e^{\frac{2\pi}{\sqrt{5}}}$$

另一个是

$$\frac{1}{2}\sqrt{e\pi}=1+\frac{1}{1\cdot 3}+\frac{1}{1\cdot 3\cdot 5}+\frac{1}{1\cdot 3\cdot 5\cdot 7}+\cdots+\cfrac{1}{1+\cfrac{1}{1+\cfrac{2}{1+\cfrac{3}{1+\cfrac{4}{1+\cdots}}}}}$$

（3）最优美的公式

1988 年，一家著名的国际性普及数学杂志“数学智力”刊登了英格兰数学教育家威尔斯(Wiles)的文章“哪一个数学公式最美?”文章中列出了 24 个数学公式，要人们对这 24 个数学公式打分评论，看哪个数学公式最美。

历经一年多后，欧拉公式 $e^{i\pi}=-1$ 获得“最美公式”称号。数学家爱德华·卡斯纳(Edward Kasla)及詹姆斯·纽曼(James Newman)评论说：“有一个很有名的公式，可能是所有公式中最简洁、最著名的一个，这就是由欧拉根据棣莫弗的一个发现而提出的公式：$e^{i\pi}+1=0$，它对神秘主义者、科学家、哲学家、数学家有同样大的吸引力。”

下面我们来欣赏欧拉推导此公式的过程：

根据三角函数的幂级数展开式 $e^x=1+\frac{x}{1!}+\frac{x^2}{2!}+\frac{x^3}{3!}+\cdots$

$\cos x=1-\frac{x^2}{2!}+\frac{x^4}{4!}-\frac{x^6}{6!}+\cdots$，$\sin x=x-\frac{x^3}{3!}+\frac{x^4}{4!}-\frac{x^6}{6!}+\cdots$

在 e^x 中，把 x 替换为 ix，并注意到 i 的幂以 4 为周期，即

$$i^2=-1\quad i^3=-i\quad i^4=1\quad i^5=i$$

因而有

$$
\begin{aligned}
e^{ix} &= 1+\frac{ix}{1!}+\frac{(ix)^2}{2!}+\frac{(ix)^3}{3!}+\cdots \\
&= \left(1-\frac{x^2}{2!}+\frac{x^4}{4!}-\cdots\right)+i\left(x-\frac{x^3}{3!}+\frac{x^5}{5!}-\cdots\right) \\
&= \cos x+i\sin x
\end{aligned}
$$

当 $x=\pi$ 时，就有 $e^{i\pi}=-1$，即 $e^{i\pi}+1=0$。

数学家克莱因(C. F. Klein)认为这是整个数学中最卓越的公式之一。它漂亮、简洁地把数学中五个最重要的数——1，0，π，e，i 联系在一起。有人称这五个数为“五朵金花”，这是因为它们在数学花园中处处盛开；也有人称这五个数为“五虎大将”，这是因为这个公式有“呼风唤雨”般的通神本领。由这个公式可以看出人类创造的数学、符号、算式是何等巧妙神奇地体现了数学中的奇异之美！下面对这五个数作些简要介绍：

正整数“1”：它是整数的单位，是数字的始祖，它在数学中扮演了一个很重要的角色，可以这样说，如果没有数“1”，也就没有一切数。

中性数“0”：“0”是正数与负数的一个分界数，是坐标系的原点，是运动过程的起点。单个的“0”代表“无”，但在各种进制的数字里，只有它参与才能进位，例如 1 到 9 都是一位数字，而 10 便成了两位数字，即从一位进到了十位。

圆周率“π”：是在科学中最著名和用得最多的一个数。1767 年德国数学家兰伯特(Lambert)首先证明了 π 是无理数，1794 年勒让德(A. A. Legendre)证明了 π^2 是无理数，1882 年德国数学家林德曼给出了 π 是超越数的严格证明。如今，现代计算机已能计算出 π 的任意多位小数。

自然对数的底“e”：作为数字符号，最先是由欧拉在 1727 年使用的。这正是欧拉(Eular)名字的第一个字母，后来人们确定用 e 来作为自然对数的底，以此来纪念欧拉。以 e 为底的对数其所以称为自然对数，是因为它能反映自然界规律的函数关系，因此在自然科学中 e 的作用不亚于 π。在微积分中，以 e 为底的公式具有最简洁的形式。

虚数单位“i”：“i”来源于解二次方程 $x^2+1=0$，是“-1”的平方根，$i=\sqrt{-1}$ 这个记号是 1777 年由欧拉首先使用的。威塞尔(Wessel)、高斯等数学家不再死钻一维数轴的牛角尖，发散思维使他们想到用另一根数轴(虚轴)来表示 i，于是复数获得了一块坚实的大地——复平面，现已成为一门庞大的数学分支——复变函数论的基石。

在这个公式里，“五朵金花”中：0、1 来自算术，i 来自代数，π 来自几何，e 来自分析，它们妙不可言地同时盛开，两个最著名的超越数 e 和 π 结伴而行，实数与虚数熔于一炉。将其称之为“数学中最美的公式”，可谓当之无愧。

2.9　莫比乌斯带与克莱因瓶

1. 怪圈——莫比乌斯带的发现

莫比乌斯

1858年,法国巴黎科学协会举办了一次数学论文比赛,参赛者中,来自德国莱比锡市的数学家奥古斯特·莫比乌斯(August Ferdinand Möbius),论述他发现了一种奇异的曲面:将纸带一端扭转180度后,与另一端粘在一起,这就是以后以他的名字命名的"莫比乌斯带"(Möbius strip 或者 Möbius band),又译梅比斯环。它的奇异特性强烈地吸引了与会的数学家,被视为数学珍品。莫比乌斯带是怪圈最早的几何模型,并在后来成为拓扑学这个全新数学分支的萌芽。

1979年,一部名叫《GEB:一条永恒的金带》的书轰动美国,并获得普利策大奖。作者道格拉斯·霍夫施塔特(Douglas Hofstadter)从数学、逻辑学、生命遗传、大脑思维、人工智能、甚至音乐、绘画等许多不同领域对莫比乌斯带进行了探讨,使人们发现怪圈有着丰富的内蕴,它与自然、人类、科学、艺术等都有深刻的联系。

《GEB:一条永恒的金带》一书表明,莫比乌斯带是一种变异的系统结构:系统不同层次的相互渗透、缠绕,如将"内"与"外"、"高"与"底"、"二维"与"三维"、"有限"与"无限"、"部分"与"整体"等不同层次缠绕在一起。

2. 奇妙的怪圈——莫比乌斯带

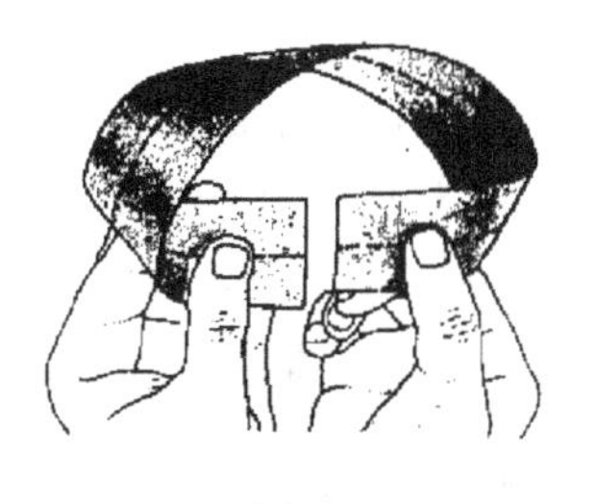
图 2-9-1

莫比乌斯带是将一张长方形纸带的一端扭转后,再把它首尾相接而成(图 2-9-1)。

我们之所以将莫比乌斯带称为"怪圈"的圈面,是因为它是一个连续的且只有一个面的曲面。我们先感受一下"常圈"与"怪圈"的不同之处。

设想一下,如果一只蚂蚁想沿着"常圈"从外面爬到内面,它必须设法跨越圈的边缘或将其穿透,否则是不可能从外面爬到内面去的。如果我们将"常圈"用铅笔在其一面画一条中线,我们沿这条中线将它剪开,"常圈"便一分为二成了两个圈,这都是很平常不过的事了。即常圈是一个双侧曲面。

但如果有一只蚂蚁沿着"怪圈"爬行,那么蚂蚁根本无须跨越它的边缘或将其穿透就可轻易地爬遍整个"怪圈";如果我们用铅笔在"怪圈"上取中心位置画线,发现在完成两圈,并经过整个"怪圈"后又回到了起点,即"怪圈"是一个单侧曲面。如果我们沿这条“怪圈”剪开,“怪圈”并未一分为二,而是成了一个两倍长的圈。

有一首小诗就是这样描写莫比乌斯带的:

数学家断言
莫比乌斯带只有一边
如果你不相信
就请剪开一个验证
带子分离时候却还是相连

有趣的是:新得到的这个两倍长的纸圈,却是一个双侧曲面,我们若沿着它的中线剪开,这回可真一分为二了,但却是两个互相套着的纸圈,且每个纸圈打结了(图 2-9-2 列举了各种形式的莫比乌斯带)。莫比乌斯带还有更为奇异的特性,一些在平面上无法解决的问题,却不可思议地在莫比乌斯带上获得了解决。

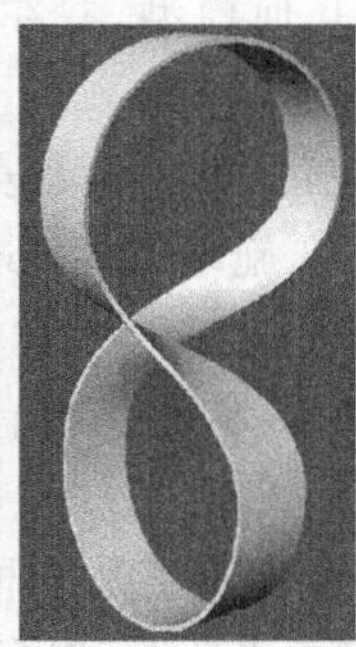
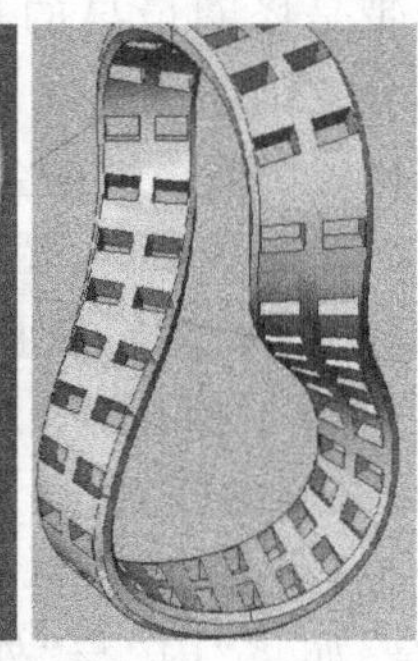
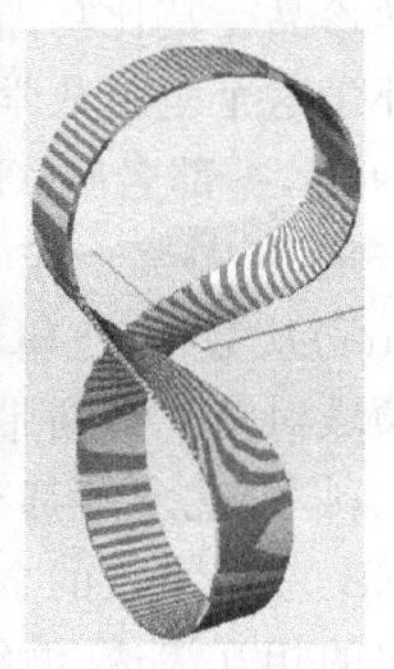

图 2-9-2　各种形式的莫比乌斯带

比如在普通空间无法实现的“手套易位问题:人左右两手的手套极为相像,但却有本质的不同(如皮手套,不指线手套)我们不可能把左手的手套贴切地戴到右手上去;也不可能把右手的手套贴切地戴到左手上来。无论你怎么扭来转去,左手套永远是左手套,右手套永远是右手套!不过倘若你把它搬到莫比乌斯带上来,那么解决起来就易如反掌了。只需把手套从里往外翻转,则左手手套便可变成右手手套,而右手手套便可变成左手手套了(图 2-9-3、图 2-9-4)。

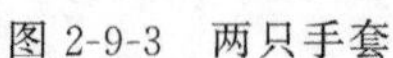

图 2-9-3　两只手套

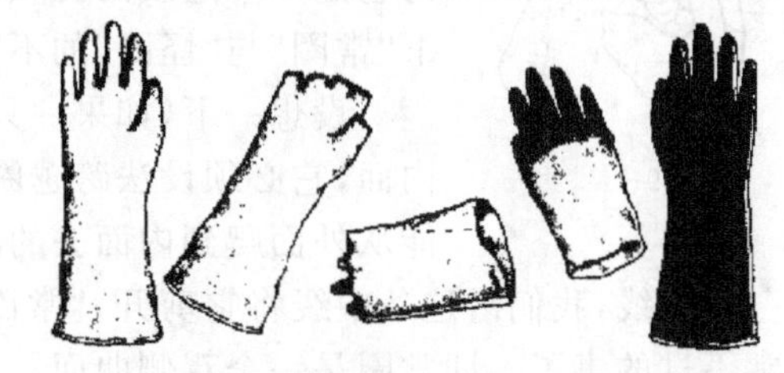

图 2-9-4

又如有一只头向右的“右侧扁平猫”,只要这只猫紧贴着莫比乌斯带纸面走动,最后出现在你面前的却是一只头向左的“左侧扁平猫”。若再紧贴着莫比乌斯带走呀走,出现在你面前的又成了一只“右侧扁平猫”了。这个故事告诉我们,堵塞在一个扭曲了的面上,左右手系的物体是可以通过扭曲实现转换的!

3. 克莱因瓶

克莱因

1882年,德国著名数学家菲立克斯·克莱因(Felix Klein)发现了一个后来以他的名字命名的著名"瓶子"——克莱因瓶。这是个像球面一样封闭(也就是没有边界)的曲面,但它只有一个面。如图2-9-5就是一只"克莱因瓶",它是一个没有瓶底、瓶颈被拉长、然后似乎穿过了瓶壁,最后瓶颈和瓶底圈连在一起的"瓶子"。如果瓶颈不穿过瓶壁而从另一边和瓶相连的话,我们就会得到一个轮胎面。

我们可以说一个球有两个面——外面和内面。如果一只蚂蚁在一个球的外表面上爬行,它必须在球面上咬个洞,才能爬到内面上去。轮胎面也是如此,也有外面和内面之分。然而克莱因瓶却不同,一只在"瓶外"爬行的蚂蚁,可以轻松地通过瓶颈而爬到"瓶内"去——事实上,克莱因瓶并无内外之分!在数学上,我们称克莱因瓶是一个不可定向的二维紧致流型,而球面或轮胎面是可定向的二维紧致流型。

由图2-9-5可知,克莱因瓶的瓶颈和瓶身是相交的,即瓶颈上的某些点和瓶壁上的某些点占据了三维空间中的同一位置。但事实并非如此,克莱因瓶是一个只有在四维空间才能真正表现出来的曲面。如果我们一定要把它表现在我们生活的三维空间中,我们就只好将就点,只好把它表现得似乎是自己和自己相交一样。

事实上,克莱因瓶的瓶颈是穿过了第四维空间再和瓶底圈连起来的,并不穿过瓶壁。这是怎么回事呢?我们用扭结来打个比方(图2-9-6),如果我们把它看成是平面上的曲线的话,那么它似乎是自身相交的,再一看又似乎断成了三截。其实扭结是一个三维空间中的曲线,它自身并不相交,而且是一条连续不断的曲线,在平面上一条曲线是作不到的,但如果是三维的话,就可以避开和自身相交。克莱因瓶也是如此。这是一个处于四维空间且自身并不相交的曲面。除了上面我们谈到的克莱因瓶的模样,还有一种不太为人所知的"8字形"克莱因瓶(图2-9-7)。它看起来和上面的曲面完全不同,但是在四维空间中,它们其实是同一曲面——克莱因瓶。

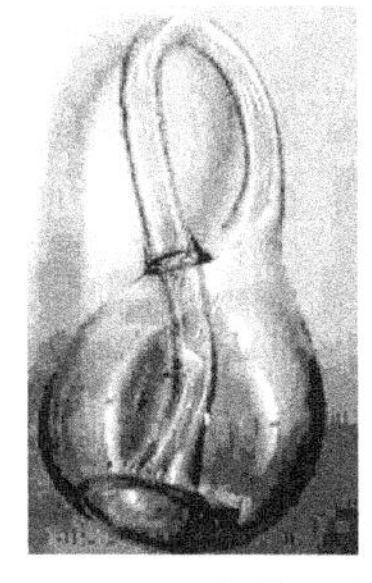

图2-9-5　克莱因瓶

图2-9-6　纽结

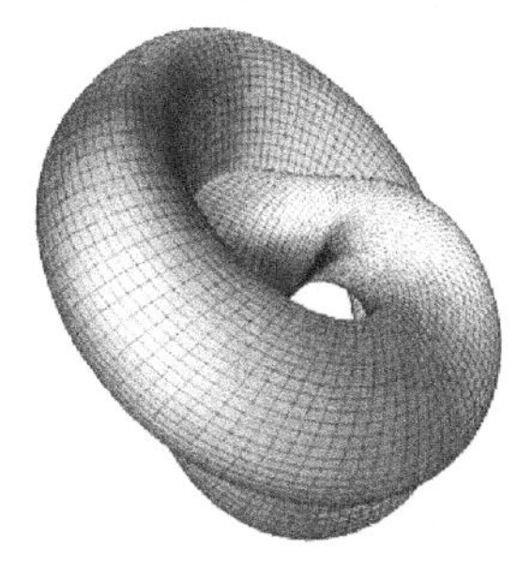

图2-9-7　8字形克莱因瓶

4. 玻璃克莱因瓶

图 2-9-8

由于四维的克莱因瓶只能存在于想像之中,如果要在三维空间中表现出来,就只能将就点,只好把它变得自己和自己相交。正如三维空间中的扭结要在二维的平面表现出来就只好把它画成相交或者断裂一样。事实上用整块玻璃吹制的三维空间的克莱因瓶已是可以实实在在做到了(图 2-9-8)。

由于克莱因瓶只有一个面,不存在里面和外面的区别,所以它的拓扑容积为零(虽然这个瓶子的"内部"是有容积的)。如果人被关在这里也是毫无意义的,只要顺着瓶壁向外走,即可走出,在这个世界里,紧闭是一种错觉。据说这些制成的玻璃克莱因瓶便宜的仅数美元,是送给数学家、计算机专家,尤其是拓扑研究者的最佳礼物。

5. 莫比乌斯带与克莱因瓶的相互转化

虽然莫比乌斯带具有许多神奇的性质,但它具有一条非常明显的边界,这似乎是它的美中不足。如果将两条莫比乌斯带沿着它们唯一的边黏合起来,就得到了一个自我封闭而没有明显边界的模型——克莱因瓶。因而莫比乌斯带更具有一般性。(当然我们不要忘了,我们必须在四维空间中才能真正有可能完成这个粘合,否则的话就只能把纸撕破一点)。同样地,如果把克莱因瓶沿着它的纵长方向剪开来,我们就能得到两条莫比乌斯带(图 2-9-9)。

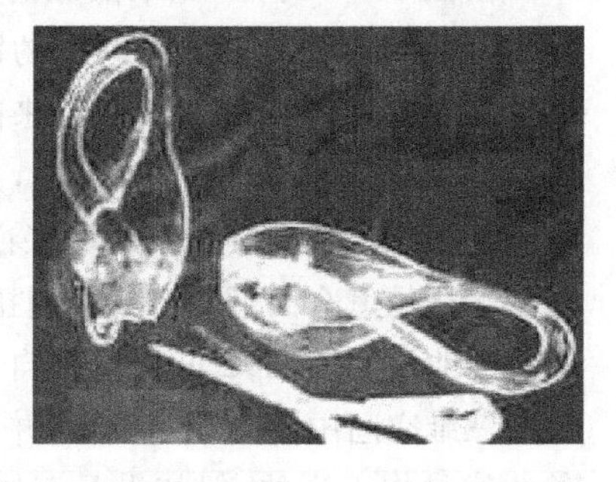
图 2-9-9

6. 莫比乌斯带的影响

莫比乌斯带的影响很广,涉及科学、技术,甚至艺术、文艺等很多方面。

(1) 莫比乌斯带与科学

生物遗传的物质基础是生物体细胞核内染色体上的脱氧核糖核酸 DNA。DNA 由两个螺旋线链组成,它们在碱基上结合起来,形成一个双螺旋线。由此我们就会惊奇地发现,DNA 双螺旋分子结构就是莫比乌斯带怪圈结构。现在已有分子生物学家对怪圈结构及其分解的拓扑性质进行研究。

1982 年美国科罗拉多大学的 D. M. 沃尔巴(D. M. Wolba)等人成功地合成了莫比乌斯分子。科学家认为莫比乌斯分子同样有许多神秘的性能，由于莫比乌斯分子的合成，1982 年被认为是有机化学史上值得纪念的年份。

1983 年科罗拉多大学的化学家们又构成了一种命名为“特里斯”的化合物，它具有莫比乌斯带的结构。“特里斯”中由碳原子和氧原子连结，两端是乙醇团，这使它们在将这条链半扭后很容易被接在一起。德国科学家已经用“莫比乌斯”原理成功地合成出性能相当稳定的莫比乌斯芳香族化合物。

(2) 莫比乌斯带与技术

莫比乌斯带的影响最大莫过于表现在技术方面。

工厂常见的运输传送带，一般大多是“常圈”结构，其缺点是带的一面有较多的磨损与撕裂。于是，美国 B. F. 古德里奇(B. F. Goodrich)公司发明了一项专利，将运输传送带改成莫比乌斯带结构，使其两面都受力，这样使用周期延长了一倍，同时传送带也不容易掉落下来。同样的道理，计算机打印机中的色带也做成莫比乌斯带结构，也延长了使用寿命。

一条记录声音的莫比乌斯带已由弗利斯特(Forrester)于 1923 年设计出来，同样的思路也可用于录像带。

图 2-9-10 是一张利用莫比乌斯带为创意的八达通卡。

图 2-9-10

利用莫比乌斯带的实例还有 Seike 装置。Seike 装置是组合电磁铁和永久磁铁的反重力装置，是日本科学家 Seike 发明的。Seike 装置可减少自身重量而悬浮于空中。在制作电磁铁时将电线呈莫比乌斯带状缠绕可以说是这个装置的核心。

(3) 莫比乌斯带与艺术

莫比乌斯带的影响不仅表现在技术应用方面，而且还渗透到艺术中。一座钢制的莫比乌斯带雕塑坐落在华盛顿地区的史密斯历史和技术博物馆。莫比乌斯带还用于邮票、绘画或杂志的封面，如《纽约州人》中。

谈到莫比乌斯带艺术，不能不提到下面的两个人：

一个是瑞士雕塑家马克斯・比尔(Max Bill)，他在 1935 年创造了一个单面曲面雕塑，并称之为“环形带”，但比数学发现莫比乌斯带要晚了一个世纪。比尔直到 1979 年，才接触到莫比乌斯带的数学解释，他决心把单面曲线的美学潜能化为现实，并创作出了几件艺术精品。比尔的艺术是朴实、规则的线条艺术，是由纯粹数学转化成的艺术作品。

另一位是荷兰最著名的版画家 M. C. 埃舍尔(M. C. Escher),当他从数学家那里了解到莫比乌斯带的结构后,引发了他的创作灵感,他以莫比乌斯带结构为基础,并在一种"应用"意义上使用怪圈,创作了许多充满生命的魔幻般的版画。如图 2-9-11 中,大蚂蚁沿着一个莫比乌斯结构的梯子的"一面"往前爬,结果是蚂蚁在不知不觉中爬到了梯子的"另一面"而且在无穷无尽的循环爬行。这是他创作的"莫比乌斯带 II",另外还有"莫比乌斯带 I"(图 2-9-12)。

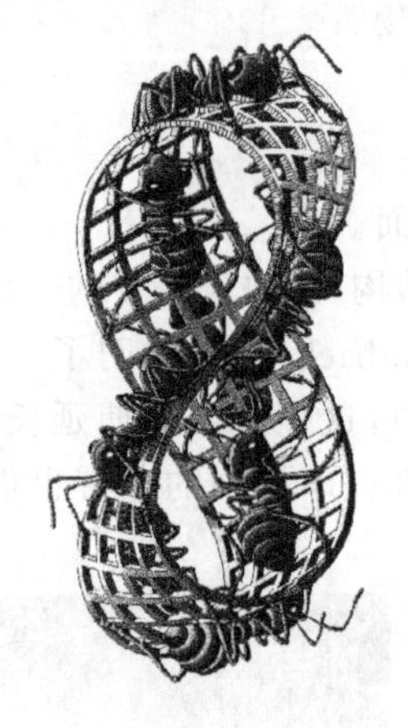

图 2-9-11

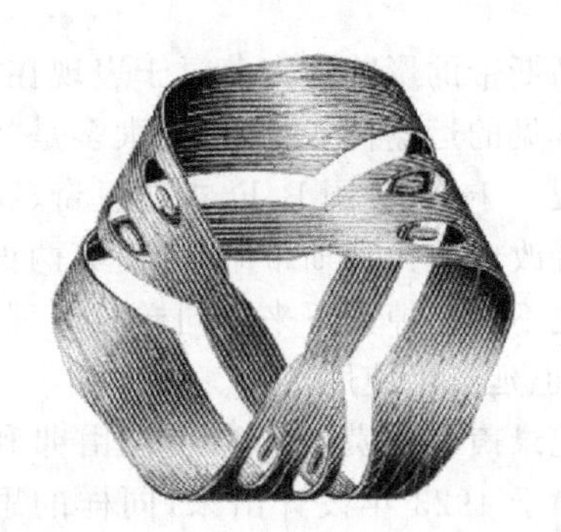

图 2-9-12

(4) 莫比乌斯带与文学

莫比乌斯带的概念还用于一些科幻小说中。

由 A. J. Deutsch 创作的短篇小说《一个叫莫比乌斯的地铁站》为波士顿地铁站创造了一个新的行驶线路,整个线路按照莫比乌斯带方式扭曲,走入这个线路的火车都消失不见了。

在《星际航行,下一代》中的情节"时间方块"中,就用上了莫比乌斯带的概念。在那里莫比乌斯带被用到了时间上。"事业号"飞船进入了一个特殊的时间带,这个时间带就像莫比乌斯带一样,使他们陷入了一个无尽的同样顺序的重复,直到船长发现了一种解答 3.14159265358979323846264338327950288419716939937510382097494459230781640 6…为止。在《星际旅行》的另一个情节里,数学是英雄,这里 π 被用于击败魔鬼计算机。当斯波克用计算机计算 π 的数值时,由于 π 是无限不循环的小数,迫使计算机全神贯注地进行计算,终于为船员们赢得了宝贵的修复飞船的时间。可以看出数学为科普作家提供了丰富的想像。

在新生代组合"水晶男孩"的歌曲里,也出现了以"莫比乌斯带"为歌名的歌曲。

(5) 莫比乌斯带与体育

莫比乌斯带还可用于体育运动,如制作成儿童游玩的体育器材等(图 2-9-13)。

图 2-9-13

7. 莫比乌斯带与反常思维

“莫比乌斯带”是反常思维的结果，在常规看来不可能的事，对反常思维却是轻而易举的事。反常思维是常规思维的悖论，是违背习以为常的逆向思维。

如《镜花缘》中叙述女皇武则天催花一事，从常规讲，数九寒天只有腊梅开放，其余花卉应是枯枝干瘦，一派凋零景象，但武则天却超越常规，下令“花须连夜发，莫待晓风催。”结果除牡丹外，百花连夜生长，黎明时群芳怒艳，满目锦绣春色。

又如，英美人和中国人写书信地址的顺序就是一种反常思维：

英美　38 号科斯比尔大街哥伦比亚区纽约市美国。

中国　美国纽约市哥伦比亚区科斯比尔大街 38 号。

世俗观点认为，人生就是为了享乐的；而绝大多数宗教，特别是佛教认为，人生来就是受苦的。

常识认为，鸡毛能在天上飞，但铁块不可能天上飞，但今天的现实表明，几十吨甚至一百多吨的“铁块”——飞机也能天上飞。

拓扑学就是一种反常思维，它能变换空间的位置，使一个密闭的空间内外相通。分不开哪是里面，哪是外面(如克莱因瓶)。人进入这样的密室也能轻易地走出来。这对常规思维来说是绝对不可能的。

许多在前人“常规思维”下可能的事，如今却成了事实，如传真件和电子邮件你能说不是真的吗？克隆技术是瞎编的吗？我们收到的传真件或电子邮件是不是与原件相同，而克隆出来的动物是不是与原来动物相似？一切物质的东西，只是分子排列顺序和结构的问题。人能不能被传真呢？物质无法被传真，但是结构和顺序却是可以被传真的。我们拿起电话，拨通了远在万里的亲人的电话，听到的声音却近在身旁，对此声音难道你会怀疑吗？

我们再来看“莫比乌斯带”，把一个有正反面的纸带变成了没有正反面的带，关键就是把它的一端翻转了180度,这个翻转的过程就是反常思维的过程。翻转的度必须是180度。“莫比乌斯带”的这种反常思维绝不是魔术师的把戏,而是通向真理的一把钥匙。

8. 从莫比乌斯带和克莱因瓶中看中西哲学思想

莫比乌斯带和克莱因瓶作为几何图形的性质是清晰、简单甚至是优美的,但从人们对它所表达的事物性质却迷惑不解,几乎所有的数学家、哲学家和爱好者都对它们的性质着迷,难于理解这种简单的几何体所表达的神秘性质:两个面如何又是一个面?一个面如何又是两个面?

图 2-9-14

其实莫比乌斯带和克莱因瓶是从形式的流变中揭示了几何哲学思想,用几何的方法表现了最深刻的哲学原理。这种西方哲学和几何学所未能充分了解的神秘性,却在古代中国思想家那里得到了充分的领悟。如果我们把莫比乌斯带和克莱因瓶进一步进行抽象综合,即去掉它们的空间性质,我们可以得到一个更加抽象的思想图式,它就是中国的太极图(有研究表明把莫比乌斯带投影下来就是太极图(图 2-9-14)。

它抽象地表达了存在于一切事物之中的绝对性质——阴与阳和它们的统一。这就是古老的中国理念“道”和“易”。“知其白,守其黑,为天下式,常德不忒,复归于极。”(老子第二十八章)太极图和老子的这段话的对应性令人惊叹,这不是图形和语言的牵强附会,而是理念的一致。莫比乌斯带和克莱因瓶表现了阴阳流变的统一过程,但却没有产生表达这种思想理念的结果,因为西方哲学中缺少这种理念。中国哲学虽然有这种超越的思想理念,但是没有清晰的表达方式,因为中国缺少充分发展的几何学。

借助于莫比乌斯带和克莱因瓶,太极图所包含的哲学思想可以被更形象地表示出来;而借助于中国的思想观念,几何学的原理可以得到更深刻的认识。

从上面的分析可以看出,虽然西方哲学和中国哲学有着明显不同,但作为哲学思想有着互补的同一性,这充分地体现在莫比乌斯带、克莱因瓶与太极图的一致性上。这是中西方思想理念的一致。只有在这种更高的层次上,我们才能更深刻地领会整个人类文化的意义。

9. 结语

莫比乌斯带,它多么简单,然而又极度深刻,它有那么多工业、技术上的美妙应用,同时又带给科学家、哲学家、艺术家、文学家那么多新奇的想像。因此我们说,莫比乌斯带是科学的艺术形象,也是艺术形象的科学。

第三章　数学史籍中的数学文化

3.1　欧几里得与《几何原本》

1.《几何原本》简介

(1)《几何原本》产生的历史背景

在公元前 6 世纪，古埃及巴比伦的几何知识传入希腊，和希腊发达的哲学思想，特别是形式逻辑相结合，大大推进了几何学的发展。在公元前 6 世纪到公元前 3 世纪期间，希腊人非常想利用逻辑法则把大量经验性的零碎的几何知识整理成一个严密完整的系统，到了公元前 3 世纪，已经基本形成了"古典几何"，从而使数学进入了一个"黄金时代"。甚至在柏拉图学派的大门上书写有"不懂几何学者不得入内"的大型条幅。

泰勒斯

在欧几里得(Eucld)《几何原本》出现之前，已有许多希腊学者做了大量的前驱工作。首先应提到的是希腊第一位伟大的哲学家和数学家泰勒斯(Thales)。泰勒斯年轻时是一个商人，曾到过埃及和巴比伦，接触到了具有千年历史的数学。晚年，献身于对知识的探索并建立了希腊的第一个哲学学派——伊奥尼亚学派。他力图摆脱宗教，从自然现象中寻找真理，他对数学的最大贡献是开始了命题的证明。发现了许多基本几何定理，为建立几何演绎体系迈出了可贵的第一步。

毕达哥拉斯

接着是毕达哥拉斯学派。毕达哥拉斯(Pythagoras)师从泰勒斯。该学派提倡用数学解释一切，提出"万物皆数"。将数学从具体事物中抽象出来建立自己的理论体系。发现了正十二面体和二十面体。特别是发现了勾股定理，产生了巨大的影响。

当希腊打败了波斯帝国后，希腊成为爱琴海上的强国。雅典便成了人文荟萃的中心。所谓的"三大几何作图难题"(参见 2.7 几何三大难题)也于此时提出。用"直尺和圆规作图"已成了"金科玉律"。

欧多克索斯

柏拉图(Plato)学派非常重视数学,强调数学在训练智力方面的作用,而忽视其实用价值,认为几何学习可培养逻辑思维能力,这种思想对欧几里得产生过深刻的影响。柏拉图学派的重要人物欧多克索斯(Eudoxus)创立了比例论和穷竭法。比例论定义为两个量的比,包括了可公度和不可公度比;穷竭法是用一个已知基本图形,不断逼近不规则图形。柏拉图的门徒亚里士多德,更是形式逻辑的奠基者,其思想为日后将几何整理在严密体系之中创造了必要条件。此外,还有许多古希腊学者做过"添砖加瓦"的工作。从公元前7世纪到公元前4世纪,希腊几何学已经积累了大量的知识,逻辑理论也渐臻成熟,公理化思想更是大势所趋。希腊学者已为构建数学理论大厦打下了坚实的基础。

但要利用这些现有的材料构建起一座数学大厦,却是一项不平凡的创造。从公理的选择、定义的给出、内容的编排,到方法的运用以及命题的严格证明都需要有高度的智慧并付出艰苦的劳动。虽然有好几个数学家做过一些综合整理工作,但历史的选择只有欧几里得写的《几何原本》,才完成了这一伟大的历史使命。

(2)《几何原本》的版本和流传

欧几里得的《几何原本》的手稿早已失传,现在看到的各种《几何原本》版本都是根据后人的修订本、注释本、翻译本重新整理出来的,而最重要的是以希腊评注家塞翁编写的修订本。这个本子成了后来所有流行的希腊文本及译本的基础。塞翁生活在亚历山大,但约比欧几里得晚700年,他究竟做了多少补充和修改,这就不得而知了。

9世纪以后,《几何原本》阿拉伯文译本主要有赫贾季(al-Hajjāj ibn Yūsuf)、伊沙格(Ishāq ibn Hunain)、纳西尔丁(Nasīr ad-Dīn al Tūsī)三种译本。现存最早的拉丁文本是1120年左右由阿德拉德(Adelard of Bath)从阿拉伯文译过来的。坎帕努斯(Campanus of Novara)参考数种阿拉伯文本及早期的拉丁文本重新将《几何原本》译成拉丁文,两百多年(1482年)之后,以印刷本的形式在威尼斯出版,这是西方最早印刷的数学书。目前权威的版本是J. L. 海伯格(J. L. Heiberg)和H. 门格(H. Menge)校订注释的《欧几里得全集》,是希腊文与拉丁文的对照本。现在最流行的标准英译本是由T. L. 希思(T. L. Heath)译注的《欧几里得几何原本13卷》(1908年初版,1925年再版,1956年修订版),书末附有长达150页的导言,对每章、节都做了详细的注释,对其他文字的版本以及现代希腊语种,在导言中均有所评论。该导言实际上是欧几里得研究的历史总结。

最早印刷本的首页

拉丁文译本

现代中译本

到 19 世纪末《几何原本》印刷的各种文字版本达一千种以上，其影响之大，仅次于基督教的《圣经》。

(3)《几何原本》的内容简介

《几何原本》的英译名为 Elements，原意是指一学科中具有广泛应用的重要定理。欧几里得在这本书中用公理法对当时的数学知识作了系统化、理论化的总结。全书共分 13 卷，包括有 5 条公设、5 条公理、119 个定义和 465 个命题，构成历史上第一个数学公理体系。各卷的内容大致可分类如下：

第一卷　几何基础　包括 23 个定义，48 个命题。另外提出了 5 条公设和 5 条公理。在以后各卷再没有加入新的公设和公理。该卷的最后两个命题是毕达哥拉斯定理及其逆定理。

第二卷　几何代数　以几何形式研究代数公式，主要讨论毕达哥拉斯学派的几何代数学。

第三卷　圆形　包括圆、弦、割线、切线以及圆心角和圆周角的一些熟知的定理。

第四卷　正多边形　主要讨论给定圆的某些内接和外切正多边形的尺规作图问题。

第五卷　比例说　对欧多克斯的比例理论作了精彩的解释，被认为是最重要的数学杰作之一。

第六卷　相似图形

第七、八、九卷　初等数论　探讨偶数、奇数、质数、完全数等的性质。给出了求两个或多个整数的最大公因子的“欧几里得算法”，讨论了比例、几何级数，还给出了许多数论的重要定理。

第十卷　不可公度量　讨论无理量,即不可公度的线段,共有命题115个,是最冗长、最富争议性但最精密的一卷,也是很难读懂的一卷。

第十一、十二、十三卷　立体几何　探讨立体几何中的定理,并证明只存在有五种正多面体。目前中学几何课本中的内容,绝大多数都能在《几何原本》中找到。

2.《几何原本》的成就与影响

(1) 旷世奇书

《几何原本》是古希腊数学家欧几里得的一部不朽之作,是当时整个希腊数学成果、方法、思想和精神的结晶,其内容和形式对几何学本身和数学逻辑的发展有着巨大的影响。自它面世以后,在长达二千多年的时间里一直盛行不衰。它经历翻译和修订的次数更是不胜枚举,自1482年第一个印刷本出版以来,至今已有一千多种不同的版本。除了《圣经》之外,没有任何其他著作,其研究、使用和传播之广,能够与《几何原本》相比。但《几何原本》在超越民族、种族、宗教信仰、文化意识方面的影响,却是《圣经》所无法比拟的。

《几何原本》作为教科书使用了两千多年,在形成文字的教科书中,无疑它是最成功的。该书问世以后,很快取代了以前的几何教科书,而后者也就很快在人们的记忆中消失了。

在训练人的逻辑推理思维方面,《几何原本》比亚里士多德的任何一本有关逻辑的著作影响都大得多;在完整的演绎推理结构方面,是一部杰出的典范。

(2) 对科学和科学家的影响

自《几何原本》问世以来,思想家和科学家们为之而倾倒。可以毫不夸张地说,《几何原本》是现代科学产生的一个主要因素。科学上的伟大成就的取得,一方面是将经验同试验进行结合,另一方面是需要细心的分析和演绎推理。

对于欧洲人来讲,只要有了几个基本的物理原理,其他都可以因此推演而来的想法似乎是很自然的事,这是因为在此之前已有《几何原本》作为典范。毫无疑问,像牛顿、莱布尼茨、伽利略、哥白尼和开普勒等卓越人物都接受了《几何原本》的传统。

历史上,不知有多少科学家从学习《几何原本》中受益,从而在科学上做出了伟大贡献,甚至连拿破仑、林肯这样的领袖人物都曾研究过《几何原本》并受到其影响。

《几何原本》对牛顿的影响很为明显。牛顿的名著《自然哲学的数学原理》一书,就是按照类似于《几何原本》的“几何学”的形式写成的(从题目到结构、到内容,无不体现着一种数学精神)。自那以后,许多西方的科学家都效仿《几何原本》的结构,说明他们的结论是如何从最初的几个假设逻辑中推导出来的。许多数学家,像罗素(B. A. W. Russel)、怀特海(A. N. Witehead),以及一些哲学家,如斯宾诺莎(Baruch de Spinoza)也都如此。

近代物理学的科学巨星爱因斯坦也精通几何学,并且应用几何学的思想方法开创自己的研究工作。爱因斯坦在回忆自己曾走过的道路时,特别提到在12岁的时候"几何学的这种明晰性和可靠性给我留下了一种难以形容的印象"。后来,几何学的思想方法对他的研究工作确实有很大的启示。他多次提出在物理学研究工作中也应该在逻辑上从少数几个所谓公理的基本假定开始。在狭义相对论中,爱因斯坦就是运用这种思想方法,把整个理论建立在两条公理上:相对原理和光速不变原理。

爱因斯坦称赞《几何原本》时说:"世界第一次目睹了一个逻辑体系的奇迹,这个逻辑体系如此精密地一步一步推进,以致它的每一个命题都是不容置疑的——我这里说的是欧几里得几何学推理的这种可赞叹的胜利,使人类理智获得了为取得以后的成就所必需的信心。"

(3) 两则小故事

第一卷的命题47是"毕达哥拉斯定理:在直角三角形中,直角所对的边上的正方形面积等于夹于直角两边上正方形面积之和。"当英国哲学家T. 霍布斯(T. Hobbes)在偶然翻阅欧几里得的《几何原本》,看到毕达哥拉斯定理时,感到十分惊讶,他说:"上帝啊! 这是不可能的。"但当他由后向前仔细阅读完第一章的每个命题的证明,直到公理和公设后,他终于完全信服了。

第五卷对欧多克索斯的比例理论做了精彩的解释,被认为是最重要的数学杰作之一。据说,捷克斯洛伐克的一位数学家、牧师波尔查诺(Bolzano),在布拉格度假时,恰好生病,为了分散注意力,他拿起了《几何原本》阅读了第五卷的内容。他说,这种高明的方法使他兴奋无比,以至于从病中完全解脱出来。此后,每当他朋友生病时,他总是把它作为一剂灵丹妙药向病人推荐。

3.《几何原本》的缺陷

《几何原本》是一部划时代的著作,出现在两千多年前更是难能可贵,但用现代的眼光看来还有不少的缺点和错误。它"具有典型的希腊局限性",如在全书中几乎找不到一个联系实际的问题,另外,《几何原本》还存在以下一些缺陷。

(1) 定义不精确严密

公理化结构是近代数学的主要特征,而公理系统都有若干个原始概念,如点、线、面就属于这一类。在《几何原本》中给出的定义的本身不能成为一种数学定义，完全不是逻辑意义上的定义，有的不过是几何对象的一种直观的描述，有的含混不清。

如在卷一的定义4："直线是这样的线，在它上面的点都是高低相同地放置着的"。这就很费解，而且这个定义在以后的证明中完全没有用到。

又如公设2"直线可无限延长"，并认为直线是"无限长"的。其实直线可无限延长，并不意味着是无限长的，而只意味着它是无端的、无界的。如连接球面上两点的大圆的弧可沿着大圆无限延长，但它不是无限长的。所以直线的无界和无限长是有区别的。

(2) 公理系统不完备

《几何原本》中没有运动、顺序、连续性等公理，所以许多证明不得不借助于直观。此外，有的公理不是独立的，即可以由别的公理推出（如第4公设"凡直角都相等"）。

(3) 全书的组织安排不合理

如卷五，建立了一般量的比例论，且在卷六中已用于几何，但在卷七的数论中却没有用上它。其实在卷二中已提出几何代数学，接下去讲数论是顺理成章的。卷十是讲不可通约量理论，共有命题115个，过于冗长庞大，且大部分与前后没有联系，用处也甚微。因此卷十可大大地压缩。

(4) 有些证明以偏概全

《几何原本》中有些一般性定理只给出了特例的证明，或者只用了某些具体数据而忽视了其普遍性。如在卷九的命题20："素数的个数比任意给定的素数都多"。证明时只给定A、B、C三个素数，由此推出还有别的素数存在。

《几何原本》虽然把数学的逻辑严谨性提到了一个历史的新高度，却也留下了公理体系不尽完备的缺憾。直到19世纪末期，德国数学家希尔伯特于1889年发表了《几何基础》，从而成功地建立了欧几里得几何的完整的公理体系，也就是希尔伯特公理体系。《几何原本》虽然存在着一些结构上的缺陷，但这丝毫无损于这部著作的崇高价值。它的影响深远，集中体现了希腊数学所奠定的数学思想、数学精神，是人类文化遗产中的一块瑰宝。

4.《几何原本》在中国的传播

据著名科学史家J.李约瑟（Joseph Needham）著《中国科学技术史》记载，《几何原本》是在13世纪和阿拉伯的算学一起传入中国的。汉文译本前六卷是1607

年明末徐光启和意大利传教士利玛窦合译完成的，后九卷是 250 年后的 1857 年由李善兰和英国传教士伟烈亚力合作译成。1865 年正式刊行完整的《几何原本》。

李约瑟

下面说说徐光启和利玛窦合作翻译《几何原本》的简要过程。

(1) 利玛窦——中西文化交流史上的杰出人物

利玛窦

利玛窦本名是马泰奥·利奇(Matteo Ricci)，“利玛窦”是他到中国之后取的汉名。“利”字是他的姓氏的第一音节，“玛窦”是其名字的音译。后来他还按照中国读书人的习惯取字“西泰”，是“泰西”的颠倒，喻其来自遥远的西方。利玛窦是中西文化交流史上的杰出人物，对中西文化的交流做出了不可磨灭的贡献。

利玛窦出生于意大利中部的玛柴拉达城，20 岁时就读于耶稣会所办的“罗马学院”，1577 年 5 月离开罗马，于 1583 年 2 月来到中国。8 月在肇庆建立“仙花寺”开始传教。利玛窦为了便于传教，从西方带来了许多用品如圣母像、地图、星盘和三棱镜等，其中还有欧几里得的《几何原本》，这是利玛窦在“罗马学院”学习用的课本，是由他的老师克拉维乌斯神父根据欧几里得的《几何原本》整理编撰而成的，原书只有十三卷，克拉维乌斯神父在后面又增添了两卷注释，这样书成十五卷。

(2) 徐光启与利玛窦合译《几何原本》

1601 年 1 月，利玛窦进京面圣成功，获准在北京居住和传教。1604 年 4 月，徐光启中进士，为了获得翰林院的职位，决定留在北京参加每月一次连续两年的考试。从此，徐光启与利玛窦交往甚密，并跟利玛窦学习西方科技，深感西方科技的精妙。于是向利玛窦建议：“希望能印行一些有关欧洲科学的书籍，引导人们的进一步研究，内容要新奇且要有证明”。这个建议被利玛窦愉快地接受了。利玛窦之所以选定《几何原本》，这是因为“没有人比中国人更重视数学了。但中国人提出了各种各样的命题，却都没有证明，而《几何原本》则与之相反，命题是依次提出的，而且如此确切地证明，即使最固执的人也无法否认它们”。

徐光启

据记载，从 1606 年 9 月到 1607 年 5 月，徐光启每天下午都到利玛窦住所翻译三四个小时，由利玛窦讲述，徐光启笔译。此前，徐光启学习过四书、五经、兵法、农书和医书等，但天文历算方面的书却未涉及。而利玛窦虽然熟悉《几何原本》，但不熟悉中文表达和书写。因而，此期间的翻译两人都十分勤奋努力，并多次向周围的有识之士请教。道路虽然很艰难，但最后还是走下来了。到 1607 年春天，他们终于译出了《几何原本》前六卷，并在北京印刷发行，两人都兴奋无比。

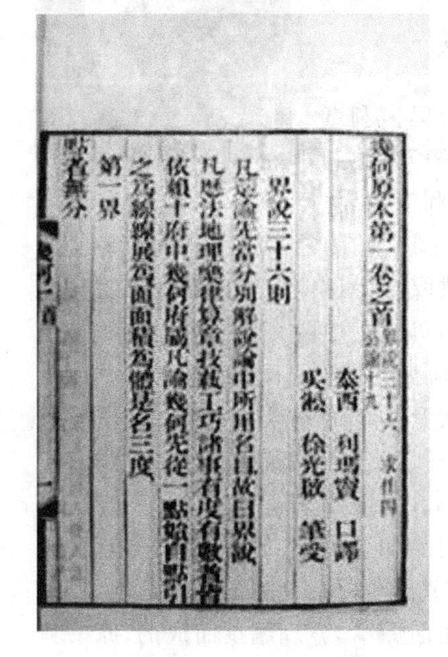

幾何原本第一卷之首　界說三十六則　求作四　公論十九

泰西　利瑪竇　口譯

吳淞　徐光啟　筆受

界說三十六則

凡造論先當分別解說論中所用名目故曰界說

凡歷法地理樂律算章技藝工巧諸事有度有數者皆依賴十府中幾何府屬凡論幾何先從一點始自點引之為線線展為面面積為體是名三度

第一界

點者無分

明代徐光启、利玛窦的译本

前六卷翻译完成后，徐光启曾要求继续将后面的九卷也翻译，但利玛窦拒绝了。之所以如此，说法有多种：第一种是利玛窦来中国的目的是传教，不是科学传播；第二种是后面涉及立体几何和数论等知识较繁难，就此罢手；第三种是利玛窦想停一下，先看看发行之后的效果如何，然后再作打算；第四种是利玛窦根本不懂后面的内容。以上说法似乎都有理，特别是第四种，因利玛窦忙于各种教务，再也没有时间学习后九卷，不熟悉其内容是有可能的。

尽管如此，利玛窦对我国数学发展做出的贡献还是很大的。他和徐光启翻译的《几何原本》是第一个内容较多且正式的中文译本，其一改中国古代数学书籍编写方式，引入公理化方法，使用了证明等，在当时产生了巨大的影响，使得当时一大批学者倾服。

清康熙皇帝还组织人员将《几何原本》翻译成满文。此后中国开始出现了一些翻译、研究西方数学的数学家，其中最著名的有梅文鼎和华蘅芳。

李善兰

直至 250 年后，《几何原本》的后九卷才由中国数学家兼工程师李善兰和英国传教士伟烈亚力（Alexander Wylie）于 1858 年译成汉文，仍用 17 世纪的名称《几何原本》。李善兰，字壬叔，浙江海宁人，自幼喜欢数学，研究过幂级数和高级等差数列。他同时也是一个工程师，懂得冶金和造船。伟烈亚力是一个英国商人（也是一名传教士），曾在上海经营一家书店（墨海书店），他懂一些中文，还用中文写了一本算术书。1852 年李善兰到上海后，与伟烈亚力相约，继续完成徐光启与利玛窦未完成的事业，合作翻译了《几何原本》的后九卷，并于 1858 年完成此项工作。至此，《几何原本》这一伟大著作第一次完整地传入中国。1865 年，由著名官僚曾国藩发行了全书完整的校订版。

(3)《几何原本》翻译传入中国后对中国文化的影响

《几何原本》翻译传入中国后,首先对中国数学重新振兴起到了一种推动作用,中国数学由此进入了一个更新时期,推动中国数学家完成了一些创造性的工作,同时导致了我国天文学和历书的修订。《几何原本》在中国的翻译传播不仅仅是一种知识的传播,更重要的是一种科学方法的传播。

5. 徐光启的贡献

徐光启出生在上海的一个由经营商业转为经营农业的家庭,家境不算好,但这个家庭对农业、手工业、商业的生产活动是熟悉的。

徐光启官至太子太保,文渊阁大学士兼礼部尚书,已是位极人臣了。徐光启在科学上的成就,可分为天文历法、农学、军事、数学等方面。

下面主要谈谈徐光启在数学方面的成就,主要有三个方面:

第一,论述了中国数学在明代落后的原因。

中国古代数学源远流长,至汉代形成了以《九章算术》为代表的体系,至宋元时期达到发展高峰,在高次方程和方程组的解法、一次同余式解法、高阶等差级数和高次内插法等方面都取得了辉煌的成就,较西方同类结果早出数百年之久。但进入明朝后,宋元数学的许多成果却几乎全都后继无人,逐渐衰废。其落后局面形成的原因,徐光启曾有十分精辟的分析。他说:"算术之学特废于近代数百年间耳。发之缘有二。其一为名理之儒士苴天下实事;其二为妖妄之术谬言数有神理,能知往藏来,靡所不效。卒于神者无一效,而实者亡一存,往昔圣人研以制世利用之大法,曾大能得之于士大夫间,而术业政事,尽逊于古初远矣。""名理之儒士苴天下实事",对宋元数学在明代衰废的原因,可谓一语道破。

第二,论述了数学应用的广泛性。

徐光启在一次关于修改历法的疏奏中,详细论述了数学应用的广泛性。他一共提出了数学在十个方面的应用,即:①天文历法;②水利工程;③音律;④兵器兵法及军事工程;⑤会计理财;⑥各种建筑工程;⑦机械制造;⑧域地测量;⑨医药;⑩制造钟漏等计时器。除第⑨条可能还需进一步探讨外,对其余各条可以说把数学应用的广泛性,讲得十分完备。在 300 余年前,徐光启能有如此深刻的认识,可以说是难能可贵的。

第三,《几何原本》的翻译。

对《几何原本》的翻译,可说是徐光启在数学方面的最大成就。徐光启翻译《几何原本》是一种创造性劳动,他在翻译过程中斟古酌今,反复推敲,为制定每一个学术名词付出了艰苦的创造性劳动,限于当时既无这方面的词典,又无相关的工具书和相关的西方数学译书可供参考,译者的艰辛和毅力,是今天的学者们无法体验和想像的。今天仍在使用的数学专用名词,如几何、点、线、面、钝角、锐角、垂线、平行线、对角线、三角形、四边形、多边形、圆、圆心、相似、外切、几何等等都是首次出现在徐光启的译作中的,仅此一点,就足可以奠定徐光启在中国数学史上的地位。梁启超称《几何原本》是"字字精金美玉,是千古不朽之作"。

中国传统数学最明显的特点是以算为中心,虽然也有逻辑证明,但却未形成一个严密的公理化演绎体系。《几何原本》的传入,正好弥补了中算之不足。徐光启本人对《几何原本》十分推崇,也有深刻的认识。

徐光启在《几何原本》原序中说:"《几何原本》者度数之宗,所以穷方圆平直之情,尽规矩准绳之用也。"(指《几何原本》的内容可解决所有的几何问题。)接着他又说:"既卒业而复之,由显入微,由疑得信,盖不用为用,众用所基,真可谓万象之形囿,百家之学海"(反复阅读就会由浅入深,由将信将疑到确信无疑,内容似乎没有用处,但却是所有能应用的学问的基础,可以说是宇宙间一切事物的理论所在,人世间一切学问的汇聚之处)。这又第一次向中国科学界说明了几何学的本质。

为了进一步宣传《几何原本》,徐光启写了一篇《几何原本杂议》,他开篇就说:"下工夫学,有理有事,此书为宜,能令学理者祛其浮气,练其精心;学事者资其定法,发其巧思"。他认为世界上每一个人都应当学习《几何原本》,因为如果能精通此书,就没有一件事不能精通的;如果愿意学习此书;就没有一件事学不会的。他对《几何原本》非常崇拜,认为"此书有四不必:不必疑(怀疑),不必揣(猜测),不必试(试验),不必改(改动);有四不可能:欲脱(脱离或漏掉)之不可能,欲驳(反驳)之不可能,欲减(减少)之不可能,欲前后更(改变次序)之不可能。"尽管在当时并未引起人们的重视,但是徐光启坚信:"窃意百年之后必人人学之"。徐光启在《几何原本杂议》的最后打了一个生动的比喻,他列举古人有句诗:

"鸳鸯绣出从君看,不把金计度于人。"

他却要反其意而用之,改为

"金针度去从君用,未把鸳鸯绣于人"。

徐光启把"鸳鸯"比喻为数学的具体结论或计算,"金针"比之为"严密的数学理论和科学的推算方法"。在他看来,中国传统数学往往偏重于解决某些具体数学问题,重视的是"鸳鸯",因此它强调要把"金针"交给人们,有了"金针",就能绣出无数的"鸳鸯"。徐光启首创的数学翻译是西学东渐的开山之作,同时为中国近代数学的科学名词打下了基础,也是中国科学译著的滥觞。

徐光启是一个历史人物,但是他一直活在当今上海人的嘴里。当我们说到光启路、九间楼、桑园街、徐家汇,甚至徐汇区,这都是对这位老上海的纪念。如果说徐家汇是上海的一个地标,那么徐光启可以说是上海乃至中国文明发展史的一个地标,有人甚至把徐光启叫做徐上海。

6. 欧几里得的贡献

(1) 建立亚历山大城数学研究中心

对于闻名于世的《几何原本》一书的作者欧几里得的生平，流传下来的资料却很少。而“欧几里得”这个名字在20世纪以前一直是“几何学”的同义词。现在人们认为欧几里得约生于公元前330年，卒于公元前275年，晚于亚里士多德而早于阿基米德，是古希腊伟大的数学家。

欧几里得

欧几里得和学生们

公元前300年，统治埃及的托勒密(Ptolemy)王开始从事文化建设，在亚历山大城建立书院和图书馆，从各方招来学者，使亚历山大城代替了雅典成为希腊文化中心，从此成就了将近千年的亚历山大的希腊文化。欧几里得就是被托勒密王邀请到亚历山大书院主持数学教育的。由于他知识渊博，勤恳治学，善于培养人才，很快就使得亚历山大城成为远近闻名的数学研究中心。欧几里得的影响十分深远。实际上，所有后来的希腊数学家都或多或少地与亚历山大书院有过某种关系，如著名科学家阿基米德就曾专门来亚历山大书院攻研过《几何原本》。

(2) 两个有名的小故事

人们虽然对欧几里得的生平知之甚少，但有两个有关欧几里得的小故事，却流传两千余年而经久不衰。

小故事一　在柏拉图学院晚期，导师普洛科洛斯所著《几何学发展概要》一书中记载了这样一则轶事：欧几里得曾给托勒密王讲授几何学，这位国王问欧几里得说，除了《几何原本》之外还有没有其他学习几何学的捷径。欧几里得回答说：“几何无王者之道！”意思是说：“在几何学里，没有专为国王铺设的平坦大道。”这句话后来推广为“求知无坦途”，成为传诵千古的学习箴言。

小故事二　斯托贝乌斯记述了另一则故事，有一个欧几里得的学生，才开始学习第一个命题，就问欧几里得说："学了几何学之后将得到些什么？"欧几里得说："给他三个钱币，因为他想在学习中获得实利。"由此可知欧几里得主张学习必须循序渐进、刻苦钻研，不赞成投机取巧、急功近利的作风，也反对狭隘的实用观点。

(3) 欧几里得的其他著作

欧几里得的著作，除了《几何原本》之外，还有好几种书，内容遍及光学、力学、天文学，甚至还有音乐。可惜流传下来的不多，甚至有的已经失传。

《已知数》是除了《几何原本》以外唯一保存下来的纯粹希腊文几何著作，体例和《几何原本》的前六卷相近，包括 94 个命题，但问题的提法不同。全书的中心内容是指出若图形的某些元素为已知，则另外的一些元素可以确定。

《图形的分割》是另一本几何著作，但不是希腊文本。现存有拉丁文本(1570 年出版)与阿拉伯文本(1851 年出版)两种文本。此书的中心思想是作直线，将已知图形分为相等的两部分、成比例的部分或分成满足某种条件的图形。共有 36 个命题。

《光学》是早期几何光学著作之一，也是一本希腊文的透视学。研究透视问题，叙述光的入射角等于反射角，认为视觉是眼睛发出的光线到达物体的结果。该书从 12 个假设(公设)出发推出 61 个命题。

《观测天文学》是一本几何天文学，最先使用地平圈、子午圈等术语，并用上了球面几何学。

此外，欧几里得还写过音乐和力学的书，看来他是很博学的，不像人们通常认为的那样，欧几里得的贡献只是初等几何，不过经过两千多年的历史考验，影响最大的仍然是《几何原本》。

(4) 欧几里得对几何学的创造性贡献

欧几里得天赋超人，与其说他创造了一种新的数学，不如说他把旧数学变成一种清晰明确、有条不紊、逻辑严谨的新数学。面对一大堆零碎的、片断的几何知识，欲将其公理化，这绝不是无足轻重的小事。必须认识到，《几何原本》绝不仅仅是数学定理及其证明的罗列，因为早在泰勒斯时代，数学家已对命题做出过论证，而欧几里得对命题做了辉煌的公理化演绎，这是一个根本的区别。必须从一大堆零碎片断的知识中，遴选出少数几条不证自明的命题作为演绎系统的出发点，这是将几何理论公理化的至关重要的第一步；然后利用这些公理、公设、定义证明第一个命题，再将公理、公设、定义与第一个命题融合去对第二个命题进行证明。如此循序渐进，直至证明所有的命题。

这种在公理结构中做出的证明的优越性，其一可以避免循环推理。因为每一个命题都与前一个命题有着十分清晰而明确的联系，并可直接导回原来的公理。甚至可做出一张计算的流程图，准确显示出证明一个特定定理可以应用哪些推导的结果。公理化的另一个优点是,如果我们需要改变或消除某一基本公设,我们就能立即觉察出可能会出现哪些情况。例如,如果我们没有利用公设 C 或根据公设 C 证明的任何结果,就证明了定理 A,那么,可以断言,即使清除了公设 C,定理 A 依然是正确的。如在存有争议的欧几里得第 5 公设中,恰恰出现了这样的情况,引起了数学史上一次持续时间最长、意义最深远的辩论,从而导致了非欧几何的产生(参"4.3 非欧几何")。

《几何原本》是两千多年来运用公理化方法的一个极好的典范,直接影响到 2300 年后的拓扑学、抽象代数或泛函分析理论的建立。

7.《几何原本》的结构特点和影响

下面我们可总结一下欧几里得所著《几何原本》一书结构上的特点:

第一是封闭的演绎体系。因为在《几何原本》中,除了推导时需要逻辑规则外,每个定理的证明所采用的论据均是公设、公理或前面已经证明过的定理,原则上不再依赖其他的东西。因此,《几何原本》是一个封闭的演绎体系。

第二是抽象化的内容。《几何原本》研究的都是抽象的概念和命题之间的逻辑关系,不讨论这些概念和命题与社会生活之间的关系,也不考察由这些数学模型产生的现实模型。因此,《几何原本》的内容是抽象的。

第三是前面提到的公理化的方法。《几何原本》的第一篇中,开头 5 个公设和 5 个公理,是全书其他命题证明的基本前提,接着给出 23 个定义,然后逐步引入和证明定理。

在数学史上,没有哪一位数学家的著作像《几何原本》那样人人皆知了。2000 多年来,它对人类思想产生了巨大的影响。它不仅是一本引导人们进入科学殿堂的教科书,更重要的是将公元前 7 世纪以来古希腊积累起来的丰富几何学知识,整理在抽象、封闭和严密的逻辑系统之中,使几何学成为一门独立的、演绎的科学。它是人类历史上第一个公理化的数学体系,为后人提供了一个完整的演绎系统公理化方法的楷模。

3.2　刘徽与《九章算术》

1.《九章算术》简介

(1)《九章算术》的由来

谈到中国数学史,谁都会盛赞《九章算术》这部数学巨著,这是一部堪与西方《几何原本》媲美的书,被尊称为"算经之首"。

公元前 221 年,秦始皇结束了长达 5 个多世纪兼并征战的局面,建立起我国第一个中央集权的国家，奖励耕织、兴修水利、重视冶炼、建筑长城，在生产推动下，科学技术有了很大的发展。至西汉前期，生产、科学技术有了更进一步发展，《九章算术》是在这种历史条件下成书的。《九章算术》是我国著名的《算经十书》中最重要的一部。《九章算术》成书于宋代，实际上除了个别片段外，它的基本内容应完成于公元前200年或更早些。

由于秦朝的焚书，导致无一完整的数学书籍流传下来，但由于先秦和西汉生产、科技的发展，使之积累了大量的数学知识，后经西汉的张苍、耿秦昌将秦火残卷片和积累的数学知识收集、加工、删补整理编成《九章算术》。《九章算术》是从先秦"九数"发展来的。原书有插图，作者名氏不详。现传本无插图，书分九章，包括魏晋时刘徽和唐时李淳风等的注释，北宋贾宪的细草，南宋杨辉的详解，是世界数学经典名著。

《九章算术》内容十分丰富，全书采用问题集的形式，收集有246个与生产、生活实践有联系的应用问题，按不同内容列为九章，是为《九章算术》书名之由来。其中每道题有问(题目)、答(答案)、术(解题步骤和方法)。有的是一题一术，有的是多题一术，有的是一题多术。"术"实际是可应用的算法，以算筹为工具，是布列算筹的算法。

(2)"九章"的名称和主要内容

第一章　方田（土地测量共36题）。主要讲各种形状的田亩面积的计算，同时系统地叙述了分数的加、减、乘、除的运算法则及分数的简化。

第二章　粟米（粮食交易，共46题）。专讲各种谷物之间的兑换问题。主要涉及比例运算问题，求第四比例项的算法，称之为"今有术"。

第三章　衰分（比例分配，共20题）。专讲配分比例算法问题。

第四章　少广（计算宽度，共24题）。已知面积和体积，求其一边长和径长等，专讲开平方、开立方问题。

第五章　商工（工程审议，共28题）。专讲各种土木工程中提出的各种数学问题。主要是各种立体图形体积的计算。

第六章　均输（公平的征税，共28题）。专讲如何按人口、路途远近等合理运输问题，以及按等分物问题，合理摊派捐税徭役的计算问题。

第七章　盈不足（过剩与不足，共20题）。介绍一种叫做"盈不足术"的重要数学方法。问题涉及的内容多与商业有关。

第八章　方程（列表计算法，共18题）。主要讲一次联立方程组的解法，也就是介绍利用线性方程组和增广矩阵求解线性方程的一种方法，其中又提出了正负数的概念及其加减运算法则。

第九章　勾股（直角三角形，共24题）。主要讲勾股定理的各种应用问题，还提出了一般二次方程的解法。

《九章算术》采用按类分章的形式成书，问题大都与当时的实际社会生活密切相关。使中国数学在解决实际问题的计算方面，大大胜过希腊的数学体系。试想在一个没有阿拉伯数字，没有字母和运算符号的年代，我们的祖先如何用方块字表现复杂的数学问题，这在今天，我们几乎是无法想像的，我们不得不对我们的祖先充满了崇敬之情！

2.《九章算术》的成就

《九章算术》历来被尊称为“算经之首”。它集先秦至西汉时期数学之大成，经过许多学者的删补后方才成书，是集体劳动的成果。《九章算术》标志着我国具有独特风格的数学体系的形成，成为我们古代数学发展的一座重要的里程碑。《九章算术》以其独特的数学体系与另一种风格的古希腊数学体系比肩并峙，交相辉映，都对世界数学的发展具有深远的影响。《九章算术》更以一系列“世界之最”的成就，反映出我国古代数学在秦汉时期已经取得世界领先发展的地位。现在分别按算术、代数、几何三方面取得的成就予以介绍：

(1) 算术方面

《九章算术》最早比较系统、完整地叙述了分数约分、通分和四则运算的法则。化带分数为假分数，并知道用最小公倍数作为公分母，像这样系统的叙述，印度在公元 7 世纪才出现，欧洲在中世纪时作整数四则运算就够难的了，作分数运算更难，有一句西方谚语，形容一个人陷入困境，就说他“掉进分数里去了”。

《九章算术》中包含了相当复杂的比例问题。基本上囊括了现代算术中的全部比例内容，形成了一个完整的系统，早于印度和欧洲。

《九章算术》中十进位制的发明，使古代数学得到蓬勃发展，超越了其他地区，打破了十进位制记数法、分数等的数学思想起源于印度的说法。

《九章算术》中提出的“盈不足求”，讲盈亏问题及其解法，这是我国古代数学的一项杰出创造。第七章“盈不足”专讲盈亏问题及其解法，其中第一题：“今有（人）共买物，（每）人出八（钱），盈（余）三（钱）；（每）人出七（钱），不足四（钱），问人数、物价各几何”。“答曰：七人，物价五十三（钱）”。“盈不足术曰：置所出率，盈不足各居其下。令维乘（即交错乘）所出率，并以为实，并盈、不足为法，实如法而一……置所出率，以少减多，余，以约法、实，实为物价，法为人数”。

用现代符号语言来表示：设每人出 a_1 钱，盈 b_1 钱；设每人出 a_2 不足 b_2 钱，求人数 x 和物价 y，依题意有

$\begin{cases}y=a_1x-b_1\\y=a_2x-b_2\end{cases}\Rightarrow\begin{cases}x=\dfrac{b_1+b_2}{a_1-a_2}\\y=\dfrac{a_1b_2+a_2b_1}{a_1-a_2}\end{cases}$，当然，我们还可求得每人应该分摊的钱数 $t=\dfrac{y}{x}=\dfrac{a_1b_2+a_2b_1}{b_1+b_2}$，因此，盈不足术实际上包含了上述的三个公式。

而有些形式上不属于"盈不足"类型而又相当难解的算术问题，只要通过两次假设未知量的值可转换成"盈不足"问题，从而用"盈不足术"求解。这种方法在9世纪时传入阿拉伯，称为"契丹法"（中国算法）。13世纪由阿拉伯传入欧洲，并把它称之为"双设法"，曾长期统治了他们的数学王国。

(2) 代数方面

《九章算术》在代数方面，具有世界先进水平面的成就，主要包括有：

1)"正负术"。《九章算术》在代数上的第一个贡献是引进负数。负数概念的提出，是人类关于数的概念的一次意义重大的飞跃，是数系扩充的一个重大进展，并给出了对正、负数进行加、减运算的正确法则（乘、除法还未提到）。在7世纪印度才出现负数概念，而欧洲直到17世纪对负数的要领才有所认识。

2)"开方术"。我国另一部数学古籍《周髀算经》中已经用到了开平方，但未讲如何开法。而在《九章算术》中讲了开平方、开立方的方法，计算步骤和现在基本一样；并且提出有开方开不尽的情况，开方术中实际包含了二次方程 $x^2+bx=c$ 的数值求解程序。

3) 在"开平方"中，"借算"的右移、左移在现代的观点下可以理解为一次变换和代换，这对以后宋、元时期高次方程的求解具有深远的影响。

4)"方程术"。《九章算术》中的"方程"一章主要讲多元一次联立方程组及其解法，其解法实质上是"高斯消去法"，欧洲直到17世纪才出现。

在《九章算术》第八章的《方程章》的第一题为"今有上禾（上等谷子）三秉（捆），中禾二秉，下禾一秉，实（打谷）三十九斗；上禾二秉，中禾三秉，下禾一秉，实（打谷）三十四斗；上禾一秉，中禾二秉，下禾三秉，实（打谷）二十六斗。实（打）上、中、下禾一秉各几何？"

按现代记法：设 x、y、z 依次为上、中、下禾各一秉的谷子斗数，则上述问题是求下面三元一次方程组的解。

$$\begin{cases}3x+2y+z=39\\2x+3y+z=34\\x+2y+3z=26\end{cases}$$

在《九章算术》中，首先用算筹数码布列出一个方阵（为了适用现代通用的数学书写形式，我们把算筹数码改写成阿拉数码，并把原从右到左直行排列方式改成从上到下横行排列方式，又添加了括号把这个方阵括起来)：

$$\begin{bmatrix} 3 & 2 & 1 & 39 \\ 2 & 3 & 1 & 34 \\ 1 & 2 & 3 & 26 \end{bmatrix}$$

我国古代数学中的“方程”实指这种“方阵”。这里布列的方阵恰恰就是由上面讲到的那个方程组各项系数及常数项依序排成的。

我们把《九章算术》中的算筹演算“翻译”成现代的符号演算就是一种“遍乘直除(这里的“除”是减的意思，“直除”就是连续相减)的方法，实质为现今代数中的“加减消元法”。现在看来是比较容易，但我们不要忘记《九章算术》出现是在1800多年以前，我们祖先已经总结出了这种程序化的解法是很不容易的。因为在印度是7世纪才出现线性方程组的解法；而在欧洲，直到16世纪法国数学家布脱才提出三元一次方程组的解法。

值得注意的是《九章算术》中这种布列数字方阵，并对其进行“遍乘直除”的变换，为现代高等代数中用矩阵的初等变换解线性方程组提供了雏形。因而可以说在研究方程问题上我国在世界上是遥遥领先的。

(3) 几何方面

《九章算术》中包含了大量的几何知识，分布在“方田”、“商功”和“勾股”章中，提出了许多面积、体积的计算公式和勾股定理的应用。面积计算中主要含正方形、矩形、三角形、梯形、圆和弓形等。对弓形面积计算公式：

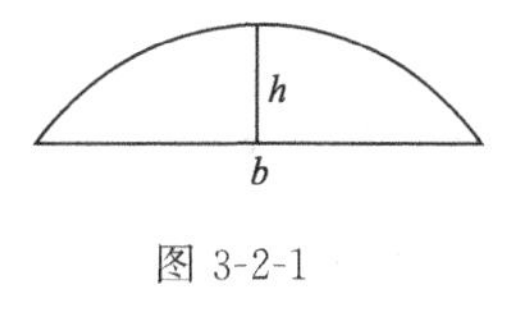

图 3-2-1

“术曰：以弦乘矢，矢又自乘，并之，二而一”(图3-2-1)，

用现代记号为 $S_{弓}=\frac{1}{2}(bh+h^2)$。这是一个经验公式，所得近似值不很精密，而圆面积采用“径一周三”(即 $\pi\approx3$)所得圆面积，就不够精密了。

立体的形状多且复杂，所以在《九章算术》中体积计算的问题比面积计算的问题多。如正方体、长方体、正方台、四角锥、楔形体、圆台等，内容相当丰富，而且计算准确，但涉及到球时，由于取 $\pi\approx3$，而失之准确。立体图形体积的计算是在长方体体积公式

$$V=abh$$

的基础上来计算的。

《九章算术》中，对三个特别重要而基本的多面体给出了其计算公式，它们是：

“堑堵”：两个底面为直角三角形的正柱体(图3-2-2)其体积计算公式为

$$V_{堑堵}=\frac{1}{2}abh$$

“阳马”:底面为长方形而有一棱与底面垂直的锥体(图 3-2-3),其体积计算公式为

$$V_{\text{阳马}} = \frac{1}{3}abh$$

“鳖臑”:每个面都为直角三角形的四面体(图 3-2-4),其体积计算公式为

$$V_{\text{鳖臑}} = \frac{1}{6}abh$$

并由此可求得各种“方锥”(锥体)的体积。

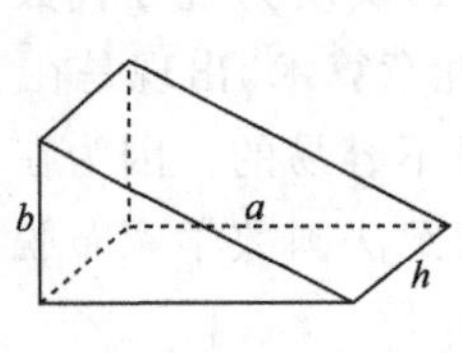

图 3-2-2 堑堵

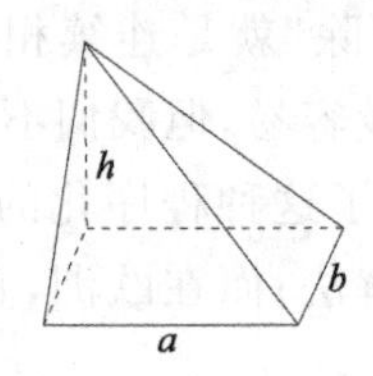

图 3-2-3 阳马

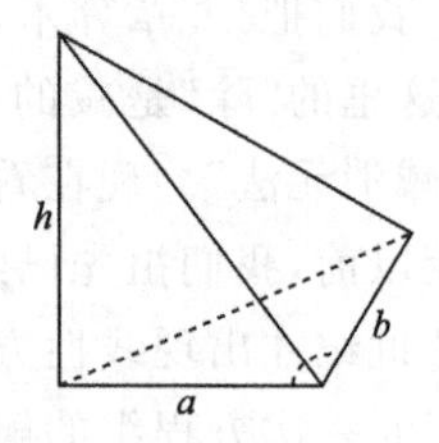

图 3-2-4 鳖臑

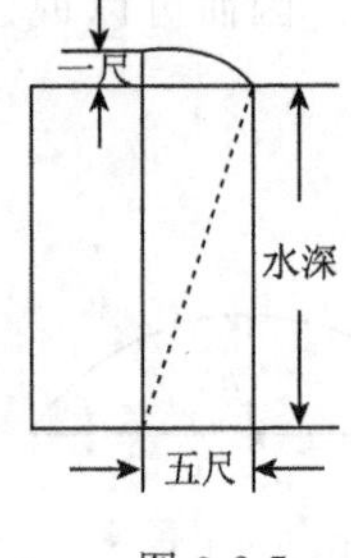

图 3-2-5

《九章算术》以前虽然已有勾股定理,但主要是在天文方面的应用,而在《九章算术》中对勾股定理的应用已经很广。在“勾股”章一开始就讲述了勾股定理及其变形,可理解为已知直角三角形两边,推求第三边的方法。在“勾股”章的 24 题中,有 19 题是应用题,如第 6 题“今有池方一,葭(音 jia,一种芦苇类植物)生其中央,出水一尺。引葭赴岸,适与岸齐。问水深,葭长各几何”?“答曰:水深一丈二尺;葭长一丈三尺。”“术曰:半池方自乘,以出水一尺自乘,减之,余,倍出水除之,即得水深,加出水数,得葭长”。

如图 3-2-5,设池方为 $2a$,水深为 b,葭长为 c,则按术得水深 $b=\dfrac{a^2-(c-b)^2}{2(c-b)}=12$,葭长 $c=\dfrac{a^2-(c-b)^2}{2(c-b)}+(c-b)=13$。

现代解法:设水深为 x 尺,则葭长为 $x+1$ 尺,按题意由勾股定理,得 $5^2+x^2=(x+1)^2$,整理得 $2x=5^2-1^2$,所以 $x=12$。两种解法相比较,可见实质解法步骤完全一致。

印度古代有著名的“莲花问题”,其中除了数据与《九章算术》的“葭生中央问题”不同外,其余完全相同。但要比中国《九章算术》晚了一千多年。

《九章算术》以其杰出的数学成就,独特的数学体系,不仅对东方数学,而且对整个世界数学的发展产生了深远的影响,在科学史上占有极其重要的地位。

3.《九章算术》与《几何原本》的比较

《九章算术》与《几何原本》是世界数学史上东西方交相辉映的两本不朽的传世

名著，也是现今数学的两大主要源泉。若将这两本数学名著相对照，就可以发现从形式到内容都各有特色和所长，形成东西方数学的不同风格。

从结构上看：《九章算术》是按问题的性质和解法把全部内容分类编排；《几何原本》则是以形式逻辑方法把全部内容贯穿起来。

从内容上看：《九章算术》是以解应用题为主，包括了算术、代数、几何等我国数学的全部内容。其中代数是为中国所创，而几何中一些复杂的体积（楔形）计算水平之高是为《几何原本》所没有的；《几何原本》主要讲的是几何，略有一点算术内容。以数理逻辑内容取胜，而《九章算术》以算术、代数筹算算法见长。

从产生背景看：《九章算术》产生于百家争鸣形成众多流派的春秋战国和秦汉时期，当时生产技术的发展需要应用数学解决大量的实际问题，有力地推动应用数学的普及和发展，直接体现出数学的应用；《几何原本》成书于希腊形式逻辑的发展时期，在排斥数学应用的一种强大思潮中，写书的目的是抽象出几何规律，未直接体现出应用。

《几何原本》对世界数学产生过巨大的影响，被许多国家作为初等几何的教科书，在人类文化发展中起过重大的作用达两千年之久；《九章算术》的影响虽然不及《几何原本》大，但在我国的影响是很大的，长期以来作为传播数学的教材和研究数学的资料，对日本、朝鲜、越南、印度及阿拉伯国家和地区数学的发展均有过深刻的影响。

4.《九章算术》的中法文对照本

《九章算术》于唐时就已传入朝鲜、日本，现已被译成日、俄、英、德、法等多种文字，《九章算术》对中国传统数学的发展产生了极其深远的影响，在世界数学史上具有十分重要的地位。在《九章算术》的五种外文译本中，特别值得一提的是由郭书春和林力娜从1984年到2004年历时20年翻译而成，由法国DUNOD出版社出版的《九章算术》中法文对照本。

《九章算术》中法文对照本

《九章算术》首次于2004年11月由法国DUNOD出版社出版中法文对照本，该书厚1150页，售价高达150美元，首印850册，3个月后即告脱销，巴黎DUNOD出版社于2005年8月又再版发行。国际学术界认为在《九章算术》的美、俄、日、德多个译本中，法文本的水准堪称一枝独秀。2005年7月30日在北京举行了关于《九章算术》中法对照本的一个高级研讨会，作为法国文化年的一项重要活动。

《九章算术》的法文译本被认为是外文译本中最全面、最准确的一个版本。其

《九章算术》法文本译者—
中国的郭书春和法国的林力娜

中“刘徽注释”是首次被完整地翻译成外文，各种参考文献也比较详尽。吴文俊院士说：“译《九章算术》不译刘徽注等于没有译”。《九章算术》是中国古代最重要的数学经典，但国内外学术界对刘徽知之甚少，而通过《九章算术》中法对照本可使国内外学术界对我国古代大数学家的成就有较深的理解。

在2005年7月30日在北京举行的关于《九章算术》中法对照本的高规格的研讨会上，法国学者不吝溢美之词赞美了中国两千年前的这部数学经典著作。学者们肯定了《九章算术》在算法上的理论价值(包括撰写《中国科学技术史》的李约瑟这样著名的科学史家也认为中国数学发展过程中只有成就，没有理论)，称其所揭示的数学思想与古代希腊、印度的数学思想存在着很大的不同，有一套自己的算法理论体系，由此为我们指出了思考问题的不同途径，为后来者提供了一个广阔的发展天地；为我们找到了数学思想的另一起源，这暗示着将会给世界数学史导入新的篇章。

学者们认为，《九章算术》的重要性在于它对世界数学史和文化史的突出贡献，并由此引发的关于数学哲学问题的若干新思考。

5. 刘徽在数学上的成就

刘徽

刘徽是魏晋时期杰出的数学家，中国古典数学理论奠基人之一。因史书失载，故其籍贯和生卒年月不详。但据《宋史》卷105《礼八》记述宋徽宗大观三年(1109年)追封古天算家七十余人中，封“魏刘徽淄乡男”。“男”是宋徽宗给刘徽追加的封爵，古时大臣死后常以其旧乡追封之。在魏晋时，带“淄”的地名只有“淄川县”和“临淄县”，故知刘徽可能是今山东淄博市淄川县人(一说是淄乡人)。

据《隋书·律历志》记载，他于公元263年(距今1700余年)撰《九章算术注》。在《九章算术注》的“序”中，自述“徽幼习《九章》，长再详览，观阴阳之割裂，总算术之根源，探赜之暇，遂悟其意。是以敢竭玩鲁，采其所见，为之作注”。即是说他从小就对中国传统数学名著《九章算术》极感兴趣，对其中的每道算题都进行了演算和反复研究；长大后更是孜孜不倦地对书中重点进行了深入地探讨，并对全书进行了详细而系统的注释、整理和阐发。于魏景帝四年(公元263年)刘徽终于完成了《九章算术注》一书。

刘徽还自撰自注写有《重差》一卷，附于《九章算术注》后，成十卷。自南北朝

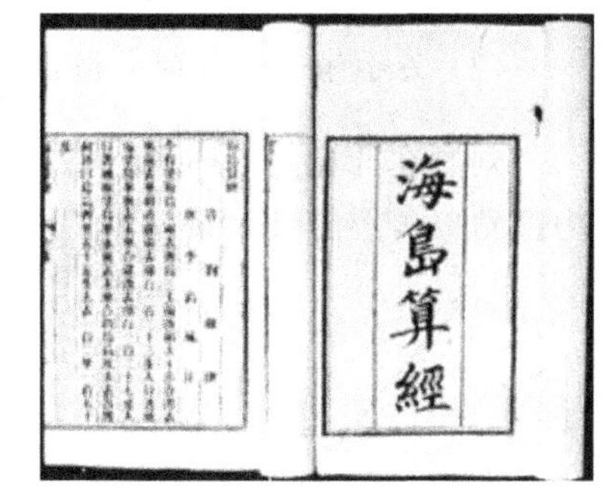

后，《重差》一卷以《海岛算经》为名单独刊行。唐初李淳风奉敕编纂《算经十书》，《九章算术》和《海岛算经》列为其中两部。《九章算术注》之图及《海岛算经》之自注和图今已失传。

在《海岛算经》一书中，刘徽精心选编了九个测量问题。《海岛算经》为传统的二次测量方法——重差术重建理论基础，并将其发展为三次、四次测量。这些题目的创造性、复杂性和代表性，都在当时令西方所瞩目。由于第一题是测量海岛，故书名为《海岛算经》。刘徽这两本著作都被译成多种文字，向世界显示了中华民族灿烂的古代文明。

下面谈谈刘徽在数学上的一些成就：

(1) 割圆术

刘徽在《九章算术注》中的主要成就是创立了“割圆术”，为计算圆周率建立了严密的理论和完善的算法，开创了圆周率研究的新阶段。

刘徽割圆术

在《九章算术》原著中，沿用自古以来的数据“合径率一而外周三”(即“径一周三”取 $\pi \approx 3$)，刘徽提出这是很不精确的。这实际上是圆内接正六边形周长与圆的直径之比，而不是圆周长与直径之比。他由此得到启发，再把圆周分割成 12 等份，作出圆内接正 12 边形，这时，圆内接正 12 边形的周长与圆直径的比就会比“周三径一”要精确些。这样继续再作下去，得圆内接正 24 边形 、正 48 边形……，就会得到更精确的圆周率，如果这样无穷无尽地分割下去，就会得到一个与圆完全重合的正“多边形”。由此，刘徽指出：

“割之弥细，所失弥少。割之又割，以致不可割，则与圆合体而无所失矣。”

这就是刘徽的“割圆术”，运用此“割圆术”，刘徽求得圆内接正 192 边形，得出圆周率的不足近似值为 3.14，用分数表示为 $\frac{157}{50}$。若再继续分割下去，直割到圆内接正 3072 边形时，求得圆周率为 $\frac{3927}{1250}$，这时圆周率 $\pi = 3.1416$。这个结果是当时世界上圆周率的最佳近似值。

(2) 关于体积计算的刘徽原理

刘徽在计算立体体积时,发现了三种特别重要的多面体,即“堑堵”(两个底面为直角三角形的直三棱柱)、“阳马”(底面为长方形,一条侧棱垂直于底面的四棱锥)、“鳖臑”(四个面都为直角三角形的四面体),同时发现了“堑堵”、“阳马”和“鳖臑”三者体积之间的关系:

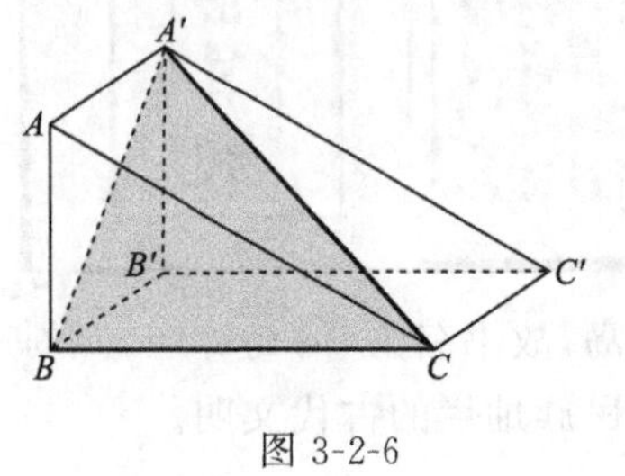

图 3-2-6

“邪解‘堑堵’其一为‘阳马’,一为‘鳖臑’,‘阳马’居二,‘鳖臑’居一,不易之率也”(即任何一个“堑堵”可分割成一个“阳马”和一个“鳖臑”,而“阳马”的体积为“鳖臑”体积的 2 倍)。今称这一结论为“刘徽原理”。

事实上,如图 3-2-6,在“堑堵”$ABC\text{-}A'B'C'$中,作截面 $A'BC$,则可分割成一个“阳马”$A'\text{-}B'BCC'$和一个“鳖臑”$A'\text{-}ABC$。可知有

$$\frac{V_{\text{阳马}}}{V_{\text{鳖臑}}}=\frac{\frac{2}{3}V_{\text{堑堵}}}{\frac{1}{3}V_{\text{堑堵}}}=2$$

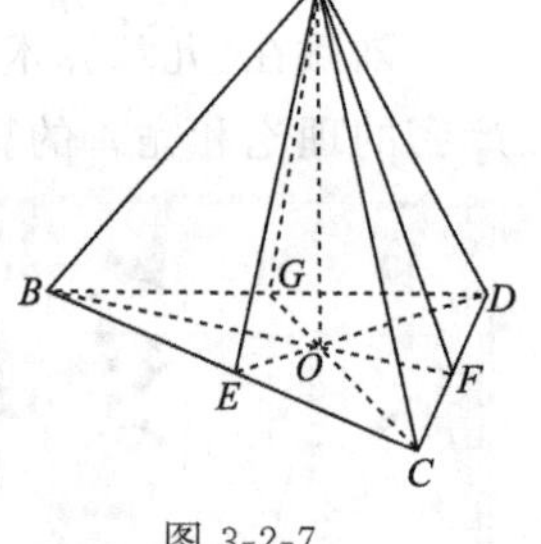

图 3-2-7

刘徽指出,任一多面体可分割成若干个四面体,而四面体可分割成“阳马”及“鳖臑”。如图 3-2-7 中四面体 $A\text{-}BCD$ 可分割成 6 个“鳖臑”,而“堑堵”、“阳马”和“鳖臑”的体积是容易计算的,从而可求得任一多面体的体积。

(3) 球体积的计算

刘徽指出,《九章算术》中“开立圆术”中球体积公式$V=\frac{9}{16}d^3$是错误的。其中 d 是球的直径。刘徽用两个底径等于球径的圆柱正交,其公共部分称作“牟合方盖”,“牟”是“同”的意思,“盖”是“伞”的意思,“牟合方盖”就是两个上下对称的方伞,如图 3-2-8、图 3-2-9。他指出,球与外切“牟合方盖”的体积之比为 $\pi:4$。“合盖者,方率也;丸居其中,即圆率也”,刘徽虽然没能求出牟合方盖的体积,却指出了彻底解决球体积的正确途径。200 多年后,祖冲之父子求出了“牟合方盖”的体积,从而求出了球体积的正确公式

$$V=\frac{4}{3}\pi r^3$$

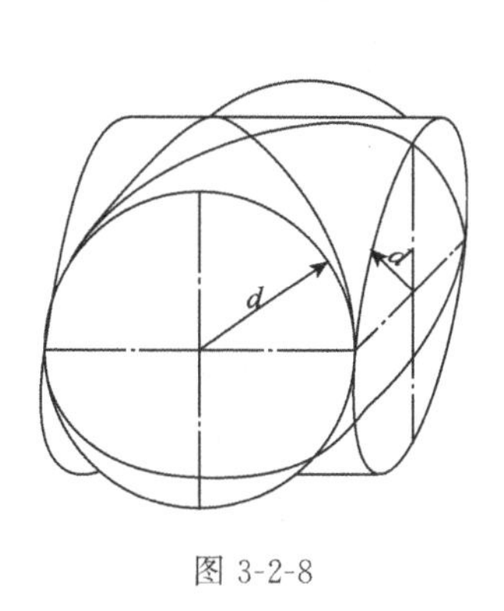

图 3-2-8

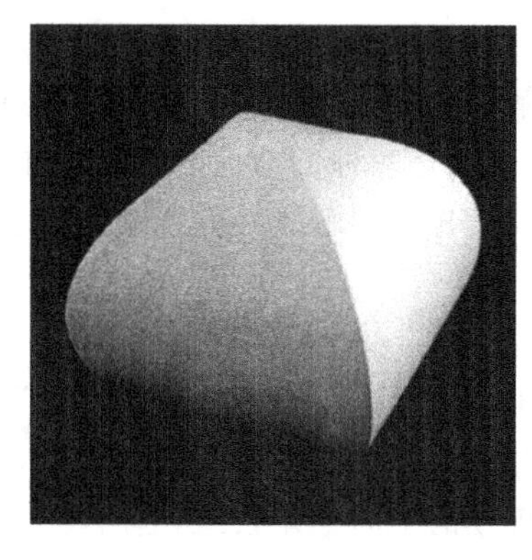

图 3-2-9

为了求得圆锥和圆台的体积，刘徽经过苦心思索，终于找到一条途径，他分别作圆锥的外切正方锥和圆台的外切正方台（图 3-2-10，图 3-2-11）结果发现：“圆锥（台）的体积与其外切正方锥（台）的体积之比，也是 $\pi : 4$”。从而为以后“祖恒原理”的建立打下了良好的基础。

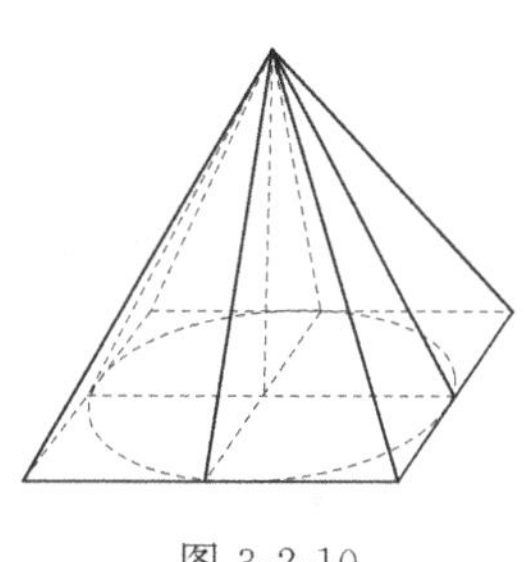

图 3-2-10

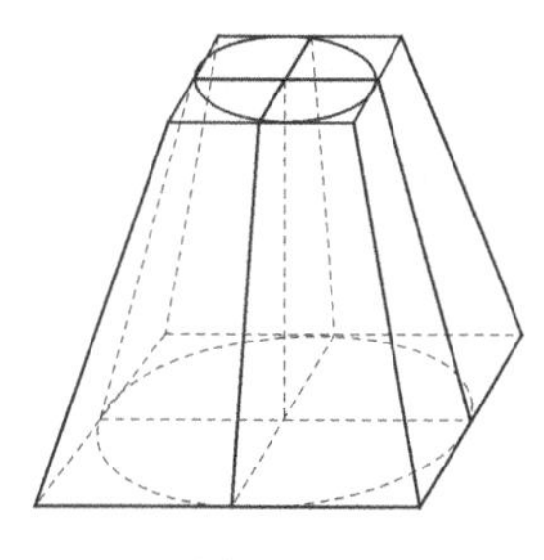

图 3-2-11

(4) 十进小数的应用

在数学计算或实际应用中总不免出现小数。在刘徽之前一般是用分数或命名制来表示，如“一升又五分升之三”或“七分八厘九毫五忽”等，在位数较少时，尚可凑合，当小数位数太多时，便很不方便了。因此，刘徽建立了十进分数制。他以忽为最小单位，不足忽的数统称之为微数。在开方不尽时，根是无限小数，以十进小数逼近无理根，开十进小数之先河。

刘徽所创立的十进小数记法，在世界数学史上是一项重要成就。在国外到 14 世纪才出现，比刘徽晚了千余年。

(5) 改进了线性方程组的解法

在线性方程组的解法中，刘徽创造了一种比“直除法”（即把多个未知数逐步减少到一个未知数，然后反过来求出所有未知数的一种解线性方程组的方法）更简便的“互乘相消法”,与现今的“加减消元法”基本一致,他提出整行整行相减不影响方程组的解的论断,作为线性方程组解法的基础。他还使用了“配分比例法”解线性方程组,这也是一种创造性的成果。在欧洲直到16世纪法国数学家布丢才用上了与“直除法”相似的解线性方程组的方法,然而却比刘徽晚了1700余年。

(6) 总结和发展了“重差术”

我国古代,将用“表”(标杆)或“矩”(刻划以留标记)进行两次测量的测量方法称做“重差术”。刘徽在《海岛算经》中,对“重差”进行了深入具体的研究,其解法可以变成现今的平面三角公式,起着与三角同等的作用,解决了“可望而不可即”目标的测量问题,可说是我国古代特有的三角法。

(7) 其他成就

刘徽在中国数学史上第一个提出不定方程问题,他还建立了等差数列前 n 项和的公式。

6. 刘徽在建立中国古典数学理论上的贡献

刘徽是中国古代卓越的数学家,他不仅是中国传统数学诸多知识和成果的继承者和创造者,同时也是中国传统数学理论的奠基者。他的《九章算术注》通过“析理以辞,解体用图”,给概念以定义,给判断和命题以逻辑证明,并建立了它们之间的有机联系,他深入研究,“探赜之暇,遂悟其意”,写下了自己伟大的数学发现与创造,使之成为盖世之作,标志着中国传统数学完成了由感性向理性的升华,至此,标志着中国传统数学体系的完成。它形成了一个以计算为中心,以演绎推理为主要逻辑方法的数学理论体系。其杰出的数学成就和独特的数学体系不仅对东方数学,而且对整个世界数学的发展都产生了深远的影响。它标志着中国取代古希腊成为世界数学的中心,为此后中国数学领先世界1000多年奠定了基础。

(1) 极限思想在数学上的应用

刘徽的“割圆术”开创了运用极限思想解决数学问题的先河。刘徽的极限思想不仅用来解决“圆周率”,而且还用来计算多面体、圆锥、圆台的体积,他认为中分“堑堵”(分割成一个“阳马”和一个“鳖臑”)的过程可以无限重复地进行:“半之弥少,其余弥细。至细曰微,微则无形”。这无疑也是一种极限思想解决数学问题的方法。最后刘徽总结说:“数而求穷之者,谓以情推,不用筹算”。意思是说,要解决数学中有关无穷的问题不能靠算筹来计算,而要靠“情推”,即运用极限思想来进行合情推理。显然,刘徽对于极限思想在数学中的运用,已到了自觉认识的程度。刘徽的无穷小分割法和将极限思想引入数学证明的壮举和所取得的成绩,实际上已架起了通向微积分的桥梁。

(2) 给数学名词和概念以定义

刘徽的数学理论工作之一是“审辨名分”。即要对《九章算术》中的数学名词和概念进行科学的定义。在《九章算术》一书中使用了大量的数学名词和概念，但都没有给以明确的定义，势必影响理论研究的开展。刘徽利用《九章算术》作注的形式，至少对书中20多个数学概念给了明确的定义，其中包括自己提出的一些新概念。

如“幂”(面积)：“凡广从相乘谓之幂”；“正负数”：“两算得失相反，要令正负以名之”；“微数”(十进分数，亦即小数)：“微数无名者以为分子，其一退以十为母，其再退以百为分母”。又如“率”是《九章算术》中使用最多的数学概念之一，刘徽把它定义为“凡数相与者谓之率”，这里的“相与”即“相关”之意。意谓“率”即是数与数之间的一种“细则俱细，粗则俱粗”的比例关系。为“率”在数学中的广泛应用提供了理论基础。

(3) 推理论证

在定义了一系列数学概念的基础上，刘徽对《九章算术》中的许多数学公式和法则进行了推理论证。在《九章算术》的注文中，各种推理形式应用得非常普遍，主要是演绎推理，也有归纳推理。

如在“方田术”注中，就使用了包括大前提、小前提和结论在内的“三段论”演绎推理。在论“方程术”时，创立了一种新的“互乘对减”消元法，并认为由二元方程组可推广到四元、五元以至任意元方程组，这显然是一个典型的归纳推理。

刘徽通过一系列的判断和推理的综合运用，构成了一个个严密的逻辑证明，这是《九算术注》一书的基本风格。因而使得书中一系列的数学公式和法则有了逻辑根据，从而上升到理论的高度。

(4) 归谬和反驳

刘徽在运用逻辑方法证明《九章算术》中正确结论的同时，又运用逻辑方法批评了其中的一些错误结论，在对错误结论进行反驳时，刘徽常常采用归谬方法，或举反例或用“反证法”，然后提出自己正确的方法并严加证明。整个论述由破而立，层层深入，破得彻底，立得明确，一气呵成，令人折服。

如刘徽在批评《九章算术》中“弧田术”(弓形面积公式)时指出其错误根源是“以周三径一为率”，即取圆周率为3这个不精确的数据而产生的误差，尤其当计算小于半圆的弓形面积时，其误差更大。最后，刘徽认为正确的方法是先通过“勾股锯圆材之术”求得圆径，再通过“割圆术”把弓形分解成一个个小三角形，用这一个个小三角形面积依次相加去逼近弓形面积，如此才能得到精确的结果。

(5) 刘徽的数学研究思想

刘徽的数学研究不是纯粹的功利目的,而是将自己的科学目的观升华到一个高的甚至超越实际应用的阶段。刘徽理论的大部分内容已经发展到脱离经验事实,并在抽象性理论的基础上进行逻辑推理证明的道路上走得相当深远。

这在刘徽的《九章算术注》"序"中表现得十分清楚:"……观阴阳之割裂,总算术之根源,探赜之暇,遂悟其志……事类相推,各有攸归,故枝条虽分而同本干者,知发其一端而已。又所析理以辞,解体用图,庶亦约而能周,通而不黩,览之者思过半矣。且算在六艺,古者以宾兴贤能,教习国子。虽曰九数,其能穷纤入微,探测无方。至于以法相传,亦犹规矩度量可得而共,非特难为也。当今好之者寡,故世虽多通才达学,而未能综于此耳。"

"虽天圆穹之象犹,曰可度,又况泰山之高与江海之广哉,徽以为今之史籍且略举天地之物,考论厥数,载之于志,以阐世术之美。辄造《重差》,并为注解,以究古人之意,缀于《勾股》之下。度高者重表,测深者累矩,孤离者三望,离而又旁术者四望。能类而长之,则虽幽遐诡伏,靡所不入。博物君子,详而览焉。"

刘徽说他研究数学并非完全为了应用,而是为了满足一种学术研究的情趣,并在此基础上建立起数学的理论体系。刘徽十分重视数学知识的系统化和论述的逻辑性。他运用"析理以辞,解体用图"这一学术研究的科学方法,使其构建的数学理论系统化、条理化,从而使中国传统数学达到一个新的高度。

刘徽认为将数学理论置于实际应用之上,研究数学是为了探知其未知的功能。数学是客观世界的空间形式和数量关系的高度统一,并认为数学并不神秘,是可以认识的。刘徽称精通数学者为"好之者"有着深刻的内涵。他认为"好"高于科学的"知",也高于科学的"用"。研究数学完全是出于对数学的爱好和兴趣及对科学真理的追求和探索。

刘徽研究数学是"以阐世术之美",以阐发他的数学方法之美。这是刘徽首先在中国数学史上提出的"数学美"的概念。刘徽还推崇算法的程序化,追求科学的简洁美。并言数学研究和数学解题过程犹之如"庖丁解牛",数学方法犹之于"刀刃",是在体验和感受着一种数学境界的美。刘徽注《九章算术》的宗旨就是"析理以辞,解体用图",刘徽通过析数学之理,建立了中国传统数学的理论体系。

刘徽及其《九章算术注》,以其杰出的数学成就和独特的数学体系,不仅对东方数学,而且对整个世界数学的发展产生了深远的影响,在科学史上占有极其重要的地位。随着计算机的出现和发展,它所蕴含的算化和程序化思想仍给数学家以启迪。刘徽的《九章算术注》与欧几里得的《几何原本》,成为途径方法大不相同而东西方交相辉映的两大数学体系。而刘徽与欧几里得则成为了古代东西方两大数学体系的杰出的代表人物而名垂史册。

7.《九章算术》的数学思想与文化意义

（1）开放的归纳体系

中国古代数学发展与社会的生产实践紧密结合，以解决现实生活中的实际问题为直接功利目的。《九章算术》包括 246 个应用问题及其答案和术文。它是以应用问题解法集成的体例编纂而成的书，固此《九章算术》具有浓厚的人文色彩、鲜明的社会性和突出的数学应用性，是一个与社会实践紧密联系的开放体系。

在《九章算术》中通常是先举出一些问题，从中归纳出某一类问题的一般解法；再把各类算法综合起来，得到解决该领域各种问题的方法；同时还把解决问题的不同方法进行归纳，从这些方法中提炼出数学模型，最后以各模型立章，编成《九章算术》。

（2）算法化的概括

《九章算术》按问题性质和解法分为九大类，每一大类为一卷；每一卷又分几小类，每一小类都有一般解题步骤，这种步骤相当于现代数学的公式。每道题都给出答案，大部分题都可套用解题步骤（公式）求得解答。用一个固定的模式解决问题，形成所谓算法倾向。这里所说的“算法”，不只是单纯的计算，而是带有一般性的计算程序，并力求规格化，便于重复迭代，求出具体的数值解。《九章算术》的这种“以解题为中心，在解题中给出算法，根据算法组建理论体系”，是中国古代数学理论体系的典型代表。近年来中国算学史家对《九章算术》算法体系的研究有了很大的进展，发现《九章算术》不仅分类合理，体系完整，而且结构严谨，充分表现了中国数学特有的形式和思想内容，属于“几何代数化”的数学方法。其思维方式是构造性和机械化的，这正切合当今计算机对时代的要求。

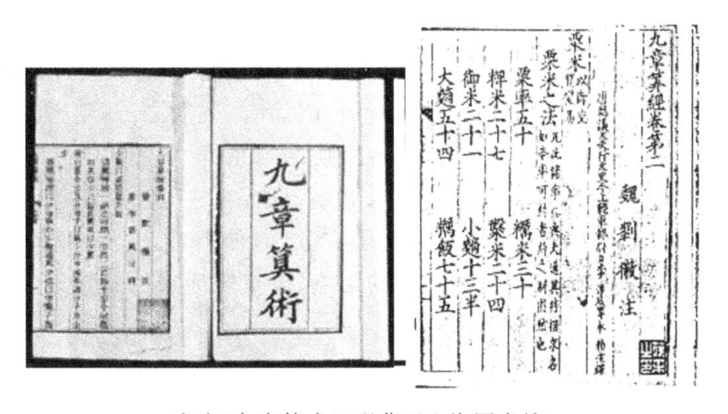

宋本《九章算术》（现藏于上海图书馆）

(3) 模型化的方法

《九章算术》各章都是先从相应的社会实践中选择具有典型意义的现实模型，并把它们表述成问题，然后通过“术”使其转化为数学模型，或由数学模型转化为对原型的应用。这正与现代中数学教学中的“数学建模”相一致。

(4) 中庸思想的体现

尽管《九章算术》中各题，甚至各类题都是构造性的，但从整体看来却未形成构造性的理论体系。《九章算术》未能充分展现逻辑结构，没有形成完整的演绎体系，也没有表现出对一般方法的重视及对逻辑推理的要求。在中国古代数学中，更多见到的推理是通过直观、类比、观察、归纳等非演绎方式实现的。这反映了中国文化中推崇中庸，不把科学问题中的形式作为中心的要求。中国文化注重“经世致用”，把经纶天下、治国救民作为理想目标，所以其思维方式的一个重要特点是实用性。《九章算术》受这种文化传统的影响，自然也是遵循这种“重实际而黜玄想”的务实精神，很难执于一端去追求纯粹的科学理性。

(5) 与儒家经典的关联

刘徽在《九章算术》“序”中说：“昔在包牺氏始画八卦，以通神明之德，以类万物之情，作九九之术，以合六爻之变。暨于黄帝，神而化之，引而伸之，于是建历纪、协律吕，用稽道原，然后两仪四象精微之气可德而效焉。”他还说：“徽幼习《九章》，长再详览，观阴阳之割裂，总算术之根源。探赜之暇，遂悟其意。是以敢竭顽鲁，采其所见，为之作注。”

刘徽认为，数学是包牺(伏羲)氏为了“合六爻之变”而发明的，后来经由黄帝进一步发展，以发挥《周易》“两仪四象”的功效。刘徽通过《周易》阴阳之说“总算术之根源，”从而明白《九章算术》之意，并为《九章算术》作注。刘徽通过自幼对《周易》的学习，对“周公九数”的这个“九数”有所悟，因而有“九数之流，则《九章》是矣。”显然，在刘徽看来《九章算术》与《周易》有着密切的关系。

刘徽把数学与《周礼》的“九数”以及《周易》联系在一起，并且通过对前人的数学经典作注这一类似于经学研究的方式研究数学，使得数学与儒学密切地联系在一起，这对于后来数学的发展具有重要的影响，以至于后来的数学家一直把数学看成是儒家之学。

3.3 《周易》与二进制

1.《周易》简介

通常所说的《易经》，包括夏朝的《易》，商朝的《易》和周朝的《易》。夏朝的易叫做《迁山》，商朝的易叫做《归藏》，周朝的易叫做《周易》。自汉代以后，人们都遵守《周易》。《周易》包括《易经》和《易传》两部分。《易经》分卦辞和爻辞两部分，构成一个严谨的辩证符号体系。最先提出《易经》作者的是北宋时的朱熹，朱熹将卦辞和爻辞的作者分属于周文王和周公，是父与子的合作产物。而《易传》是孔子在周游列国以后教授其弟子六经（包括《诗》、《书》、《礼》、《易》、《乐》、《春秋》），其中《易》是一门必修课程。《易传》是记录在上课过程中，孔子根据自己的感受以及他的学生探讨的感想汇成的一部专著。《易传》只有十篇文章，是解释《易经》的，是对《易经》卦爻画和卦爻辞的诠释。

（1）周易八卦

《周易》通过八卦（图 3-3-1）的形式推测自然和社会的各种变化，传说八卦是由伏羲所画，司马迁在《太史公自序》中说："余闻先人曰，伏羲至纯厚，作《易》八卦。"看来，司马迁也没有见到文字记载，也是听人传说的。八卦是远古祖先对天地自然现象及其运动规律长期观察、认识的产物，是古人智慧的结晶，它不是凭空造出来的，也不是上帝赐给的，更不是天外来物，它是先人长期实践的结果。认为阴阳两种势力的相互作用是万物生成和发展的根源。孔子说："《易》有太极，是生两仪，两仪生四象，四象生八卦"（《系辞上》），简练地说明了八卦的生成过程。形成一生二，二生三，三生天地，天地生阴阳，阴阳生万物的美学观。八卦正是由这一简单的"一"变化为复杂的"多"而逐渐产生形成的，反映了天、地、人之间的关系的象征。

图 3-3-1

伏羲

孔子

八卦是一套抽象的符号系统，它表示什么意思，“仁者见仁，智者见智”。人们可以赋予它各种各样的内容，但最多的是被视为一种数学符号。在阴阳学说的影响下，简化作出两个基本符号：阳爻(xiǎo)“—”和阴爻“- -”。这两个符号结合，可产生错综复杂的变化。两种爻合称为“两仪”。每次取两个符号，共有四种不同的排列，即

太阳	太阴	少阳	少阴
— —	- - - -	— - -	- - —

这四种排法合称为“四象”。如果每次取三个符号，就会有八种不同的排法，给每种排法取个名称，合起来称为“八卦”(表 3-3-1)。

表 3-3-1

四象 / 八卦 / 添加	太阳 — —	太阴 - - - -	少阳 — - -	少阴 - - —
上加—	☰ 乾	☶ 艮	☴ 巽	☲ 离
上加- -	☱ 兑	☷ 坤	☵ 坎	☳ 震

这就是在《周易》中的表述：无极生太极，太极生两仪，两仪生四象，四象生八卦。

“—”代表自然界中的天、日、乾。“乾”表示健、动、刚。从数的意义上看：“—”表示奇数，又表示一个整体。“—”是数的开始和数的发展的基本，是万物生发之源。“- -”代表自然界中的地、月、坤。“坤”表示顺、静、柔，它表示偶数。

太阳下去，月亮升起。月亮下去，太阳出来，太阳月亮互相推移交替，就产生了时光，严暑易节形成了岁月。于是阴阳交融，万物繁衍。八卦代表了天地间八种物质，“雷以动之，风以散之，雨以润之，日以恒之，艮以止之，兑以说之，乾以君之，坤以藏之”

八卦所代表的八种自然现象与事物特性如表 3-3-2 所示。

表 3-3-2

八卦	乾☰	兑☱	离☲	震☳	巽☴	坎☵	艮☶	坤☷
物象	天	泽	火	雷	风	水	山	地
方位	西北	西	南	东	东南	北	东北	西南
人物	父	少女	中女	长男	长女	中男	少男	母
人体	首	口	目	足	股	耳	手	腹
季节	秋冬	秋	夏	春	春夏	冬	冬春	夏秋

如果把八卦两两相配(即每次取六个符号)就组成了六十四卦。在六十四卦图(如图 3-3-2)中蕴涵着深奥的数学原理,被后来的科学家挖掘出来,使《周易》重放异彩。

1 乾	2 坤	3 屯	4 蒙	5 需	6 讼	7 师	8 比
9 小畜	10 履	11 泰	12 否	13 同人	14 大有	15 谦	16 豫
17 随	18 蛊	19 临	20 观	21 噬嗑	22 贲	23 剥	24 复
25 无妄	26 大畜	27 颐	28 大过	29 坎	30 离	31 咸	32 恒
33 遁	34 大壮	35 晋	36 明夷	37 家人	38 睽	39 蹇	40 解
41 损	42 益	43 夬	44 姤	45 萃	46 升	47 困	48 井
49 革	50 鼎	51 震	52 艮	53 渐	54 归妹	55 丰	56 旅
57 巽	58 兑	59 涣	60 节	61 中孚	62 小过	63 既济	64 未济

图 3-3-2

这是现行本《周易》的卦序,也是文王重新排列的六十四卦次序。

《易经》中的阴阳观念,是一种朴素的唯物思想和辩证思想。《周易》的主旨,就在于指导我们在与自然界和人类社会的关系上保持阴阳的动态平衡。

(2)《周易》的体裁

《易经》有其特殊的文字体裁,即不分篇章节次,而是由六十四卦组成。每个卦又由内卦和外卦、卦画、卦名、卦辞、爻题、爻辞几部分构成。《易经》分为上、下经两部分,上经计三十卦,起于乾,止于离卦;下经计三十四卦,起于咸卦,止于未济卦。宋代大儒朱熹所著《周易本义》上载有《上下经卦名次序歌》,其内容如下:

乾坤屯蒙需讼师　　比小畜兮履泰否
同人大有谦豫随　　蛊临观兮噬嗑贲
剥复无妄大畜颐　　大过坎离三十备
咸恒遁兮及大壮　　晋与明夷家人睽
蹇解损益夬姤萃　　升困井革鼎震继
艮渐归妹丰旅巽　　兑涣节兮中孚至
小过既济兼未济　　是为下经三十四

《周易》历经数千年之沧桑，其品格和精神深藏于中华民族的民族性格之中。在五千年的文化史上，中华民族之所以能够久历众劫而不覆，多逢畏难而不倾，独解遇衰而复振，不断地发展壮大，根源一脉至今，是与我们民族对《周易》精神的时代把握息息相关的。

2.《周易》的影响

(1) 国外“易学”研究

中国的《易经》在国外称为易学。西方翻译最为完整的一部《易经》是由法国汉学家卫理贤翻译于 1923 年出版的法文版。德国人 R. 魏克尔也将《易经》翻译成德文于 1923 年出版。1949 年美国人伯仁斯由德文译成英文版《易经》。从 1949～1990 年英文版《易经》共再版了 24 次。据称，现在美国有 11 种版本的《易经》出售。美国戴安娜·雷克(Dianne Ick)女士对《易经》做了通俗解说，于 1973 年出版了《易经与你》。

西方对《易经》的评价很高，如英文版《易经》序言中说：“谈到人类唯一的智慧宝典，首推中国的《易经》，在科学方面，我们所得的定律，常常是短命的，或被后来的事实所推翻，唯独中国的《易经》，亘古常新，相传 6000 年之久，依然具有价值。”

(2) 对科学名人的影响

一些科学界的名人，也受《易经》思想的影响。如获诺贝尔奖的学者就有六位：华裔有李政道、杨振宁，德国人海森堡，丹麦人玻尔，比利时人普利高津，日本人汤川秀树。玻尔是量子力学的创始人之一，丹麦政府为了表彰他的功绩，为其颁发了勋章，勋章的图案是由玻尔亲自设计的，即太极的阴阳鱼。玻尔认为，中国哲学的阴阳观，甚有见地，受此影响而提出了“互补原理”。

(3) 韩国国旗——太极旗

韩国国旗

中国的《周易》和道教在韩国颇有影响。1882 年 8 月，两位李氏王朝的使臣朴泳孝和金玉筠奉命赴日谈判。当时李氏王朝没有国旗，这两个使者认为，作为一个国家的代表，没有国旗是不行的，两人商议，决定用《周易》中内涵丰富、富有深刻哲理的太极图作为国旗图案。于是他们在去日本的船上绘制了一面太极旗。两人回国后，将绘制国旗一事向政府作了汇报，受到肯定和表扬。第二年即 1883 年，李氏王朝正式颁布该旗为李氏王朝国旗。

1948 年，韩国政府成立时，决定将太极旗作为韩国国旗，并于 1949 年颁布了制作标准:太极旗横竖比例为 3∶2,以其中央的太极图命名。太极图的两仪上面的红色部分代表阳,下面的蓝色部分代表阴,是古代宇宙的象征,是相互对立而又达到了完美的和谐与平衡的两种伟大宇宙力量的象征。可代表:火与水,昼与夜,黑暗与光明,男与女,热与冷,正与负等。太极图象征宇宙天地浑成一体以及单一民族的国家,中间太极的圆代表人民。旗角上的卦符也有对立和均衡的意思。三条整杠代表天,与之相对的三条断杠代表地,左下角两条整杠夹一断杠象征火,与之相对右下角符号象征水。白底代表神圣的国土,象征韩国人民纯洁与热爱和平的精神。整个国旗象征着韩国人民永远与宇宙协调发展的思想。

(4) 秦岭、辽东深山双现太极古域

地处陕西省东南部的旬阳县,北依秦岭,南踞巴山,汉水横贯其中,素有“秦头楚尾”之誉。据旬阳县志记载:旬阳秦时设旬关,汉高祖五年置县,明崇祯八年始建城池。旬阳县四周叠翠,峰高谷低,沟壑分明,八卦罗列,且绿水绕廊,阴阳回旋,汉江和旬河两流在这里合襟,如“太极域”。近日,旬阳县开放了以“太极域”为中心的文化旅游,让现代人领略古老“太极域”的深厚底蕴。从远处俯瞰县城,呈现出典型的太极八卦图(图 3-3-3)。

图 3-3-3　秦岭太极古城

在辽宁东部的山水之间,一个形似“太极八卦图”的古老县城引起人们的兴趣。这就是辽宁的桓仁县城。史料记载,1877 年,辽东垦荒发展使得桓仁地方人口大为增加,当地的土匪又经常骚扰百姓、掠夺财物,清政府终于批准在桓仁建县,负责修建的河南人章樾发现哈达河与浑江交汇处两条河水形成了一个“S”走向的天然太极图形,于是决定将县城建在浑江东岸天然太极图的阳极中(阴阳鱼的阳鱼眼睛上),并按照八卦图形施工建设。在当时的条件下,修建县城有效地提高了当地的行政管理能力和对土匪袭击的防御能力。然而,120 多年的风雨过后,桓仁古八卦城只剩下了西南处一段 20 多米长的城墙。但从航空照片上可以看到完整的八卦图形，县城内几条独有的斜巷也都是八卦城的产物（图 3-3-4）。

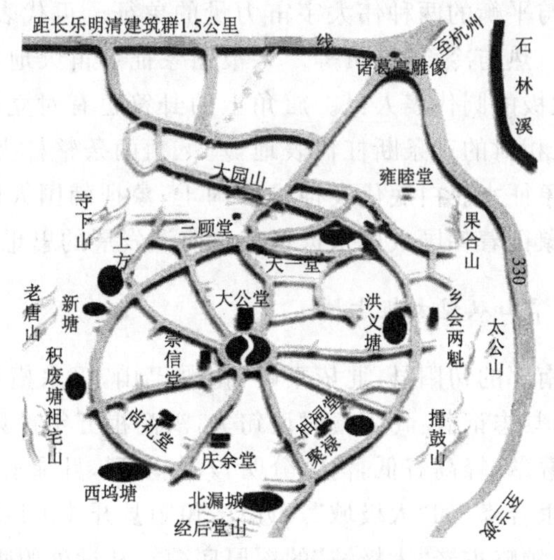

图 3-3-4　辽东太极古城

新“八卦城”将定位为旅游城。现在新“八卦城”的规划设计和风貌设计已经完毕，新“八卦城”将既保留历史文脉的价值，又具有现今的旅游功能，城外设有护城河；城的出入口则以中国传统的牌楼古建筑风格为主，城内的所有建筑都将采用晚清民居风格。按照规划图，桓仁八卦城与周围太极形状的浑江水构成一座浑然一体的太极八卦城。

（5）民间影响

《周易》的影响可谓深入民心，如在货币和民间的装饰物等都可以看到其影响的痕迹（图 3-3-5）。

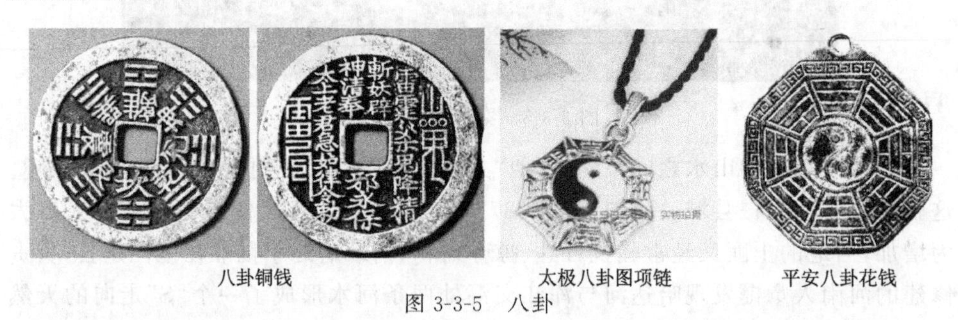

图 3-3-5　八卦

3. 《周易》与二进位制

二进位制是最简单、最基础的计算方式之一，成为二进位制的条件有三：

一是必须符合自然数定义，即必须是用来表示数量关系或顺序关系的符号体系；

二是基本的符号只有两个；

三是必须符合进位制的定义，即是否"用同样的符号利用位置关系表示位置"，而不是另外引入专用进位制符号。

通常我们所用的十进制是"逢十进一"，且在十进制中使用 0,1,2,3,4,5,6,7,8,9 这十个数字符号。而二进制是"逢二进一"，只用 0,1 这两个数字符号即可。

如果我们将《周易》八卦中的阴爻"- -"用"0"表示，阳爻"—"用"1"表示，则八卦是一个二进制数组。

1986 年，中国学者将"2 的 0 次方"、"2 的 1 次方"、"2 的 2 次方"、……、"2 的 n 次方"，称为"太极级数"。《周易・系辞上传》"右第十一章""是故《易》有太极，是生两仪，两仪生四象，四象生八卦。"有

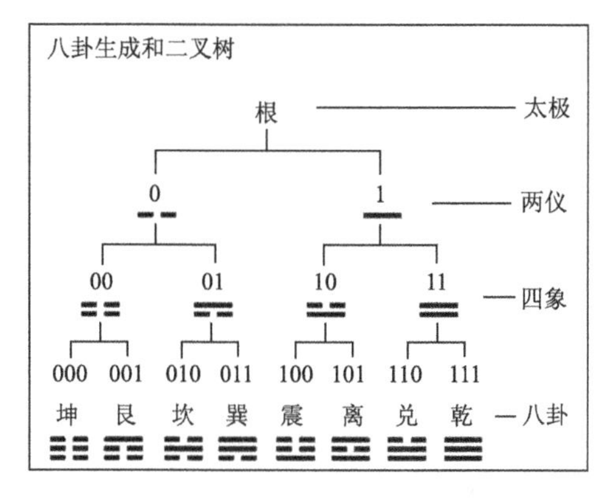

图 3-3-6

太极：2 的 0 次方＝1

两仪：2 的 1 次方＝2

四象：2 的 2 方＝4

八卦：2 的 3 次方＝8

……………………

六十四卦：2 的 6 次方＝64

我们看八卦：坤，艮，坎，巽，震，离，兑，乾

对应数字：　0，1，2，3，4，5，6，

为什么八卦是按 0,1,2,3,4,5,6,7,8,9 排列，而不按 1,2,3,4,5,6,7,8 排列呢？这是因为二进制是从"0"开始的。它跟《易》的"太极生两仪，两仪生四象，四象生八卦"和老子的"道生一，一生二，二生三，三生万物"是一致的。("太极"和"道"的观念有可能是由坤卦为"0"而产生的)(图 3-3-6)。

4. 二进制算法

在电子计算机中，信息、指令、状态都是用二进制表示的，运算处理也是用二进制数进行的，这是因为二进制运算规则简单，容易在物理上实现。随着计算机的普及，二进制也就为人所注目。

二进制数是最简单的进数制，其运算规则也是最简单的。具有两个基本特点：一是具有两个不同的符号，即 0 和 1；二是逢二进位。

(1) 二进制转换成十进制数之间的转换关系式

$$(a)_2 = \Big(\sum_{i=-m}^{n-1} a_i \cdot 2^i\Big)_{10}$$

其中，n 为整数部分的位数；m 为小数部分的位数；a_i 的值为 0 或 1 取决于一个具体的二进数。

例 1 将二进制数 $a=1101$ 化成十进制数。

$$(a)_2 = (1101)_2 = \sum_{i=0}^{4-1} a_i \cdot 2^i = a_0 \times 2^0 + a_1 \times 2^1 + a_2 \times 2^2 + a_3 \times 2^3$$

$$= 1\times 2^0 + 0\times 2^1 + 1\times 2^2 + 1\times 2^3 = 1+4+8 = (13)_{10}$$

其实我们可简化成如下运算：

$$\begin{matrix} 1 & 1 & 0 & 1 \\ 2^3 & 2^2 & 2^1 & 2^0 \end{matrix} \quad 得$$

十进制数 8+4+0+1=13。

例 2 将二进制数 11011.1001 化成十进制数

仿以上算法：

$$\begin{matrix} 1 & 1 & 0 & 1 & 1 & . & 1 & 0 & 0 & 1 \\ 2^4 & 2^3 & 2^2 & 2^1 & 2^0 & . & 2^{-1} & 2^{-2} & 2^{-3} & 2^{-4} \end{matrix} \quad 得$$

十进制数 16+8+0+2+1+0.5+0+0+0.0625=27.5625，我们甚至可将与二进制数中与“0”对应的数不写，即 16+8+2+1+0.5+0.0625=27.5625。

(2) 将十进制数转换成二进制数

一般教科书中都是用“除 2 取余和乘 2 取整”来化十进制为二进制的。这是一种通用方法。但若用下面“够减得 1，不够减得 0”的方法则简便多了。

如将十进制数 27 化成二进制数，由 $2^4<27<2^5$，写出

$$\begin{matrix} 2^4 & 2^3 & 2^2 & 2^1 & 2^0 \end{matrix}$$

即

$$\begin{matrix} 16 & 8 & 4 & 2 & 1 \end{matrix}$$

这样可按如下顺序进行：27－16＝11，够减得 1；11－8＝3，够减得 1；3－4，不够减得 0；3－2＝1，够减得 1；1－1＝0，够减得 1。

故 $(27)_{10}=(11011)_2$，即十进制数 27 可化成二进制数 11011。可知将十进制数化成二进制数时，可按如下顺序进行：

将原十进制数减去第一个(最大的一个)“2 的幂”，当然“够减”，记上一个“1”；再将余数去减第二个“2 的幂”，若“够减”，再记上一个“1”，若不够减，记一个“0”；然后再将此余数去减下一个“2 的幂”，仍按以上方法记上“1”或“0”。直至减去最后的一个“$2^0=1$”结束，这样即可将十进制数化成二进制数了。

5. 莱布尼茨与二进制和《周易》

(1) 二进制的建立

莱布尼茨不仅与牛顿并称为“微积分”的奠基人，而且在莱布尼茨的一生中，对二进制的研究是较为重要的。1679 年，他写了一篇题为《二进算术》的论文，对二进制进行了充分的讨论，并建立了二进制的表示及运算。1696 年，向奥古斯特(Auguste)公爵介绍了二进制，公爵很感兴趣。第二年初，莱布尼茨制作了一枚题为“造化之物”的纪念章(如图 3-3-7)献给公爵，上面刻写着拉丁文“从虚无创造万物，用一就够了”。由此可看出，莱布尼茨对二进制的偏爱，很大程度是出自神学方面的原因。因为一切数都可从 0 和 1 创造出来，正可作为上帝从“无”创造“有”的解说和“证据”。《易经》对莱布尼茨的二进制研究产生了一定的影响，当时在华的法国耶稣会教士白晋(Joachim Bouvet)在其中起了重要作用，他们之间的通信长达十年之久。

莱布尼茨

图 3-3-7　莱布尼茨为奥古斯特公爵制作的二进制纪念章

(2) 对中国文化的赞叹

1703 年 4 月，莱布尼茨收到了白晋于 1701 年 11 月由北京发来的长信并看到了随信附上的伏羲六十四卦次序图和伏羲六十四卦方位图。几天后在《皇家科学院记录》上发表了标题为《二进制算术的解说》，副标题为“关于用 0 和 1 两个符号的二进制算术的说明，并论述其用途以及据此解释伏羲所用数字的意义”。莱布尼茨从白晋所附的二图中惊奇地发现 64 卦的排列与自己创造的 0 至 63 的二进制完全相符。他在《致德雷蒙的信：论中国哲学》一文中说道：

“《易经》，也就是变易之书。在伏羲以后许多世纪，文王和他的儿子周公以及在文王和周公以后 5 个世纪的著名的孔子，都曾在这六十四个图形中寻找过哲学的秘密。……这恰恰是二进制算术……阴爻(- -)就是 0，阳爻(—)就是 1。这个算术提供了计算千变万化数目的最简单的方式。”

莱布尼茨从伏羲图中发现与他的二进制是如此巧合，实在令人不可思议，以致他有了“无助”之叹。莱布尼茨写道：“这《易》图是留传于宇宙间的科学中之最古的纪念物，但是，依我愚见，这四千年以上的古物，数千年来，没有人了解它的意义。它和我的新算术完全符合；当贵师（即白晋）正努力于理解这些记号时，而我在接到贵函以后，即予以适当的解答，这是不可思议的。”

莱布尼茨在写给白晋的回信中写道：“几千年来不被很好理解的奥秘由我理解了，应该让我加入中国籍吧！”应该说莱布尼茨是看懂了“中国式”的卦爻画二进制。也因此应该说二进制应源自中国。

(3)《周易》对二进制建立的影响

莱布尼茨研究二进制应在1672～1676年，而见到白晋寄来的伏羲八卦图是在1703年。因此对莱布尼茨受白晋所寄八卦图启发而创二进制的说法缺乏依据。但也不能由此而说莱布尼茨创建二进制未受太极八卦的影响。这是因为1687年莱布尼茨在致函冯·黑森·莱茵费尔（Won Hessen Rheinfels）的信中，提到他曾阅读过柏应理（Philippe Couplet）（比利时耶稣会教士，曾在中国传教达25年之久，对《周易》颇有研究）的著作《中国哲学家孔子》。在信中写有“Fohi”一词，这个词汉译为“伏羲”，说明莱布尼茨在1687年之前就已熟知“伏羲”。而在柏应理的《中国哲学家孔子》一书中就柏应理译注的“伏羲八卦次序图”、“伏羲八卦方位图”和“六十四卦图”中对八卦的介绍，内容系统，方面甚广，且在周文王六十四卦图中均标有阿拉伯数字1,2,3,4,直到64。因此，不言而喻，莱布尼茨当然也看过了书中的这三张图和对八卦的介绍。同时也见证了莱布尼茨在见到白晋所附伏羲八卦图前16年就已见过了伏羲八卦图（同时还有文王六十四卦图）。

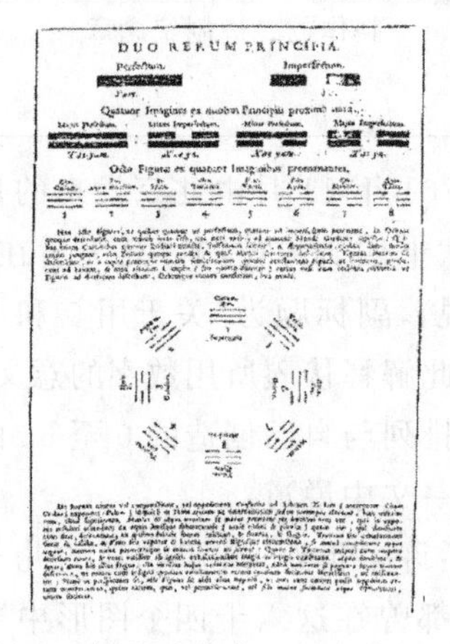

柏应理译著的伏羲八卦方位图两张

柏应理译著的伏羲八卦次序图

莱布尼茨在《周易》卦象中找到了二进制的解释，对他而言可能不只是一种已有理论的应用，他可能同时也受到《周易》象表现方法的启发，并由此而推进自己关于普遍表意文字的研究。因此，莱布尼茨创建的二进制，应该是早已受到中国太极八卦的影响。

由于莱布尼茨二进制学说与后来出现的数理逻辑和计算机原理有内在关系，因而使得《周易》与当今人类科技与生存走向也有了某种接触点。同时，《易》也不止于莱布尼茨所理解的那样，将有更深邃的含义。

6.《周易》的文化价值

(1) 易学长河

《周易》作为中国古代的一部重要典籍，对中国文化，包括中国古代自然科学和社会科学的形成和发展产生了重大的影响。在《四库总目提要》说到："易道广大，无所不包，旁及天文、地理、乐律、兵法、韵学、算术以及方外的炉火……"两千多年来，历代学者对《周易》的解释、研究，已形成了一条源远流长的易学长河。

《周易》分为《易经》和《易传》。《易经》成书于两周前期，原是一部占筮之书；《易传》成书于战国后期。《易传》十篇(所谓"十翼")是专门解释《易经》的。然而这种解释不同于一般的字义解释串讲，而是一种"点铁成金"式的伟大改造和创造。这才使得《周易》一书奇迹般的获得了"新生"。《易传》的最大特点是将《易经》人文化：从迷信变为理性，从巫术转变为哲学。

(2) 宇宙画面

《易传》一开始，就明确地把《易经》思想和理论的基本点，落脚到了对于包括人类在内的天地宇宙间，各种奥妙的、积极而又执著的探求上面。经过《易传》十篇的这一思想和理论上的关键性调整，使得《周易》这门学问，真正变成了一种关于整个宇宙的大学问。

北宋时一个名叫胡瑗的著名学者，在他的一部解释《周易》的名著《周易口义》中提出了下面的两句话作为对《周易》的概括：

极天地之渊蕴，尽人事之始终。

其中"渊"是深的意思；"蕴"是包含的意思。"天地之渊蕴"，就是内藏于天地和天地间的无限深远而又无穷的奥妙。"人事"就是人世间的一切事情及其规律、变化等。"人事之始终"，就是人世间的沧桑。这两句话的意思是说：《周易》这门大学问，就是要努力穷尽内藏于天地和天地间无限深远而又无穷无尽的奥妙，穷尽人世间的沧桑。

《周易》向我们展示了一个由"父"天"母"地所统领下的一个生生不息、生化无穷，充满无限生机与活力的全新总体的宇宙画面。

(3) 数学渊源

从数学的角度看，《易经》中用“符号”表示“数”，这是一种非常了不起的方法。因为世间万物的运动和演变是“数”的几何形式，而“八卦”、“六十四卦”是“数”的代数形式，而用代数方法研究几何问题，正是17世纪由笛卡儿和费马所创立的“解析几何”的主要方法。数与形是数学研究的主要对象。从这一点上看，《易经》是我国古代在人类数学史上的伟大创举，可以说是我国历史上有文字记载的第一本数学著作，因而是我国数学发展史的渊源。我国古代大数学家刘徽就认为数学来源于伏羲画八卦。

最近，又发现，八卦图中的每一个卦图代表一个八元数的乘法算式，于是我们可以在古老的伏羲八卦和西方人在1845年才发现的八元数间建立起一种数学上的同构。在同构意义下，八卦图就是八元数。八卦图可以看成是八元数的“量子化”或“数学模型”。因此，我们说《周易》不但是我国最早的一本哲学著作，而且也是我国最早的一本数学著作。

(4) 思想大成

历史发展到了现代，《周易》思想又与儒、释、道合参。现代之“易”，可谓集历代研究之大成。《易经》也称《变易》、《不易》、《简易》。《变易》说明事物是发展变化的；《不易》说明事物发展是有规律的，规律是不变的；《简易》说明任何事物的发展总会从繁到简。从中我们可以体悟到一种深邃的辩证思想。

(5) 文化种子

历史已跨入了一个新的世纪，如今已进入了一个信息时代，而信息时代的先驱是中国的《周易》。如何在传统文化中寻找新的文化种子，向世界提供我们文明中的最佳信息，在现代科技文明的基础上发展新科技文化体系和人文价值体系，当是中华民族复兴的一项伟大使命和历史任务！

第四章　数学史料中的数学文化

4.1　悖论与三次数学危机

1. 话说悖论

悖论,从字面上讲就是“自相矛盾的论述”,是一种讲不通说不明的“荒谬”理论。但悖论并非无稽之谈,它在荒诞中蕴含着哲理,给人以启迪。沿着它所指引的推理思路,可以使您走上一条繁花似锦的羊肠小道,开始觉得顺理成章,而后又使您在不知不觉中陷入自相矛盾的泥潭,但经过破译,将会使您感到回味无穷,并从中启迪思维,提高能力,给您以奇异的美感。

悖论的通常形式是:“如果承认某命题正确,就会推出它是错误的;如果认为它不正确,就会推出它是正确的。”从而得出不符合排除律的矛盾命题。即由它的真,可以推出它的假;由它的假,则可推出它的真。由于严格性被公认为是数学的一个主要特点,因此如果数学中出现悖论,就会造成对数学可靠性的怀疑。而由怀疑会引发人们认识上的普遍危机感。因此,在这种情况下,悖论往往会直接导致“数学危机”的产生。

什么是悖论,有多种说法,一般赞同如下的一种定义:“如果在某一个理论系统中,能够推出两个互相矛盾的命题或语句,或者该系统中能够证明两个互相矛盾的等价命题或语句,则称该理论系统中包含悖论。”由上可知悖论是一个相对的概念,是对一个理论系统而言的。

奥地利学者班格特·汉生(Benguet Hansen)认为,一些常见的悖论,除了非直接的原因外,其性质就和数学上的方程没有解一样。在算术中是靠引进新数,扩大数系来解决的,例如:$x+1=0$,在正整数系里无解,扩大到有理数系便有解了;$x^2+1=0$,在实数系里无解,而扩大到复数系时就有解了。因此悖论的发生常常是与人们在相应的历史条件下的认识水平有着密切的关系。

逻辑学家赫兹贝格(Herzberg)说:“悖论之所以具有重大意义,是由于它能使我们看到对于某些根本概念的理解存在多大的局限性……事实证明,它是产生逻辑语言中新概念的重要源泉。”

由于悖论是与一定的历史条件相联系,是相对于某个理论体系的,因此,面对悖论,人们努力去探寻或建立新的理论,使之既不损害原有理论的精华,又能消除悖论。因此,客观上,悖论推动了理论的研究与发展,因而数学中的悖论推动了数学理论的发展。数学已经历了数千年的磨炼,说不定还会要经历一些磨炼。这是一种特殊的经历,这种经历中最令人震动的是悖论的出现,一旦出现悖论,就面临相容性问题,没有比这类问题带来更大的威胁的了,它比完备性、独立性带来的影响都要大,悖论向人们提出的挑战是不能不奋起面对的。

下面从几个有名的悖论说起:

(1) 说谎者悖论

这是公元前4世纪希腊数学家欧几里得提出来的,是最古老、最重要的语义学悖论之一。通俗的表述是"我正在说的这句话是谎话"。此话到底是真是假?如果此话为真,则就肯定了他所说的这句话确实是"谎话";如果此话为假,则又肯定了他说的这句话是真话。到底他说的是真话是谎话,谁也说不清了。

(2) 上帝全能悖论

甲说:"上帝是全能的。"乙说:"全能就是世界上任何事都可以办得到。请问:上帝能创造出一个对手来击败他自己吗?"如果说能,则上帝可以被对手击败,并非是全能的;如果说不能,则说明上帝并非是全能的。这个悖论的特点是,上帝能肯定一切,也能否定一切,但他自己也在这一切之中,所以当他否定一切的时候,同时也就否定了自己。

(3) 理发师悖论

这是罗素(B. A. W. Russell)集合悖论的一种通俗说法。萨维尔村里的一名理发师,给自己定了一条店规:"只给那些自己不给自己刮胡子的人刮胡子。"那么这位理发师的胡子该不该由他自己刮?如果理发师的胡子由他自己刮,则他属于"自己给自己刮胡子的人",因此,理发师不应该给自己刮胡子;如果理发师的胡子不由自己刮,则他属于"自己不给自己刮胡子的人"。因此,他的胡子可以由他自己刮。总之,他给自己刮也不是,不刮也不是。

从逻辑上来看,一个陈述不应该有两个或多个不相容的前提假设,否则就无法进行推理,即使是硬推出"理"来,也就成了"悖论"了。如"先有鸡,还是先有蛋?"其中隐含着两个"不言而喻的假设":"鸡一定是由蛋孵出来的,而蛋又一定是鸡生出来的。"单独来看,每个观察似乎都成立,但合起来却是不相容的。

又如"世界上没有绝对真理"这句话。推论下去,如果世界上真的没有绝对真理,那么上面这句话就是"绝对真理"。既然有"绝对真理",那么上面这句话又是错的,又把自己给否定掉了。关键是这个"真理"存在着"自相关"。如果说"过去,人们认为牛顿物理学是真理;现在,人们认为爱因斯坦相对论是真理;将来,人们还会认为其他什么理论是真理。如此推下去,世界上没有绝对的真理"。其中,最后的一个“真理”是指前面的三个“真理”没有“自相关”，悖论也就消除了。

悖论读来有趣，却常令科学家们感到苦脑，因为严密的科学都应该是真实可靠的。特别是数学，是以严密的逻辑推理为基础，更容不得任何自相矛盾的命题或结论。但悖论却破坏了这种严密性，它反映了数学科学不是铁板一块，在它的宏伟大厦中还存在着裂缝。它的一些概念和原理之中还存在着矛盾和不完善、不准确之处，有待于数学家们进一步探讨和解决。数学正是在这不断发现和解决矛盾的过程中发展起来的。

实际上，在数学发展的过程中，正是在许多地方不断地发现和弥补悖论所显示出来的裂缝，才使数学大厦越来越坚固稳定。历史事实证明了这一点。我们不妨对历史作一次小小的回顾。数学史所谓三次危机，都是与悖论有关的。实际上，这三次数学危机对东方（主要指中国与印度）无甚影响。因此，三次数学危机只能算是西方的三次数学危机。三次数学危机对数学及哲学都造成了巨大的影响，三次危机虽然给当时的某个时期造成了某种困境，然而一直未妨碍数学的发展与应用，倒是在困境过去后，给数学带来了新的生机。

2. 希伯索斯悖论与第一次数学危机

（1）毕达哥拉斯学派信条——万物皆数

公元前5世纪，古希腊的数学非常发达，而以毕达哥拉斯创立的学派最为有名。毕达哥拉斯约与我国孔子同时，生于靠近小亚细亚海岸的萨摩岛，曾师从泰勒斯，游历过埃及、波斯、印度等地，学习天文学、几何学、语言学和宗教知识，逐渐形成了自己的思想体系。历时20多年的周游后，毕达哥拉斯在意大利一个名叫克罗顿的沿海城市定居，招收了300个门徒，建立起一个宗教、政治、学术三结合的社会团体，史称毕达哥拉斯学派。

毕达哥拉斯

毕氏定理

毕达哥拉斯和他的信徒

毕达哥拉斯学派对几何学的贡献很大，最著名的是所谓的“毕达哥拉斯定理”（中国称勾股定理）的发现：即任何直角三角形的两直角边 a、b 和斜边 c，都有 $a^2+b^2=c^2$ 的关系，据说当时曾屠牛百头来欢宴庆贺该定理的发现。

毕达哥拉斯学派研究数学，把“几何、算

术、天文学、音乐”称为“四艺”，倡导一种“唯数论”的哲学观，“数”与“和谐”是他们的主要哲学思想。他们认为，宇宙的本质是数的和谐。一切事物都必须而且只能通过数学得到解释。他们坚持的信条是：“宇宙间的开始现象都可归结为整数或整数的比。”也就是一切现象都可以用有理数来描述。例如他们认为“任何两条不等的线段，总有一个最大公度线段。”其求法如图 4-1-1 所示。

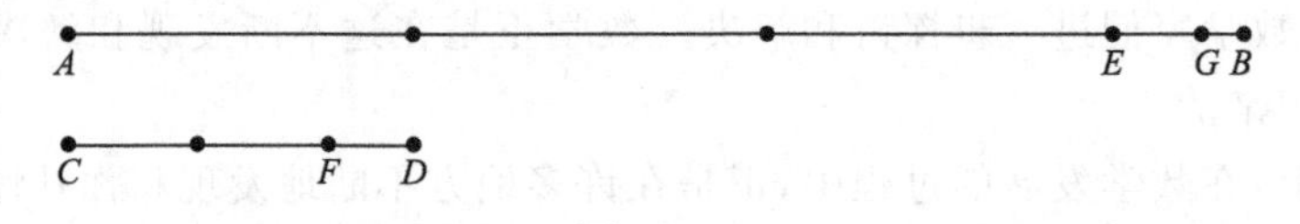

图 4-1-1

设两条线段 AB、CD($AB>CD$)，在 AB 上用圆规从一端点 A 起，连续截取长度为 CD 的线段，使截取的次数尽可能的多。若没有剩余，则 CD 就是最大公度线段。若有剩余，则设剩余线段为 EB($EB<CD$)，再在 CD 上截取次数尽可能多的 EB 线段，若没有剩余，则 EB 就是最大公度线段。若有剩余，则设为 FD($FD<EB$)，再在 EB 上连续截取次数尽可能多的 FD 线段，如此反复下去。由于作图工具的限制（仅用圆规）总会出现没有剩余的现象。也即最大公度线段总是可以求出的。例如图 4-1-1 中，最后有 $FD=2GB$，所以 GB 就是 AB 和 CD 最大公度线段，故有 $\frac{CD}{AB}=\frac{8}{27}$，即为两个整数之比。即任何两条线段都可以有最大公度线段，亦即有“可公度比”。

(2) “不可公度比”的发现——希伯索斯悖论

然而就是由毕达哥拉斯学派所发现的毕达哥拉斯定理里，正是从直角三角形中，毕达哥拉斯学派发现了“不可公度比”。动摇了他们的哲学信念，产生了第一次数学危机。

相传，毕达哥拉斯学派的成员希伯索斯(Hippasus)通过逻辑推理方法而不是用圆规去实测，他发现：“等腰直角三角形的斜边和直角边是不可公度的，即不存在最大公度线段”。根据毕达哥拉斯定理可知：若假设直角三角形的直角边的长度为 a，则可求得其斜边为 $\sqrt{2}a$，而 $\sqrt{2}$ 却不是有理数。这样一来就否定了毕达哥拉斯学派的信条——宇宙间的一切现象都可归结为整数或整数之比。他们不愿接受这样毁灭性的打击，竟然把希伯索斯抛进大海，封锁这一消息。还有一种说法是毕达哥拉斯本人已经知道不可公度比的存在，但要封锁这一消息，而希伯索斯因泄密而被处死。

事实上，我们可用反证法证明 $\sqrt{2}$ 不是有理数：若 $\sqrt{2}$ 为有理数，则可令 $\sqrt{2}=\frac{p}{q}$，(p、q 为互素的正整数)，此时有 $p^2=2q^2$，则 $2q^2$ 必为偶数，因而 p^2 也为偶数，从而

p 也是偶数。又可设 $p=2k$(k 为正整数)，于是有 $q^2=2k$，表明 q 也是偶数，因而 p、q 不互素，与 p、q 互素的假设矛盾，至此证明了$\sqrt{2}$确非有理数。

希伯索斯从几何上的逻辑推理是基于如下的思考：

如图 4-1-2 所示，在等腰直角三角形 ABC 中，按前面方法为了求 AC 与 AB 的最大公度线段，取 $AD=AC$，过 D 作 $DE\perp AB$ 交 BC 于 E，因为 $\angle DCE=\angle CDE=22.5°$，所以 $CE=DE=DB$。则问题转化为求 DB 与 BE 的最大公度线段，但 $\triangle BDE$ 又重新构成一个等腰直角三角形，往下，只能重复以上的作法。如此继续下去，始终求不出 AC 与 AB 的最大公度线段。这就是说，希伯索斯从几何上发现了线段的“不可公度”的存在。本来希伯索斯对数学的发展做出了重大的贡献，理应受到赞赏，谁知反而丧失了生命，希伯索斯是一个以身殉道的伟大的追求真理的先驱。

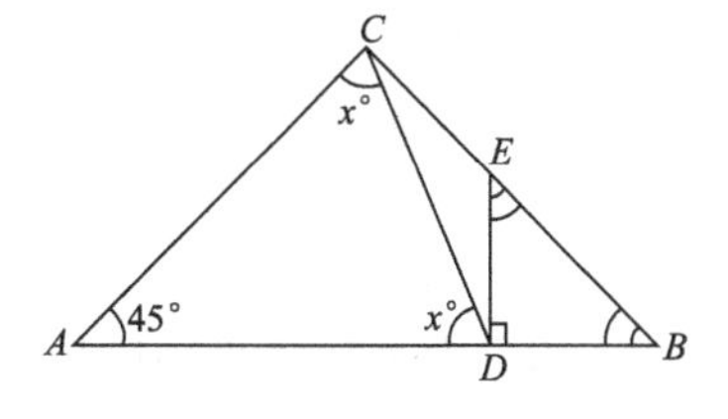

图 4-1-2

当时的人们觉得整数与分数(二整数之比)是容易理解的，就称它们为“有理数，”而希伯索斯发现的这种新数影响了整数的尊崇地位，又不好理解，但又是存在的，就取名为“无理数”。这是历史的误会，国外许多教科书中已把“有理数”和“无理数”更名为“可比数”与“非可比数”，但有人认为没有必要，应该保留历史的痕迹。

(3) 第一次数学危机的历史意义

无论如何，不可公度比(即无理数)的发现对古希腊的数学观点产生了极大的冲击。这表明几何的某些真理与算术无关，几何量不能完全由整数及其比来表示；反之，数却可以由几何量表示出来。另一改变也许更重要，即希腊人从此也发现直觉和经验的不可靠，推理证明才是可靠的。从此希腊人开始由“若干自明的公理和公设出发，通过演绎，建立起了庞大而严密的几何体系，形成了欧几里得的《几何原本》”。它不仅是第一次数学危机的自然产物，而且对西方近代数学的形成和发展产生了深远的影响。

第一次数学危机表明，当时希腊数学已经发展到这样的阶段：

1) 数学已由经验科学变为演绎科学；

2) 把证明引入了数学；

3) 演绎的思考首先出现在几何学中，而不是在算术中，使几何具有更加重要的地位。这种状态一直保持到笛卡儿解析几何的诞生。

(4) 第一次数学危机的消除

这个“逻辑上的丑闻”——数学基础的第一次危机未能很快得到消除，直到过了 200 年后，大约在公元 370 年，才由才华横溢的希腊数学家欧多克索斯和毕达哥拉斯的学生阿契塔给出两个比相等的定义,从而巧妙地消除了这一“丑闻”。他们给出的定义与涉及的量与“是否可公度”无关,即借助几何的方法,通过避免直接出现无理数而实现的。欧多克索斯建立了一整套比例论,其本人著作已失传,幸而他的成果被保留在欧几里得《几何原本》一书的第五篇中。

然而在上述解决方案中,无理数在几何上使用是允许的、合法的,而在代数上是非法的,不合逻辑的。或者说无理数只被当作附在几何量上单纯的符号,而不被当作真正的数。

第一次数学危机彻底地消除是直到 19 世纪戴德金(J. W. R. Dedekind)实数理论的建立。因为如果把直线$(-\infty,+\infty)$都理解为有理点,肯定是有缝隙的。而戴德金实数理论的建立,让直线$(-\infty,+\infty)$上的点可为有理点和无理点,从而使有理点和“无理点”填满整个直线而无空隙了。当然,具体问题还很多,但新的理论建立起来了,危机解决了,悖论消除了,数学得到进一步发展,具体问题可再进一步去研究。

3. 贝克莱悖论与第二次数学危机

(1) 贝克莱悖论

17 世纪由牛顿和莱布尼茨建立起来的微积分学,由于在自然科学中的广泛应用,揭示了许多自然现象,而被高度重视。但是不管是牛顿还是莱布尼茨所创立的微积分都是不严格的,两人的理论都建立在无穷小分析上,但他们对作为基本概念的无穷小量的理解与运用却是混乱的。存在着明显的逻辑矛盾。例如,对 $y=x^2$ 求导数,根据牛顿的流数计算法,有

$$y+\Delta y=(x+\Delta x)^2 \quad ①$$

$$x^2+\Delta y=x^2+2x\Delta x+(\Delta x)^2 \quad ②$$

$$\Delta y=2x\Delta x+(\Delta x)^2 \quad ③$$

$$\frac{\Delta y}{\Delta x}=2x+\Delta x \quad ④$$

$$\frac{\Delta y}{\Delta x}=2x \quad ⑤$$

在上面的推导过程中,从③到④,要求 Δx 不等于零,而从④到⑤,又要求 Δx 等于零。正因为在无穷小量中存在着这类矛盾,因而微积分诞生时就遭到了一些人的反对与攻击,其中攻击最猛烈的是当时颇具影响的英国红衣大主教贝克莱(Berkeley)。

1734 年,贝克莱以“渺小的哲学家”之名出版了一本标题很长的书——《分析学家:或一篇致一位不信神数学家的论文,其中审查一下近代分析学的对象,原则及论断是不是比宗教的神秘、信仰的要点有更清晰的表达,或更明显的推理》。在

这本书里，贝克莱对牛顿的理论进行了攻击。他指责牛顿，在求 x^2 的导数中，先将 x 取一个不为 0 的增量 Δx，而后突然会 $\Delta x=0$，求得 x^2 的导数为 $2x$。这是“依靠双重错误得到了不科学却正确的结果”。因为无穷小量在牛顿的理论中，一会儿说是 0，一会儿又说不是 0。因此，贝克莱主教嘲笑无穷小量是“逝去量的幽灵”。贝克莱的攻击虽说出自维护宗教的目的，但却真正抓住了牛顿理论中的缺陷。贝克莱的指责在当时的数学界中引起混乱，这就是第二次数学危机的爆发。数学史上把贝克莱的问题称之为“贝克莱悖论”，笼统地说，贝克莱悖论可以表述为“无穷小量究竟是否为 0”的问题。

贝克莱主教

针对贝克莱的攻击，牛顿与莱布尼茨都曾试图通过完善自己的理论来解决，但都没有获得成功。这使数学家们陷入了尴尬境地。一方面微积分在应用中大获成功，另一方面自己却存在着逻辑矛盾，这种情形下对微积分的取舍到底何去何从呢？

(2) 第二次数学危机的解决

第二次数学危机的核心是微积分基础的不牢固。柯西的贡献是将微积分建立在极限论的基础上，而外尔斯特拉斯(K. T. W. Weierstrass)的贡献是逻辑地构造实数论，完成了分析学的逻辑奠基工作，从而使微积分这座人类数学史上空前雄伟的大厦建立在牢固可靠的基础之上。重建微积分的基础，这项重要而艰巨的工作经过许多杰出数学家的努力而胜利完成了，数学中混乱的局面暂时结束了，同时也宣布了第二次数学危机的解决。但分析学基础的争论并未完全结束，这意味着数学并未尽善尽美。

4. 罗素悖论与第三次数学危机

(1) 第三次数学危机发生的背景

19 世纪末，由于严格的微积分理论的建立，第二次数学危机已基本解决。数学表达的精确化和理论系统的公理化思想，深深渗透到人类知识的各个领域。严格的微积分理论是以实数理论为基础的，而严格的实数理论又是以集合论为基础。集合论似乎给数学家们带来了一劳永逸地摆脱基础危机的希望，尽管集合论的相容性尚未证明，但许多人认为这只是时间早晚的问题。集合论成功地用到了各数学分支，成了数学的基础，数学家们为自己营造的以康托尔集合论为基础的数学大厦即将竣工而狂喜，认为数学理论的严密性已经完成，特别是基础理论已不成问题。

摩托尔

1900 年，在巴黎召开的第二届国际数学家大会上，法国大数学家庞加莱(J. H. Poincare)兴奋地宣布："我们最终达到了绝对的严密吗？在数学发展前进的每一阶段，我们的前人都坚信他们达到了这一点。如果我们被蒙蔽了，我们是不是也像他们一样被蒙蔽了？……如果我们不厌其烦地严格的话，就会发现只有三段论或归结为纯数的直觉是不可能欺骗我们的。今天我们可以宣称完全的严格性已经达到了！"

正当数学家们陶醉于胜利之中，为由康托尔(G. F. P. Cantor)所创立的饱经磨难的集合论已为大家所接受，并深入到数学的各个分支而欢欣鼓舞时，暴风雨却正在酝酿，云涛翻滚，山雨欲来，数学史上的一场新的危机正在降临。仅仅过了两年，数学大厦受到了一次强烈的暴风雨的冲击，人们再一次发现，大厦的基础出现了更大的裂痕，甚至有人认为，整个数学大厦的基石有崩塌的危险！

(2) 罗素悖论

英国的数学家和哲学家罗素以一个简单明了的集合悖论打破了人们上述的希望，引起了关于数学基础的新争论，从而引发了数学史上的第三次危机。1902 年 6 月罗素写信给德国数学家弗雷格，告诉他自己发现这样一个悖论，意思是这样的：

罗素

集合可以按以下的方法分为两类。一类集合是它本身不是自己的元素，如自然数集绝不是一个自然数；另一类集合是它本身是自己的元素，如一切集合组成的集合，仍是一个集合，因此它本身也属于这个集合。我们把所有属于第一类的集合归在一起，又可构成一个集合，不妨记作 A。现在问，集合 A 属于上面的哪一类？如果 A 属于第一类，则 A 本身就是自己的元素，那么它应当属于第二类；如果 A 属于第二类，那么 A 当然不能属于第一类。也就是说，A 本身不是自己的元素，而这样根据第一类集合的定义，A 又应当属于第一类。因为 A 是康托尔意义下的集合，应当二者必居其一，于是这个问题的回答被弄得无所适从了。

这一悖论以其简单明了的方式，揭开了当时作为数学基础的康托尔集合论本身的矛盾重重的盖子，震惊了整个数学界。当弗雷格(E. L. G. Frege)刚要出版《算术的基本法则》第二卷时，收到罗素的信后，他只得把他为难的心情写在第二卷的末尾："对一位科学家来说，最难过的事情莫过于在他的工作即将结束时，其基础崩溃了,罗素先生的一封信正好把我置身于这个境地。”戴德金(J. W. R. Dedekind)也因此推迟了他的《什么是数的本质和作用》一文的再版。发现拓扑学中“不动点原理”的布劳威尔(L. E. G. Brouwer),认为自己过去的工作都是“废话”,声称要放弃不动点理论。连大数学家庞加莱后来也不得不改口说:“我们设置栅栏,把羊群围住,免受狼的侵袭,但是很可能在围栅栏时就已经有一条狼被围在其中了。”这一悖论使号称“天衣无缝”、“绝对正确”的数学陷入了自相矛盾的危机。为了使这个悖论更加通俗易懂,罗素本人在1919年将其改为前面提到的“塞维尔村的理发师悖论”。

(3) 第三次数学危机的消除

危机产生后,数学家纷纷提出自己的解决方案。1908年策墨罗(Zemelo)采用把集合论公理化的方法来消除悖论,即对集合论建立新的原则,这些原则一方面必须足够狭窄,以保证排除矛盾;另一方面又必须充分广阔,使康托尔集合论中一切有价值的内容得以保存下来。后来经过其他数学家的改进,演变为ZF或ZFS系统。冯·诺伊曼等开辟集合论的另一公理化的NBG系统也克服了悖论,但还仍存在一些问题。

以后加上哥德尔(K. Godel)、科恩(Cohen)等的努力,到1983年建立了公理化集合论,即要求集合必须满足ZFG公理系统中十条公理的限制,成功地排除了集合论中出现的悖论。

另一方面罗素悖论对数学基础有着更深远的影响,导致了数学家对数学基础的研究,围绕数学基础之争,使得许多数学家卷入一场大辩论当中。他们看到这次危机涉及到数学的根本,因此必须对数学的哲学基础加以严密的考察。在这场大辩论中,原来不明显的意见分歧扩展成为学派的争论,三大数学哲学学派应运而生:

一是以罗素为代表的逻辑主义学派。他们的基本观点是“数学即逻辑”。罗素说,“逻辑是数学的青年时代,数学是逻辑的壮年时代”,即认为数学是逻辑的延伸。只要不容许“集合的集合”这种逻辑语言出现,悖论就不会发生。

二是以布劳威尔(D. Brouwer)为代表的直觉主义学派。他们认为数学理论的真伪只能用人的直觉去判断。他们的名言是“存在必须是被构造”。他们认为“全体实数”是不可接受的概念,“一切集合的集合”的概念更是不可理解,不承认这些,悖论就不会出现。

三是以希尔伯特为代表的形式主义。他们认为公理只是一行符号,无所谓真假,只要能够证明公理系统是相容的,这个公理系统便得到承认,它便代表一种真理,悖论是公理系统不相容的一种表现。

1931年奥地利数学家和逻辑学家哥德尔在《数学物理月刊》上发表了《论〈数

哥德尔

学原理〉和有关系统中的形式不可判定命题》一文。哥德尔不完全性定理的证明暴露了各派的弱点,使得哲学的争论黯淡下来,但此后,三大学派的研究工作,取得了不少积极成果。一个直接的结果,就是数理逻辑与计算技术、电子技术的结合,带来了 20 世纪最重要的一次技术革命——电子计算机的诞生。

数学中的矛盾既然是固有的,它的激烈冲突使得危机就不可避免,危机的解决给数学带来了许多新认识、新内容,有时甚至是革命性的变化。在集合论的基础上,诞生了抽象代数学、拓扑学、泛函分析与测度论,数理逻辑也兴旺发达成为数学有机体的一部分。代数几何、微分几何、复分析已经推广到了高维;一系列经典问题的解决,同时又产生了更多的新问题。悖论给数学大厦造成的地震,不但没有摧垮这座历经数千年创造出来的宏伟建筑,而且引发出了一系列有意义的新创造。悖论的发现和消除反而成了数学发展的一种巨大的动力。

5. 数学危机的文化内涵

应该指出的是数学史上的三次危机对中国几乎无甚影响。在中国古代数学中无理数的产生极为自然,由开方产生的无理数,其操作运算就是它的自然解释;而极限思想方法在中国数学中只是作为一种数学处理方法而已,丝毫没有什么危机。因为中国数学文化没有数学逻辑思想指导和宗教压力,这使得中国古代的数学家和哲学家具有一种恬淡、潇洒的性格。

西方所谓的数学危机,本质上不是自身操作系统出现了危机,而是文化传统对数学操作系统的解释发生了危机。从数学危机的结果分析,西方数学危机并不是自身形式的改变,而是人们对数学认识的改变,是人们对数学理解发生了改变。它所带来的影响包括以下几个方面。

(1) 数学发展的动力

在西方的整个数学发展史上,贯穿着矛盾的斗争和解决。当矛盾激烈到涉及整个数学基础时,就产生了数学危机。而矛盾的消除,危机的解决,往往给数学带来新的内容、新的进展,甚至引起革命性的变更。

第一次数学危机中的"无理数",即无限不循环小数,第二次数学危机中的"无穷小",第三次数学危机中的"无穷集合",都涉及"无限"的问题。因此,在数学中"无限"是数学矛盾的根源之一。矛盾(甚至危机)的出现,迫使数学家们投入最大的热情去解决它。

在处理矛盾(危机)的过程中,数学家们不可能不进行创造,这首先表现在新概念的产生：第一次数学危机促成了公理几何与逻辑的诞生；第二次数学危机促成了分析基础理论的完善；第三次数学危机促成了数理逻辑的发展与一批新数学的诞生。把 20 世纪的数学同以前整个数学相比，内容不知丰富了多少，认识也不知深入了多少。新成果的不断出现，使数学呈现出无比兴旺发达的景象，这正是人们在与数学矛盾斗争中的产物。

(2) 数学真理的相对性

一向以严谨著称的数学科学，在经历三次数学危机后，促使数学家们不得不进行反思：数学的真理也是相对性的、有层次的；数学的思辨也必须存在于某种范围中才是合理的。条件和范围不仅是其他科学需要的前提，同时也是数学科学需要的前提，而且体现得更加鲜明，这是数学真理相对性的具体体现。

4.2　连接几何与代数的桥梁——解析几何

1. 笛卡儿简介

1596 年笛卡儿(R. Descartes)出生在法国土伦的一个名叫拉哈耶小城的一个古老的贵族家庭里。1612 年 16 岁的笛卡儿前往巴黎就读于波提耶大学，1616 年取得法学学位，并成为一名律师。

笛卡儿

(1) 关键的转折

当时法国社会的有志之士，不是致力于宗教，便是献身军事，这种风气甚为盛行。这驱使笛卡儿于 1618 年前往荷兰从军，投身到荷兰布列达的一所军事学校。

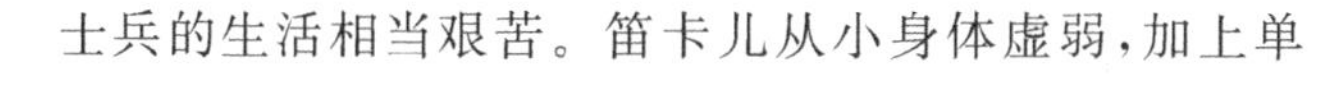

士兵的生活相当艰苦。笛卡儿从小身体虚弱，加上单调而机械的操练，使他兴趣索然，觉得无所事事。1618 年的 11 月 10 日发生了一件成为他终生转折的事件。这日休息，他在街上散步时，看见一群人聚集在一张告示前面，议论纷纷。告示是用当地的佛来米语书写的，笛卡儿看不懂，便用法语向周围的人打听。一位学者模样的人告诉他，广告上是在征集一道数学难题的解答。这位学者说，如果你知道解答的话，请将答案告诉他。

第二天早上，年轻的笛卡儿敲开了这位学者的门，递上了他的答卷。原来这位学者就是当地的多特学院的院长——数学家毕克曼(Beekman)。毕克曼一看答卷将难题全部解答了，而且没有错误，非常欣赏这位年轻军人的数学才华，并给了他几道很有价值的问题去解答，还鼓励他继续作数学研究。两年后，笛卡儿留在荷兰,在毕克曼的指导下研究数学。笛卡儿感到很愉快,学问也有了长进,这时他才意识到自己长于数学,萌生出了研究数学的念头。

(2) 伟大的成就

笛卡儿非常喜欢这座数学宫殿,在这里的每一个证明就像一颗闪光的珍珠叫人爱不释手。然而笛卡儿发现,人们只能把这一颗颗的珠子捡起,却很难用线将这些各具特色的珠子都串起来。笛卡儿主张让代数和几何中一切最美好的东西互相取长补短,于是他着手寻找一种让代数和几何联结的新方法。

在1619年的冬天,笛卡儿随军驻扎在多瑙河畔的一个村庄。在军营中笛卡儿开始用大量的时间思考他在数学领域的新方法,用代数中的计算过程来代替几何中的证明,也就是要找到一座连接几何和代数的桥梁——使几何图形数值化,从而用计算来将问题予以解决。在那些日子里,笛卡儿的思维一直处于一种高度兴奋的状态。奇迹终于发生了。在圣马丁节的前夕(11月10日),笛卡儿做了三个连贯的梦,他梦见自己用金钥匙打开了欧几里得的大门,遍地的珍珠光彩夺目,他拿起一根线刚把珠子串起来,突然线断了,珠子撒了一地。突然这些珠子都不见了。这时,他看见窗前一只黑色的苍蝇在疾飞着,眼前留下苍蝇飞过的痕迹——一条条直线和各种形状的曲线。一会儿苍蝇停住了,在眼前留下了一个深深的黑点。笛卡儿从梦中惊醒过来呆住了:这些不正是他全力研究的直线和曲线吗?他异常兴奋,突然悟到了其中的奥妙:苍蝇的位置不是可以由窗框两边的距离来确定吗?苍蝇疾飞时留下的痕迹,不正是说明直线和曲线都是由点运动而产生的?笛卡儿兴奋极了,一骨碌爬起来,拿笔记下了当时的发现。后来在他的回忆录中这样写道:"第二天,我开始懂得这一惊人发现的基本原理。"这就是一门奇特的科学——解析几何建立的重要线索。

这虽然是一个传说,给解析几何的诞生蒙上了一层神秘色彩,但它从此成为后来每本介绍解析几何诞生时必提的佳话。事实上,笛卡儿之所以能创立解析几何,主要是他艰苦探索、潜心思考、运用科学的方法,同时批判地继承了前人成就的结果。

笛卡儿的成就是多方面的,他既是一位数学家,也是一位哲学家,同时在物理学和天文学上都有建树。1637年出版了《更好地指导推理和寻求科学真理的方法论》(简称《方法论》),而笛卡儿的唯一数学著作《几何学》正是附于这本名著《方法论》之后的三个附录之一(另两个附录是《折光学》、《气象学》),就是这一《几何学》确立了笛卡儿在数学史上的重要地位。1644年他出版了《形而上学的沉思》及《哲学原理》。

(3) 巨星的陨落

1649 年冬,他应邀到斯德哥尔摩为瑞典女皇克利斯提娜授课。这位女皇要求笛卡儿一个星期要有三次在清晨的五点去拜见她,教她哲学。瑞典冬季夜里的严寒使这位体弱的学者患上了肺炎,这位伟大的学者,解析几何的奠基人,于第二年的 2 月 11 日在当地病逝,享年 54 岁。后来,这位法兰西民族骄子的骨灰被转送回法国,移葬到巴黎名人公墓中一块最有声望的墓地,他的遗物被送进法国历史博物馆。1819 年又被移入圣日耳曼圣心堂中,墓碑上镌刻着这样一段文字:

笛卡儿,欧洲文艺复兴以来第一个为人类争取并保证理性权利的人。

2. 解析几何产生的背景

16 世纪以后,文艺复兴后的欧洲进入了一个生产迅速发展、思想普遍活跃的时代。机械的广泛使用,促使人们对机械性能开始研究,而这需要运动学知识和相应的数学理论;建筑的兴盛、河道和堤坝的修建又提出了有关固体力学和流体力学的问题,而这些问题的解决需要正确的数学计算;航海事业的发展,向天文学、实际上也是向数学提出了如何精确测定经纬度、计算各种不同形状物体的面积、体积以及确定重心的方法;望远镜与显微镜的发明,提出了研究凹凸镜的曲面形状问题。德国天文学家开普勒发现行星是绕着太阳沿着椭圆轨道运行的,太阳处在这个椭圆的一个焦点上;意大利科学家伽利略发现投掷物体是作抛物线运动的。而这些都涉及到圆锥曲线,要研究这些比较复杂的曲线和解决在天文、力学、建筑、河道、航海等方面的数学问题,显然已有的初等几何和初等代数这种常数范围内的数学是无能为力、难以解决的。于是人们试图创设变量数学,这就导致了解析几何的产生。

另外,从数学本身来说,解析几何的创始人笛卡儿和另一创始人费马都认为欧几里得的《几何原本》虽然建立起了几何学的完整体系,但古代的几何过于抽象,过多地依赖图形。而另一位古希腊数学家阿波罗尼斯所写的另一著作《圆锥曲线论》,虽然将圆锥曲线的性质几乎网罗殆尽,但阿波罗尼斯的几何却是一种静态的几何,它既不把曲线看作是一种动点的轨迹,更没有给它以一般处理方法。而 17 世纪的生产和科技的发展,都向几何学提出了用运动的观点来认识和处理圆锥曲线及其他几何曲线的课题,即必须创立起一种建立在运动观点上的几何学。而当时的代数过于受法则和公式的约束,缺乏直观,但代数符号化的建立恰好为解析几何的诞生创造了条件。代数学是一门潜在的方法科学,因此把几何学和代数学中的精华部分结合起来取长补短,于是一门新的学科——解析几何便诞生了。

3. 解析几何的建立

(1) 费马的工作

费马(Fermat)和笛卡儿都是解析几何的创立者。费马出身于商人家庭,学习法律,以律师为职业,数学是他的业余爱好,但他对数学的贡献却是一位大数学家所完成的工作。

费马关于曲线的研究是从研究阿波罗尼斯开始的。1629 年他写了一本《平面和立体的轨迹引论》,书中说他找到了一个研究曲线问题的普遍方法。

费马

费马的坐标几何很可能是把阿波罗尼奥斯(Apollonius)的结果直接翻译成代数形式。他所建立的坐标是我们现在的斜坐标。费马把他的一般原理,叙述为"只要在最后的议程里出现两个未知量,我们就可得到一个轨迹,用这两个量可描绘出一条直线或曲线"。并且由给出的方程便可知道其所代表的直线或曲线。如他给出方程(用我们现在的写法):

$dx=by$,这代表一条直线;

$d(a-x)=by$,也代表一条直线;

$p^2-x^2=y^2$,代表一个圆;

$x^2=ay$,代表一条抛物线。

费马还领悟到坐标轴可以平移和旋转。因为他可以把一个复杂的二次方程,简化到简单的形式。并且还知道一次方程表示直线,二次方程代表圆锥曲线。

(2) 笛卡儿的工作

下面主要谈谈笛卡儿建立解析几何的工作。

笛卡儿作为一个哲学家,他是把数学方法看作是在一切领域建立真理的方法来研究的。作为自然科学家,他广泛研究了力学、水力学、光学和生物学等多个领域;作为数学家,他注意到数学的力量,就是要去寻找数学的用途。

当笛卡儿对当时的几何、代数感到不满的同时,认识到了代数具有作为一门普遍的科学方法的潜力。于是就试图把代数用到几何上去,凭借他对方法的普遍兴趣和对代数这门知识的掌握组成了一种联合力量,于是他的《几何学》一书便应运而生。《几何学》是他的一本文学和哲学著作——《方法论》之后的三个附录之一(这个附录的价值却超过了其正文的价值)。

《几何学》在《方法论》中约占 100 页,共分三卷。笛卡儿开始仿照费马的方法,用代数解决作图题,后来才逐渐出现了用方程表示曲线的思想。在书中笛卡儿将逻辑、代数和几何方法结合到一起，他说："当我们想要解决任何一个问题时，作图要用到线段，并用最自然的方法表示这些线段之间的关系，直到能找出两种方式来表示同个量，这将构成一个方程。"这勾画出了一个初期的解析几何方法。

LA

GEOMETRIE.

LIVRE PREMIER.

Des problesmes qu'on peut construire sans y employer que des cercles & des lignes droites.

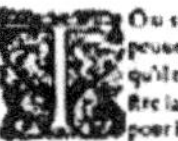

笛卡儿《几何学》首页

在第一卷中，笛卡儿对代数式的几何作了解释，并且比希腊人进了一步。希腊人将一个变量 x 表示成某个线段的长度，则 x^2 表示一个矩形的面积，x^3 表示某个长方体的体积，而面对 3 个以上变量的 x 的乘积，希腊人就没法处理了。而笛卡儿认为：与其把 x^2 看作面积，不如把它看作比例式 $1:x=x:x^2$ 中的第四项。这样，只给出一个单位线段，我们就能用给出线段的长度来表示一个变量的任何次幂或多个变量的乘积，在这一部分中，笛卡儿把几何算术化了。如果在一个给定的轴上标出 x，在与该轴成固定角 α 的另一直线标出 y，就能作出其 x 值和 y 值满足一定关系的点（图 4-2-1）。

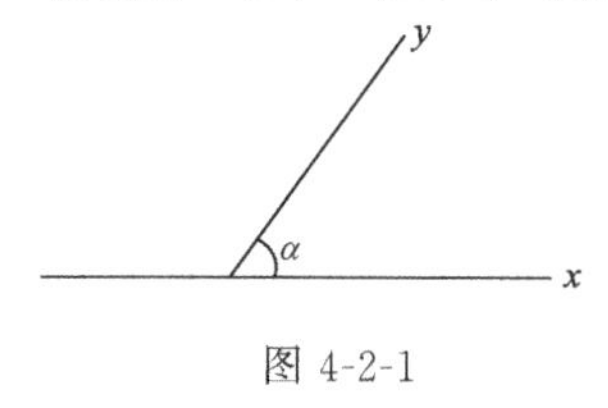

图 4-2-1

在第二卷中，笛卡儿根据代数方程的次数对几何曲线分了类：含 x 和 y 的一次和二次曲线是第一类；三次和四次方程对应的曲线是第二类；五次和第六次方程对应的曲线是第三类，等等。

在第三卷中又回到了作图问题上，并且涉及到了高于二次方程的解法。

笛卡儿的 x,y 只取正值，即图形在第一象限内。有了曲线方程的思想后，笛卡儿进一步发展了他的思想：

1）曲线的次数与坐标轴无关；

2）同一坐标系中，两个曲线的方程联立，可解出交点；

3）曲线概念的推广。古希腊人只认为平面曲线是由直尺圆规作出的曲线，而笛卡儿则认为那些可以用一个唯一的含 x 和 y 的有限次代数方程表示出的曲线，都是几何曲线。笛卡儿对曲线概念的推广，不但接纳了以前被排斥的曲线，而且开辟了整个曲线的领域。

尽管在《几何学》一书中，笛卡儿表达了方程与曲线相结合这一显著思想，但他只把它作为解决作图问题的一个手段，笛卡儿对几何作图的过分强调，反而掩盖了曲线和方程的主要思想。不过瑕不掩瑜，笛卡儿的《几何学》一书仍被后世人认为是解析几何的一部经典之作。

由上可知，费马和笛卡儿各自研究了坐标几何，费马着眼于继承古希腊的思想，而笛卡儿却批评了希腊人的传统。虽然费马用方程表示曲线的思想更为明确，但真正发现代数方法威力的是笛卡儿。

由于种种原因,使坐标几何思想——用代数方程研究几何方法的思想,在当时没有很快地被数学家们接受并利用:一个原因是费马的《平面和立体的轨迹引论》一书到1679年才出版,而笛卡儿的《几何学》中曲线与方程的主要思想被其作图问题所掩盖,使得许多同时代的人认为坐标几何主要是用来解决作图问题的工具;另一个原因是笛卡儿的书《几何学》写得使人难懂——书中有许多模糊不清之处,据他说是他故意搞的。他说:"对那些自命不凡的人来说,如果我写得让他们充分理解,他们就会不失时机地说我写的都是他们已经知道的东西。"另一个理由是说他不愿意夺去读者们自己加工的乐趣。还有一个原因是,有许多数学家反对把代数和几何结合起来,认为数量运算和几何量运算要加以区别,不要混淆。再一个原因是当时的代数被认为缺乏严密性。

但随着时间的推移和历史的考验,人们逐渐认识了费马和笛卡儿的贡献,坐标几何也就被人们采用并扩展了。

4. 解析几何的基本内容和要解决的问题

(1) 解析几何的基本内容

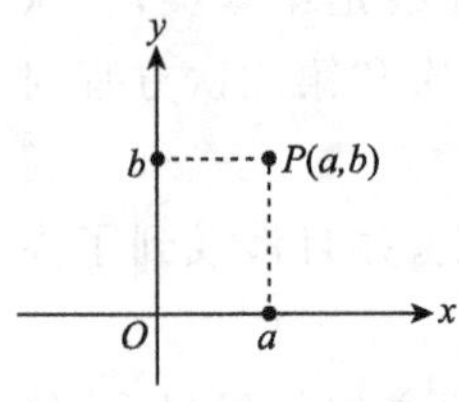

图 4-2-2

在解析几何中,首先是建立坐标系。如图4-2-2,取两条相互垂直且具有一定方向和度量单位的直线,叫做平面上的一个直角坐标和 Oxy,利用坐标系可以把平面内的任一点 P 和一对有序实数 (a,b) 建立起一一对应的关系 $P \rightarrow (a,b)$。(a,b) 称为点 P 的坐标。除了直角坐标系外,还有斜坐标系、极坐标系、空间直角坐标系等。坐标系将几何对象与数、几何关系和方程之间建立了密切的联系:把含有两个未知数的任意代数方程看成是平面上的一条曲线,即把方程 $F(x,y)=0$ 看成为一条平面曲线,这样就可以对平面图形的研究归结为比较成熟容易驾驭的数量关系的研究了,如图4-2-3所示。

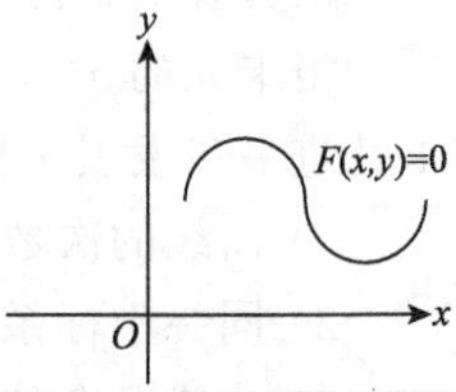

图 4-2-3

(2) 解析几何要解决的问题

解析几何的基本思想是,用代数方法来研究几何问题。其主要的问题有:

1) 通过计算来解决作图问题,如分线段成已知比例;

2) 求具有某种几何性质的曲线的方程,如到一定点和一定直线距离相等的点的轨迹——抛物线;

3）用代数方法证明新的几何定理（如三角形的三条高线相交于一点）；

4）用几何方法解代数方程。如用抛物线与圆的交点解三次和四次方程。

解析几何为解决几何的问题和代数问题提供了一种新的方法，它可以把一个几何问题转化为一个代数问题，求解之后再还原成一个几何问题；也可将一个代数问题转化为一几何问题，求解之后再转化成一个代数问题。

5. 解析几何的作用

由笛卡儿和费马创立的解析几何具有划时代的意义：

1）一种新方法的创建。在代数的帮助下，能迅速地证明关于曲线的某些事实和结论，并可加以推广；

2）进入了一个变量数学的新时期。一系列新的数学概念，特别是将变量引入数学，使数学进入了一个新的发展时期——变量数学时期；

3）数形结合的典范。解析几何把代数和几何结合起来把数学改造成一个双面工具，即几何概念可以用代数表示，几何的目的可以通过代数来达到。另一方面，给代数概念以几何解释，可以直观地掌握这些概念的意义，又可以得到启发去挖出新结论；

4）为许多实际应用提供了数量工具。如行星运动的椭圆轨道，炮弹飞行时所画的抛物线轨迹等这些都需要提供数量的工具。而解析几何能把物体的几何形象和运动物体的路线曲线表示为代数的形式，从而导出数量关系。

5）数学研究方向的转折。希腊的数学是以几何为主导的数学，解析几何的建立和发展，将数学转变成以代数和分析为主导的数学，从而可以帮助人们从现实空间进入到虚拟的高维空间的研究。而对高次曲线的研究，导致了一门新学科——代数几何的出现。

恩格斯曾对解析几何作过这样的评价："数学中的转折点是笛卡儿的变数，有了变数，运动进入了数学；有了变数，辩证法进入了数学；有了变数，微分和积分也就立刻成为必要的了……"

4.3　非欧几何

1. 非欧几何的来源

（1）欧几里得第五公设证明的失败

我们来回顾一下欧几里得《几何原本》中提出的五条公设：

第一条：过平面上任意两点可作一条直线；

第二条：任一有限直线可沿该直线无限延长；

第三条：过任意给定的点，以任意给定的距离为半径可作一个圆；

第四条：所有直角都相等；

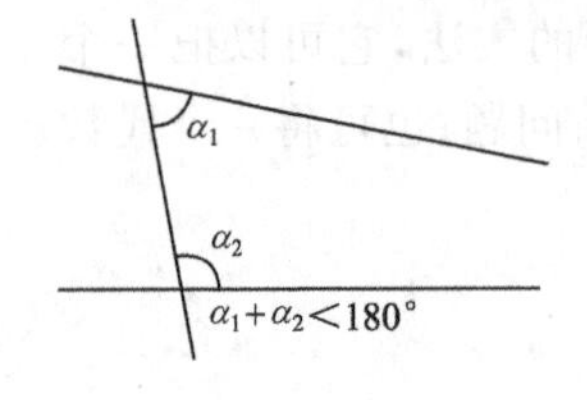

图 4-3-1

第五条：如果同一平面内一直线与两直线相交且同侧所交两角之和小于两直角，则两直线无限延长后必相交于该侧的一点(图 4-3-1)。

前四条公设都很容易被人理解接受。唯独第五公设显得文字冗长，也不那么容易能被人接受。因此，第五公设一开始就遭到数学家的怀疑。

有些数学家还注意到第五公设直到《几何原本》的第 29 个命题中才用到，而且以后再也没有使用。也就是说，在《几何原本》中可以不依靠第五公设而推出前 28 个命题。因此，一些数学家提出，第五公设能不能不作为公设，而作为定理依靠前四个公设证明。由于第五公设与现在的“平行公理：经过直线外一点可以作且只可以作一条直线与原直线平行”是等价的。这就引发了几何发展史上最著名、争论了长达两千多年的关于“平行线理论”的讨论。

多少个世纪以来，人们试图从欧几里得的其他公理推出第五公设的尝试而绞尽脑汁，留下了五花八门的“证明文本”，但最后查明所有的“证明”都是错误的。

(2) 非欧几何的诞生

既然欧几里得的“平行公理”不能作为定理由欧几里得的其他公理直接推出，是否可以用反证法来证明它呢？即采用与“平行公理”相反的论断能导出矛盾，那么第五公设不就证明了吗？意大利数学家萨谢里不但没有导出矛盾，反而证明了一些在欧几里得几何中是不可思议的结论。萨谢里不但没有意识到这可能是一门新几何的新结论，反而把他发表的关于此研究成果的书叫做《欧几里得无懈可击》。

高斯

其实“数学王子”高斯很早就认识到第五公设是不可能证明的，否定第五公设将导出一门新的几何学(高斯是第一个称其为非欧几何学的)，不幸的是由于高斯深知传统思想的顽固，为了避免受人攻击和嘲笑，一直将自己的发现秘而不宣。除了在与朋友的信中透露一点信息外，在生前对这门新几何学一字也未发表。但他竭力鼓励别人坚持这方面的工作。

J. 波尔约

第二个预见非欧几何的是匈牙利青年数学家 J. 波尔约(J. Bolyai)，他是数学家 F. 波尔约的儿子。1823 年 11 月 3

日，年仅21岁的小波尔约写信给他的父亲，告诉他已研究成功，声称："我已白手起家创造一个新奇的世界。"J. 波约尔写了一篇26页的论文《绝对空间的几何》。1831年他父亲将这篇论文作为附录附于自己出版的《为好学青年的数学原理论著》中。

实际上发表此课题的有系统的著作的第一人是俄国数学家罗巴切夫斯基。1826年2月23日，在俄国喀山大学数学物理系的会议上，年轻的系主任罗巴切夫斯基宣读了他的论文《几何原理和平行线理论的严格证明概要》，昭示着一门新的几何学诞生了，这一天被公认为"非欧几何学"的诞生日。

2. 罗巴切夫斯基与非欧几何学

(1) 生平简介

罗巴切夫斯基(Н. И. Лобачевский)1792年生于俄国下诺伏哥罗德(今高尔基城)，1807年进入喀山大学，毕业后留校任职，历任教授助理、非常任教授、常任教授、物理数学系主任，35岁被任命为校长。1846年后任喀山学区副督学，直至逝世。

(2) 另辟蹊径

罗巴切夫斯基

罗巴切夫斯基是在尝试解决"平行公理"的过程中，从失败走上他的发现之路的。罗巴切夫斯基也是在直接证明欧几里得第五公设的几个证明中发现错误之后，便调转思路，着手寻求第五公设不可证的解答，然后与欧几里得的前四个公设合成一个公理系统，展开一系列的推理的。在他极为细致深入地推理过程中，得出了一个又一个在直觉上匪夷所思，但在逻辑上毫无矛盾的命题，于是具有远见卓识的罗巴切夫斯基大胆断言，这个"在结果中并不存在矛盾"的新公理系统可构成一种新的几何，它的逻辑完整性和严密性可以和欧几里得几何媲美。由此，罗巴切夫斯基得出两个重要结论：

第一，第五公设不能被证明；

第二，在新的公理体系中展开的一连串推理，得到一系列在逻辑上无矛盾的新的定理，并形成了新的理论。

(3) 新几何的诞生

1826年2月23日，罗巴切夫斯基在喀山大学的物理数学系学术会议上宣读了他的论文《几何学原理及平行线定理严格证明概要》。这篇首创性论文的问世，标志着非欧几何的诞生,而罗巴切夫斯基也被后人誉为“几何学中的哥白尼”。

(4) 冷漠的遭遇

罗巴切夫斯基发表讲演

然而,当这一重大成果刚一公之于世,就遭到了正统数学家的冷漠和反对。当他们听到罗巴切夫斯基那些离奇古怪并且与欧几里得几何大相径庭的结论,而且报告者充满信心地断言,他所发现的这种新的几何学和欧几里得有着同等存在的权利时,他们先是疑惑和惊呆,然后是一种否定的表情。

会场上一片冷漠,一个具有独创性的重大发现,由于与会同行专家的思想守旧,不仅未能得到肯定,反而遭到的是一种冷漠轻漫的对待。会后学术委员会的鉴定小组一直迟迟未发表鉴定意见,以致连罗巴切夫斯基的文稿也搞丢了。但罗巴切夫斯基并未因此灰心丧气,而是顽强地继续独自探索新几何的奥秘。1829 年罗巴切夫斯基已是喀山大学的校长,也许是出自对校长的“尊敬”,《喀山大学学报》全文发表了罗巴切夫斯基的论文《几何学原理》。应罗巴切夫斯基的请求,喀山大学学术委员会将这篇论文提交彼得堡科学院审评,由著名数学家奥斯特罗格拉茨基(Ostrograski)院士担任评审。可惜的是,这位著名数学家在鉴定书中开头说:“看来,作者旨在写出一部使人不能理解的著作以达到自己的目的。”最后断言:“由此我得出结论,罗巴切夫斯基校长的这部著作谬误连篇,因而不值得科学院注意。”

(5) 不懈的斗士

然而,罗巴切夫斯基是非欧几何始终不渝的斗士。1840 年他用德文发表了题为《平行线理论的几何研究》。“欧洲数学之王”高斯看了之后,一方面称赞罗巴切夫斯基是“俄国最卓越的数学家之一”,然而却又不敢公开出面支持罗巴切夫斯基。

在创立和发展非欧几何的艰难历程中,罗巴切夫斯基几乎一直是孤军奋战,晚年更是在逆境中支撑着奋斗不止,他的最后一部巨著《论几何学》就是在他双目失明、临去世前一年,口授他的学生完成的。历史是最公允的。1868 年由于意大利数学家发表的论文《非欧几何解释的尝试》,证明非欧几何可以在欧几里得几何的拟球曲面上实现。当非欧几何的无矛盾性得到证明之时,人们才开始对非欧几何予以关注和研究,罗巴切夫斯基独创性的研究也由此得到高度的评价和赞扬,罗氏也被誉为“几何学中的哥白尼”。1893 年在喀山大学竖立起了世界上第一个数学家塑像，以纪念这位俄国伟大数学家、非欧几何创始人之一的罗巴切夫斯基。

3. 罗巴切夫斯基几何简介

(1) 新的公理系统

罗巴切夫斯基几何学的公理系统与欧几里得的公理系统不同之处仅仅是把欧氏几何的“平行公理”代之以“经过直线外一点至少可以作两条直线与已知直线平行”。

如图 4-3-2 所示，经过直线 a 外一点 A，可以作两条直线 l_1 和 l_2 与已知直线 a 平行。事实上夹在 l_1 与 l_2 间的任何一条直线(图中虚线)都与直线 a 平行。l_1、l_2 是两条“临界直线”，它们是整个“平行线束”的边缘。越出它们的范围就不再与 a 平行了。过 A 作 $AP\perp a$，可知 l_1 与 l_2 关于 AP 对称，它们与 AP 的夹角相等，设为 α，名之为“临界角”。

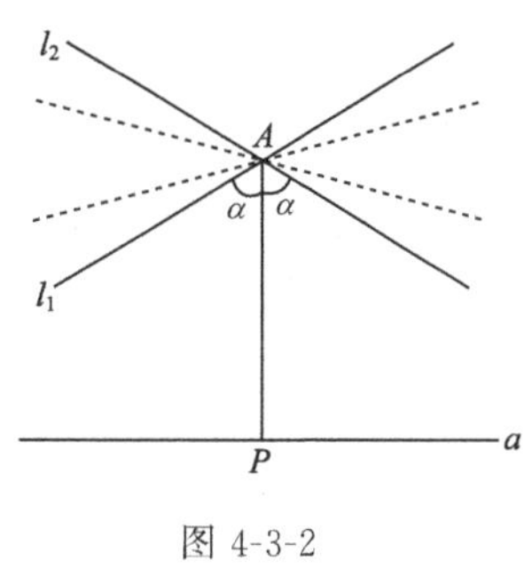

图 4-3-2

(2) 与欧氏几何不同的结论

罗巴切夫斯基几何学中有许多定理，它们与欧几里得几何学定理是完全不同的。下面举出几个例子：

1) 同一直线的垂线和斜线不一定相交；

2) 垂直于同一直线的两条直线，当两端延长的时候离散到无穷；

3) 如果两个三角形的三个内角相等，则这两个三角形全等(即在罗巴切夫斯基几何学中不存在相似三角形)；

4) 过不在同一条直线上的三点，不一定能作一个圆；

5) 三角形三内角之和小于 180°，而且随着三角形的面积的增大而减小；

6) 两条平行线之间不是处处等距。

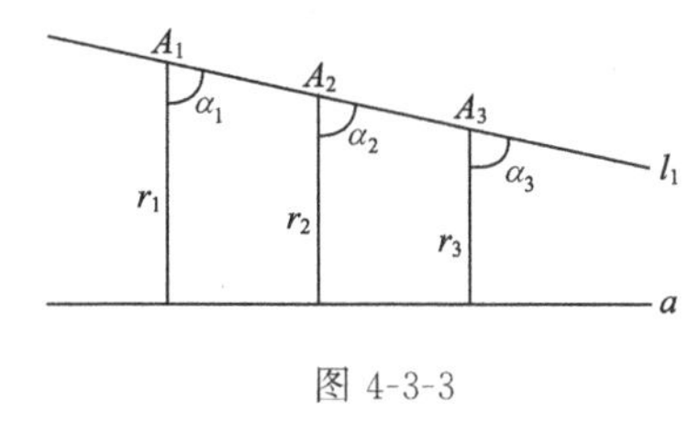

图 4-3-3

如图 4-3-3 所示，临界直线上的各点与直线 a 的距离并不相等，而是往右去，距离越来越短，且趋于 0，但 l_1 与 a 始终不相交。l_1 上有不同的点 (A_1, A_2, A_3) 有不同的临界角($\alpha_1, \alpha_2, \alpha_3$ 两两不相等，且有 $\alpha_1<\alpha_2<\alpha_3$)类似欧式几何中的双曲线 $y=\dfrac{1}{x}$(图 4-3-4)从 A 点往右各点与 x 轴的距离越来越小，但永远不会与 x 轴相交。

如图 4-3-5 所示，过 A 作直线 l 与 AP 垂直，则 l 也与 a 平行，但它不是临界直线,(l 夹在 l_1 与 l_2 之间),l 与 a 的距离也不是处处相等的,而是在 A 点处距离最短,向两边去则对称地增大,即有 $AP<A_1P_1=A_2P_2$。

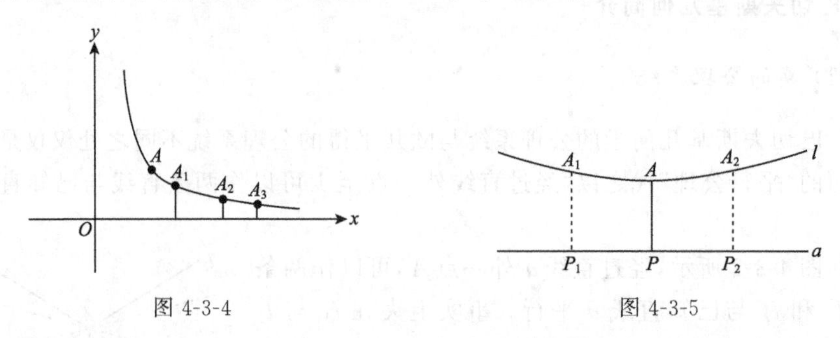

图 4-3-4　　　　图 4-3-5

罗氏几何中也存在与直线 a 处处相等的"直线",但它相当于欧式几何中的"曲线"。非欧几何仅是将欧氏几何中的第五公设否定,用它的反面代替它,只有一步路,然而这一步却走了两千多年。非欧几何的困难不是技术上的,而是观念上的。

(3) 罗氏几何(双曲几何)模型

罗巴切夫斯基几何(又称双曲几何)由于得出的一系列与欧氏几何大相径庭的结论,因最初被拒绝接受而遭到冷遇。这是因为尽管在逻辑推理上是严密的,但除了逻辑推理外,人们看不到任何东西。因而在现实空间中找到一个模型来实现它就显得十分重要了。罗氏几何最终被承认与德国数学家克莱因(F. Klein)和法国数学家庞加莱(H. Poincare)给出的罗氏几何模型不无关系,这些模型形象直观,清除了罗氏几何的神秘。

克莱因于 1871 年用射影的方法构造出罗巴切夫斯基几何学模型。在这个模型中,把单位圆作为罗巴切夫斯基的几何平面,平面上的点是圆内的点,直线是圆的弦,无穷远点是圆周上的点,平行线是圆内不相交的两条弦。在这个模型中,过直线(即圆的弦)外一点(圆内一点)有无数条直线与之平行。

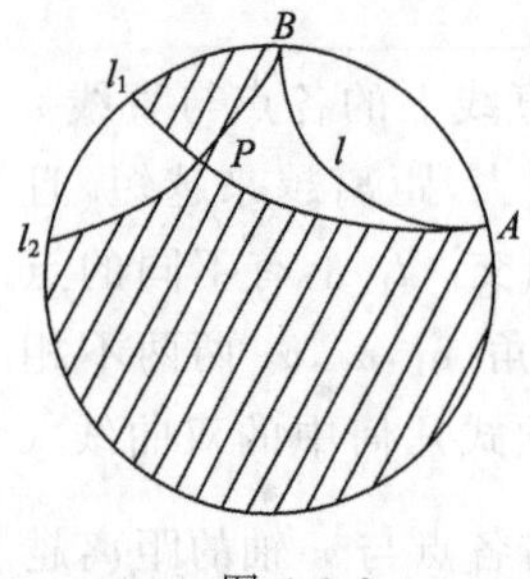

图 4-3-6

庞加莱在 1887 年给出罗巴切夫斯基几何的又一种几何模型,在这个几何模型中,平面上的一点也是圆内的点,把与这个圆相交的圆弧或圆内的线段看作直线。直线(圆弧)外一点可以引无数多条直线(圆弧)与已知直线(圆弧)不相交。如图 4-3-6 中,罗氏直线 l 与圆周相交于 A、B,过 l 外一点 P(在圆内),作罗氏直线 l_1,l_1 与 l 相切于点 A;过点 P 再作非欧直线 l_2,l_2 与 l 相切于点 B。l_1、l_2 在圆内不与 l 相交。l_1、l_2 称为过点 P 与 l 平行的罗氏直线。并且在 l_1 与 l_2 所夹阴影部分内的任一点与点 P 所决定的罗氏直线都不与 l 相交。即在罗氏平面内过点 P 可以作无数条直线与 l 平行(即在圆内不与 l 相交),因此庞加莱模型满足罗巴切夫斯基的平行公设。

再看图 4-3-7 中的罗氏直线 OA、OB 和 AB 构成一个罗氏三角形，这个三角形的三个内角分别是 α、β 和 γ，其中 α 是直线 OA 与圆弧 AB 在点 A 处切线的夹角，β 是直线 OB 与圆弧 AB 在点 B 处的切线的夹角，若用 AB 表示连结 A、B 的欧氏直线，由图可看出 $\alpha<\angle OAB$，$\beta<\angle OBA$，所以 $\alpha+\beta+\gamma<\pi$。

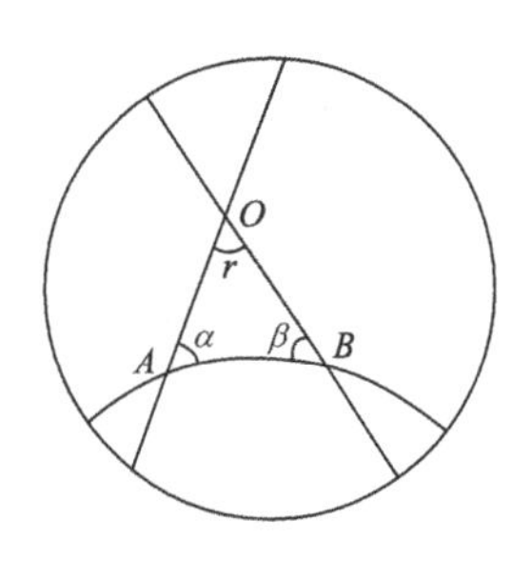

图 4-3-7

非欧几何也激发了艺术家的想像力，如荷兰著名画家埃舍尔在 1959 年创作了一幅《圆的极限Ⅲ》这幅画将庞加莱双曲几何模型形象化了(参见 7.3 埃舍尔的数学艺术中的图 7-3-3)。

由于罗氏几何模型是建立在欧几里得几何内的模型，于是罗氏几何的任何不相容性都会反映出在欧几里得几何中对应的不相容性，而我们每个人都相信欧几里得几何是相容的，因而罗氏非欧几何也是相容的，至此，罗氏非欧几何的相容性也因此得到了解决。从而使得罗氏非欧几何能成立有了依据。

4. 黎曼与非欧几何

(1) 黎曼简介

黎曼

1826 年黎曼(G. F. B. Riemann)生于德国北部汉诺威的布雷塞伦茨村，父亲是乡村的一个穷苦教师。19 岁按其父亲意愿进入哥廷根大学攻读哲学和神学，以便继承父志也当一名教师。

黎曼在学习哲学和神学的同时也听些数学课。当时的哥廷根大学是世界数学的中心之一，一些著名数学家高斯、韦伯斯特尔(Webster)都在这里执教。黎曼被这里的数学气氛所感染，决定放弃神学而攻读数学。1847 年转到柏林大学学习，成为雅可比(C. G. Jacobi)和狄里克雷(P. G. l. Dirichlet)的学生，1849 年重返哥廷根大学攻读博士学位，成为高斯晚年的学生，1859 年接替狄利克雷成为教授，1866 年病逝于意大利，终年才 39 岁。

狄里克雷

黎曼是世界数学史上最具独创精神的数学家之一。黎曼著作不多，但都非常深刻。黎曼在其短暂的一生中为数学的众多领域做了许多奠基性、创造性的工作，为世界数学建立了丰功伟绩。黎曼对数学最重要的贡献还是在几何方面，他一方面建立了不同于欧氏几何与罗氏几何的非欧几何，而且他开创了高维抽象几何的研究，他建立了一种全新的后来以其名字命名的几何体系，对数学的发展产生了巨大的影响。

(2) 黎曼几何的建立

黎曼在 1854 年作了题为“关于几何基础的假设”的讲演，这是他在讨论无界和无限概念时所获得的成果。黎曼将欧几里得的第二和第五公设作了如下修正：

1) 直线是无界但是有限的；

2) 平面上任何两条直线都相交。

由上面的修正，可以得出：一是直线没有端点但长度是有限的；二是过直线外一点没有与该直线平行的直线。黎曼的几何体系演绎出另一套与欧氏几何完全不同的定理和结论的非欧几何，如：三角形的内角和大于 π，且随着三角形面积的增大而增大。

(3) 黎曼几何(椭圆几何)模型

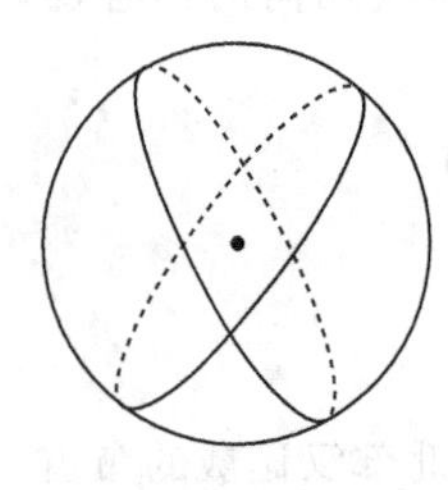

图 4-3-8

黎曼几何(又称椭圆几何)的模型是球面，在这种几何中平面上的点是球面上的点，且球面上的对径点(球的直径的二端点)认为是一个点，直线是球面的大圆(圆心是球心的圆)。这样，上面的两条修正都得到验证。如球面上的大圆是无界但是长度是有限的，任何两个不同的大圆都是相交的(图 4-3-8)，同时三角形三内角的和大于 π 也可推导出来。

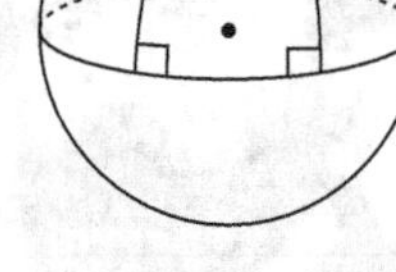

图 4-3-9

以地球仪为例，取赤道作底边(赤道是个大圆)，所有的经线(也都是大圆)都与赤道垂直，则任取两条经线与赤道构成的三角形，三内角的和就会大于 π(图 4-3-9)如取赤道作底边，取东经 10°和东经 100°的两条子午线做两条边所构成的三角形三内角和为$\frac{\pi}{2}\times 3=\frac{3\pi}{2}>\pi$。

(4) 黎曼几何的应用

黎曼几何的每一条定理都能在球面上得到令人满意的解释，换言之，自然界的几何或实用几何，在一般经验意义上来说就是黎曼几何。黎曼几何在数学中也是一个重要的工具，它不仅是微分几何的基础，也应用在微分方程变分法和复变函数等方面。

20 世纪最伟大的科学家爱因斯坦，突破牛顿经典物理学的框架，提出了狭义相对论和广义相对论学说，在物理领域内发动了一场影响深远的革命。爱因斯坦提出相对论时，就应用了黎曼几何这个数学工具，从而使数学和物理学领域的两场革命会师。根据相对论学说，现实空间并不是均匀分布，而是发生弯曲的，也就是说，现实空间实际上是非欧几里得式的，甚至比目前我们已知的非欧几何还要复杂。不过，在我们周围这个不大不小、不近不远的空间里，欧几里得几何足够精确了，因此它们是实用的。

5. 三种几何的关系

两种非欧几何学的产生是几何学发展的一次大的突破，一个数学体系的核心问题是它的和谐性，不同数学体系有不同的解释模型，那么，这三种几何有何关系呢？

我们看欧几里得几何的平行公设："在平面内过已知直线外一点，只有一条直线与已知直线平行"。否定欧氏的平行公设，可以得到如下的两条新的平行公设：

1）在平面内过已知直线外一点，有两条以上的直线与已知直线平行；

2）在平面内过已知直线外一点不存在与已知直线平行的直线。

将欧几里得公设中的前四条与1)结合，就得到罗氏几何（双曲几何）；将欧几里得公设中的前四条与2)结合，就得到黎曼几何（椭圆几何）；但对欧氏几何中的公设(1)、(2)需要做解释。

因此，"平行公设"成了三种几何的分水岭。这三种几何各自构成了一个严密的公理体系，各公理之间满足和谐性、完备性和独立性，因此这三种几何都是正确的。由于"平行公设"的不同，因而带来了欧氏几何与非欧几何的一些本质不同的结论。下面列举几个差异较大的结论。

(1) 三角形的内角和

欧氏几何：三角形的内角和等于π；
罗氏几何：三角形的内角和小于π；
黎氏几何：三角形内角和大于π。

(2) 三角形的面积

欧氏几何：三角形的面积与其内角和无关；
罗氏几何：三角形的面积越大，则内角和越小；
黎氏几何：三角形的面积越大，则其内角和越大。

(3) 勾股定理（在直角三角形中，a，b表示直角边，c表示斜边）

欧氏几何：$a^2+b^2=c^2$；
罗氏几何：$a^2+b^2<c^2$；
黎氏几何：$a^2+b^2>c^2$。

(4) 圆周比与半径的关系(在一圆中,r 表示圆的半径,c 表示圆周长)

欧氏几何:$c=2\pi r$;

罗氏几何:$c>2\pi r$;

黎曼几何:$c<2\pi r$。

(5) 三角形的相似与全等

欧氏几何:若两个三角形的对应角相等,则此两个三角形相似;

罗氏几何与黎曼几何:若两三角形对应角相等,则此两个三角形全等。

需要指出的是,在充分小的区域里,三种几何的差异是非常小的;区域越小,这种差异越小。因此在我们的日常生活中,欧氏几何是适用的;在原子核世界,罗氏几何更符合客观实际;在地球表面研究航海、航空等实际问题中,黎曼几何更准确些。

6. 非欧几何的影响

非欧几何的影响是巨大的,是数学史上的一场革命。它使数学家们从根本上改变了对数学性质的理解,以及数学与物质世界的理解,使人们认识到数学空间与物理空间是有本质差别的。它打破了数学真理就是绝对真理的信念,从而也使数学丧失了确定性和真理性,但数学却由此获得了自由,数学家们可以探索和构建任何可能的公理体系,只要这种研究具有意义。

4.4　人类心智的结晶——微积分

1. 微积分产生的背景

微积分的创立,是全部数学史中的一个伟大创举,是人类科学史上最伟大的科学成就之一。而微积分的基础内容重新进入我国中学数学教材,是我国数学教育史上的一件大事。微积分是每一个学习高等数学的人必须闯过的第一道难关。

微积分从酝酿到萌芽、到建立、到发展、到完善,是凝结着两千多年来无数数学家的心血才谱写完成的,可以说是一部无限的交响乐。因此熟悉这一学科的历史发展,了解人类的这一巨大财富的积累过程和历代数学家的艰苦卓绝的奋斗精神,对于陶冶一个人的数学情操,提高自身的数学意识和思维能力,都具有十分重要的意义。像任何一门科学一样,微积分的发明不是偶然的,而是人类长期在生产实践和科学活动中发展的结果。

微积分的酝酿是在 17 世纪上半叶到世纪末这半个世纪。让我们先回顾一下这半个世纪自然科学、天文学和力学领域所发生的重大事件：

1608年伽利略(Galileo)第一架望远镜的制成，不仅引起了人们对天文学研究的高潮，而且还推动了光学的研究。

开普勒(J. Kepler)通过观测归纳出三条行星运动定理：

1) 行星运动的轨道是椭圆，太阳位于该椭圆的一个焦点；

2) 由太阳到行星的焦半径在相等的时间内扫过的面积相等；

3) 行星绕太阳公转周期的平方，与其椭圆轨道的半长轴的立方成正比。

而最后一条定理是1619年公布的，而从数学上推证开普勒的经验定理，成为当时自然科学的中心课题之一。

1638年伽利略《关于两门新科学的对话》出版，为动力学奠定了基础，促使人们对动力学概念与定理作精确的数学描述。望远镜的光程设计需要确定透镜曲面上任一点的法线和求曲线的切线，而炮弹的最大射程和求行星的轨道的近日点、近远点等涉及到求小数的最大值、最小值问题。而求曲线所围成的面积、曲线长、重心和引力计算也将人们的兴趣激发起来。

在17世纪上半叶，几乎所有的科学大师都致力于为解决这些难题而寻求一种新的数学工具。正是为解决这些疑难问题，一门新的学科——微积分便应运而生了。

微积分的创立，归结为处理以下几类问题：

1) 已知物体运动的路程与时间的关系，求物体在任意时刻的速度和加速度；反之，已知物体运动的加速度与速度，求物体任意时刻的速度与路程。

2) 求曲线的切线，这一纯几何问题，但对于科学应用具有重大意义，如透镜的设计、求曲线的切线、运动物体在它运动轨迹上任一点处的运动方向，就是过该点切线的方向。

3) 求函数的最大值与最小值，前面提到的弹道射程问题，行星和太阳的近日点、远日点问题。

4) 求积问题、求曲线长、曲线所围面积、曲面所围体积。

而这些问题的解决，原有的研究常量、静止的数学工具是无能为力的，只有当变量引进数学，能描述运动过程的新数学工具——微积分创立后，上面的这些难题才得以解决。而其中最重要的是速度和距离以及曲线的切线和曲线下的面积这两类问题。而正是为了解决这两类问题，才导致了牛顿和莱布尼茨两人各自分别创立了微积分。

2. 积分学的早期史

微积分是人类思维的伟大成果之一，微积分思想从酝酿到诞生，是两千多年来无数数学家心血凝结的成果，它深深扎根于人类活动的许多领域。了解学习微积分思想概念的发展史，将会使我们获益良多。

从历史来看,积分学的思想萌芽要比微分学思想萌芽早得多,现在就让我们先叙述一下在积分学早期阶段作出贡献的一些先贤们有代表性的工作。

(1) 古代中国

战国时《庄子·天下篇》中的"一尺之棰,日取其半,万世不竭",魏晋时刘徽的《割圆术》,用圆内接正6边形、正12边形、正24边形的面积,去代替圆面积,南北朝时,祖冲之父子所创立的"祖暅原理"等,都潜含着一种极限的概念,是积分学的一种朴素思想。

(2) 欧多克索斯的"穷竭法"及阿基米德对"穷竭思想"的重大贡献

古希腊的智者认为圆的面积可以取作边数不断增加时它的内接和外切正多边形的面积的平均值。这是西方应用极限思想计算圆面积的最早设想,对这一思想作出重大发展的是欧多克索斯(Eudoxus),相应的方法叫"穷竭法"。欧多克索斯是古希腊柏拉图(Plato)时代最伟大的数学家和天文学家。这一方法被欧几里得记述在《几何原本》第12章中。而继欧多克索斯和欧几里得之后,阿基米德对"穷竭法"作出了重要的贡献。这位"数学之神"将"穷竭法"巧妙地用之于求弓形面积和球的体积。

阿基米德之死

阿基米德(Archimedes)约于公元前28年生于西西里岛的叙拉古。公元前212年罗马人攻陷叙拉古城时,阿基米德正在潜心研究画在沙盘上的几何图形。一个刚攻进城的罗马士兵向他跑来,身影落在沙盘里的图形上,他挥手让士兵离开,以免弄乱了他的图形,恼怒的罗马士兵用长矛将他刺死了。这是许多人都知道的一个故事。阿基米德之死象征着一个时代的结束,代之而起的是罗马文明。

阿基米德有10部著作流传至今,在《论球和柱体》一书中,首先推出了球和球冠的表面积以及球和球缺的体积,他的证明是基于由线组成平面图形,由平面组成立体图形,并利用杠杆平衡理论推出球体积的公式,然后用"穷竭法"给予了严格的证明,表现出阿基米德极高的数学素养。

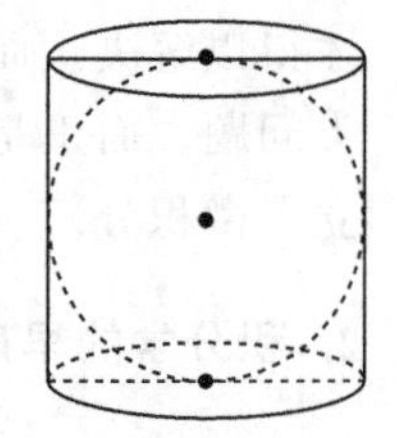
图 4-4-1

阿基米德对自己所作出的贡献十分满意,尤其是球体积公式的推出,以至于希望将一个内切于等边圆柱的球的图形刻在他的墓碑上(图4-4-1)。

当罗马将军马塞拉斯得知阿基米德在叙拉古被杀时,为阿基米德举行了隆重的葬礼，并为阿基米德立了一块上面刻着他生前要求图形的墓碑，以此表示对阿基米德的尊敬。

(3) 开普勒的求面积新法

1615 年德国天文学家开普勒(J. Kepler)出版了《葡萄酒桶的新立体几何》，书中介绍了他独创的求面积和体积的新方法。

开普勒

如求圆面积是把圆分割成无穷多个小扇形，因为太小了，所以小扇形又可以用小等腰三角形来代替，这样

$$S_{圆}=\frac{1}{2}R\cdot AB+\frac{1}{2}R\cdot BC+\cdots$$
$$=\frac{1}{2}R\cdot(AB+BC+\cdots)$$
$$=\frac{1}{2}R\cdot 2\pi R=\pi R^2$$

(4) 卡瓦列里的“不可分量法”

卡瓦列里

卡瓦列里(B. F. Cavalien)1598 年生于意大利的米兰，他是伽利略的学生，他的最大贡献是 1635 年在意大利出版了《不可分量几何学》一书。卡瓦列里决定平面图形的大小是用一系列平行线如图 4-4-2，在图形上画了无穷多条平行线；而决定立体图形是用一系列平行平面，而这些直线(或平面)便是不可分量。

卡瓦列里计算平面面积和立体体积是基于以下原理：

如果两个平面片(立体)处于两条平行线(两个平行平面)之间，并且平行于这两条平行线(两个平行平面)的任何直线(平面)与这两个平面片(立体)相交，所截两线段长度(所得二截面面积)相等，则这两个平面片(立体)的面积(体积)相等(图 4-4-3、图 4-4-4)。利用卡瓦列里原理，可得球体积

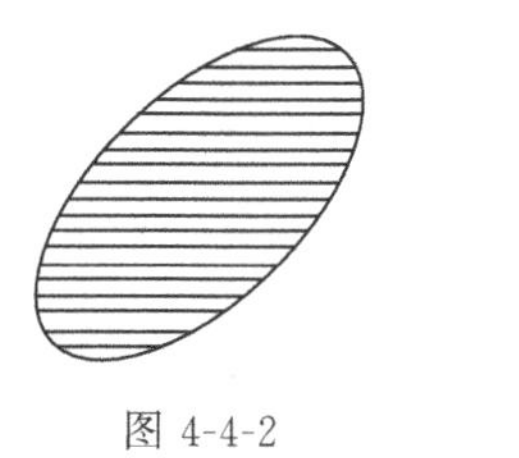

图 4-4-2

图 4-4-3

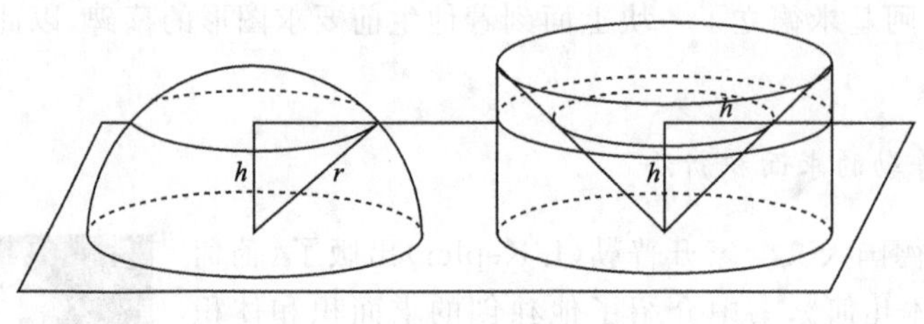

图 4-4-4

$$V_{球}=2(V_{圆柱}-V_{圆锥})=2\left(\pi r^2-\frac{\pi r^3}{3}\right)=\frac{4}{3}\pi r^3$$

卡瓦列里的“不可分元法”可说是积分原理的先驱,被认为是当时最好的“求积”方法。与现在的定积分、二重积分有着千丝万缕的关联。

由以上介绍的这些西方先驱者的工作,可知与我国古代刘徽的《割圆术》和《祖暅原理》不谋而合,而我国这些思想的出现要比西方早一千余年。

(5) 费马的工作

费马(Pierre de Fermat)30 岁后才研究数学,但对数论、解析几何、概率论和微积分都有重大的贡献。他在数学上的成就,是后人在整理他的手稿和读过的书中发现的:

1) 求函数极大、极小值的方法:属于微分方法的求极大、极小值的方法,是由费马于 1629 年给出的:

设 e 是一个很小的量,由 $f(x+e)$ 与 $f(x)$ 值几乎相等,可先假定 $f(x+e)=f(x)$,然后让 $e=0$,消去 e,得一方程,这个方程的根即是 $f(x)$ 的极大值或极小值。

2) 求切线的方法:费马在他的 1637 年的手稿《求最大值和最小值的方法》中给出了一种求曲线的切线的方法。

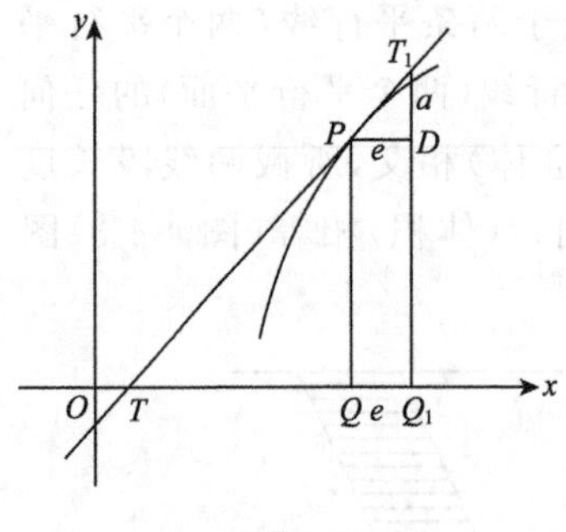

图 4-4-5

设曲线的方程为 $f(x,y)=0$,现要求该曲线上过点 $P(x,y)$ 的切线。设 PT 是过点 P 的切线与 x 轴相交于 T,得 P 在 x 轴上的射影 Q。费马称 TQ 为次切线,因此,只要求出 TQ 之长确定 T 的位置后,则切线 PT 便可作出了(图 4-4-5)。

设 T_1 是切线 PT 上点 P 邻近的一点,T_1 在 x 轴上的投影为 Q_1,则 QQ_1 可看成 TQ 的增量,设其长度为 e,因为 $\triangle TQP\sim\triangle PDT_1$,从而有 $\frac{TQ}{PQ}=\frac{PD}{T_1D}$

设 T_1Q_1 与曲线相交于 P_1,费马认为当 e 很小时,T_1D 与 P_1D 差不多相等,因此有

$\frac{TQ}{f(x)}=\frac{e}{f(x+e)-f(x)}$，当曲线是 $f(x)=x^2$ 时，

$$TQ=\frac{e\cdot x^2}{(x+e)^2-x^2}=\frac{x^2}{\frac{2ex+e^2}{e}}=\frac{x^2}{2x+e}=\frac{x^2}{2x+e}，令 e=0，得 TQ=\frac{x^2}{2x}=\frac{x}{2}。$$

(6) 巴罗的工作

巴罗(Isaac Barrow)最重要的科学著作是《光学讲义》和《几何学讲义》，后者包含了他对无穷小分析的卓越贡献，特别是其中"通过计算求切线的方法"，同现在的求导数过程已十分相近。他已察觉到切线问题与求积问题的互逆关系，但执着于几何思维妨碍他进一步逼近微积分的基本定理。巴罗是牛顿的老师，英国剑桥大学的第一任"卢卡斯数学教授"，也是英国皇家学会的首批会员。当他发现和认识到牛顿的杰出才能时，便于 1669 年辞去卢卡斯教授的职位，举荐自己的学生——当时才 27 岁的牛顿来担任。巴罗让贤已成为科学史上的佳话。巴罗精通希腊文和阿拉伯文，曾编译过欧几里得、阿基米德、阿波罗尼奥斯等希腊数学家的著作，其中欧几里得的《几何原本》作为英国标准几何教本达半个世纪之久。

巴罗

他利用微分三角形(也称特征三角形)求出了曲线的斜率。他的方法的实质是把切线看作割线的极限位置，并利用忽略高阶无限小来取极限。

巴罗是从$\triangle PDT_1$ 出发(图 4-4-5)，称此三角形为微分三角形(特征三角形)，巴罗认为当夹在 PT_1 间的弧足够小时，可以放心地将它与过 P 点的切线等同起来。例如他在求曲线 $y^2=px$ 的切线时，首先用 $x+e$ 代替 x，用 $y+a$ 代替 y，这时有 $y^2+2ay+a^2=px+pe$，消去 $y^2=px$，得到 $2ay+a^2=pe$。去掉 a^2 项后，由此得出$\frac{a}{e}+\frac{p}{2y}$，然后如前面所说"将弧和切线等同起来"，则有$\frac{a}{e}=\frac{T_1D}{PD}$。因而有$\frac{PQ}{DQ_1}=\frac{p}{2y}$，因为 PQ 即 y，所以可算出次切线 $TQ=\frac{2y^2}{p}$，从而可以确定 T 点的位置。

3. 微积分的诞生

随着费马、巴罗工作的结束，一门新学科——微积分的诞生已经水到渠成，而这一伟大的工作，自然由上帝委托给了牛顿和莱布尼茨。

17 世纪的后半期，英国的牛顿和德国的莱布尼茨以其卓越的天才认识到了求

积问题和作曲线切线问题的互逆关系,共同建立起了微积分的基本定理——牛顿、莱布尼茨公式,并建立起了一套系统的强有力的无穷小算法。这使他们俩成为了微积分的奠基人,因此有必要介绍一下这两位微积分奠基者的主要工作。

(1) 牛顿的工作

牛顿

伊萨克·牛顿(Isaac Newton)是遗腹子,因家贫辍学在家务农,后因舅父和中学校长对牛顿母亲的劝说,得以重返学校。牛顿对于能重返学校,也十分激动,他写了一首题为《三顶冠冕》的诗,表达了他为献身科学而甘愿承受痛苦的心情:

世俗的冠冕啊,我鄙视他如同脚下的尘土,
它是沉重的,最佳也只是一场空虚;
可是现在我愉快地欢迎一顶荆棘冠冕,
尽管刺得人痛,但味道主要是甜;
我看见光荣之冠在我的面前呈现,
它充满着幸福,永恒无边。

牛顿17岁进入剑桥大学学习,1669年继承巴罗职位,任剑桥大学教授。

牛顿一生关于微积分的主要著作有三部:《运用无穷多项方程的分析学》、《流数法和无穷参数》和《曲线求积术》。牛顿主要是从运动学来研究和建立微积分的。他的微积分思想最早出现在1665年5月20日的一页文稿中,这一天可称为微积分诞生的日子。牛顿在《自然哲学的数学原理》一书中,运用他创立的微积分这一锐利的数学工具建立了经典力学的完整而严密的体系,把天体力学和地面上的力学统一起来,实现了物理学史上第一次大的综合。因而《自然哲学的数学原理》是科学史上最有影响,享誉最高的著作之一,在爱因斯坦相对论出现之前,这部著作是整个物理和天文学的基础。

牛顿是人类历史最伟大的数学家之一。莱布尼茨评价牛顿说:"在从世界开始到牛顿生活的年代的全部数学中,牛顿的工作超过一半。"英国著名诗人波普(A. Papc)是这样描述这位伟大科学家的:

自然和自然的规律,
沉浸在一片混沌之中,
上帝说,生出牛顿,
一切都变得明朗。

1703年牛顿被选为英国皇家学会主席,任此职直到去世。1705年被英女王封为爵士。1727年3月20日,牛顿病逝,英国政府为他举行了国葬,葬仪极其隆重,法国文学家伏尔泰说："我曾见到一位数学教授，只是由于贡献非凡，死后葬仪之显赫，犹如一位贤君。"

诗人华兹华斯在牛顿的雕像之前写有这样的诗：

那里雕像耸立着

那是面容肃穆而沉默的牛顿

大理石永远标志他的心灵

单独地在奇妙的思想海洋中航行

但牛顿本人却很谦虚，他说："我不知道世间把我看成什么人，但是对我自己来说，就像一个在海边玩耍的小孩，有时找到一块比较平滑的卵石或格外漂亮的贝壳，感到高兴，而在我前面是未被发现的真理的大海。"他还说："如果我比笛卡儿看得更远点，那是因为我是站在巨人的肩上。"人们怀着崇敬的心情，在他的墓碑上刻下了这样的一段文字：

"他以几乎神一般的思维能力最先说明了行星的运动和图像，彗星的轨道和大海的潮汐。让普通平凡的人们因为在他们中间出现过一个人杰而感到高兴吧！"

(2) 莱布尼茨的工作

莱布尼茨

莱布尼茨(Gottfried Wilhelm Leibniz)于1646年生于德国莱比锡的一个教授家庭。15岁进入莱比锡大学学习，1666年获阿尔特道夫法学博士学位，同时开始接触伽利略、开普勒、笛卡儿、帕斯卡、巴罗等人的科学思想。莱布尼茨于1684年起发表微积分论文，在《博学学报》上发表了一篇《一种求极大值与极小值和切线的新方法，它也适用于分式和无理量，以及这种新方法的奇妙类型的计算》。这是历史上最早发表的关于微分学的文献。文中对微分学的基本内容都作了阐述，并设计了一套令人满意的符号，有些符号甚至沿用至今，如 $\mathrm{d}x$，$\mathrm{d}y$，$\frac{\mathrm{d}x}{\mathrm{d}x}$，$\int$ 等以及《微分学》、《积分学》的名称都是莱布尼茨创立的。莱布尼茨的第一篇关于积分学的论文是于1686年发表的，文中谈到的积分法有：变量替换法，分部积分法，利用部分分式求有理数的积分等。

莱布尼茨是数学史上最伟大的符号学者，他在创立微积分的过程中，花了很多时间去选择精巧的符号，他认为好的符号可以精确、深刻地表达概念方法和逻辑关系。现在微积分的基本符号几乎都是他创造的，这些符号对以后分析学的研究和发展带来了极大的方便。

综上所述,牛顿和莱布尼茨研究微积分学的基础都达到了统一的目的。在他们的著作中共同建立和完善了无穷小量的经典分析,也就是完成了微积分学。但他们的方法各自不同,牛顿的数学分析的基本概念是力学概念的反映。而莱布尼茨作为哲学家和几何学家对方法本身感兴趣,他精心选择符号,注重公式系统,建立微积分法则,关心用运算公式创造出广泛意义下的微积分。牛顿接近最后的结论比莱布尼茨早一些,而莱布尼茨发表自己的结论要早于牛顿。总之,牛顿和莱布尼茨都是微积分的奠基者,都为构建微积分这座宏伟大厦做出了永不磨灭的贡献,二人各有千秋。因此,后人将微积分的基本定理称为“牛顿——莱布尼茨公式”,以此来纪念两人的功绩。

4. 牛顿的“流数术”

牛顿于1664年秋开始对微积分问题的研究,并于1665年夏及1667年春在家乡躲避瘟疫期间,取得了突破性进展。据他自述,1665年11月建立“正流数术”(微分法),1666年5月建立“反流数术”(积分法),10月将其研究成果写成《流数简论》,虽未发表,但已在同事间传阅,可称为历史上第一篇系统的微积分文献。

在1671年写成的《流数法和无穷级数》文中,牛顿把那些“无限增加的量”称为“流量”,用最后几个字母 x,y,z 来表示;而把方程中“已知的确定的量”用开头的几个字母 a, b,c 等来表示。把每个流量由于产生它的运动而获得增加速度,叫做“流数”(或直接称之为速度),用带点的字母 $\dot{x},\dot{y},\dot{z}$ 来表示。

牛顿在《流数简论》中提出了以下两类微积分基本问题:

1) 已知各流量间的关系,试确定它们流数之比;

2) 已知一个包含一些流量的流数的方程,试求这些流量间的关系。

这显然是两个互逆问题。以下举例说明牛顿第1)个问题的解法:

如果流量 x,y 满足下列方程 $x^3-abx-cy^2=0$,牛顿分别以 $x-\dot{x}o$ 和 $y-\dot{y}o$ 代替方程中的 x,y,有 $(x-\dot{x}o)^3-ab(x+\dot{x}o)-c(y+\dot{y}o)^2=0$,展开得

$$x^3+3\dot{x}ox^2+3\dot{x}^2o^2+\dot{x}^3o^3-abx-ab\dot{x}o-cy^2-2cy\dot{y}o-c\dot{y}^2o^2=0$$

消去和为零的项 $x^3-abx-cy^2=0$,得

$$3\dot{x}ox^2+3\dot{x}^2o^2x+\dot{x}^3o^3-2c\dot{y}oy-c\dot{y}^2o^2-ab\dot{x}o=0$$

以 o 除之,得

$$3\dot{x}x^2+3\dot{x}^2xo+\dot{x}^3o^2-2c\dot{y}y-c\dot{y}^2o-ab\dot{x}=0$$

这时牛顿指出“其中含 o 的那些项为无限小”可忽略不计,这样得

$$3\dot{x}x^2-2c\dot{y}y-ab\dot{x}=0$$

从而得 $\dot{x}:\dot{y}=2cy:(3x^2-ab)$。

如果用现在的微分法,我们可以得到同样的结果:

对 $x^3-abx-cy^2=0$ 两边取关于 t 的导数,得

$$3x^2 \cdot \frac{\mathrm{d}x}{\mathrm{d}t} - ab \cdot \frac{\mathrm{d}x}{\mathrm{d}t} - 2cy \cdot \frac{\mathrm{d}y}{\mathrm{d}t} = 0, (3x^2 - ab) \cdot \frac{\mathrm{d}x}{\mathrm{d}t} - 2cy \cdot \frac{\mathrm{d}y}{\mathrm{d}t} = 0$$

故得

$$\frac{\mathrm{d}x}{\mathrm{d}t} : \frac{\mathrm{d}y}{\mathrm{d}t} = 2\mathrm{d}y : (3x^2 - ab)$$

下面介绍牛顿求曲线的切线的方法:求作过曲线上点 D 的切线 TD。

如图 4-4-6 所示,BD 是一条直线,即点 D 的纵坐标,BD 作无穷小的空间运动到位置 bd,因而可增加"瞬"cd,而 AB 增加"瞬"Bb,其中 $Dc /\!/ Bb$,且 $Dc=Bb$。现将 dD 延长与 BA 相交于 T,则直线 TD 即过曲线上点 D 的切线。

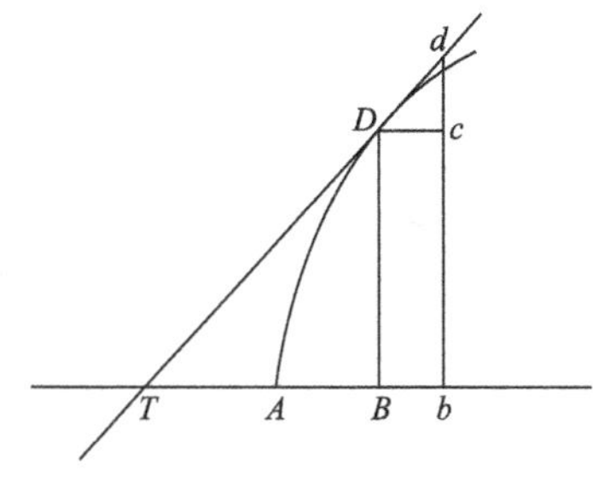

图 4-4-6

可知 $\triangle dcD \sim \triangle DBT$,因而有 $TB : BD = Dc : cd$

然后取 TB 与 BD 之比等于 AB 的流数与 DB 流数与 BD 流数之比,则 TD 将切曲线于点 D。

如设 $AB=x, BD=y$,且 x, y 满足 $x^3-abx-cy^2=0$,则它们流数之间的关系将满足 $3\dot{x}x^2-2c\dot{y}y-ab\dot{x}=0$,于是得

$$\dot{y} : \dot{x} = (3x^2 - ab) : 2cy = BD : TB$$

因为

$$BD=y$$

故得

$$TB = \frac{2cy^2}{3x^2 - ab}$$

则 D 点给出后,便可得出 BD 和 AB,即得出 y 和 x,TB 长度给定,由此即可确定切线 TD。

由于牛顿的流数只是变量关于时间 t 的导数,而未给出变量 y 对变量 x 的导数,因此求曲线切线的方法实际是绕了一个弯。关于第 2)个问题,牛顿认为是第 1 个问题的逆。如若有

$$(3x^2 - ab)\dot{x} = 2cy\dot{y} \qquad ①$$

则有

$$x^3 - abx - cy^2 = 0 \qquad ②$$

那么如何由①推出②呢？它应当用相反的方法来解决,将①式左边含 $\dot{x}$ 的项除以$\frac{\dot{x}}{x}$(即乘以$\frac{x}{\dot{x}}$),得$(3x^2-ab)x$,即 $3x^2-abx$。然后对每一项除以 x 的新数,得 x^3-abx。

再对①式右边含 $\dot{y}$ 的项做类似的运算,得到 cy^2。最后得 $x^3-abx-cy^2=0$,即为②式。

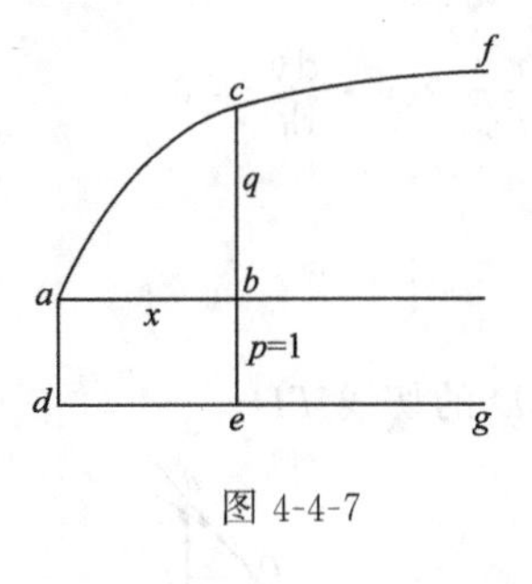

图 4-4-7

牛顿在《流数简论》中讨论了如何借助于这种逆运算来求面积，从而建立了“微积分的基本定理”。如图 4-4-7 所示，设 $ab=x$，面积 $abc=y$，即已知曲线 $q=f(x)$ 下的面积。

四边形 $abed$ 为矩形，且 $eb=p=1$。当垂线 ebc 以单位速度向右移动时，eb 扫出面积矩形 $abed=x$。流数 $\dot{x}=p=1$；bc 扫出面积 $abc=y$，流数 $\dot{y}=q\dot{x}=q$，由此得 $\frac{\dot{y}}{\dot{x}}=\frac{q}{p}=q=f(x)$。这就是说面积 y 的流数与 x 的流数之比就是曲线在该处的 q 值，这是微积分的基本定理。当然这不是现代意义下的微积分基本定理的证明。利用第 2) 个问题的解法可求出面积 y。

前面提到过牛顿共写过三篇关于微积分方面的论文：

第一篇论文是《运用无限多项议程的分析》(简称《分析学》)。在《分析学》中，牛顿以无限小增量“瞬”为基本概念。但却回避了《流数简论》中的运动学背景，而将“瞬”看成是静止的无限小量，有时直截了当令其为零，从而带上了浓厚的不可分量色彩。

第二篇论文是《流数法与无穷级数》(简称《流数法》)。《流数法》可以看成是《流数简论》的直接发展。牛顿在其中又恢复了运动学观点，但对以速度为原型的流数概念作了进一步提炼，并首次正式命名为“流数”。

《流数法》以清楚明白的语言表达微积分的基本问题为：“已知流量间的关系，求流数关系”；反过来“已知表示量的流数间的关系，求流量间的关系”。

流数语言的使用，使牛顿的微积分算法在应用方面获得了更大的成功。

第三篇论文是《曲线求积术》(简称《求积术》)。《求积术》是牛顿最成熟的微分著作。在其中，牛顿改变了对无限小量的依赖，并批评了自己过去那种随意忽略无限小瞬 0 的做法。牛顿把“流数之比”非常接近于在相等但却很小的时间间隔内生成的流量的增量之比，并把流数理解为增量消逝时获得的最终比。在《求积术》中，牛顿引进了流数记号：

$\dot{x},\dot{y},\dot{z}$ 表示变量 x,y,z 的一次流数(导数)；类似地，$\ddot{x},\ddot{y},\ddot{z}$ 表示二次流数；$\dddot{x},\dddot{y},\dddot{z}$ 表示三次流数等。

由上面的三篇论文，可以看出牛顿对流数理论的不断改进、完善的过程。

5. 莱布尼茨的微积分

莱布尼茨在 1672～1676 年四年居留巴黎期间，与荷兰数学家物理学家惠更斯的结识交流，激发了他对数学的兴趣，开始了对求曲线的切线以及面积和体积等微积分问题的研究。

莱布尼茨创立微积分首先是出于对几何问题的思考，尤其是对特征三角形的研究，于1673年莱布尼茨提出了自己的“特征(直角)三角形”。莱布尼茨是这样考虑的：

如图4-4-8所示，设曲线c通过原点，$P(x,y)$为曲线c上的任一点，过P作法线交x轴于N，从P点的垂足H到N的距离v(称为次法线)是x的函数，则从o到x的面积为$\frac{1}{2}y^2$。

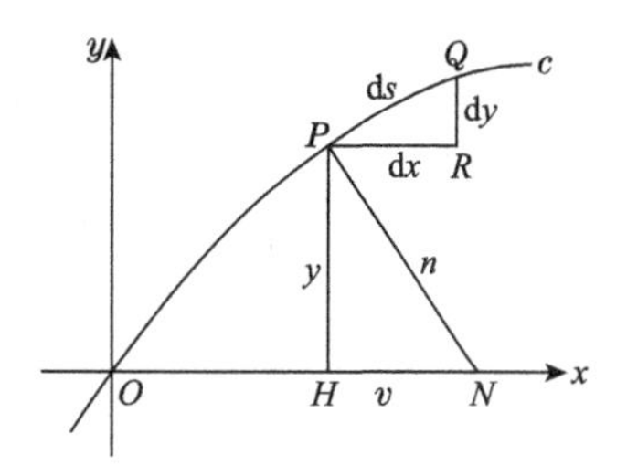

图 4-4-8

在P点的无穷小邻近曲线上取一点Q，以PQ为“斜边”作一“特征(直角)三角形$\triangle PQR$”，其两段PR，RQ为无穷小变化量dx和dy，则$Rt\triangle PQR\sim Rt\triangle PNH$，于是有$\frac{dy}{v}=\frac{dx}{y}$，即$vdx=ydy$，求和得$\int_0^x vdx=\int_0^x ydy=\frac{1}{2}y^2$　①

若以ds表特征三角形的斜边，过P点的法线长为n，则有

$\frac{ds}{n}=\frac{dx}{y}$，即$yds=nds$，求和得$\int yds=\int ndx$　②

由此可得曲线c绕x轴旋转所得旋转体的表面积为

$$S=\int 2\pi yds=\int 2\pi ndx$$

因当时还没有积分符号，莱布尼茨是这样用语言来描述他这一重要结果的：

“由一条曲线的法线形成的图形，即将这些法线(在圆中即为半径)，按纵坐标方向置于轴上所形成的图形，其面积与曲线绕轴旋转而成的立体的面积成正比。”

求曲线的切线，依赖于纵坐标的差值与横坐标的差值，当这些差值变成无限小时之比；而求曲线下的面积，则依赖于无限小区间上的纵坐标之和(亦即宽度为无限小的矩形面积之和)，并看到了这两类问题的互逆性。莱布尼茨在给洛必达的一封信中总结说：“求切线不过是求差，求积不过是求和”。

对于求和，在莱布尼茨1675年10月29日的一份手稿中，首先使用了符号“$\int$”，这是将“sum”的首个字母“s”的拉长。在11月11日的手稿中又引进了“dx”表示两相邻x值的差。1676年11月莱布尼茨已能给出幂函数的微分与积分公式：$dx^e=ex^{e-1}dx$和$\int x^e dx=\frac{x^{e+1}}{e+1}$，其中$e$不一定是正整数。

1677年，莱布尼茨在手稿中明确陈述了微积分基本定理。为了求出在纵坐标为y的曲线下的面积，只需求出一条纵坐标为z的曲线，使其切线的斜率为$\frac{dz}{dx}=$

y,这样原曲线下的面积为 $\int y\mathrm{d}x = \int \mathrm{d}z = z$ 。如果是在区间$[a,b]$上,便得到面积

$$\int_a^b y\,\mathrm{d}x = z(b) - z(a)$$

莱布尼茨于 1684 年发表了他的第一篇微分学论文《一种求极大与极小值和求切线的新方法》(简称新方法),也是数学史上第一篇微分文献,刊登在莱比锡的《教师学报》上。

文中引进微分式,并给出了微分式的和、差、积、商乘幂与方根的微分公式:

$$\mathrm{d}(u \pm v) = \mathrm{d}u \pm \mathrm{d}v; \quad \mathrm{d}(uv) = u\mathrm{d}v + v\mathrm{d}u; \quad \mathrm{d}\left(\frac{v}{u}\right) = \frac{u\mathrm{d}v - v\mathrm{d}u}{u^2};$$

$$\mathrm{d}x^a = ax^{a-1}\mathrm{d}x; \quad \mathrm{d}\sqrt[b]{x^a} = \frac{a}{b}\sqrt[b]{x^{a-b}}\mathrm{d}x$$

1686 年,莱布尼茨发表他的第一篇积分学论文《深奥的几何与不可分量及无限的分析》,文中论述了积分或求积问题与微分或切线问题的互逆关系,并得出摆线方程:

$$y = \sqrt{2x - x^2} + \int \frac{\mathrm{d}x}{\sqrt{2x - x^2}}$$

亦即某些超越曲线也可写出其方程。

莱布尼茨引进的符号“d”和“$\int$”体现了微分与积分的“差”与“和”的实质,获得普遍承认,一直沿用至今;而牛顿用带点字母 $\dot{x}$、$\dot{y}$,表示流数(导数),带撇字母 x'、x''表示流量(积分),几乎已被完全淘汰。

6. 微积分学的发展

(1) 18 世纪微积分的蓬勃发展

在 17 世纪由牛顿和莱布尼茨创立的微积分到 18 世纪得到蓬勃的发展。

泰勒

其中牛顿的追随者有泰勒(B. Taylor)、麦克劳林(C. Maclaurin)、托马斯·辛普生(Thomas Simpson)、棣莫弗(De-Moivre)、斯特林(Sterling)等。其中泰勒建立了相当于现代形式的“泰勒公式”:

$$f(x+h) = f(x) + hf'(x) + \frac{h^2}{2!}f''f(x) + \cdots$$

即任意单变量函数都可展为幂级数,是微积分发展的有力武器。

而推广莱布尼茨工作的任务主要是由莱布尼茨的朋友伯努力兄弟[雅各布·伯努力(Jacobi Bernoulli)和约

翰·伯努利(Johan Bernoulli)]担当的。之后有约翰·伯努利的两个儿子尼古拉(Nicolas)和丹尼尔(Daniel)及其学生欧拉(L. Euler)和洛必达(L-Hospital),以及后来成长起来的达朗贝尔(Dalembert)、拉普拉斯(P. S. Laplace)、拉格朗日(J. L. Lagrange)和勒让德(A. M. Legendre)。

欧拉

其中对18世纪微积分做出最重大贡献的应算是欧拉。欧拉1748年出版的《无限小分析引论》以及随后发表的《微分学》、《积分学》是微积分史上里程碑式的著作,包含了欧拉在分析领域的大量创造,同时引进了一批直至现在仍沿用的标准符号:函数:$f(x)$;求和:$\sum$;自然对数底:e;虚数:i等。微积分在18世纪达到了空前发展的程度。

(2) 19世纪微积分现代理论的确立

柯西

19世纪初期,许多迫切问题已基本解决,但理论基础遭到种种非议(参4.1《悖论与三次数学危机》中的第二次数学危机)。历史要求给微积分以严格的基础,因此,数学家开始了对微积分理论基础的重建与严格化。

19世纪出现了一批杰出的数学家,积极地为微积分的奠基工作做出了不懈的努力。其中首先应该提到的是捷克数学家波尔查诺(Bolzano),是他开始将严格的论证引入到数学分析。1850年出版的《无穷的悖论》包含了他的许多真知灼见,堪称是微积分极限理论奠基的先驱。分析学的奠基人,公认是法国的多产数学家柯西(A-L. Cauchy)。他在1821～1823年出版的《分析教程》和《无穷小计算讲议》是数学史上划时代的著作。书中给出了微积分一系列的基本概念的精确定义。如他给出了精确的极限定义,然后用极限定义连续性、导数、微分、定积分和无穷级数的收敛性,将微积分建立在极限理论的基础上。但由此需要对实数作更深刻的理解,而德国数学家外尔斯特拉斯(K. T. W. Weierstrass)担当了这一任务。他引进了精确的“ε-N”、“ε-δ”语言,给出了极限的准确的描述。这样,微积分所有的基本概念,都可通过实数和它们的基本运算关系精确地表述出来。这样便建立起了分析基础的逻辑顺序是:实数系—极限论—微积分。

外尔斯特拉斯

(3) 20 世纪——微积分的新发展

20 世纪初由 H. 勒贝格(Henri Leon Lebesgue)将实函数的积分概念加以推广,建立了包罗广泛的理论——勒贝格积分(实变函数论)1966 年 A. 鲁滨逊(Abraham Robinson)为无穷小概念提供逻辑基础时提出了非标准分析。

上述两个微积分的新发展也是当代数学的重大发展,微积分这部无穷的交响乐还在不停地演奏着。

7. 微积分的文化意义

微积分的诞生具有划时代的意义,是数学史上的分水岭和转折点。微积分是人类智慧的伟大结晶,恩格斯说:"在一切理论成就中,未必再有什么像 17 世纪下半叶微积分的发现那样被看作人类精神的最高胜利了。"当代数学分析权威柯朗(R. Courant)指出:"微积分乃是一种震撼心灵的智力奋斗的结晶。"

微积分的重大意义可从下面几个方面去看。

(1) 对数学自身的作用

由古希腊继承下来的数学是常量的数学,是静态的数学。自从有了解析几何和微积分,就开辟了变量数学的时代,是动态的数学。数学开始描述变化、描述运动,改变了整个数学世界的面貌。数学也由几何的时代而进入分析的时代。

微积分给数学注入了旺盛的生命力,使数学获得了极大的发展,取得了空前的繁荣。如微分方程、无穷级数、变分法等数学分支的建立,以及复变函数,微分几何的产生。严密的微积分的逻辑基础理论进一步显示了它在数学领域的普遍意义。

(2) 对其他学科和工程技术的作用

有了微积分,人类把握了运动的过程,微积分成了物理学的基本语言,寻求问题解答的有力工具。有了微积分就有了工业大革命,有了大工业生产,也就有了现代化的社会。航天飞机、宇宙飞船等现代化的交通工具都是微积分的直接后果。在微积分的帮助下,牛顿发现了万有引力定律,发现了宇宙中没有哪一个角落不在这些定律所包含的范围内,强有力地证明了宇宙的数学设计。

现在化学、生物学、地理学等学科都必须同微积分打交道。

(3) 对人类物质文明的影响

现代的工程技术直接影响到人们的物质生产,而工程技术的基础是数学,都离不开微积分。如今微积分不但成了自然科学和工程技术的基础,而且还渗透到人们广泛的经济、金融活动中,也就是说微积分在人文社会科学领域中也有着其广泛的应用。

(4) 对人类文化的影响

如今无论是研究自然规律,还是社会规律都是离不开微积分,因为微积分是研究运动规律的科学。

现代微积分理论基础的建立是认识上的一个飞跃。极限概念揭示了变量与常量、无限与有限的辩证的对立统一关系。从极限的观点看,无穷小量不过是极限为零的变量。即在变化过程中,它的值可以是"非零",但它的趋向是"零",可以无限地接近于"零"。因此,现代微积分理论的建立,一方面,消除了微积分长期以来带有的"神秘性",使得贝克莱主教等神学信仰者对微积分的攻击彻底破产,而且在思想上和方法上深刻影响了近代数学的发展。这就是微积分对哲学的启示,对人类文化的启示和影响。

第五章　数学名题中的数学文化

5.1　费马大定理

1. 业余数学家之王——费马

费马

费马(Pierre de Fermat),法国数学家。1601 年出生于法国南部图鲁斯附近的波蒙,父亲是个商人,在大学攻读法律,以后以律师为职业,并被推举为议员。他清正廉明,恪守公职,业务时间饱览群书,博识广闻,精通希腊文、拉丁文。为人谦虚谨慎,淡泊名利,作风低调。30 岁起开始迷恋数学,直至 64 岁时病逝。费马虽是业余爱好数学,但他在数学上的成就却是硕果累累。

费马一生有许多重要发现,凡是他读过的书,都有他的圈圈点点,勾勾画画,页边还有他的评论。在他去世后,由他的儿子通过整理他的笔记和批注挖掘他的思想,汇成《数学论集》出版,从而使得他的一些思想和创见得以传之后世,使后世的数学家受益匪浅。

他与笛卡儿分享创立解析几何的荣誉,同时也是微积分的杰出先驱者。他从光学的理论出发,探求曲线、切线的作法,微积分的创始人牛顿也因此受益。

费马在数论中的贡献可以说是开创性的,指出了数论发展的方向,“全部数论问题就在于以何种方法将一个整数分解为素因数”。其中最著名的是“费马小定理”(如果整数 a 不能被素数 p 整除,那么 a^{p-1} 能被 p 整除,记为 $a^{p-1}\equiv 1(\mathrm{mod}\,p)$)和“费马大定理”。他对赌博问题的研究,并使之数学理论化,形成了古典概率,因此他也是古典概率奠基人之一。

因此,在数学史上,费马被誉为“业余数学家之王”。

2. 费马大定理简介

1621 年当希腊数学家丢番图(Diophautus)的《算术》一书拉丁文译本刚刚出版时,费马就买了此书,在研究不定方程 $x^n+y^n=z^n$(n 为正整数)时,在书边的空白地方,他写下了以下的话:

“当 $n>2$ 时，不定方程 $x^n+y^n=z^n$ 没有正整数解”；“要把一个立方数分为两上立方数，一个四次方数分成两上四次方数，一般地，把一个大于二次方的乘方数分为同样指数的两个乘方数，都是不可能的。我确实发现了一个绝妙的证明，但因为空白太小，写不下这整个的证明”。

1665 年费马去世后，他的儿子整理了他的全部遗稿和书信，也没有找到费马的“证明”。因此，这个问题就成了困扰数学家们 350 余年的数学难题——“费马大定理”。

1900 年，德国大数学家希尔伯特(D. hilbert)在国际数学家大会上提出了当时还未解决的 23 个数学难题，“费马大定理”被列为 23 个难题中的第 10 个难题。为了促使这一世界难题能早日解决，一些部门设立高额奖金悬赏解题人。17 世纪末，德国达姆斯塔特城的科学家和市民们募捐了 10 万金马克，拟奖励解题人；1850 年和 1861 年法国科学院曾先后两度悬赏一枚金质奖章和 3000 法郎，但 100 年来无人报领；1908 年德国商人，曾随库默尔(E. E. Kummer)学习数学的波尔·沃尔夫斯凯尔(Poll Wolfskehl)将 10 万马克(约 200 万美金)捐赠给哥廷根科学院，再向全世界征求“费马大定理”的证明，限期 100 年。

3. 艰难的证明历程

经历 350 多年的人们不相信费马找到了这个结论的证明。因为连莱布尼茨、高斯、欧拉、柯西这样的大科学家都以失败而告终。费马制造了一个数学史上最深奥的谜！

(1) 费马的“无穷递降法”——($n=4$ 的证明)

费马发现了一种“无穷递降法”，他晚年写了一封信总结了这一发现，他很肯定地说，他的所有证明都使用了这一方法。“无穷递降法”依赖于下述原理：要是一个给定的正整数满足一组给定的性质，就一定有一个更小的正整数满足同一性质，从而不会有任何正整数满足这组性质。只要把“无穷递降法”与“勾股定理”的证明结合起来就可证明 $n=4$ 的费马大定理，即 $x^4+y^4=z^4$ 无正整数解，从而可容易推出对于任何正整数 m，方程：$x^{4m}+y^{4m}=z^{4m}$ 无正整数解。因而要证明费马大定理，只需证明对任意奇数 p，方程 $x^p+y^p=z^p$ 无正整数解即可。

(2) $n=3$，欧拉的证明

1753 年 8 月 4 日，欧拉写信给他的好友哥德巴赫(Goldbach)的信中，声称他已证明了 $n=3$ 时的费马大定理，并指出 $n=3$ 的证明和费马 $n=4$ 的证明是多么的不一样，但在信中没有写出证明的过程，直至 1770 年在彼得堡出版的《代数学引论》中给出了一个证明。

欧拉在证明中使用了形如 $a+b\sqrt{-3}$ 的数，其中 a、b 为整数，这种数形成一个数系。他使用了唯一因子分解定理。即可以找到唯一的一对整数 p、q 使得

$$p+q\sqrt{-3}=(a+b\sqrt{-3})^3$$

但这一证明有严重的缺点，只是对于 $n=3$ 时的情形尚可补救，而对于其他情形，类似的缺点就无法补救了，所以欧拉完全是靠运气才使他没有导致错误。

(3) 漫漫求索路

1823 年法国数学家勒让德证明了 $n=5$ 的情形；

1828 年德国数学家狄利克雷(P. G. L. Dieichlet)也独立地证明了 $n=5$ 的情形，并于 1832 年解决了 $n=14$ 的情形；

1839 年，法国数学家拉梅(G. Lame)，证明了 $n=7$ 时的情形。

(4) 失败的记录

1847 年 3 月 1 日，拉梅向巴黎科学院的成员作报告，声称他证明了"费马大定理"，他的关键思想是假定分圆整数中存在唯一分解定理。他的好友刘维尔(J. Liouville)当场指出"分圆整数并不存在唯一分解定理"，使得拉梅非常窘迫，"证明"也以失败而告终。

1847 年，数学家柯西亦同时向巴黎科学院提出自己对"费马大定理"的证明，也是因为"唯一分解定理"未能成功解决，而以"证明"失败结束。

1901 年，德国数学家林德曼(F. Lindemann)发表了一篇 17 页的论文，声称解决了费马大定理，后被推翻。

1907 年，林德曼又发表了一篇 63 页的解决费马大定理的论文，但不久又被推翻。

1938 年，德国数学家勒贝格(H. L. Lebesgue)向法国科学院呈上证明费马大定理的论文，也被否定了。

至此，用初等方法证明费马大定理已告一段落——以失败而结束。

(5) 另辟蹊径

截止到 1993 年数学家们证明了当 n 不超过 400 万时，费马大定理成立。但是 400 万与无穷大比较几乎是 0，由此可知，人们要证明费马大定理，需要另辟蹊径！

1) 法国女数学家索菲·热尔曼的工作。法国女数学家热尔曼(S. Germain)提出将"费马大定理"分成两种情况：

Ⅰ. n 能整除 x、y、z；Ⅱ. n 不能整除 x、y、z。

1832 年，热尔曼得到了下述定理："如果 n 是奇素数，$2n+1$ 也是素数，则对于 n 费马定理的第(Ⅰ)种情况成立"。之后，热尔曼证明了以她命名的定理：

如果 n 是奇素数，而且存在一个素数 p，使得

ⅰ. $x^n+y^n=z^n$ 如能被 P 整除，就会有 x、y、z 其中之一解被 P 整除；

ⅱ. $x^n\equiv n(\mathrm{mod}p)$ 不可能成立。则对 n 费马大定理的第(Ⅰ)种情况成立。

利用这个定理，热尔曼证明了对于小于 100 的素数，费马大定理的第(Ⅰ)种情况成立。后来勒让得推广到所有小于 197 的素数的情形，但是还不能对一批素数 P 证明费马大定理。

2) 德国数学家库默尔的工作——费马大定理证明第一次大突破。

库默尔

德国数学家库默尔(E. E. Kummer)利用分圆数域证明了指数是正则素数时的费马大定理，并找到了正则素数的判别法。同时认为对某一类非正则素数可以证明费马大定理，特别在 100 以下的 3 个非正则素数，数环论里的"理想"概念。

1857 年巴黎科学院发给库默金质奖章，以奖励他的"关于复数与单位根的结合而作出的漂亮研究"。库默尔几乎是穷其一生研究费马大定理，虽然没有最终解决，但他提出的理论推动了数学发展。

3) 蒙德尔猜想的证明——费马大定理证明的第二次大突破。

20 世纪 50 年代以来，代数几何有了长足的进步，代数几何是解析几何的自然延续，它在解决费马大定理起到了非常大的作用。

代数几何与解析几何一个主要的不同点是：解析几何是用次数来对曲线分类，而代数几何则用一个双有理变换不变量——亏格来对代数曲线进行分类。通过亏格 g 所有代数曲线可以分为三大类：

① $g=0$：直线、圆、圆锥曲线；② $g=1$：椭圆曲线；③ $g>1$：其他曲线，特别是费马曲线。

G. 法尔廷斯

费马曲线的亏格 $g=\dfrac{(n-1)(n-2)}{2}(n\geqslant 2)$（$n$ 是多项式的次数）。

1922 年美国数学家蒙德尔(Mandel)提出了著名的猜想："格 $g\geqslant 2$ 的代数曲线上的有理点的个数是有限的"。

1929 年西格尔(Siegel)证明了"有理点"是"整数点"的情形。

1983 年德国数学家法尔廷斯(G. Faltings)证明了蒙德尔猜想，被誉为 20 世纪的"一个伟大的定理"，因此获得 1986 年的菲尔兹奖。

由蒙德尔猜想我们推出：$x^n+y^n=z^n$，如果 $n>3$ 时，只有有限多个互素的整

数解。

由于蒙德尔猜想的证明,数学家们看出了这将最终可导致费马大定理的证明,这是费马大定理证明第二次的大突破。

费赖

希斯布朗利用蒙德尔猜想,证明了对于几乎所有的素数 p,费马大定理成立。

4) 弗赖的工作——费马大定理的第三次突破。

1985 年,德国数学家格·弗赖(G. Frey)证明如果费马方程 $x^p+y^p=z^p$(p 为不小于 5 的素数)有非零解(a,b,c),即 $a^p+b^p=c^p$,(即“费马大定理”不成立),则可设计一条椭圆曲线 $y^2=x(x+a^p)(x-b^p)$(弗赖曲线),即

$$y^2=x^3+(a^p-b^p)x^2-a^pb^px$$

显然它是有理数域上的椭圆曲线,这是费马大定理证明的第三次大突破。

谷山丰

5)“谷山-志村猜想”——费马大定理的等价猜想。

1954 年日本数学家谷山丰和志村五郎开始对“模形式”的研究,后经志村五郎精确形成如下形式:

“有理数域上的每一条椭圆曲线都是模曲线”,这便是谷山-志村猜想。

志村五郎

1986 年 6 月,美国数学家里贝特证明了弗赖曲线不是模曲线,这与谷山-志村猜想矛盾。这说明费马大定理不成立就是错误的,由此得出费马大定理成立。

即有“费马大定理不成立”⇒“弗赖曲线”对⇒“谷山-志村猜想”不成立。

或者“谷山-志村猜想”成立⇒“弗赖曲线”错⇒“费马大定理”成立。

这样一来,欲让“费马大定理”成立,只需证明“谷山-志村猜想”成立即可。

4. 安德鲁·怀尔斯——费马大定理证明的完成者

(1) 怀尔斯的梦想

安德鲁·怀尔斯(Andrew. J. Wiles)1953 年出生在英国剑桥,少年时就着迷于数学,一天在弥尔·顿街上的图书馆看见了一本书,这就是 E. T. 贝尔(E. T. Bell)写的《大问题》,它叙述了费马大定理的历史。在 30 年后怀尔斯回忆被引向费马大定理的感觉时说:“它看上去是如此简单,但历史上所有的大数学家都未能解决它。

安德鲁·怀尔斯

这里正摆着我一个10岁的孩子能理解的问题，从那个时候起，我知道永远不会放弃它，我必须解决它。”

1974年，怀尔斯在牛津大学获数学学士，之后进剑桥大学攻读博士，从导师约翰·科茨(John Costes)研究椭圆曲线，这个决定是怀尔斯数学生涯中的一个转折点，椭圆曲线成为他实现梦想的工具。

(2) 秘密奋战

当1977年怀尔斯在剑桥大学取得博士学位后，来到了美国普林斯顿大学继续研究工作，1982年成为该校的数学教授。在导师尼古拉斯·卡茨(Nicolas Cates)的指导下，开始向“费马大定理”攻击。其核心是证明“谷山-志村猜想”，该猜想为两个数学领域间架起了一座桥梁，这是实现他童年梦想的一条道路。

为了找到证明，他必须全身心地投入，他要冒有可能“一事无成”的风险，他要排除各种干扰，于是做出了一个重大的决定——要完全独立和秘密地进行研究。他闭门谢客，并放弃了所有与证明费马大定理无直接关系的工作，只要有可能就回到家中顶楼的书房里作他的“通过谷山-志村猜想来证明费马大定理”的战斗。

这是一场长达7年的持久战，这期间只有他的妻子和数学系的另一名教授尼古拉斯·卡茨知道他在证明费马大定理。

(3) 剑桥演讲

怀尔斯在演讲

7年的孤军奋战，怀尔斯完成了“谷山-志村猜想”的证明(实际只是完成了证明费马大定理所需要的“谷山-志村猜想”的部分证明——每个半稳定椭圆曲线都是模性的)，作为结果，他证明了费马大定理。

1993年6月23日，怀尔斯决定选择在他家乡剑桥大学的牛顿研究所举行的一个重要会议上宣布他的这一重要结果。

这是20世纪最重要的一次数学讲座，讲座气氛很热烈，有很多数学界的重要人物到场。在两百多数学家中，只有1/4的人能懂得黑板上的希腊字母和代数式所表达的意思。有在场的数学家在以后回忆时说：

“之前我从来没有看到过如此精彩的讲座，充满了美妙的、闻所未闻的新思想，还有戏剧性的铺垫，充满悬念，直到最后达到高潮。”“当大家终于明白已经离证明费马大定理只有一步之遥时，空气中充满了紧张。”

当怀尔斯在黑板上写上“费马大定理由此得证”,并说“我想就在这里结束”时,会场先是寂静无声,突然是爆发出一阵经久不息的掌声。一阵阵闪光灯的照耀,以及拨动照相机、摄像机的声音记录了这个历史性的时刻。许多人跑出去以电子邮件向全世界通告这个消息。在我国,也有不少留学生连夜打来电话,报道这一喜讯。

第二天,世界各大报纷纷以大量篇幅给予报道,美国《纽约时报》更是在头版发表文章《久远的数学之谜获解,终于高呼“我发现了”》宣传此事。一夜之间,怀尔斯成为世界最著名的数学家。《人物》杂志将怀尔斯与戴安娜王妃一起列为“本年度25位最具魅力者”。

(4) 最后凯歌

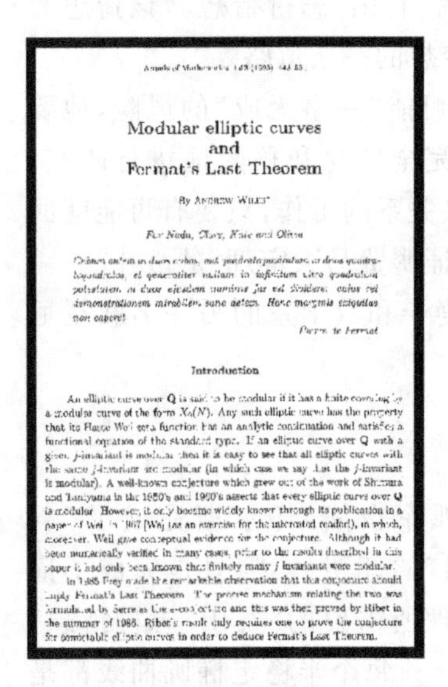

Annals of Mathematics, 142 (1995), 443-551

Modular elliptic curves and Fermat's Last Theorem

By ANDREW WILES*

For Nada, Clare, Kate and Olivia

Cubum autem in duos cubos, aut quadratoquadratum in duos quadratoquadratos, et generaliter nullam in infinitum ultra quadratum potestatem in duos eiusdem nominis fas est dividere: cuius rei demonstrationem mirabilem sane detexi. Hanc marginis exiguitas non caperet.

Pierre de Fermat

Introduction

An elliptic curve over **Q** is said to be modular if it has a finite covering by a modular curve of the form $X_0(N)$. Any such elliptic curve has the property that its Hasse-Weil zeta function has an analytic continuation and satisfies a functional equation of the standard type. If an elliptic curve over **Q** with a given j-invariant is modular then it is easy to see that all elliptic curves with the same j-invariant are modular (in which case we say that the j-invariant is modular). A well-known conjecture which grew out of the work of Shimura and Taniyama in the 1950's and 1960's asserts that every elliptic curve over **Q** is modular. However, it only became widely known through its publication in a paper of Weil in 1967 [We] (as an exercise for the interested reader!), in which, moreover, Weil gave conceptual evidence for the conjecture. Although it had been numerically verified in many cases, prior to the results described in this paper it had only been known that finitely many j-invariants were modular.

In 1985 Frey made the remarkable observation that this conjecture should imply Fermat's Last Theorem. The precise mechanism relating the two was formulated by Serre as the ε-conjecture and this was then proved by Ribet in the summer of 1986. Ribet's result only requires one to prove the conjecture for semistable elliptic curves in order to deduce Fermat's Last Theorem.

1995年5月怀尔斯长达100页的证明在《数学年刊》发表

与此同时,认真核对这一个证明的工作也正在进行。按照科学的程序,先要求数学家将稿件投到一个有声望的刊物,然后由刊物编辑部组织专家进行审核。怀尔斯将手稿投到《数学发明》,编辑部组织了6位审稿人,将分成6章的200页手稿,交给6位审稿人每人负责其中的一章。1993年8月23日,负责第3章的普林斯顿大学教授尼克·凯兹(Nick Katz)发现了证明中的一处缺陷。怀尔斯认为很快便可补救,然而6个多月过去了,错误仍未得到改正。很可能童年的梦想将成为一场噩梦!

在同事的建议下,他邀请了他原来的学生剑桥大学的理查德·泰勒(Richard Taylor)到普林斯顿和他一起工作,怀尔斯又躲起来了。泰勒从1994年1月到来与怀尔斯一起研究直到9月依然没有结果。正当准备放弃在9月底作最后一次检查时,这是9月19日一个星期一的早晨,怀尔斯发现了问题答案。他叙述了这一时刻:“突然间,不可思议地,我发现了它……它的美是如此难以形容,它简单而优美。20多分钟的时间我呆望着它不敢相信,然后我到系里转了一圈,又回到桌子旁看看它是否存在,它确实还在那里。”

这是少年时代的梦想和8年潜心努力的终极。怀尔斯向世界证明了他的数学才能。1995年5月《数学年刊》以整整一期刊登了两篇文章:

第一篇是怀尔斯长文《模椭圆曲线和费马大定理》,共100多页,另一篇是由泰勒和怀尔斯合写的《赫克代数的某些环论性质》,约20余页。第一篇长文证明了费马大定理,而其中关键一步依赖泰勒的第二篇文章。

不久，在美国著名科学杂志《科学美国人》上就有人写文章说怀尔斯的证明确实是费马大定理的最后证明。怀尔斯再一次出现在《纽约时报》的头版上，文章标题是“数学家称经典之谜已解决”。

(5) 纷至沓来的荣誉

350余年的悬案终于尘埃落定，怀尔斯成了20世纪最后10年内的英雄，他将被永远载入史册。声望和荣耀伴随着怀尔斯纷至沓来：

1995年，获得瑞典皇家学会颁发的肖克数学奖；

1996年获得皇家奖章和沃尔夫奖，美国国家科学院奖，并当选为美国科学院外籍院士；

1997年获得5万美元的“沃尔夫斯凯尔”奖金；

1998年在柏林举行的23届国际数学家大会上获费尔兹特别奖；

2005年获邵逸夫奖，以及100万美元的奖金。

怀尔斯如今已是美国普林斯顿大学数学系主任。

(6) 怀尔斯的话

怀尔斯在谈到探索费马大定理证明的体验时说：“设想你进入大厦的第一间房间，完全是一片漆黑，你在家具之间跌跌撞撞，但是你逐渐搞清楚了每一件家具所在的位置，这样经过了六七个月，你终于摸到了电灯开关，打开了灯，突然一切都清楚了，你才确切地知道你身在何处。于是你又找到隔壁的房子去，在黑暗中再摸索六七个月。每一个这样的突破，都是在黑暗中摸索几个月完成的，因此，这些突破都是摸索的结晶！”

怀尔斯谈到对“费马大定理”的感情时说：“这是我童年时代的恋情，没有东西能够取代它，……如果你能在成年时期解决某个对你来说非常重要的事，那么再也找不出什么比这更有意义了。”

怀尔斯在完成对“费马大定理”证明后说：“……再没有别的问题能像费马大定理一样对我有同样的意义。我拥有如此少有的特权，在我的成年时期实现我童年的梦想……那段特殊的漫长的探索已经结束了，我的心已归于平静。”

(7) 安德鲁·怀尔斯北京之行

2005年8月28日费马大定理的终结者——安德鲁·怀尔斯第一次踏上了中国的土地，也是他第一次来亚洲，29日来到了北京大学。

2005年8月30日下午30分，能容纳300余人的北京大学英杰交流中心阳光大厅已经座无虚席。下午4时整，安德鲁·怀尔斯在掌声中开始了他的公开演讲，这是一场公众报告。在讲台上，怀尔斯如同回到自己的王国一样从容自在，流利的

2005 年 8 月 29 日怀尔斯在北京大学发表演讲

英语具有音乐的韵律。在一个多小时里,他回顾了费马大定理的历史和 300 多年来数学界攻克费马大定理的灿烂历程,然后提出了一些数学领域有待解决的问题,结束了费马猜想,阳光大厅发出一阵会心的微笑。

听完报告后,数学家们发出了如下的一些感叹:

"这种不求实用,全身心投入理论研究的数学家,目前在我国实在太少了。"

"怀尔斯教授用了 7 年时间专门攻克一个世界难题,如今已很少有人耐得住寂寞了。许多人急功近利,急于求成,大家应该向安德鲁·怀尔斯学习。"

"在中国即使有人有破解费马大定理的智慧,恐怕也不一定成功。如今大家都忙于应付评估必须出一些短平快的成果,许多精力、智慧都被浪费了。"

"300 年的难题,7 年的投入,对我们来说,光是评估就把时间占没有了。"

"归根到底还是科技体制需要改革的问题。"

5. 费马大定理的意义

(1) 人类智力活动的一曲凯歌

怀尔斯对费马大定理的最后证明,他剑桥时的导师约翰·科茨给予了很高的评价:"这个最终的证明可与分裂原子或发现 DNA 的结构相比,对费马大定理的证明是人类智力活动的一曲凯歌。同时,不能忽视的事实是它一下子就使数学发生了革命性的变化。"

人类智力活动的凯歌

(2) 会下金蛋的鹅

希尔伯特被公认是攻克数学难题的高手,他在巴黎讲演《数学问题》的前言中首先提到了费马大定理,但当有人问他为什么自己不试试解决这个难题时,他风趣地回答:"干吗要杀死一只会下金蛋的鹅?"

300 多年来,数学家们在攻克费马大定理的过程中,的确产生了许多新的数学理论和方法,建立了许多数学工具:如分圆整数、理整数、椭圆曲线、模形式、弗赖曲线(ε猜想)、蒙德尔猜想、谷山-志村猜想、伽罗瓦表示论、素因子唯一分解问题、科利瓦金-弗莱契方法等。这些理论和方法，不仅在证明费马大定理时有用，在数论中有用，甚至在其他数学领域也有它们的用处。这些问题的研究对数学的发展和推动远非一个定理所能比拟。

(3) 促进其他科学技术的发展

由研究“费马大定理”而发展出来的技术，已被广泛地应用到各种科学技术之中，特别是“编码理论”、“加密学”和各种电脑计算技术。我国著名数学家齐民友说：

“费马大定理犹如一颗光彩夺目的宝石，它藏在深山绝谷的草丛之中，由于偶然的机遇被人看见了，由于它的美丽，吸引了不少人想去取得它，不少人甚至为此跌到深渊下。但是在征服它的路上，人们找到了丰富的矿藏。这种矿藏不是阿拉丁的宝库，里面的东西也不一定都是光辉灿烂的宝石，但是它可以带来一个新的产业部门。没有这种矿藏，这颗宝石可以成为价值连城的珍宝，但是有了这种矿藏，连同其他的矿藏，却成了人类文明的一部分。”

5.2　哥德巴赫猜想

1. 哥德巴赫猜想的由来

一提起哥德巴赫猜想，大家都会想到“数学皇冠上的明珠”，想到我国数学家尤其是陈景润在这个世界著名难题上的巨大贡献。下面让我们首先说说哥德巴赫猜想的由来。

德国数学家哥德巴赫(Goldbach)，1690 年生于东普鲁士的哥尼斯堡(现为俄罗斯的加里宁格勒)。1725 年定居俄国，同年被选为圣彼得堡帝国科学院的院士。1728 担任了彼得二世(彼得大帝的孙子)的宫廷教师。

欧拉

1742 年 6 月 7 日哥德巴赫在和他的好朋友大数学家欧拉(Euler)的通信中，提出了正整数和素数之间关系的推测：

1) 任何一个不小于 6 的偶数均可以表示成两个奇素数之和；

2) 任何不小于 9 的奇数均可表示成三个奇素数之和。

他希望大数学家欧拉能够给出这两个结论的证明。

叙述是如此的简单，甚至连小学生都能明白。欧拉认真地思考了这一问题，他首先选列一张长长的数字表：

6＝2＋2＋2＝3＋3，　　8＝2＋3＋3＝3＋5

9＝3＋3＋3＝2＋7，　　10＝2＋3＋5＝5＋5

11＝5＋3＋3，　　12＝5＋5＋2＝5＋7

99＝89＋7＋3，　　100＝11＋17＋71＝97＋3

101＝97＋2＋2，　　102＝97＋2＋3＝97＋5

……

这张表可以无限延长，而每一次延长都使欧拉对肯定哥德巴赫猜想增加了信心。当他最终坚信这一结论是真理的时候，就在 6 月 30 日复信给哥德巴赫，信中说："任何不小于 6 的偶数都是两个奇素数的和，虽然我不能证明它，但我确信无疑地认为它是完全正确的定理。"

对于第 2)个结论，其实可由第 1)个结论推出，因此，只需证明第 1)个结论即可。这第 1)个结论就成了世界著名的数学难题"哥德巴赫猜想"，简称(1＋1)。

2. 求证"哥德巴赫猜想"的历程

"哥德巴赫猜想"叙述是如此的简单，但是连欧拉这样的大数学家也不能证明，因而引起了世界上许多数学家的注意。

(1) 验证阶段

数学家们首先考虑的是验证。不少人做了很多具体的验证工作，他们对大于 4 的偶数一一进行验证，一直到不超过 330 000 000 的偶数，都表明猜想是正确的，没有哪个猜想用这么多数验证过。然而即使验证更大的数也不能算是证明。从"哥德巴赫猜想"的提出直到 19 世纪结束的一百多年间，数学家们的研究几乎没有取得任何进展。

1900 年，德国著名数学家希尔伯特在巴黎召开的第二届国际数学大会上发表了意义深远的 23 个数学难题，"哥德巴赫猜想"是作为第 8 个难题提出来的。这一看似简单实则困难的数论难题，谁能证明它就像是登上了数学王国中的一座高耸的山峰。

(2) 求证时期

由于哥德巴赫猜想证明的艰巨性，1912 年德国数学家朗道在英国剑桥召开的第五届国际数学大会的报告中曾悲观地说："即使要证明下面较弱的命题任何不小于 6 的整数都能表示成 C(C 为一个确定的整数)个素数之和，这也是现代数学所力所不及的。"

1921 年，英国数学家哈代在哥本哈根的数学大会的一次讲座中认为："哥德巴赫猜想"可能是没有解决的数学问题中最困难的一个。

哥德巴赫猜想用式子表示即是：若偶数 $N \geqslant 6$，则总可以找到两个奇素数 p_1、p_2 使

$$N = p_1 + p_2 \tag{*}$$

我们把(*)式理解成一个方程，把 p_1、p_2 限制在素数的范围内对偶数 N 进行求解，当 N 给定时，解可能不只 1 种，例如 $N=10$ 时，我们有 $10=5+5$，$10=3+7$，还有

$$N=14=7+7=3+11$$
$$N=16=3+13=5+11$$
$$N=18=5+13=7+11$$
$$N=20=3+17=7+13$$
$$N=22=3+19=7+17=11+11$$
……

因此，我们只要能证明对偶数 $N \geqslant 6$ 时，方程(*)的解的种数大于 0 即可。后来人们发现，要直接求证得解的种数大于 0，是难以达到的。数学家们采用了两种削弱问题的条件，然后用逐步逼近猜想的证明方法去达到目的。这两种方法都取得了许多鼓舞人心的成果。

一条路径是先证明对每一个充分大的偶数都能表示为一个不超过 a 个素因子的数和一个不超过 b 个素因子的数的和，那么我们就说$(a+b)$成立。当证得 $a+b=1$ 时，则猜想(1+1)便成立了。

1920 年挪威数学家布朗(Brun)，用他自己创造的一种"筛法"证明了(9+9)，即一个大偶数都可表示成一个素因子不超过 9 个的数与另一个素因子不超过 9 个的数的和。

王元

沿着布朗所开辟的新路，各国数学家不断改进这个结果：

1924 年，德国的拉特马赫(Rademacher)证明了(7+7)；

1932 年，英国的埃斯特曼(Estermann)证明了(6+6)；

1937 年，意大利的蕾西(Ricei)先后证明了(5+7)，(4+9)，(3+15)和(2+366)；

1938 年，苏联的布赫夕太勃(Byxwrao)证明了(5+5)；

1940 年，布赫夕太勃又证明了(4+4)；

1948 年，匈牙利的瑞尼(Renyi)证明了"$1+c$"，其中 c 是一很大的自然数。

1956 年，中国的王元证明了(3+4)；

1957 年，中国的王元又先后证明了(3+3)和(2+3)；

包围圈越来越小，越来越接近(1+1)了。但是以上的证明有一个弱点，就是其中的两个数没有一个肯定为素数的。

华罗庚

于是数学家开辟了另一条路径：即每一个充分大的偶数都能表示为一个素数与另一个不超过 C 个素数的乘积之和。

早在 1938 年，我国数学家华罗庚证明了“几乎所有”偶数都可表示成一个素数和另一个素数的方幂之和，即 $(1+p^c)$。

1948 年匈牙利数学家瑞尼首先证明了(1＋6)：即每一个大偶数都可表示成一个素数和一个素因数不超过 6 个的数之和。

沿此路径，我国数学家取得了可喜的成果。

潘承洞

1962 年，我国数学家潘承洞证明了(1＋5)，接着王元、潘承洞和苏联的巴尔班恩(BapoaH)又各自独立地证明了(1＋4)；

1965 年，苏联的布赫夕太勃和小维纳格拉朵夫(BHHopappB)以及德国的朋比利(Bombieri)证明了(1＋3)；

1966 年，我国著名数学家陈景润证明了(1＋2)。直到现在为止，仍然是在证明“哥德巴赫猜想”的历史过程中所取得的最好成绩。

另外，值得一提的是，有人把前面所提到的两个结论中的第 1)个结论称为“偶数的哥德巴赫猜想，”而将第 2)个结论称为“奇数的哥德巴赫猜想。”

维诺格拉朵夫

1937 年，苏联著名数学家维诺格拉朵夫(Иван атвеевич Виноградов)证明了每一个充分大的奇数都可表示为三个素数之和。即存在一个比较大的正整数 C，使得每个大于 C 的奇数均可表示成 3 个素数之和，那么这个大数 C 有多大呢？有人算出它大约等于

$e^{e^{16.038}}$，其中 e＝2.718…，为自然对数的底数。但 $e^{e^{16.038}}$ 这个数太大了，无法逐一验证，而对于小于它的奇数对于结论 2)是否又都成立。

这样就把奇数哥德巴赫猜想的完整证明归结为验证 C 以内的奇数。在此意义上讲，维诺格拉朵夫解决了“奇数哥德巴赫猜想”。从此，哥德巴赫猜想就专指结论 1)了。

3. 徐迟的报告文学——《哥德巴赫猜想》

徐迟

1978年《人民文学》在第一期上发表了著名作家徐迟的报告文学《哥德巴赫猜想》。随后,《人民日报》、《光明日报》、《解放军报》等都予以转载并加了编者按。紧接着,全国许多家报纸和电台都相继转载和连播了这篇报告文学。大、中学教科书也纷纷收入此文。一时间"哥德巴赫猜想"一词在全国千家万户传播。那个身材不高、身体瘦弱、其貌不扬的书生陈景润也成了家喻户晓的"明星"。陈景润已成了知识分子的楷模、民族的英雄。

徐迟的报告文学不仅使中国人知道了"科学的皇后是数学,数学的皇冠是数论,哥德巴赫猜想是皇冠上的明珠"。而且也知道了陈景润是全世界离数学皇冠上的明珠最近的一个人。文章报道了陈景润从童年直至离摘取这颗"皇冠上的明珠"仅一步之遥的全过程。

(1) 苦难童年

陈景润

陈景润是福建福州人,生于1933年。父亲是邮局职员,母亲是一个善良的家庭妇女,共有六个孩子。陈景润排行老三。他记事那年,日本鬼子侵入了福建省,一家人提心吊胆过生活。13岁那年,母亲去世了。

(2) 幸遇名师

抗战胜利后,陈景润进了三一中学,毕业后到英华书院念书。那里有个数学老师叫沈元,曾经是"国立"清华大学航空系的系主任。老师在数学课上,讲了许多有趣的数学知识。有一次,老师给这些高中生讲了数论中的一道著名的难题。他说,当初,俄罗斯的彼得大帝建设彼得堡,聘请了大批欧洲的大科学家。其中有瑞士大数学家欧拉;还有德国的一位中学教师名叫哥德巴赫,也是数学家。

沈元

1742年哥德巴赫发现,每一个大偶数都可以写成两个素数的和,他对许多偶数进行了检验,都说明是正确的。因为尚未完全证明,只能称之为猜想。他写信请教赫赫有名的大数学家欧拉帮忙来证明,从此这成了一道难题,吸引了成千上万的数学家注意。两百多年来,多少数学家试图给这个猜想作出证明,都没有成功,这道题很难很难,要有谁能够做出来,不得了,那可不得了呵。第二年老师又回清华去了。他现在是北京航空学院副院长，全国航空学会理事长。

老师的话深深地印在陈景润的脑海里，他立志要攻克这道世界级的数学难题。

1953 年秋季，陈景润被分配到了北京，在第 X 中学当数学老师。他完全不适合于当老师的。他那么瘦小和病弱，且不善于说话，多说几句，嗓子就发病了。王亚南，厦门大学校长，就是马克斯《资本论》的翻译者，得知这一情况，认为是分配不当，同意让陈景润回厦门大学，并把他安排在图书馆当管理员，又不让管理图书，只让他专心致志研究数学。

(3) 华罗庚慧眼识景润

华罗庚与陈景润

陈景润在厦门大学图书馆中很快写出了数论方面的专题文章，文章寄给了中国科学院数学研究所。华罗庚一看文章，就看出了文章中的英姿勃发和奇光异彩，提出建议把陈景润选调到数学研究所来当实习研究员。正是：熊庆来慧眼识罗庚，华罗庚睿目识景润。

自从陈景润被选调数学研究所以来，他的才智的蓓蕾一朵朵地开放了。在圆的整点问题、球内整点问题、华林问题、三维除数等等问题上，他都改进了中外数学家的结果。

1966 年 5 月，一颗璀璨的信号弹升上了数学天空，陈景润在中国科学院的刊物《科学通报》第十七期上宣布他已证明了(1+2)。

(4) 艰难攀升

陈景润完全沉迷在数学王国里，而置自己的身体于不顾。他把全部心智和理性统统奉献给这道难题的解答上了。他为此付出了很高的代价。他跋涉在数学的崎岖山路，吃力地迈动步伐。在抽象思维的高原，他向陡峭的悬岩升登，降下又升登！餐霜饮雪，走上去一步就是一步！他气喘不已，汗如雨下，时常感到支持不下去了，但他还是攀登。用四肢，用指爪，真是艰苦卓绝！多少次上去了又摔下来，就是铁鞋，也早该踏破了。

他战胜了第一台阶的难以登上的峻峭，出现在难上加难的第二台阶绝壁之前。他只知攀登，在千仞深渊之上，他只管攀登，在无限风光之间，一张又一张的运算稿纸像漫天大雪似的飞舞，铺满了大地。数字、符号、引理、公式、逻辑推理，积在楼板上有三尺厚。忽然化作膝下群山，雪莲万千。他终于登上了攀登顶峰的必由之路，登上了(1+2)的台阶。他证明了这个命题,写出了厚达200多页的长篇论文。

(5)“文革”冲击

陈景润享受到了“无限风光在险峰”真正的喜悦。然而好景不长,在那场史无前例的“文革”中,陈景润也无可避免地受到了冲击。陈景润被批判了。他被“帽子工厂”看中了:修正主义苗子、白专道路典型、白痴、寄生虫、剥削者。就有这样的糊涂话:这个人,研究(1+2)的问题。他搞的是一套人们莫名其妙的数学。让哥德巴赫猜想见鬼去吧!(1+2)有什么了不起!1+2不就等于3吗?此人混进数学所,领了国家工资,吃了人民小米,研究什么1+2=3,什么玩意儿?伪科学!连陈景润所居原三楼六平方米的斗室(其实从二楼锅炉房伸上来的大烟囱从他三楼通过,再切去了房间的1/6)中的电灯也被铰下来拿走了,开关拉线也剪断了。陈景润只好买了一只煤油灯,深怕灯光外露,在窗子上糊上了报纸,就这样挣扎着生活。

(6)重见阳光

敬爱的周总理,一直关心科学院的工作,腾出手来排除帮派干扰。派了一位周大姐任数学所的政治部主任,还任命了支部书记,姓李。这是一名工农出身的基层老干部,当过第二野战军政治部的政治干事。

李书记找到了陈景润的小屋,没想到条件是这样的差:房间里没有桌子,六平方米的小屋,竟能空如旷野,一捆捆的稿纸从屋角两只麻袋中探头探脑地露出来。只有四叶暖气片的暖气上放着一只饭盒,一堆药瓶,两只暖瓶,连一只矮凳子也没有。怎么还有一只煤油灯?原来房子里没有电灯。李书记皱起了眉头,咬牙切齿了。他心中想着:“唔,竟有这样的事!在中关村,在科学院,糟蹋人啊,糟蹋科学!被糟蹋成了这个状态!”

李书记回到机关,随后,灯装上了,开关线接上了,灯亮了。陈景润又伏在一张桌子上写起来了,光明回到陈景润的心房。1973年2月,春节来临,科学院的周大姐和数学所的李书记以及其他领导来看望陈景润,并带来了水果,给他贺年。陈景润感动得不知所措。“从来没有领导把我当作病号对待,这是头一次;从来没有人带了东西来看我的病,这是头一次;我吃到了水果,这是头一次。”陈景润的论文太长了,二百多页,必须简化。他飞快地进了小屋。一下子把自己反锁在里面了。他没有再出来。直到春节过去了头一天上班,陈景润把一叠手稿交给了李书记,说:“这是我的论文,我把它交给党。”李书记看看他,又轻声问他:“是那个(1+2)?”“是的,闵(嗣鹤)老师看过了,不会有错误的。”

(7) 无限风光在险峰

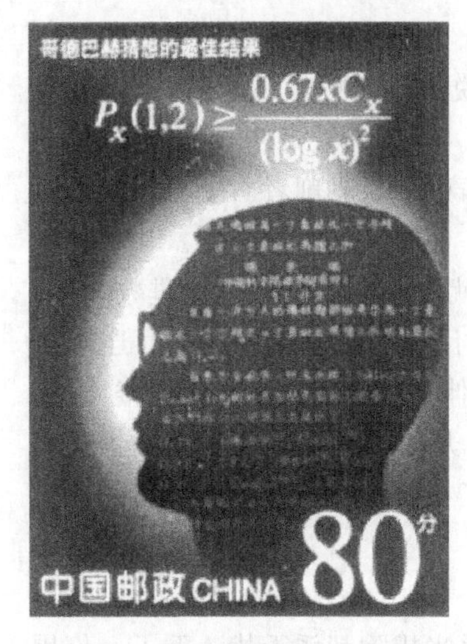

现今哥德巴赫猜想的最佳结果

陈景润的著名论文《大偶数表为一个素数及一个不超过二个素数的乘积之和》发表了。作为结果的定理,就是那个"陈氏定理。"

作家徐迟用了诗一般的语言,赞叹那一页一页的论文,也赞叹了让人陶醉的数学美!

"何等动人的一页又一页篇章!这些是人类思维的花朵。这些是空谷幽兰、高寒杜鹃、老林中的人参、冰山上的雪莲、绝顶上的灵芝、抽象思维的牡丹。这些数学公式也是一种世界语言,学会这种语言就贯穿着最严密的逻辑和自然辩证法。它是在探索太阳系、银河系、河外系和宇宙的秘密和原子、电子、粒子、层子的奥妙中产生的。但是能登到这样高深的数学领域的人,一般地说,并不很多。

"且让我们这样稍稍窥视一下彼岸彼土。那里似有美丽多姿的白鹤在飞翔舞蹈。你看那玉羽雪白,雪白得不沾一点尘土;而鹤顶鲜红,而且鹤眼也是鲜红的。它踯躅徘徊,一飞千里。还有乐园鸟飞翔,有鸾凤和鸣,姣妙娟丽,变态无穷,在深邃的数学领域里,既散魂而荡目,迷不知其所之。"

(8) 他"移动了群山"

陈景润的论文一发表,就引起了世界数学家的重视,在国际数学界引起了轰动。

"英国数学家哈勃斯丹(H. Halberstam)和德国数学家李希特(H. Richet)的著作《筛法》正在印刷所校印。他们见到了陈景润的论文后,立即要求暂不付印,并在这部书里添加了第十一章:'陈氏定理'。他们誉之为筛法的'光辉的顶点'。在国外的数学出版物上,诸如'杰出的成就'、'辉煌的定理'等等,不胜枚举。一个英国数学家给他的信里还说'你移动了群山!'真是愚公一般的精神!"世界级的数学大师,美国学者阿·威尔(A. Weil)曾这样称赞他:"陈景润的每一项工作,都好像在喜马拉雅山的山巅行走。"

(9) 无价之宝

徐迟说:"大凡科学成就有这样两种:一种是经济价值明显,可以用多少万、多少亿人民币来精确地计算出价值来的,叫做有价之宝;另一种成就是在宏观世界、微观世界、宇宙天体、基本粒子、经济建设、国防科研、自然科学、辩证唯物主义哲学等等之中有这种那种作用，其经济价值无从估计，无法估计，没有数字可能计算的，叫做‘无价之宝’，例如，这个‘陈氏定理’就是。现在离开皇冠上的明珠只有一步之遥了。但这是最难的一步，且看明珠归于谁之手吧！”

从徐迟的报告文学中，我们看到了陈景润的艰难历程和取得成就的人生轨迹。

由于陈景润的杰出成就，1978 年他与王元、潘承洞共同获得中国自然科学奖一等奖。1980 年陈景润当选为中国科学院学部委员(现称院士)。陈景润于 1978 年和 1982 年两次收到国际数学家大会请他作 45 分钟报告的邀请，这是中国人的自豪和骄傲。

(10) 与数学同在

1996 年 3 月 19 日，年仅 63 岁的陈景润因病去世，陈景润是属于数学的，他为数学而生、为数学而死。枯燥的数学被陈景润点化为繁星璀璨的天空、万木葱茏的大地。而这位数学家的故事，同样令人荡气回肠，百感交集。陈景润走了，他已化为了历史，化为祖国大地上不屈的高山，化为浩瀚的大海，化为了人们绵绵无尽的思念以及弘扬他的精神和进一步开创他的事业而奋勇前进的脚步！

4. 哥德巴赫猜想的意义

(1) 推进学术繁荣

陈景润的工作和徐迟的报告文学，在当时的中国形成了一股科学热，为推动我国学术繁荣起了重要的作用。从(1+2)到(1+1)的攀登吸引着众多的攀登者，全世界都在注视着，且看明珠最终将是归谁人之手。

(2) 促使新的数学方法产生

在研究哥德巴赫猜想的进程中，每一步的推进几乎都是一种新的数学方法的产生或对原有方法的重大改进所促成的，而这些新方法不仅在数论上有着广泛的应用，甚至在其他数学分支也有着不同的应用。因此，哥德巴赫猜想像是一个能下金蛋的母鸡。

(3) 养成踏实的科学工作作风

由于哥德巴赫猜想的叙述通俗易懂，因此受到一批业余数学爱好者的青睐，并声称他们已经“攻克了”哥德巴赫猜想。事实上他们的“证明”只是一种“想当然”的“证明”，结果是劳而无功。科学不是儿戏，不存在任何捷径。只有扎扎实实地打好基础，练好基本功，有了深厚的科学功底后，循序渐进，一步一个脚印，逐步提高，

“在崎岖小路的攀登上不畏劳苦的人，才有希望达到光辉的顶点”。

但人们有足够的理由相信，没有什么问题是不能解决的，且看另一个世界数学难题“费马大定理”在时隔358年之后，不是于1994年被一个腼腆的英国数学天才安德鲁·怀尔斯证明了吗。终会有一天，哥德巴赫猜想也将不再是一个谜。

5.3 四色猜想

1. 问题的由来

1852年，一位刚从伦敦大学毕业的英国人弗朗西斯·古斯里(Francis Guthrie)，来到一家科研单位搞地图着色。他在对英国地图着色时，发现一个十分有趣的现象：如果给相邻的地区涂上不同的颜色，那么只用四种颜色就足够了。

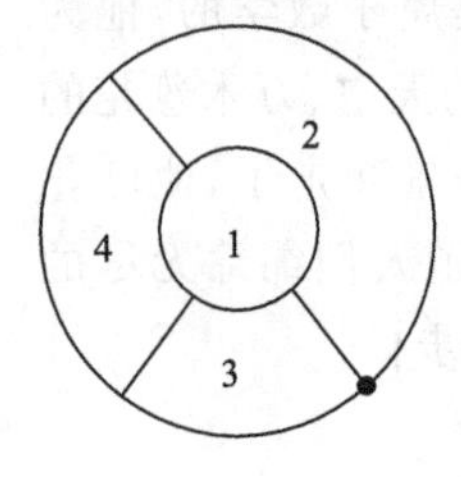

图 5-3-1

他把这一消息告诉了他的胞兄弗里德里克·古斯里(Frederck Guthrie)，并且画了一个图(图5-3-1)，这个图最少要用四种颜色，才能把相邻部分分辨开，颜色的数目再不能减少。他的哥哥相信弟弟的发现是正确的。兄弟二人为证明这一问题而使用的稿纸已经堆了一大叠，但是不能证明这一结论，也解释不出其中的原因。

哥哥将这一问题的证明请教他的老师，著名数学家德·摩尔根(De Morgan)。摩尔根一时也找不出解决这一问题的途径。当天写信给他在三一学院的好友，著名数学家哈密尔顿(W. R. Hamiton)(因发现“四元数”而享誉当时的数学界)，摩尔根在信中这样写道：

哈密尔顿

凯莱

“今天，我的一位学生让我说明一个事实的道理，这是我以前未曾想到而现在仍然难以解释的一个事实。他说，任意划分一个图形并对其各个部分染上颜色，使得任何具有共同边界的部分具有不同的颜色，那么只需要四种颜色就够了。我越想越觉得这是显然正确的结论。如果您能举出一个简单的例子来否定它，那就是说明我像一头蠢驴，我只好做斯芬克斯啦(希腊神话中的狮身人面怪兽)。”

这是历史上有关“四色猜想”的第一次书面记载。摩尔根相信才华横溢的哈密尔顿能帮他解决此问题。哈密尔顿对“四色猜想”进行了论证，然而直到1865年哈密尔顿去世，问题也未能获得解决。

1872年，英国当时最著名的数学家凯莱(A. Cayley)，正式向伦敦数学会提出了这个问题，1878 年，他把这个问题公开通报给伦敦数学会的会员，征求证明。于是“四色猜想”成了世界数学界关注的问题。

2. 转化为数学问题

“看来，每幅地图都可以用四种颜色着色，使得有共同边界的国家着上不同的颜色。”用数学语言表示，即“将平面任意地细分为不相重叠的区域，每一个区域可以用 1、2、3、4 这四个数字之一来标记，而不会使相邻的两个区域得到相同的数字”。（图 5-3-2）

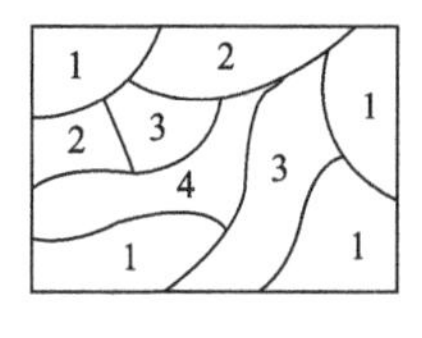

图 5-3-2

这个结论能不能在数学上加以严格证明呢？要作为一个数学问题，我们研究的不是哪一张具体的地图，而是一个概括所有地图的着色问题。即国家的数目可以是任意给定的，国家的边界也是可以各式各样的，它可以是直的、弯的或绕来绕去的，人们见过的或没有见过的、想得出来的或没有想到的等等。总之，它可以是随便画的或者是任意编造的地图。

我们对地图，还有“正规地图”和“非正规地图”之分。所谓正规地图需满足下列的两个条件：

1）地图中的每个国家必须连成一片。

2）地图中两个国家的边界必须是线条（直线、曲线都可以，但是不能是一点）。

如图 5-3-3 不符合第 1）条，图 5-3-4 不符合第 2）条。而“四色猜想”中的地图，指的是“正规地图”。

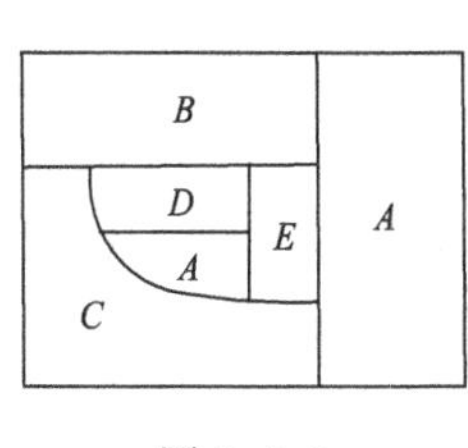

图 5-3-3

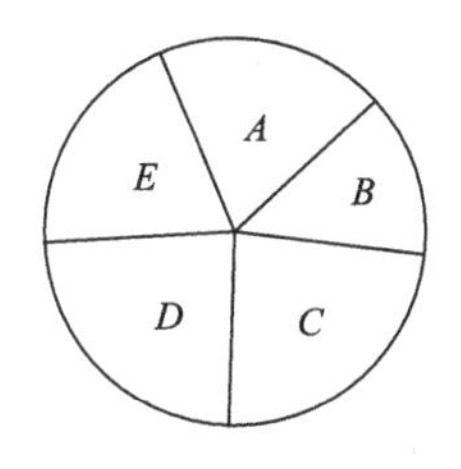

图 5-3-4

我们现在把地图着色问题转化成数学问题：

1）图：在“正规地图”的每一个区域当中画一个小圆圈，我们称为“顶点”，如果两个区域相邻，我们就用一条线把两个顶点连接起来，这样我们就得到数学上的一个“图”；

2）k 可染（k 是大于 1 的整数）：如果一个“图”中的每个顶点可用 k 种不同的颜色之一来涂，使得相邻顶点（一条线相连的两个顶点）具有不同的颜色，则称这个图是“k 可染”。如果一个图是 k 可染，而不是 $k-1$ 可染，我们就说这个图的染色数是 k。

如图 5-3-5 的染色数是 4；而图 5-3-6 中的(a)、(b)、(c)、(d)的染色数分别是 2,3,2,5。

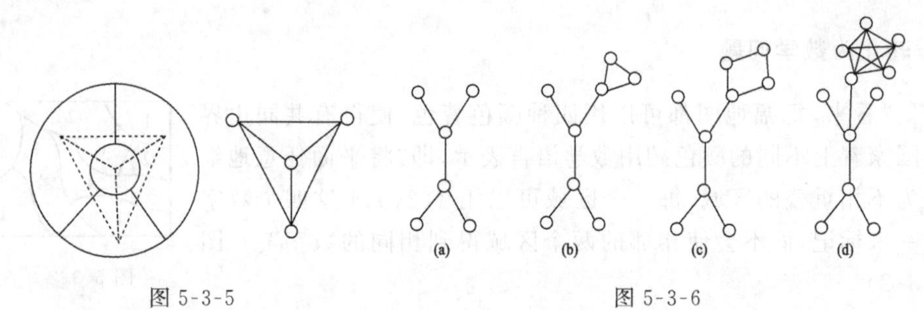

图 5-3-5　　　　　　　　　　图 5-3-6

3）平面图：从地图转变出来的数学图，在数学上称为平面图。它是指那些顶点可以画在平面上，且没有两条线是相交的(指不是公共端点的交点)。如图 5-3-6中，(a)、(b)、(c)都是平面图，但(d)不是平面图。

在图 5-3-7 中的(a)也许你认为不是平面图，因为线 AC 和 BD 相交，但是如果将 BD 线画成(b)样，则就是平面图了。

4）"平面图"的判断：1930 年波兰数学家库拉托斯基(Kura towski)发现一个简单的判别法则：如果一个图不包含图 5-3-8 中两种图为子图(即图的一部分)，那么这个图是平面图。

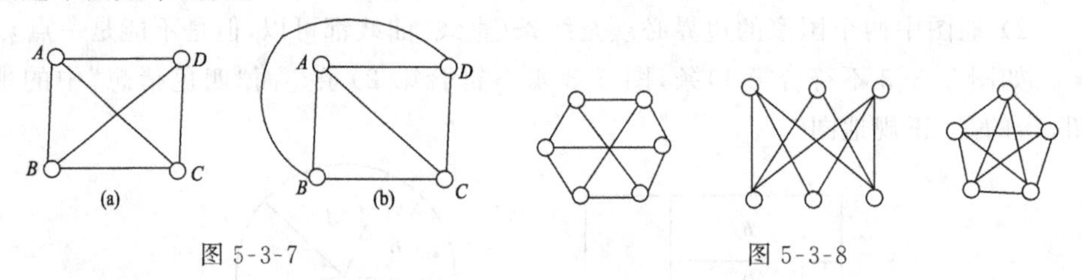

图 5-3-7　　　　　　　　　　图 5-3-8

现在地图"四色猜想"就转化为如下问题：是否地图包含的所有子图平面都是 4 可染？如果答案是肯定的话，那么地图"四色猜想"就解决了，即成了"四色定理"；反过来，如果你能够造出一个平面图，它不是 4 可染，而且具有染色数大于或等于 5，那么地图"四色猜想"就被否定了。

3. "五色定理"

英国数学家希渥特(P. J. Heawood)研究"四色猜想"，几乎是终其一生，在以后的 60 年里，他先后发表了有关"四色猜想"的七篇重要论文。他 78 岁时才退休，而在 85 岁时仍向伦敦数学会提呈了他的最后一篇关于"四色猜想"的论文。希渥特虽然在世时没有解决"四色猜想"，但他证明了地图"五色问题"是对的。他那种老而弥坚、孜孜不倦、顽强攻关的精神是值得我们学习的。

证明"五色问题"关键的一步是证明："在平面图里找到一个顶点，它最多只能和其他五个顶点相邻。”这可由平面图的欧拉公式：

$$V-E+F=2$$

其中，V 表示平面图顶点的个数；E 表示图中所连线数；F 表示由顶点及线所围的区域的个数（这里把图外的一大块区域也算进去）。

希渥特

由欧拉公式可以推出不等式：$3V-6\geqslant E$，再用反证法可证得“平面图里一定是一个顶点最多只能和其他五个顶点相邻”。然后用归纳法证得所有的平面图是 5 可染。

4. 证明“四色猜想”的缓慢进程

自从 1878 年 6 月当时英国最著名的数学家凯莱宣布“我一直没有得到这个证明”后，“四色猜想”成了当时数学界的一道难题，许多数学家都加入到证明“四色猜想”的队伍中。

肯普

1879 年，凯莱的一名学生，时任律师的肯普（Kempe）声称他证明了“四色猜想”，他的证明发表在美国的一份数学杂志上，这事震惊了整个数学界。肯普的证明极为巧妙，引入了大量的基本思想并得到了凯莱等数学家的认可，与此同时另一数学家泰勒也宣称证明了“四色猜想”。当时大家都认为“四色猜想”已经解决了。

谁知在 11 年后的 1890 年，青年数学家希渥特以自己精确的计算指出了肯普证明的错误。不久，泰勒的证明也被否定了。但泰勒的一处错误论断直至 1946 年才被加拿大数学家托特举出反例所否定，这距论文发表已有 66 年。越来越多的数学家为此绞尽了脑汁，但却一无所获。于是这个貌似简单的“四色猜想”却成了一道世界难题，仿佛是向人类的智力和毅力提出的一个挑战。

肯普虽然没有证明“四色猜想”，但是他提出的“构形”与“可约”两个概念成为 20 世纪数学家证明“四色猜想”的重要依据的概念。1913 年美国著名数学家、哈佛大学的伯克霍夫（Birkhoff）利用肯普的想法，并结合自己的一些新技巧，使得美国数学家富兰克林（Franklin）于 1939 年证明了 22 国以下的地图可以用四色着色。

1968 年数学家奥尔（Or）将 35 国改进到 39 国，他也是唯一的一本关于这一问题的专著《四色猜想》的作者。

1975 年有报道，52 国以下的地图四色定理成立。

可见进展非常缓慢，问题仍然是采用肯普的方法。1936 年数学家希西（Heesch）认为肯普所走的路子是对的，只需把情形分细到可以证明的地步就行。但要达到这种地步，须分一万多种情形才行，这样的工作量当然不是人力所能完成的。

人工证明“四色猜想”遇到了严重的挑战。

5. 机器证明

数字计算机的出现,促使更多的数学家投入到“四色猜想”的研究。从1950年起,数学家希西(Hesi)与他的学生丢莱一直做着用计算机来检查图形是否是“可构”、“可约”形的工作。但是检查一个哪怕是不太复杂的情形也要用上百个小时。对于更复杂的图形,当时的计算机(在时间和存储上)也都不能承受。因此,用计算机来证明“四色猜想”也是一项非常艰巨的任务。

直至1970年以后,由于电子计算机的出现,大大提高了演算速度,同时,人们又大大改进了证明“四色猜想”的方案,加上人机对话,为机器证明“四色猜想”创造了条件。1972年,美国伊利诺斯大学的哈肯(W. Haken)与阿佩尔(K. Appei)改造希西的技巧获得了成功。他们两人一方面从理论上继续简化问题,另一方面利用计算机的试算获得了有益的信息。

1976年6月,美国数学家哈肯与阿佩尔在美国伊利诺斯大学的三台不同的高速电子计算机上,用了1200多小时,完成了大约200亿个逻辑判定,终于完成了“四色猜想”的证明,使历时124年之久的世界难题得以解决。为了纪念这一历史性的时刻,在宣布四色定理得证的当天,伊利诺斯大学邮局加盖了以下邮戳:“四种颜色足够了!”以庆祝这一难题的解决。

1976年9月,《美国数学会通告》宣布了一件震撼全球数学界的消息:“美国伊利诺斯大学两位教授阿佩尔和哈肯利用电子计算机证明了‘四色猜想’是正确的!”同年10月1日,英国杂志《新科学人》登了一篇阿佩尔亲自解决这个问题经过的文章。那一期杂志的封面登了用红、黄、蓝、绿涂彩顶点的图。

阿佩尔和哈肯实际上是把地图的无限种可能情形简约为1936种构形,后来又简约成1476种构型。1996年,数学家罗伯森(Robertson)又进一步简约为633种构型。再用计算机验证。2004年,数学家沃纳(Verna)和冈席尔(Gensir)用通用的数学证明验证程序,对罗伯森的工作进行了验证,肯定了其证明的正确性。至此,人们对计算机证明的最后一点疑问,也应该可以消除了。

6. 机器证明的影响

(1) 新思维的起点

用计算机证明“四色猜想”,不仅解决了一个历时100余年的难题,而且成为数学史上新思维的起点。如近年来初等几何、初等数论的机器证明,引起了人们对数学证明与计算的新思考和辩论。

(2) 新理论、新技巧的产生

在对"四色猜想"的研究过程中,不少新的数学理论随之产生,如将地图着色问题化为图论问题,丰富了图论的内容;也发展了很多数学计算的技巧,如对设计航空班机日程表和设计计算机的编码程序都起到了推动作用。

(3) 问题的推广

由平面地图着色问题,人们很容易想到地球仪上的着色问题,汽车轮胎的内胎,或救生圈上的着色问题,甚至"莫比乌斯带"上的着色问题。有些问题如今已经解决,如:汽车轮胎的内胎需 7 种颜色足够了;在"莫比乌斯带"上 5 种颜色也就够了。

(4) 意犹未尽

虽然电子计算机的工作使得"四色猜想"成了"四色定理",但是人们总期待有一种简捷明快的人工证明的方法出现,因为这毕竟不是传统意义上的数学证明。时至今日,仍有许多数学家甚至业余数学爱好者,并不满足于计算机所取得的成就,都在寻求一种四色问题的逻辑证明。

5.4 希尔伯特 23 个数学问题及其影响

1900 年 8 月,在巴黎第二届国际数学家代表大会上,希尔伯特发表了题为《数学问题》的著名讲演,提出了 23 个悬而未决的数学问题,使这届大会成为数学史上的一个里程碑,为 20 世纪数学的发展掀开了光辉的一页。

希尔伯特的 23 个问题分属四大块:第 1 到第 6 问题是数学基础问题;第 7 到第 12 问题是数论问题;第 13 到第 18 问题属于代数和几何问题;第 19 到第 23 问题属于数学分析问题。这些问题中有些已得到圆满解决,有些至今仍未解决。

1. 23 个数学问题及研究进展的简况

(1) 康托的连续统基数问题

1874 年,康托猜测在可数集基数和实数集基数之间没有别的基数,即著名的连续统假设。1938 年,侨居美国的奥地利数理逻辑学家哥德尔证明连续统假设与 ZF 集合论公理系统的无矛盾性。1963 年,美国数学家科恩(P. Choen)证明连续统假设与 ZF 公理彼此独立。因而,连续统假设不能用 ZF 公理加以证明。在这个意义下,连续统假设不能用世所公认的 ZF 公理证明其对或错。

(2) 算术公理系统的无矛盾性

欧氏几何的无矛盾性可以归结为算术公理的无矛盾性。希尔伯特曾提出用"元数学"的方法加以证明,但哥德尔于1931年发表不完备性定理做出了否定。虽然根茨(G. Gentaen,1909～1945)于1936年使用超限归纳法证明了算术公理系统的无矛盾性,但数学的兼容性问题至今未解决。

(3) 只根据合同公理证明等底等高的两个四面体有相等之体积是不可能的

问题的意思是:存在两个等底等高的四面体,它们不可能分解为有限个小四面体,使这两组四面体彼此全等,这一问题已由希尔伯特的学生德恩(M. Dehn)于1900年解决。这是希尔伯特问题中最早获得解决的一个。

(4) 两点间以直线为距离最短线问题

此问题提的一般。满足此性质的几何很多,因而需要加以某些限制条件。已经取得很大进展,但未完全解决。1973年,苏联数学家波格列洛夫(Pogleov)宣布,在对称距离情况下,问题获得解决。

(5) 拓扑学成为李群的条件(拓扑群)

这一个问题简称连续群的解析性,即是否每一个局部欧氏群都一定是李群。1952年,由美国人格里森(Gleason)、蒙哥马利(Montgomery)、齐宾(Zippin)共同解决。1953年,日本的山迈英彦已得到完全肯定的结果。

(6) 对数学起重要作用的物理学的公理化

希尔伯特建议用数学的公理化方法推演出全部物理学。1933年,苏联数学家柯尔莫哥洛夫将概率论公理化。后来,在量子力学、量子场论、热力学等部门取得成功,但物理学各个分支能否全盘公理化,很多人有怀疑。

(7) 某些数的无理性与超越性的证明

问题要求证明:如果 α 是代数数,β 是无理数的代数数,那么 α^{β} 一定是超越数或至少是无理数(例如 $2^{\sqrt{2}}$ 和 e^{π})。苏联数学家盖尔芳德(Gelfond)于1929年、德国数学家施奈德(Schneider)及西格尔(Siegel)于1935年分别独立地证明了其正确性。1966年后,又被英国数学家贝克等人大大地推广和发展。但超越数理论还远未完成。目前,确定所给的数是否超越数,尚无统一的方法。如欧拉常数 γ 的无理性至今未获证明。

(欧拉常数 γ 的最简表达式是 $\gamma=\lim\limits_{n\to\infty}\left(1+\frac{1}{2}+\frac{1}{3}+\cdots+\frac{1}{n}-\ln n\right)$)

(8) 素数分布问题,特别是黎曼猜想、哥德巴赫猜想和孪生素数问题

素数是一个很古老的研究领域。希尔伯特在此提到黎曼(Riemann)猜想、哥德巴赫(Goldbach)猜想以及孪生素数问题。黎曼猜想至今未解决。哥德巴赫猜想和孪生素数问题目前也未最终解决,这两个问题的最佳结果均属中国数学家陈景润。

(9) 一般互反律在任意数域中的证明

这是代数数论中的一个核心问题。1921 年由日本的高木贞治,1927 年由德国的阿廷(E. Artin)各自给以基本解决。而类域理论至今还在蓬勃发展之中。

(10) 能否通过有限步骤来判定不定方程是否存在有理整数解?

求出一个整数系数方程的整数根,称为丢番图(约公元 210～290 年,古希腊数学家)方程可解。希尔伯特问:是否能用有限步构成的一般算法判断一个丢番图方程的可解? 1950 年前后,美国数学家戴维斯(Davis)、普特南(Putnan)、罗宾逊(Robinson)等取得关键性突破。1970 年,英国数学家巴克尔(Baker)、费罗斯(Philos)对含两个未知数的方程取得肯定结论。1970 年。前苏联数学家马蒂雅塞维奇最终证明:在一般情况下,答案是否定的。尽管得出了否定的结果,却产生了一系列很有价值的副产品,其中不少和计算机科学有密切联系。

(11) 一般代数数域内的二次型论

德国数学家哈塞(Hasse)和西格尔(Siegel)分别在 1929 年和 1951 年获得重要结果。20 世纪 60 年代,法国数学家魏依取得了新的重要进展,但未获最终解决。

(12) 类域的构成问题

即将阿贝尔域上的克罗内克定理推广到任意的代数有理域上去。复乘法问题仅有一些零星结果,离彻底解决还很遥远。

(13) 一般七次代数方程以二变量连续函数之组合求解的不可能性

七次方程 $x^7+ax^3+bx^2+cx+1=0$ 的根依赖于 3 个参数 a、b、c ;$x=x(a,b,c)$。这一函数能否用两变量函数表示出来? 此问题已接近解决。1957 年,前苏联数学家阿诺尔德(Arnold)证明了任一在$[0,1]$上连续的实函数 $f(x_1,x_2,x_3)$可写成形

式 $\sum h_i(\xi_i(x_1,x_2),x_3)(i=1\sim 9)$，这里 h_i 和 ξ_i 为连续实函数。柯尔莫哥洛夫证明 $f(x_1,x_2,x_3)$可写成形式 $\sum h_i(\xi_{i1}(x_1)+\xi_{i2}(x_2)+\xi_{i3}(x_3))(i=1\sim 7)$ 这里 h_i 和 ξ_i 为连续实函数，ξ_{ij} 的选取可与 f 完全无关。1964 年，前苏联数学家维图斯金(Vituskin)推广到连续可微情形，但对解析函数情形则未解决。

(14) 某些完备函数系的有限的证明

即域 K 上的以 $x_1,x_2,\cdots,x_n$ 为自变量的多项式 $f_i(i=1,\cdots,m)$，R 为 $K[X_1,\cdots,X_m]$上的有理函数 $F(X_1,\cdots,X_m)$构成的环，并且 $F(f_1,\cdots,f_m)\in K[x_1,\cdots,x_m]$试问 R 是否可由有限个元素 $F_1,\cdots,F_N$ 的多项式生成？这个与代数不变量问题有关的问题，日本数学家永田雅宜于 1959 年用漂亮的反例给出了否定的解决。证明了存在群 F，其不变式所构成的环不具有有限个整基。

(15) 建立代数几何学的基础

舒伯特(Schubert)计数演算的严格基础。一个典型的问题是：在三维空间中有四条直线，问有几条直线能和这四条直线都相交？舒伯特给出了一个直观的解法。希尔伯特要求将问题一般化，并给以严格基础。经过许多数学家的努力，舒伯特演算基础的纯代数化处理已有可能，它和代数几何学有密切的关系，但严格的基础至今仍未建立。

(16) 代数曲线和曲面的拓扑研究

此问题前半部分涉及代数曲线含有闭的分支曲线的最大数目。后半部分涉及常微分方程 $dx/dy=Y/X$ 的极限环的最多个数 $N(n)$和相对位置，其中 X、Y 是 x、y 的 n 次多项式。对 $n=2$(即二次系统)的情况，1934 年福罗献尔得到 $N(2)\geqslant 1$；1952 年鲍廷得到 $N(2)\geqslant 3$；1955 年苏联的波德洛夫斯基宣布 $N(2)\leqslant 3$，这个曾震动一时的结果，由于其中的若干引理被否定而成疑问。关于相对位置，中国数学家董金柱、叶彦谦 1957 年证明了(E2)不超过两串。1957 年，中国数学家秦元勋和蒲富金具体给出了 $n=2$ 的方程具有至少 3 个成串极限环的实例。1978 年，中国的史松龄在秦元勋、华罗庚的指导下，与王明淑分别举出至少有 4 个极限环的具体例子。1983 年，秦元勋进一步证明了二次系统最多有 4 个极限环，并且是(1,3)结构，从而最终地解决了二次微分方程的解的结构问题，并为研究希尔伯特第(16)问题提供了新的途径。

(17) 半正定形式的平方和表示

一个实数 n 元多项式对一切数组都恒大于或等于零，是否能写成平方和的形式？1927 年，已由阿廷予以肯定地解决。

(18) 用全等多面体构造空间

问题由三部分组成。第一部分欧氏空间仅有有限个不同类的带基本区域的运动群。第二部分包括是否存在不是运动群的基本区域但经适当毗连可充满全空间的多面体？第一部分已由德国数学家比勃巴赫于 1910 年做出肯定的回答。第二部分，德国数学家莱因哈特于 1928 年做出部分解决。而第三部分至今未能解决。

(19) 正则变分问题的解是否总是解析函数

这问题在下述意义下已获解决：1929 年，德国数学家伯恩斯坦证明了一个两个变元的、解析的非线性椭圆形方程，其解必定是解析的。这个结果，后来又被伯恩斯坦和前苏联数学家彼德罗夫斯基等推广到多变元和椭圆组情形。

(20) 研究一般边值问题

此问题进展迅速，偏微分方程边值问题的研究正处于方兴未艾、蓬勃发展阶段。已成为一个很大的数学分支。目前还在继读发展。

(21) 具有给定奇点和单值群的 Fuchs 类的线性微分方程解的存在性证明

此问题属线性常微分方程的大范围理论。希尔伯特本人于 1905 年、勒尔(H. Rohrl)于 1957 年分别得出重要结果。1970 年法国数学家德林(Deligne)做出了出色贡献。

(22) 用自守函数将解析函数单值化

此问题涉及艰深的黎曼曲面理论，1907 年德国数学家克贝(P. Koebe)对一个变量情形已解决而使问题的研究获重要突破。一般情形尚未解决。

(23) 发展变分学方法的研究

这不是一个明确的数学问题。希尔伯特本人和其他数学家都做出了重要的贡献。20 世纪变分法已有了很大的进展。

2. “希尔伯特问题”的影响

希尔伯特的 23 个问题是一个继往开来的文献。说它继往，是它总结了 19 世纪几乎所有未解决的重要问题；说它开来，是这些问题的确推动了 20 世纪数学的进步。因此各数学大国，美国、前苏联、日本以及法国、德国和英国的数学家或组织起来或单独研究希尔伯特问题的历史和现状，并进一步提出新的问题。

希尔伯特23个问题有4个问题仍是21世纪的大问题(第8、第12、第16B、第18C),而其他问题则应在基本解决的基础上提出更多更新的问题。

1950年,著名数学家魏伊尔受美国数学会的委托,对20世纪上半叶的数学成就进行总结。魏伊尔道:“完成这项任务很简单,只要依据希尔伯特在巴黎演说中提出的问题,看哪些问题已解决了、哪些问题已部分解决、哪些问题还没有解决就够了。”“希尔伯特的演说是一张航图,在过去50年间,我们的数学家经常按照这张图来衡量我们的进步。”

据统计,1936～1974年,荣获数学界最高奖——菲尔兹奖的20位数学家中至少有12人的工作与希尔伯特问题有关。

1975年,在美国伊利诺斯大学召开的一次国际数学会议上,数学家们回顾了四分之三个世纪以来希尔伯特23个问题的研究进展情况。当时统计,约有一半问题已经解决了,其余一半的大多数也都有重大进展。

1976年,在美国数学家评选的自1940年以来美国数学的十大成就中,有三项就是希尔伯特第1、第5、第10问题的解决。由此可见,能解决希尔伯特问题,是当代数学家的无上光荣。因为只要能解决希尔伯特问题中的一个,便可成为世界一流的数学家。

希尔伯特在演说中指出:“数学问题的宝藏是无穷无尽的,一个问题一旦解决,无数新的问题代之而起。”又指出:“数学中每一步真正的进展都与更有力的工具和更简单的方法的发现密切联系着,这些工具和方法同时会有助于理解已有的理论,并把陈旧的、复杂的东西抛到一边。数学科学发展的这种特点是根深蒂固的。因此,对于个别的数学工作者来说,只要掌握了这些有力的工具和简单的方法,他就有可能在数学的各个分支中比其他科学更容易地找到前进的道路。”

希尔伯特在演说中最后指出:“数学的有机统一,是这门科学固有的特点,因为它是一切精确科学知识的基础。为了圆满实现这个崇高的目标,让新世纪给这门科学带来天才的大师和无数热诚的信徒吧!”

今天,数学的发展早已超越了希尔伯特在演说中所涉及的领域,已生长出更多的分支学科和边缘学科。但是洋溢在巴黎演说中的“希尔伯特精神”和数学大师对未来热情的召唤,依然鼓舞着今天和未来的数学家们继往开来,开拓前进!

5.5　21世纪的七大数学难题及其反响

1. 问题的由来

希尔伯特在1900年的数学家会议上提出了23个问题,指导了20世纪的数学发展。希尔伯特问题在过去百年中激发了数学家的智慧，指引着数学前进的方向，其对数学发展的影响和推动是巨大的，无法估量的。

汇集了世界超一流数学头脑的美国波士顿“克莱数学所”（The Clay Mathematics Institute of Cambridge, Massachusetts）（CMI）于 2000 年 5 月 24 日宣布，为颂扬数学和千禧年，确定了七个经典的数学难题悬赏求解。该所给这七大难题命名为“千年大奖问题”，千禧奖七问题并不是指导 21 世纪的数学发展，只是搜集了一些多年来仍未被解决的数学问题，征求有能力之士解决，并给每题的证明开出了 100 万美元的价码，并将问题刊登在该研究所网址 www.claymath.org 上。

2000 年 5 月 24 日，千禧年数学会议在著名的法兰西学院举行。会上，1998 年菲尔兹奖获得者伽沃斯（Gowers）以“数学的重要性”为题作了演讲，其后，塔特（Tate）和阿蒂亚（Atiyah）公布和介绍了这七个“千年大奖问题”。克莱数学研究所还邀请有关研究领域的专家对每一个问题进行了较详细的阐述。克莱数学研究所对“千年大奖问题”的解决与获奖作了严格规定。每一个“千年大奖问题”获得解决并不能立即得奖。任何解决答案必须在具有世界声誉的数学杂志上发表两年后且得到数学界的认可，才有可能由克莱数学研究所的科学顾问委员会审查决定是否值得获得百万美元大奖。

除在巴黎举行的年会上公布上述七大待解决的数学难题外，“克莱数学所”还在其网址上提供了有关悬赏的详细信息。“克莱数学所”所长、美国哈佛大学贾菲教授认为，这项“解题得百万美元”活动绝非噱头，该所悬赏解答的每项问题都是多年来令数学家百思不得其解的经典难题。虽然悬赏无具体时间限制，但估计至少 4 年内都难以产生获奖者。根据“克莱数学所”的规定，任何人要想证明自己解决了其中某一难题，其成果必须首先在权威数学刊物上发表，然后须拿出两年时间，供国际数学界对其进行评议。即使得到国际数学界接受，“克莱数学所”要搞自己的评审，最终才决定是否掏出百万美元的奖金。

须要指出的是，千禧年问题与希尔伯特问题是有重大区别的。正如“克莱数学所”顾问委员会成员 A. 维尔斯所指出的：“希尔伯特试图以他的问题去指导数学，而我们是试图去记载重大的未解决的问题。”

即使这七大难题最终无法得解，但它们的探求最终也会产生有益的“副产品”。按美国加州圣玛丽学院德夫林的比喻，悬赏的七大难题好比数学领域的“珠穆朗玛峰”。在对珠峰的征服中，虽然最终登顶的仅仅是少数，但成功者登攀过程中遗留下的生存设备和技巧，却会使无数后来者受益。德夫林认为，提出悬赏的七大难题，其意义也就在此。

2. 千僖七大难题的简单介绍

(1)“千僖难题”之一:P(多项式算法)问题对 NP(非多项式算法)问题(P VS NP Problem)

这是一个计算机数学问题。在一个周六的晚上,你参加了一个盛大的晚会。由于感到局促不安,你想知道这一大厅中是否有你已经认识的人。你的主人向你提议说,你一定认识那位正在甜点盘附近角落的女士罗丝。不费一秒钟,你就能向那里扫视,并且发现你的主人的提议是正确的。然而,如果没有这样的暗示,你就必须环顾整个大厅,一个个地审视每一个人,看是否有你认识的人。生成问题的一个解通常比验证一个给定的解时间花费要多得多。这是这种一般现象的一个例子。与此类似的是,如果某人告诉你,数 13,717,421 可以写成两个较小的数的乘积,你可能不知道是否应该相信他,但是如果他告诉你它可以因子分解为 3607 乘上 3803,那么你就可以用一个袖珍计算器容易验证这是对的。不管我们编写程序是否灵巧,判定一个答案是可以很快利用内部知识来验证,但是没有这样的提示而需要花费大量时间来求解,被看作逻辑和计算机科学中最突出的问题之一。它是斯蒂文·考克(Stephen Cook)于 1971 年陈述的。

这个问题就是“$P=NP$?”,看似简单,而事实上并非如此。P 的意思是一些“可以简单解决的问题”——需时较短便可解决;NP 的意思则是一些“可以简单检查结果的问题”。很容易知道 P 是 NP 的子集,但它们应是相等还是不等呢?

(2)“千僖难题”之二:霍奇猜想(Hodge Conjecture)

这是一个代数几何问题。20 世纪的数学家们发现了研究复杂对象的形状的强有力的办法。基本想法是问在怎样的程度上,我们可以把给定对象的形状通过把维数不断增加的简单几何营造块粘合在一起来形成。这种技巧是变得如此有用,使得它可以用许多不同的方式来推广;最终导致一些强有力的工具,使数学家在对他们研究中所遇到的形形色色的对象进行分类时取得巨大的进展。不幸的是,在这一推广中,程序的几何出发点变得模糊起来。在某种意义下,必须加上某些没有任何几何解释的部件。霍奇猜想断言,对于所谓射影代数簇这种特别完美的空间类型来说,称作霍奇闭链的部件实际上是称作代数闭链的几何部件的(有理线性)组合。

(3)“千僖难题”之三:庞加莱猜想(Poincare Conjecture)

这是一个代数拓扑问题。如果我们伸缩围绕一个苹果表面的橡皮带,那么我们可以既不扯断它，也不让它离开表面，使它慢慢移动收缩为一个点。另一方面，如果我们想像同样的橡皮带以适当的方向被伸缩在一个轮胎面上，那么不扯断橡皮带或者轮胎面，是没有办法把它收缩到一点的。我们说，苹果表面是“单连通的”，而轮胎则不是。大约在100年以前，庞加莱已经知道，二维球面本质上可由单连通性来刻画，他提出三维球面（四维空间中与原点有单位距离的点的全体）的对应问题。这个问题立即变得无比困难，从那时起，数学家们就在为此奋斗。据称，在俄罗斯、美国、中国等数学家的努力下，“庞加莱猜想”已获解决。

(4)“千僖难题”之四：黎曼假设(Riemann Hypothesis)

这是一个数论问题。有些数具有不能表示为两个更小的数的乘积的特殊性质，例如，2,3,5,7，等等。这样的数称为素数；它们在纯数学及其应用中都起着重要作用。在所有自然数中，这种素数的分布并不遵循任何有规则的模式；然而，德国数学家黎曼(1826～1866年)观察到，素数的频率紧密相关于一个精心构造的所谓黎曼ζ函数。著名的黎曼假设断言，方程$z(s)=0$的所有有意义的解都在一条直线上。这点已经对于开始的1 500 000 000个解验证过。证明它对于每一个有意义的解都成立将为围绕素数分布的许多奥秘带来光明。

(5)“千僖难题”之五：杨-米尔斯存在性和质量缺口(Yang-Mills Theory)

这是一个数学物理问题。量子物理的定律是以经典力学的牛顿定律对宏观世界的方式对基本粒子世界成立的。大约半个世纪以前，杨振宁和米尔斯发现，量子物理揭示了在基本粒子物理与几何对象的数学之间的令人注目的关系。基于杨-米尔斯方程的预言已经在如下的全世界范围内的实验室中所履行的高能实验中得到证实：布罗克哈文、斯坦福、欧洲粒子物理研究所和筑波。尽管如此，他们的既描述重粒子、又在数学上严格的方程没有已知的解。特别是，被大多数物理学家所确认，并且在他们的对于“夸克”的不可见性的解释中应用的“质量缺口”假设，从来没有得到一个数学上令人满意的证实。在这一问题上的进展需要在物理上和数学上两方面引进根本上的新观念。

(6)“千僖难题”之六：纳维叶-斯托克斯方程的存在性与光滑性(Navier-Stokes Equations)

这是一个流体力学问题。起伏的波浪跟随着我们的正在湖中蜿蜒穿梭的小船，湍急的气流跟随着我们的现代喷气式飞机的飞行。数学家和物理学家深信，无论是微风还是湍流，都可以通过理解纳维叶-斯托克斯方程的解，来对它们进行解释和预言。虽然这些方程是19世纪写下的，我们对它们的理解仍然极少。而数学家一般相信如果能够对纳维叶-斯托克斯方程的解有系统性的掌握，以及有较牢固的数学理论支持，这些解可能会解决一些流体力学的问题，例如引擎的扰流。挑战在于对数学理论做出实质性的进展，使我们能解开隐藏在纳维叶-斯托克斯方程中的奥秘。

(7)"千僖难题"之七：贝赫和斯维讷通-戴尔猜想(Birch and Swinnerton-Dyer Conjecture)

这是一个数论问题。数学家总是被诸如 $x^2+y^2=z^2$ 那样的代数方程的所有整数解的刻画着迷。欧几里得曾经对这一方程给出完全的解答，但是对于更为复杂的方程，这就变得极为困难。事实上，正如马蒂雅谢维奇(Yu. V. Matiyasevich)指出，希尔伯特第十问题是不可解的，即，不存在一般的方法来确定这样的方法是否有一个整数解。当解是一个阿贝尔簇的点时，贝赫和斯维讷通-戴尔猜想认为，有理点的群的大小与一个有关的蔡塔函数 $z(s)$ 在点 $s=1$ 附近的性态。特别是，这个有趣的猜想认为，如果 $z(1)$ 等于 0，那么存在无限多个有理点(解)，相反，如果 $z(1)$ 不等于 0，那么只存在有限多个这样的点。

3. 七大数学难题公布后的反响

"千年大奖问题"公布以来，在世界数学界产生了强烈反响。这些问题都是关于数学基本理论的，但这些问题的解决将对数学理论的发展和应用的深化产生巨大的推动。认识和研究"千年大奖问题"已成为世界数学界的热点。不少国家的数学家正在组织联合攻关。可以预期，"千年大奖问题"将会改变新世纪数学发展的历史进程。

最后，我们以攻克"费马大定理"的数学大师怀尔斯在千禧年数学悬赏发布会上的讲话作为结束：

"我们相信，作为 20 世纪末未解决的重大数学问题，第二个千禧年的悬赏问题令人瞩目。有些问题可以追溯到更早的时期。这些问题并不新，它们已为数学界所熟知。但我们希望通过悬赏征求解答，使更多的听众深刻地认识问题，同时也把在做数学的艰辛中获得的兴奋和刺激带给更多的听众。我本人在十岁时，通过阅读一本数学普及读物，第一次接触到费马问题。在这本书的封面上，印着 WOLFSKEHL 奖的历史，那是 50 年前为征求费马问题而设的一项奖金。我们希望现在的悬赏问题，将类似地激励新一代的数学家和非数学家。

"然而，我要强调，数学的未来并不限于这些问题。事实上，在某些问题之外存在着整个崭新的世界，等待我们去发现、去开发。如果你愿意，可以想像一下在 1600 年的欧洲人，他们很清楚，跨过大西洋，那里是一片新大陆，但他们可能悬赏巨奖去帮助发现和开发美国吗？没有为发明飞机的悬赏，没有为发明计算机的悬赏，没有为兴建芝加哥城的悬赏，没有为收获万顷小麦的收割机的发明悬赏奖金。这些东西已变成美国的一部分，但这些东西在1600年是完全不可想像的。或许他们可以悬赏去解决诸如经度的问题，确定经度的问题是一个经典问题，它的解决有助于新大陆的发展。

"我们坚信，这些悬赏问题的解决，将类似打开一个我们不曾想像到的数学新世界。"

第六章　数学应用中的数学文化

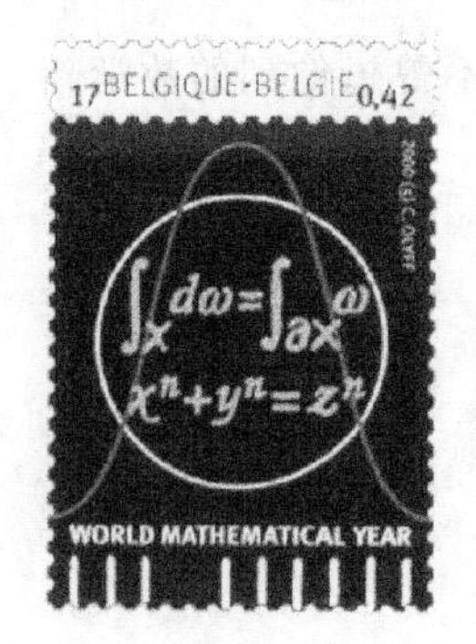

2000 年被定为国际数学年

数学和人类文明的联系与应用是多方面、多层次的。数学除了在我们熟知的物理学、化学中做出了重要贡献外，在生物学、体育运动，甚至与经济学、语言学、史学等也都有密切的联系与应用；而且数学与哲学、文学、建筑、音乐等也都有着深刻的联系。计算机的出现，使得数学与其他文化的联系更加深入和广泛。可以毫无愧言地说："信息时代就是数学时代。"

联合国教科文组织将 2000 年定为数学年，并指出"纯粹数学与应用数学是理解世界及其发展的一把主要钥匙"。未来不管你从事自然科学还是社会科学，都请记住这句话，并用你的胆识、智慧和勤奋把人类文明推向新高峰。

数学的应用可说是渗透到了各个领域。下面我们只就几个感兴趣的问题来说说它们和数学的关系。

6.1　数学与军事

1. 数学与军事的相互促进

数学用之于军事，古已有之，如阿基米德设计各种弩炮、军用器械，利用抛物镜面聚太阳光线焚毁敌人船舰，后来数学用于军事也不过是侧重于航海。

第二次世界大战是数学发展的转折点之一。大战初期盟军大败，英国退居英伦三岛，遭致德国的严重空袭，情势相当危急。英国空军虽然训练有素，然而数量太少，无济于事。所幸的是英国已经有了不错的雷达系统帮助。怎样发挥雷达的作用，以弥补空军的不足？英国政府召集了一批科技人才(包括数学人才)，收集相关数据，用科学方法分析，最后建立起了一套新的运作系统使得英国的空防力量提高了一倍。

直到 20 世纪，科学发展促使武器进步，数学才真的可能与战争有密切的关系。当时，许多数学家投身于武器与战略的研究。他们的研究工作与空气动力学、流动动力学、弹道学、雷达及声呐、原子弹、密码与情报、空照守图、气象学、计算器等有关。另一方面，欧洲大陆许多第一流的数学家，为了逃避纳粹迫害而转往美国，使美国在战后一跃而成为第一流的数学强国。而冷战开始后，苏联在人造卫星方面先拔头筹，使美国政府大为吃惊，赶忙投下大量经费，扩充大学基础科学，吸引世界各地的数学家来美国。数学的发展大大加快了军事科学的前进步伐，数学与军事就是这样相互促进的。

2. 军事运筹学

"运筹"一词出自《汉书·高帝纪》"运筹帷幄之中，决胜千里之外"。"运筹学"是运用科学的数量方法（主要是数学模型）研究对人力、物力进行合理筹划和运用，寻找管理及决策最优化的综合学科。而"军事运筹学"是应用数学工具和现代技术，对军事问题进行定量分析，为决策提供数量依据的一种科学，是现代军事科学的组成部分。在现代军事活动中，不但要有高度的指挥艺术，还必须有一整套进行高速计算分析的现代科学方法，而"军事运筹学"就是这种现代科学方法。

在第一次大战期间，英国工程师兰彻斯特（Lanchester）就建立了描述作战双方兵力变化过程的数学方程——兰彻斯特方程。美国数学家爱迪生（Edison）应用概率论和数理统计等数学方法，研究了水面舰艇躲避和击沉潜艇的最优战术。但这些方法当时还处于摸索阶段，未能直接用于军事斗争中去。

军事运筹学在第二次世界大战中得到了深入而全面的发展：

英国国防部于1938年成立了以希尔（Hill）教授为首的第一个最早的运筹学组织——作战研究部。研究雷达配置和高炮效率的防空试验、警报和控制系统，并扩大到对防空战斗机的布置和对未来战斗的预测。对英国空战的胜利起到了积极的作用。

美国、加拿大等国也成立了军事数学小组，研究解决战争中提出的运筹学课题。如组织适当护航编队使运输船队损失最小，改进搜索方法，及时发现敌军潜艇问题；改进深水炸弹的起爆深度，提高毁伤率问题；合理安排飞机维修，提高飞机利用率问题等。

这些运筹学成果对盟军在大西洋海战中的胜利起了十分重要的作用。

军事运筹学的基本理论是依据战略、战役、战术的基本原则，运用现代数学理论和方法来研究军事问题中的数量关系，以求对目标的衡量准确达到极值的择优化理论。

模型方法是指运用模型对实际系统进行描述和试验研究的方法，而军事模拟活动中应用最多的是数学模型。数学模型是用来描述研究对象活动规律并反映其数量特性的一套数学公式或算法，其复杂程度随实际而定。对复杂的军事问题必须根据问题的需要，选择各数学分支方法，构成一个整体的混合模型或组合模型。运用模型方法研究军事问题，以协助指挥员分析判断，是军事运筹学发展的重要途径。

3. 数学在战争中的应用举例

(1) 山本五十六输在换弹的五分钟

在战争中,有时一个小小数据的忽略,也会招致整个战局的失利。

第二次世界大战中,日本联合舰队司令山本五十六是一个"要么全赢,要么输个精光"的"拼命将军"。在中途岛海战中,当日本舰队发现按计划空袭失利,海面出现美军航空母舰时,山本五十六不听同僚的建议,妄图一举歼灭对方,他命令停在甲板上的飞机卸下炸弹换上鱼雷起飞攻击美舰,企图靠鱼雷击沉航空母舰获得最大的打击效果。而根本未考虑飞机在换装鱼雷的过程中最快也需五分钟,而在这五分钟内,有被美军航空母舰上的飞机先行攻击的可能。

果然,由于美军成功破译了日本海军的密码,读懂了山本五十六发给各指挥官的命令(而这密码破译的情报是由一留日归国的中国留学生池步洲所提供的),在日本飞机把炸弹换装鱼雷的五分钟内,日舰和"躺在甲板上的飞机"变成了活靶,受到迅速起飞的美军飞机的"全面屠杀"。日舰队被击溃,山本五十六也被击毙,日本在太平洋战场上由战略进攻转入了战略防御。这"错误的五分钟"给日本舰队造成了多么惨重的损失。

(2) 巴顿将军的战舰与浪高

1942 年 10 月美国的乔治·巴顿(George S. Patton)将军率领 4 万多美军,乘 100 艘战舰直奔距离美国 4000 公里的摩洛哥,准备在 11 月 8 日的凌晨登陆。11 月 4 日,海面上突然刮起西北大风,惊涛骇浪使舰艇倾斜达 42°,直到 11 月 6 日天气仍无好转。华盛顿总部担心舰队会因大风而全军覆没,电令巴顿的舰队改在地中海沿海的任何其他港口登陆。而巴顿回电:"不管天气如何,我将按原计划行动。"11 月 7 日午夜,海面突然风平浪静,巴顿军团按计划登陆成功。事后人们评说这是侥幸取胜,这位"血胆将军"是拿将士的生命做赌注。

其实,巴顿将军是利用"数学做赌注"。他在出发前就和气象学家详细研究了摩洛哥海域风浪变化的规律和相关参数,知道 11 月 4 日至 7 日该海域虽然有大风,但根据该海域往常最大浪高波长和舰艇的比例关系,恰恰达不到翻船的程度,不会对整个舰队造成危险。而 11 月 8 日却是一个有利于登陆的好天气。巴顿正是利用科学预测和可靠的边缘参数,抓住了这个"可怕的机会",突然出现在敌人面前的。

(3) 预测与朝鲜战场

1950 年 6 月朝鲜战争爆发。不久麦克阿瑟(D. Macarthur)指挥的以美国为首的“联合国军”在仁川登陆，拦腰切断朝鲜人民军的后路，包围并重挫了朝鲜人民军的主力。然后，“联合国军”长驱北上，逼近鸭绿江边。建国不到一年的新中国的最高领导人对这场在国门口的战火持什么态度？当时，美国政府出资要求兰德公司(RAND)做一项紧急研究，并将成果呈报美国总统。由战争后解密的报道可知，该项研究成果的结论极其明晰：中国将派军队入朝参战！与历史的实际完全一致。兰德公司认为：尽管新中国当时的经济实力、军队的装备还不如美国，并且相当多的高级将领对出兵持怀疑的态度，但由于苏联、中国、朝鲜的政治格局，中朝两国领导人的历史渊源和中国军队的士气，中国人民的民心、中国共产党的威望及在邻国作战的有利条件等，中国绝不会袖手旁观，而且在当时的危急关头，除派兵入朝参战外，很难有别的选择。有趣的是在其透彻的分析中，还包含了对毛泽东主席的性格及心理分析，毛泽东性格刚强，从不畏强敌，面对挑战决不退缩。因此，可以断定毛泽东会最终作出参战的重大决策。

(4) 古巴的导弹危机

对策论是研究冲突局势下如何选择最优策略的一种数学方法。对策论的基本思想是立足于最坏的情况，争取最好的结果。在军事上，通常在并不掌握对方如何打算行动的情况下，应用对策论最为合宜。

1962年10月，苏联企图把带核弹头的导弹布置在古巴，从而发生了20世纪美、苏两个超级大国之间最危险的军事对抗，形成了古巴导弹危机。当时美国总统约翰·肯尼迪(John Fitzgerald Kennedy)召集了一个高层官员执行委员会来决定美国的行动步骤。最后选择执行两种方案：海军封锁或空袭。

同样，苏联总理赫鲁晓夫也有两个选择：撤出导弹或留下导弹。

我们可以用下列支付矩阵来概括肯尼迪和赫鲁晓夫所面临的局势：

		苏联	
		撤出	维持
美国	封锁	(3,3) （妥协）	(2,4) （苏联胜利）
	空袭	(4,2) （美国胜利）	(1,1) （核战争）

上面括号中的第一项是美国选择的排序，第二项是苏联的排序。其中4是最好，3次之……从对策论来看，最佳的结果应当是“封锁和撤出”，事实上，最后的结果也是如此。所以在某种意义下，苏联从古巴撤出了导弹，美国“赢了”对策，苏联也得到了美国不入侵古巴的承诺。

由于军事斗争的高度复杂性,运用现代化的数字手段得出的决策并不总是正确的。因此只有把电脑的精确和人脑的直觉结合起来,才是真正的“科学决策”,才能赢得最后的胜利。

(5) *方程与海湾战争*

1990 年,伊拉克点燃了科威特的数百口油井,浓烟遮天蔽日。美国及其盟军曾严肃地考虑点燃所有油井的后果。这还不只是污染,因为满天烟尘,阳光照不到地面,就会引起气温下降,如果失去控制,就会造成全球性的气候变化,可能造成不可挽回的生态和经济后果。据美国《超级计算评论》杂志披露,五角大楼委托太平洋赛拉研究公司研究此问题。这个公司利用流体力学的基本方程,以及热量传递的方程建立数学模型,经过计算机仿真,得出结论:点燃所有科威特油井的后果是严重的,但只会波及到海湾地区以及伊朗南部、印度和巴基斯坦北部,不会失去控制,不会造成全球性的气候变化,不会对地球的生态和经济系统造成不可挽回的损失,亦即不至于产生全球性的后果。这样促使美国下定决心,进兵伊拉克。

美国将大批人员和物资调运到位,只用了短短一个月时间便结束了海湾战争,这是由于运用了运筹学和优化技术。因此,人们说:“第一次世界大战是化学战争(炸药),第二次世界大战是物理战争(原子弹),而海湾战争是数学战争”。

4. 数学素质与指挥艺术

学习数学,不仅意味着掌握了一种用现代科学语言构建的数学知识、思想和方法,更是获取了一种理性思维模式、数学技能和数学品质,而所有这一切则构成了人的一种特殊素质,即通常所说的数学素质。

指挥艺术则是指挥员通过运用兵力、筹划战法、控制战场等作战指挥实践活动来反映作战本质,表现自身才智谋略、意志风格的一种艺术。指挥艺术的“运用之妙,存乎一心”,而真正要达到“妙”的境界,数学素质则不可或缺。而各个战争时期,须有不同的数学素质。

(1) *“庙算在先,谋智于上”*

“庙算”是我国古代最早提出的以计算取得军事胜利的概念。孙子特别强调,根据掌握的敌我双方的情况,立足于对已有的物质条件和战争潜力各方面进行比较,在打与不打,如何打、打到什么程度,怎样结束战争等关键问题上进行综合“庙算”考虑。

通过计算并转之以谋略,对军事行为产生的各种可能性进行估测,制定预案,作出决策。只有“庙算在先”方能“谋智于上”。事实上,古今中外大凡名垂青史的军事指挥员几乎都是神机妙算、善于施谋计的高手,才能导演出许多流传千古,堪称指挥艺术神来之笔的战争活剧。

(2) 机械化作战时的运算分析

随着科技和兵器的进步，作战规模不断扩大，作战地域更加开阔和复杂，单纯的思维活动已难以全面展开对兵力编成、装备器材分配以及作战决策等一系列复杂指挥活动进行计算和推演。单纯运用“庙算”对军事问题进行“模糊”分析已不适用，而代之以运用数学方法量化分析军事问题的“运算分析”则成为指挥员的一种新的数学素质。

运用数学工具加强定量运筹分析，既是提高指挥科学性的重要依据，也是机械化战争中提高战斗力新的增长点。如在二战中，太平洋战争初期美军舰队屡遭日机攻击，损失达 62%，美军急调运筹学专家运用运筹学中对策论的最小化原理，从中找到最佳方法：当敌机来袭时采取急速摆动规避战术，可使舰船损失率从 62% 下降到 27%。

(3) 信息时代的计算机仿真

计算机仿真是集计算机技术、军事运筹理论、军事学、多媒体技术、通信技术、控制技术于一身的现代高科技。借助计算机仿真技术，可将历史经验的归纳和对未来的预测融为一体，把定性分析与定量分析、解析计算和过程仿真结合起来，把计算机的自动推理与专家学者的经验指导结合起来，并且可以合成动态的人工模拟战场，造就逼真的作战环境，可对未来作战行动、作战过程以及武器装备性能等进行描述和模拟，使受训者得到近似实战的高度模拟化的训练场所，从而为检验作战方案及战法的合理性和精确性提供了崭新的技术手段，为军事决策和指挥提供了更加精确的数量依据和新的方法。

如在海湾战争之前，美军对战场态势建立起数学模型进行了大量的计算机模拟仿真。结果显示延长空袭行动即可消灭伊拉克军队有生力量 30%～50%，而美军地面战斗伤亡可从 40 000 人下降到 5000 人，时间只需一周左右。据称，该模拟结果成为海湾战争指挥决策的重要基础。

今日的“实战”已变成了对仿真结果的一种验证，真正实现了“运筹帷幄之中，决胜千里之外”。但“虚拟现实”也好，DIS 技术也罢，再高超的“仿真”技术也都是不可能脱离数学手段而孤立存在的。

5. 数学与反恐

乍看起来，抽象的数学概念与铁血交织的反恐战争似乎是风马牛不相及的。但当多名美国数学家聚集在美国新泽西州的拉特格斯大学探讨时，却认为在策划反恐战时，可采用数学里的顺序理论。与此同时，一些专家已开始着手编写特殊计算机程序,用以来搜集情报,分析恐怖组织内部结构。由此揭示出了数学与反恐之间的微妙联系。

麻省理工学院数学家乔纳森·法利(Jnathan Farley)组织了拉特格斯大学的数学反恐会议,出席这次会议的美国准政府机构、“国土安全协会”成员加里·尼尔森(Gary Nielsen)认为:数学家提出的部分想法很有实际意义,其中最吸引人的就是用数学帮助情报机构筛选数据。

乔纳森·法利表示抽象的数学理论可以帮助情报官员找到打击恐怖主义网络的最有效的方法。法利说:“在正常情况下,恐怖组织的机构并不为人所知,但数学方法同样可以解决这个问题。数学家可以通过计算机程序,从大量数据资料中找到个人、地点或事件之间的联系。”

南加利福尼亚州大学的计算机专家法尔·阿迪比(Fel Adegbi)尝试着利用数学原理编写计算机程序。其工作原理是:先确定一组恐怖分子,然后从数据库中寻找与他们有共同点的其他人,分析内容包括电话记录、参加宗教仪式地点、政治关系和血缘关系,最终把与恐怖分子有共同点的人列为嫌疑恐怖分子。

出生在俄罗斯的加利福尼亚大学的认知学专家弗拉迪米尔·勒费布尔(Vladimir Lefeber),一直试图用数学方式来表现人类的决策过程。其理论很简单,每个人在做决策时,都会基于自我定义的判断,而这种判断会受到外界的影响。我们可以让恐怖分子对他们的自我定义产生不确定,动摇他们的信仰。甚至可以让恐怖分子认为,他们并不是恐怖分子,而是其他身份。如果能把错误的想法植入敌人脑中,你就可以在战场上占得先机。而勒费布尔却可以把这一过程简化为一个计算机程序。

卡内基-梅隆大学的研究人员已经实现了勒费布尔的想法。该大学的计算机科学家凯瑟琳·卡莉带领实验室人员,尝试模拟恐怖组织的行为。实验室通过收集相关报纸文章和其他公开信息,建立起虚拟的“基地”组织,计算机程序通过这些信息寻找恐怖组织成员的特点和相互关系,并对组织成员地位、隐藏关系和关键技术人物等作出判断。另一个程序则利用这些信息和判断结果,预测某一个成员离开后,这些组织会如何发展。

人们有理由相信,这门古老而传统的学科——数学,很有可能在科技含量高的现代反恐战争中找到广阔的用武之地。

6.2　数学与法律

数学是人类文化极其重要的组成部分,曾对许多文化产生过深刻的影响。所以,数学便具有极广泛的应用性,能对各种学科产生影响。可以说无论是自然科学还是社会科学,没有任何一种学科不受数学的影响,法律自然也不例外。

1. 古希腊数学对法律的影响

从毕达哥拉斯学派的一位成员阿尔基塔(Archytas)说过的一段话中,可看出数学对法律的影响:"一旦发现了正确的计数标准,就能控制公民冲突并促进协调。因为如果那里达到这一点就不会有过分的权益,平等就占统治地位,正是这个(正确的计算标准)给我们带来了契约,穷人从有财产的人那里得到东西,富人给平民东西,彼此公平对待,相互信任,作为一种标准和对做坏事的人的威慑,它制止住了那些在做坏事能计算出结果的人,使他们相信当他们企图做坏事时就不免败露;而当他们不能(计算这种结果)时,也可以向他们表明他们是因此做错了,从而防止他们犯罪。"

柏拉图(Platon)是古希腊的一位大思想家,他不仅希望用数学来解释自然,而且要用数学来取代自然界本身。由于柏拉图认为永恒的知识只能从纯粹理想的形式中获得,所以他便成了乌托邦(Utopia)的鼻祖。"乌托邦"还有另外一层意思,那就是自从柏拉图起,思想家们所一直追求的关于完美、理想的社会的观念。

柏拉图

柏拉图关于乌托邦的构想对后世具有深远的影响,许多法学理论都与此有关。追根溯源,乌托邦的构想直接受数学的影响。

数学观念对古希腊法律制度最重要的影响,是表现在对民主制度的影响上。古希腊人崇尚理性,擅长抽象思维,数学成了古希腊人哲学思辨的主要对象。由于"万物皆数",由此可推出自然运行具有必然性和规律性。把这种"自然之法"引入到人类社会,就产生了自然法。由于民主制度是符合自然法的,所以希腊人自然就选择民主制度了。

毕达哥拉斯学派认为,数是一切事物的本质,数的关系构成绝对和谐的各种不同的和音,把协调和均衡看作是包括音乐、医学、物理学和政治学中的一个根本原则。这种和谐均衡的观念,亦即是"公道"的观念,即在政治生活中秉持和谐、均衡的原则,对他们的社会制度和社会生活产生了巨大的影响。人们必须平等地参与管理,不因为地位的高低和财富的多寡而受歧视。这种和谐的共同生活使每个公民以能参与其中为最大乐事,这个现象始终是希腊政治学说中的主导思想。由此,我们不能低估数学观念对古希腊人选择民主制度的影响。古希腊人的数学观念和政治法律观念在深层次上是相通的。毕达哥拉斯学派有关和谐、均衡的观念,对后世的宪政有着深远的影响。

2. 古代中国数学对法律的影响

古代中国也把数字看作神奇的符号，具有某种深不可测的意义。数学文化的这种神秘性往往又影响着法律文化。

如老子就有“道生一，一生二，二生三，三生万物”的“数生万物”的思想。《淮南子·坠形训》有这样记载：“天一，地二，人三，三三而九，九九八十一；一主日，日主十，日主人，人故十月生；三九二十七，七主星，星主虎，虎故七月生。”而《易经》更是利用数学及其符号的变化来对事物的变化发展规律予以规范和预测。以上这些论述都涉及到法律的起源问题，而把数学运用到巫术中更会对法律文化产生一定的影响。

3. 中世纪数学对法律的影响

文艺复兴时期的领袖们读到从逃到西欧的大批希腊学者带来的古希腊著作时，知道了自然是按照数学设计的，而不是按照上帝意志所设计，但因慑于教会的淫威，不敢反对基督教教义，就宣称上帝依照数学设计了宇宙。这样希腊人的思想便与基督教的思想融会在一起了。于是，人们就在上帝的旗帜下去发现自然现象中的数学规律了。

康德

16～18 世纪，许多哲学家都钻研数学，并成为颇有影响的数学家。如笛卡儿创立了解析几何，莱布尼茨创立了微积分。他们把数学观念、数学方法引入哲学，对哲学产生了很大的影响，而经过数学改造了的哲学，又对其他社会科学产生了很大影响，其中包括法学。诚如著名的比较法学家勒内·达维德(Rene David)所说：“法学常常只是把先在哲学和政治等其他方面表现出来的观点和趋向，在法的方面反映出来……各国都依靠法学家们在法律上反映新的哲学和政治思想与制定法的新门类……”

莱布尼茨毕生想发现一种普遍化的数学，以计算来代替思考，以计算来解决法律纠纷。作为一种哲学家和法学家的霍布斯(Hobbes)，也极推崇数学，他把数学方法应用于对政治法律现象的研究中。大哲学家康德(I. Kant)也认为“在特定的理论中，只有其中包含数学部分才是真正的科学。”

4. 公理化方法对法律的影响

由欧几里得创立的公理化方法，早期仅用之于数学，而后便开始向诸多领域发展。人们在寻找自然公理(包括物质世界的公理和精神世界的公理)，法学家也不例外，也在寻找自然法公理。美国最高法院法官詹姆士·威尔逊(James Wilson)

说:“自然法则是以一种简单的、永恒的、不言自明的原则反映给人类普通的良心。”杰佛逊(Jefferson)则将追求人权写进《独立宣言》中,断言人人生而平等,都具有生命权、自由权和追求幸福的权利,这些权利是不证自明的。由于自然法学家所确定的公理内容差不多都是人权内容,这就有力地提升了人的地位,敲响了神权和政权长久奴役人的丧钟,推动了社会的前进。自然法学家通过确立公理为人权理论奠定了基础,这是对法学理论的一个重大贡献。

简单、明晰的公理,不但对自然法则有影响,而且对制定法典也有影响。拿破仑就认为:“将法律化成简单的几何公式完全是可能的,因此,任何一个能识字的并能给两个思想联结在一起的人,就能作出法律上的裁决。”

在17～18世纪,许多法律问题都采用数学的方法进行论证。维柯(Vico)用几何方法写成一部名为《普遍法律的唯一原则》;普芬道夫(Pufendorf)则从社会需要这单一原则出发,利用几何方法推导出天赋人权;斯宾诺莎(Baruch de Spinoza)的《伦理学》一书涉及大量法学问题,全部是用几何方法进行论证的。著名的三权分立理论也曾受到几何学的支持。孔多塞(Condorcet)写过一篇《概率演算教程及其对赌博和审判的应用》,企图建立一门以概率论为桥梁的社会数学。

斯宾诺莎

5. 数学“特性”对法律的影响

除了数学的公理化方法外,数学的精确性、严密性等特性对近代法律也具有极大影响。由于近代法学家大多接受了笛卡儿的哲学,所以这些法学家便将近代法律带上了一条追求精确性、严密性的道路,近代法典的编纂便与此有关。如《法国国民法典》就素以条理分明、逻辑严密、概念精确而著称于世,从中不难看出数学方法的影响。

大陆法系国家由于受几何演绎方法的影响,所以它的司法程序成为地道的三段论演绎的过程。近代立法者和司法者从某种角度讲,与其说是进行法律活动,不如说是进行数学运算。数学对推动近代法律的进步起到了不可估量的作用。近代法律最重要的原则都是在接受了数学方法后才确立起来的。研究法律思想史,绝不可忽视作为思想史要素之一的数学。

6. 19世纪数学对法律影响的低落时期

在19世纪初期,数学对法律仍有着极大的影响。但是总的来说,在19世纪数学对法律的影响是显著缩小的。虽然在19世纪数学所取得的成就,几乎等于从毕达哥拉斯以来所有各世纪的总和。那么,在19世纪数学对法律的影响为什么会缩小的呢？这与非欧几何的出现有关。由于非欧几何的出现，表明2000年来一直为人们称誉的、严格的、典范的欧氏几何，竟然是建立在有着严重缺陷的逻辑基础上的。这就动摇了"唯理主义"的理论基础。数学确定性的丧失，导致了唯理主义的衰落，从而加速了人们对数学的冷漠。

7. 20世纪系统科学对法律的影响

20世纪系统科学的兴起，表明科学的发展发生了根本性的转向。它代表了一种新型的科学方法的诞生，从某种意义上说，它对社会科学的影响比对自然科学更大。因为社会科学研究的是社会和人，这是一个复杂的大系统，是难以进行数学描述的。但由于系统科学的发展，使成功地解决复杂的大系统问题成为可能，这就使得社会科学的数学化成为可能。法学是社会科学的一门重要学科，系统科学对社会科学的影响自然也波及到法学。如今，在中外法学界，已有不少专著和论文在运用新的数学方法进行法学研究。

运用博弈理论来分析特定法律问题是很普遍的。如杰克逊(Jackson)将囚徒困境应用到破产法的研究；库特(Kurt)利用博弈理论模型来考察审判前所发生的情况；贝伯丘克利用博弈理论来考察民事诉讼程序规则；约翰斯顿(Johnston)利用博弈理论阐述合同违约规则；埃里克森(Ericsson)利用博弈理论来说明习惯如何能与法律规则一样发挥作用。而由道格拉斯·G.拜尔(D. G. Baird)、罗伯特·H.格特纳(R. R. Getreid)、兰德尔·C.皮克(R. C. Peek)合著的《法律的博弈分析》是运用博弈理论对法律行为进行分析的影响较大的著作。

法律专家系统是法律推理的人工智能研究的主要课题。我国的法律专家系统研制工作起于20世纪的80年代，并取得了可喜的成就。如今，在一些国家里，法律专家系统已在法律活动中正式投入使用。伴随着系统科学兴起所产生的新的数学方法，使法学的数学化程度更加提高，从而使法学更加科学化。

8. 总结

由上可知，数学对法律的影响，不仅有数学方法，更重要的是数学观念、数学精神；数学的特点将决定它永远和哲学联系在一起，而哲学又是包括法学在内的社会科学的理论基础。因此，数学对法律的影响将是长期的。许多复杂的法律现象，正期待着人们用新的数学方法研究它。法学研究的深入，有赖于数学研究的深入。我们期待着一批既懂数学，又懂法律的研究人才的出现。

综上可知，数学对法律的影响有：为法律的变更提供了不断更新的理论和方法；为法律科学开辟了新的研究领域；为法律科学提供了一套科学知识体系，从而使许多法律问题研究建立在更加可靠的基础之上。

6.3　数学与生命科学

1. 人类基因组计划

国际人类基因组计划于 1990 年启动，到 2001 年 2 月参与人类基因组计划的中国、美国、德国、日本、法国、英国六国科学家向全世界宣布，人类基因组图谱比预期提早 5 年完成。经初步测定和分析，人类基因组共有约 30 亿个碱基对，包含了约 3～4 万个蛋白质编码基因。

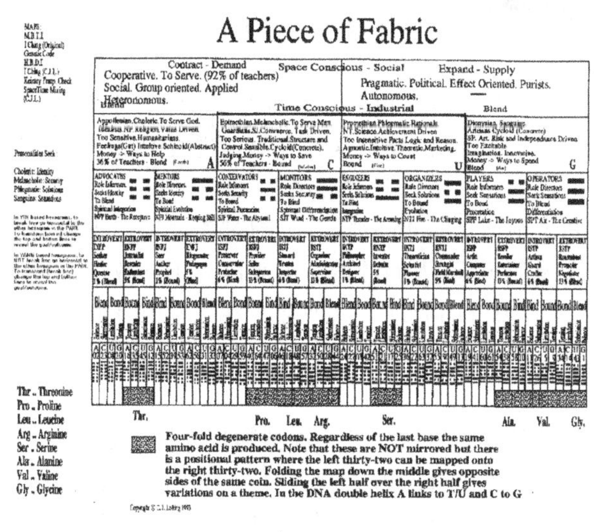

遗传基因图

基因组图谱秘如天书，是六国卓越的生物学家、化学家、数学家、计算机专家和工程师积极参与，共同破译的。人类基因组遗传信息的破译将为疾病诊断、新药物的研制和新疗法的探索带来一场革命。“人类基因组计划”是继“曼哈顿”原子弹计划、“阿波罗”登月计划之后的自然科学史上的第三大计划，被列为 2001 年“十大国际新闻”之一。

人类基因组蕴涵着人类生、老、病、死的绝大多数遗传信息，诸多疾病起因于遗传密码错误或特殊基因。有些疾病是先天性的，有些疾病是先天基因与后天环境“联手共犯”的结果。

人类基因组研究的发展还将促进生命科学与信息科学的结合，带动一批新兴高技术产业的发展。随着人类基因组计划的逐步解密，人类将战胜疾病、延缓衰老、控制遗传性状。人类终于能认识自己的时代即将到来，而这些都离不开数学家与计算机学家的努力。

2. 人体函数图

早在1887年,人们就已经能够测定人体的活动电流,它们都是把人体的流动电流转化成正弦曲线,通过观察和比较曲线的形状、振幅和相位,从而作出健康与否的判断。

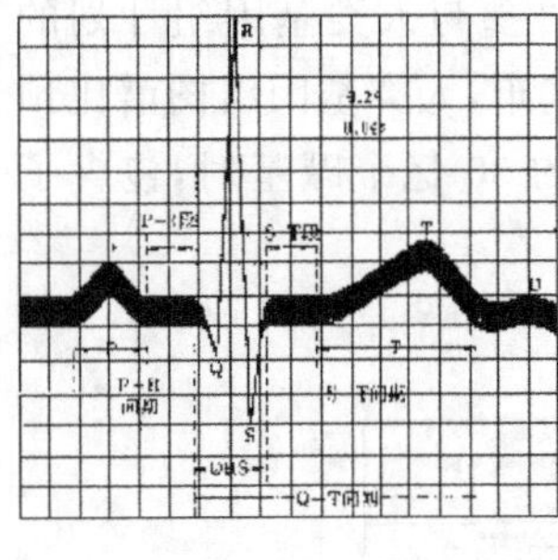

正常人的心电图

1903年,艾因特霍芬(Eintehoven)首次以心电图的波形来描述人体的活动电流。将人体心脏的运动首先用函数图像表示出来,即将心脏的运动以波的形式视觉化,已成为医生对心脏病的诊断的安全、准确的日常临床方法之一了。

1929年德国精神科医生贝克(Beck)发现了人类的脑电波。脑细胞活动发生精神作用时会产生生物电流,导出这种电流并进行记录,所得到的结果就是脑电图。其波形虽然复杂,但仍显示了有规律的周期性。由脑电图可以测知人脑活动是否正常,从而对健康状况作出相应的判断。

在现代医学发展的今天,人们的健康越来越离不开数学。事实上,我们身体的各部分的结构,都具有数学的原理。这使数学在医学上具有广泛应用的可能。

3. 数字化虚拟人体

“数字化虚拟人”是“虚拟可视人”、“虚拟物理人”和“虚拟生物人”的统称,是通过信息技术与生物技术相结合的方式,在计算机上操作的可视模型,即由几何图形的数字化“可视人”到真切实感的数字化“物理人”,再到随心所欲的数字化“生物人”。它是把人体形态学、物理学和生物学等信息,通过大型计算机处理而实现的“数字化虚拟人体”,可作为代替真实人体进行实验研究的技术平台。

“数字化虚拟人”研究首先由美国科学家于20世纪末提出,并率先进行研究,它是一项计算机技术、信息医学与生物技术等学科相互交叉、综合发展起来的前沿性交叉学科,对人类科学技术发展和社会进步具有深远的意义。

人体由100多万亿个细胞组成。目前,人类对自身的认识了解非常有限。特别是人类对疾病病因的研究、诊断、治疗,以及人体与环境的复杂关系的研究,由于缺乏精确的计算模型,对其了解受到严重的制约。而由信息医学、生物技术、计算机技术相结合的“数字化虚拟人”的出现,彻底解决了这一难题。

目前获取“数字化虚拟人”一般采用人工断层解剖学的方法,而不是一般认为的X光断层扫描所得的影像学信息。“数字化虚拟人”具有重大的社会应用价值,可广泛应用于医学、航天、航空、建筑、影视制作等领域。

如“虚拟可视人”可用于事先模拟各种复杂的手术及预测术后的效果,并可进行人造器官的研究，设计、改造和创新手术器械；“虚拟物理人”可模拟各种交通事故对人体的意外伤害的研究，以及应采取的防护措施；“虚拟生物人”可用于研究人体疾病的发生机理，预测疾病发展的规律，以及各种新药的筛选。

如今，世界上许多国家都对“数字化虚拟人”予以高度的重视，特别是西方的发达国家，他们或启动或进行专项研究，而我国在这方面的研究也是处于世界先进水平。

4. 现代医学与数学化

现代医学的发展，离不开与数学的结合。如数理诊断学、细胞动力学等，其最大特点是用到较多的数学知识。

20 世纪初期《生物统计学》的创立，开创了数学在生物学上的应用。而概率统计在医学上更有着日益广泛的应用，如显著性检验、回归分析、方差分析、全概率公式、计量诊断模型、决策树概率分布、微生物检测等。《生态竞争的数学原理》一书的完成开创了一门新型的学科——生物数学。对神经兴奋理论的研究，并应用微分方程建模，将医学问题数学化，取得了著名的神经刺激理论模型。而模糊数学在生物医学上的应用，为生物医学数学化与医疗诊断现代化提供了一条极重要的途径。

医学数学的一般模式可概括为：医学实际问题→数学化（定量分析）→数学模型（定性指标）→反馈修正（实践检验）→定性理论。在计算机出现后，医学数学化的模式又有新的发展，其模式为：医学免疫问题→数学化→计算机完成计算与论证→反馈修正→免疫网络理论。这个现代化的医学科研模式集医学、数学、计算机技术于一体，这种三位一体正是医学现代化的方向。

5. 数学与药学

现今人们都崇尚“绿色”，而中医药正是人们心目中的“绿色药品”，越来越受人们的青睐。中医药学是前人经过艰难探索并运用数学统计分析出来的。

科技的精进发展，促进了中医药与西医药的相互融合与新药的开发。新药开发着眼于药物分子的设计合成，需化学、生物化学与药理学的结合；制药工业需药学与化学工业、工业工程结合；生物药剂学是探讨药物在体内之动力学。以上这些都需要结合数学与生命科学的知识，以确立用药的模式及评价药物的疗效。病患用药知识及临床用药评估、药品的行销管理，则需结合决策学、经济学、管理学等人文科学与社会科学，而所有这些都离不开数学。我国正在积极推行中医药科学化研究，虽然这是生物药学和天然物化学之范畴，但它却根植于数学与其他学科的融合。由于近年来生命密码的破译，人类基因组织计划接近尾声，各项生物科技及遗传工程在医药学上已有所应用。如今，许多制药公司和生物技术公司正在后基因时代的药学研究中展开竞争。可以想像,在现代数学和其他学科的推动下,未来的药学将取得飞速发展,从而也促进人类进一步迈向对自身深入的了解。

6. DNA 计算机

DNA 计算机之父 L. 阿德勒曼

1994 年 11 月美国南加州大学教授雷纳德·阿德勒曼(L. Adleman)在《科学》杂志上公布了 DNA 计算机的理论。科学家们相信 DNA 计算机蕴含的理念可使计算的方式产生进化,有助于揭示生命的本质与演化,并将在数学与生命科学中产生极其深远的广泛影响。

在过去的半个世纪里,计算机完全是物理芯片的同义词,但阿德曼的 DNA 计算机则是一种化学反应计算机,它将彻底改变计算机硬件的性质,改变计算机的基本运作方式。

以色列科学家研制的 DNA 计算机

DNA 计算机的基本构想是以 DNA 碱基序列作为信息编码的载体,利用现代分子生物学技术,在试管内控制酶作用下的 DNA 序列反应,作为实现运算的过程。它是以反应前 DNA 序列作为输入的数据,以反应后的 DNA 序列作为运算结果,它是一种化学性质的切割、粘贴、插入和删除。DNA 计算机的计算建立在生物学的根基上,计算出生命的核心,因此,生命就是一台计算机。人们对生命新的认识是,生命就是以计算的方式进化着。DNA 是生命的信息库和程序库,它既是一套自复制的程序,又是一套正在发展的程序,它构成了遗传、发育、进化统一的物质基础。一旦 DNA 计算机全面实现,真正的"人机合一"就成为可能,到那时,人们不再需要什么"电脑",因为人的大脑本身就是一台自然的 DNA 计算机,这时,人们需要的只是一个接口。DNA 计算机所蕴含的理念不仅可以使计算机的方式产生进化,而且也可以使人类的大脑和思维产生进化。

7. DNA 密码

DNA 密码,是由美国纽约西耐山医院的分子生物学家卡特尔·邦克罗夫发明的,它可以将密码信息藏在人体的 DNA 中。由于人体的 DNA 由 A、T、C、G 四种碱基组成,每段 DNA 中包含上亿对碱基对,这四种碱基对的排列方式有无穷多种,为什么不利用 DNA 巨大的复杂性来隐藏信息呢?

在卡特尔·邦克罗夫的实验室里,取下一个人体细胞分离出里面的 DNA,然后将其上的大约 100 个碱基对的顺序重新排列,将信息隐藏在其中。例如,三个 A 排在一起即"AAA"表示"你好"……由于 DNA 上的碱基对数量巨大,隐藏在里面的 100 个碱基对很难发现，而要破译这种密码，不仅要有传统的密码破译技术，而且要有生物化学方面的专业知识。

8. 理解生命的新工具——数学模型

今天，虽然有许多生物学家从“计算”的角度，来看待数学对生命科学的作用，然而，对于理解生命现象来说，计算机是远远不够的，不要让计算机代替了我们的思考。

对于今天的生物学者，数学的价值应该体现在“模型化”方面。通过模型的构建，那些看上去杂乱无章的实验数据将被整理成有序可循的数学问题，所要研究的问题的本质将被清晰地抽绎出来，研究者的实验不再是一种随意探索，而是通过“假设驱动”的理性实验。以人类发现的第一个肿瘤抑制基因 P53 来说，直接与 P53 相互作用的蛋白质就已多达数十种，新的相互作用蛋白质还在不断发现中，现在人们看到的 P53 已经是一个相当复杂的调控网络。显然，如果没有数学模型的帮助，要理解和分析 P53 的功能将不是一件容易的事。如今，发现 P53 的生物学家之一莱文尔和数学家一起，已建立了一个解释 P53 的调控线路的数学模型。

其实，数学不仅能帮助人们从已有的生物实验和数据中抽象出模型和进行解释，它还可以用于设计和构建生物学模型，也许这些生物学模型在自然状态下是根本不存在的。在 21 世纪，美国普林斯顿大学的科学家设计了一个自然界不存在的控制基因的表达网络。与此同时，波士顿大学的生物学家也进行着类似的工作，这两项工作共同的特点是应用了某种微分方程进行推导和设计，然后再根据其设计去进行生物学实验，这种网络的理性设计，可以导致新型的细胞工程和促进人们对自然界存在的调控网络的理解。

9. “万物皆数”在生命科学中的体现

DNA 和蛋白质是两类最重要的生物大分子，它们通常都是由众多的基本元件(碱基、氨基酸)相互连接而成的长链分子。但是，它们的空间形状并非是一条平直的线条，而是一个规则的“螺旋管”。尽管在 20 世纪中叶，人们就发现了 DNA 双螺旋和蛋白质 X 螺旋结构，但直到今天，人们还是难以理解，为什么大自然要选择螺旋作为这些生物分子的结构基础。

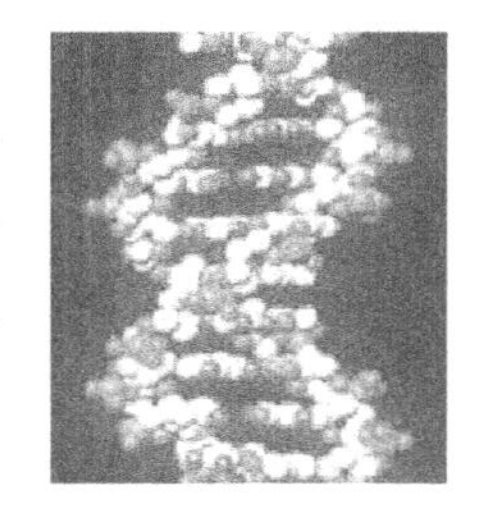

DNA 螺旋

当美国和意大利的一组科学家利用离散几何的方法，研究了致密线条的“最大包装”问题后，得到的答案是“在一个体积一定的容器里，能够容纳的最长线条的形状是螺旋形。而天然形成的蛋白质正是这样的几何形状”。显然，由此能够窥见生命选择螺旋作为空间结构基础的数学原因：在最小空间内容纳最长的分子。生物大分子的包装是生命的一个必要过程。由于作为遗传物质载体的DNA,其线性长度远远大于容纳它的细胞核的直径,因此,通常都要对DNA链进行多次的析叠和包扎,使长约5厘米的DNA双螺旋链变成大约5微米的致密的染色体。由此可以认为,生命遵循“最大包装”的数学原理来构造自己的生物大分子。

细胞是生命的基本组成单元和功能单元,而细胞分裂是细胞最基本和最重要的活动,完成一次细胞分裂称为细胞周期。不同的细胞周期的长短是不一样的,有着严格的调控,而这个调控是通过数量控制实现的。

如果古希腊著名数学家毕达哥拉斯“万物皆数”的观点是正确的话,那么作为大自然的杰作——生命,一定也是按照数学方式设计的,因此,数学不仅仅能够提升生命科学研究,而且是揭示生命奥秘的必由之路。

6.4　数学与体育竞技

1. 田忌赛马

据《史记》记载,战国时代的齐国国君齐威王喜欢和臣下赌赛马。一次,齐威王找到手下大将田忌,要与他以千金为每场赛马的赌注,连赌三场。双方约定的赛规是“每人都从上中下三个等级的马中各选出一匹,每匹马都参加比赛,而且只参加一次,这样连赛三场,每场胜者赢千金,败者输千金”。当时的情况是:每人的上等马要优于中等马,中等马要优于下等马,而田忌养的马与齐王养的马相比,每一等级的马都要略逊一筹。这样看来,田忌显然处于劣势,要想取胜似乎异想天开。

在比赛中,田忌的对局是:以上等马对齐王的上等马,以中等马对齐王的中等马,以下等马对齐王的下等马。因此,每场比赛都是以田忌的慢半拍而告输,田忌付出了三千金。齐王赢得开心,常找田忌比赛,以赢金子为乐。而田忌每次必败,心里很是不快活。

又一次,齐王找田忌赛马,此事,让田忌的好朋友孙膑知道了,孙膑给田忌出了个主意,想不到这次比赛在孙膑的策划下,田忌反败为胜,居然赢了齐王一千金。

原来对于这次赛马,孙膑是这样安排的:第一场比赛,让田忌把下等马装扮成上等马,与齐王的上等马比赛,这一场当然是田忌输给齐王一千金;第二场、第三场比赛,孙膑让田忌的上等马、中等马分别与齐王的中等马、下等马比赛,这两场比赛都是田忌胜,赢得齐王两千金。结果是田忌一负二胜,反而赢得齐王一千金。

“田忌赛马”实际上是一个现代数学分支——对策论中最古老的一种对策现象。凡对策现象都具有以下三个要素:

1) 局中人:一场竞争称为一局对策,在一局对策中参加的人称为局中人,如齐王和田忌都是局中人。

2）策略：是在一局对策中，每个局中人选择的实际可行方案。一个方案就是一个策略。局中人所采取的全部策略的个数为有限个就称为有限策略，无限个时称为无限策略。

3）一局对策的得失：在一局对策之后，对每个局中人来说，不外于或胜或败，或排名的先后，或物质上的得失等，这种实际的结果，就叫做一局的得失。显然，在“田忌赛马”中，一局的得失为一千金。

由上分析可知，在齐王与田忌赛马中，共可组成 $6\times6=36$ 种局势。在 36 种对阵格局中，列成表 6-4-1，可知齐王的输赢情况，表中“-1”表示输一千金；“1”表示赢一千金。

表 6-4-1　齐王的输赢情况

齐王得分 / 田忌策略 / 齐王策略	(1)（上、中、下）	(2)（上、下、中）	(3)（中、上、下）	(4)（中、下、上）	(5)（下、上、中）	(6)（下、中、上）
(1)（上、中、下）	3	1	1	1	−1	1
(2)（上、下、中）	1	3	1	1	1	−1
(3)（中、上、下）	1	−1	3	1	1	1
(4)（中、下、上）	−1	1	1	3	1	1
(5)（下、上、中）	1	1	1	−1	3	1
(6)（下、中、上）	1	1	−1	1	1	3

由表 6-4-1 可以看出，在 36 种格局中，齐王赢三千金局势有 6 种，赢一千金局势有 24 种，而输一千金的局势只有 6 种，从总的来看，田忌输的概率是 $\frac{5}{6}$，赢的概率只有 $\frac{1}{6}$。

冯・诺依曼

田忌赢的可能性是非常小的，但孙膑是如何制胜的呢？孙膑赢摸准了齐王的策略，他事先知道了齐王安排出马的顺序，这样就掌握了主动权，从而有的放失地制定了“先退而进”、“退一步、进二步”的制胜策略。

在现实生活中，尤其是在体育竞技和军事对阵过程中，都要制定良好的对策，以求战胜对方。而对策的研制必须要通过数学运算，而研究这类问题的一门新兴数学，就称为“对策论”。“对策论”是 20 世纪数学的伟大成就之一，它是由美国数学家冯・诺依曼(Von Neumann)创立的一种数学理论，对经济学有着深刻的影响。后来与人合作写成了《对策论与经济行为》这一富于革命性的经典著作，冯・诺依曼成为有史以来世界上最重要的 50 位经济学家之一。

2. 体育比赛安排中的“树形图”

体育竞技中场次的安排,可通过画“树形图”来实现。先看下面一次乒乓球选拔赛的安排:某校要在8位乒乓球运动员中选出一名运动员参加本区的乒乓球比赛,采取单淘汰的方法进行选拔,问一共要进行多少场比赛,才能确定最后的人选?由于只选出一名乒乓球运动员参加本区的比赛,故可按下列画出的图形进行比赛而最后确定参赛人选。

在图6-4-1中,除了最左边的一列顶点外,其他各顶点都表示一场比赛,这样的顶点共有7个,因此整个选拔赛进行7场比赛便可将参赛选手选出。

当然,也可以按图6-4-2进行单循环淘汰赛将参加比赛的选手选出。

图6-4-2中,空心点是表示参加比赛的人(共8人),实心点表示比赛的场次(共7次)。不过,如果按图6-4-2的排列进行比赛时,先参加比赛的人吃亏(体力消耗大),因此,还是以图6-4-1的安排比赛为好。

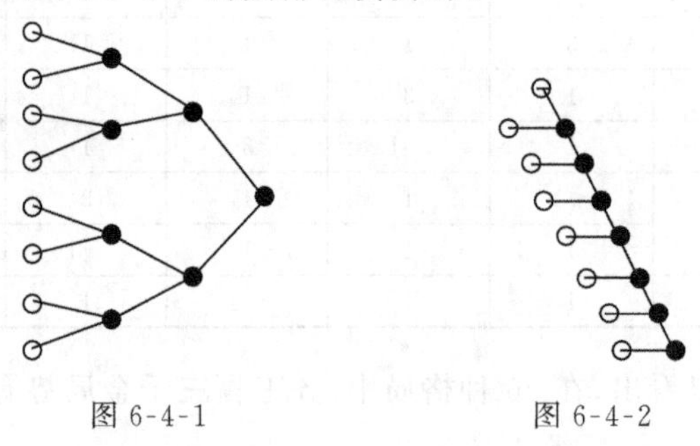

图 6-4-1　　　　图 6-4-2

3. 射门等效线

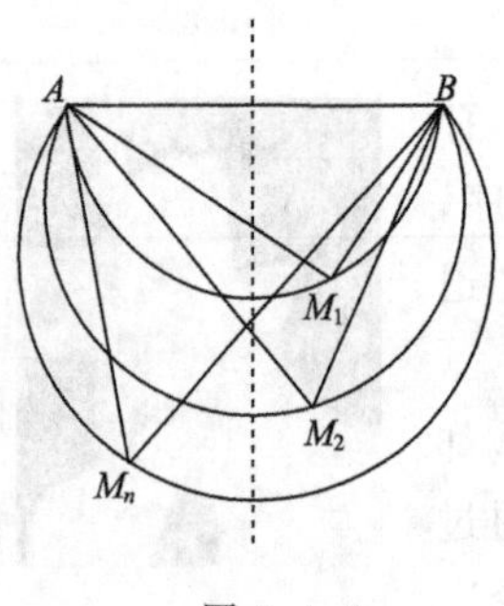

图 6-4-3

如图6-4-3所示,将 AB 看成是足球赛的球门,则圆弧 AM_1B,AM_2B,…,AM_nB 中,每一个弧在足球场内的部分将成为射门等效线,即从同一个弧上的任一点将球射进球门的效果是相等的。这是根据平面几何知识,同弧的圆周角相等,而这个圆周角即是球门的张角。只有对球门的张角大时,射进球门的机会才大,由图可知,在图6-4-3的各弧中,只有弧 AM_1B 对球门的张角最大,故从圆弧 AM_1B 上的点射进球门的机会最大。

由此可见,足球与数学有着密切的联系。其实,各种体育竞技都与这样或那样的数学问题有关。

4. 竞技者的人体动势美

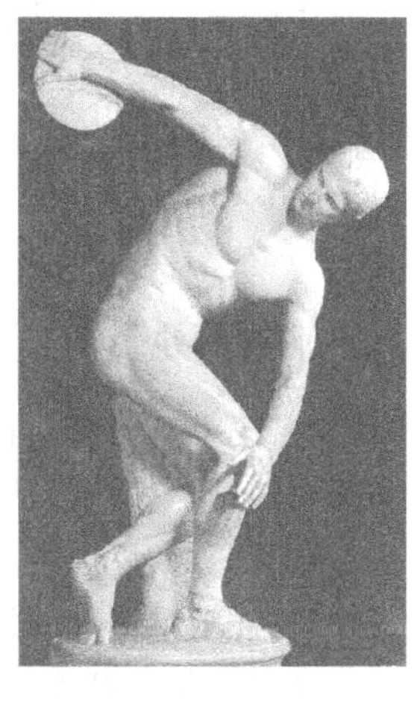
图 6-4-4　掷铁饼者

雕塑家常以他们的作品来表现竞技者的人体动势美。公元前 492 年，希腊雕塑家米隆(Myron)以青铜为雕塑材料，巧妙而准确地表现出人物在运动中的正确姿态，而其中的《掷铁饼者》(图 6-4-4)被誉为“体育运动之神”。

米隆是一位大胆进行艺术改革的雕塑家。他善于运用超群的雕刻技巧来表现人体，尤其是对激烈动势中竞技者的人体均衡与静止的处理有独到之处，这充分体现在《掷铁饼者》中，这是一个投掷铁饼的典型的瞬间动作：人体弯腰屈臂成 S 形，使得人体富于运动变化。但这种变化常常造成不稳定感，所以作者将人物的动作的重心移至右足，让左足尖点地以支撑辅助保持瞬间人体平衡。以头为中心，两臂伸展成上下对称，从而使不稳定的躯体获得稳定感。这种动态中的稳定和稳定中心动态造成单纯中多样变化的形式美感。可惜的是米隆的原作未能被保存下来，而图 6-4-4 中的像仅仅是后来罗马匠师仿制的大理石复制品，但由此可体验到一种艺术的魅力。

5. 奖金分配中的数学问题

1654 年 8 月，法国数学家、物理学家、哲学家布莱斯·帕斯卡(B. Pascal)在写给数学家皮埃尔·德·费马(P. De Fermat)的信中提出了所谓“得分问题”：即在一场机会博弈中，已知两个博弈者在中断时的得分以及赢得博弈需要的分数，假定这两个博弈者有同等的熟练程度，求奖金该如何分配问题。

问题是 A、B 两名球艺相近的网球队员进行比赛，每人赢一局的概率相等，即各为 1/2，每赢一局的得一分，输一局不得分。在最后决战时，假设 A 再赢 2 局或 B 再赢 3 局就可获得整笔 6400 元奖金。如果他们商议停止比赛而分享奖金，这时该如何公正地分配这笔奖金？

我们知道，按规定最多只需进行 4 局比赛便能决定胜负。因为在后面的 4 局中，所出现的情况共有 $2\times2\times2\times2=2^4=16$ 种。其中 A 可赢得 4 分、3 分、2 分，而 B 可赢得 4 分、3 分，二者不可同时出现，而有一个出现，比赛便终止。

在 4 局比赛中，其可能出现的 16 种结果分别为：AAAA、AAAB、AABA、ABAA、BAAA、AABB、ABAB、ABBA、BBAA、BABA、BAAB、BBBB、BBBA、BBAB、BABB、ABBB。

在 4 局中，A 出现等于或多于 2 次，则 A 获胜，这样的情况有 11 种。B 出现等于或多于 3 次，则 B 获胜，这样情况有 5 种。因此他们赢得的概率分别为

$$P(\mathrm{A})=\frac{11}{16}\qquad P(\mathrm{B})=\frac{5}{16}$$

由此推得 A、B 获得奖金的比应是 11∶5。这样在 6400 元奖金中，A 应分得 4400 元，B 只能分得 2000 元。

6.5　数学与密码

1. 密码学简介

“密码学”，希腊文称“密码编制学”，简称“编码学”。“密码学”是研究通信安全和保密的科学。它包括“密码编码学”与“密码分析学”。“密码编码学”主要研究对信息进行变换，以保护信息在传递过程中不被敌方窃取、解读和利用的方法；而“密码分析学”则是研究如何分析和破译密码。这两者之间既相互对立又相互促进。

密码的基本思想是对信息进行伪装，其过程大致如下：加密者对需要进行伪装机密信息（明文）进行伪装变换（加密变换），得到另外一种看起来似乎与原来信息不相关的表示（密文），当接受者得到了伪装后的信息后，他可通过事先约定的“密钥”，从得到的信息中分析得到原有的机密信息（解密变换）。

在计算机出现之前，“密码学”的算法主要是通过字符之间的代换或易位而实现的，这种密码体制称为“古典密码”。这些算法十分简单，由于计算机的出现，基本上已不用了。“密码学”涉及数学、通信、计算机等相关的知识。如今的“加密”、“解密”即“密钥”的设定需用到艰深的数论知识。

2. 密码学发展简介

二战期间英国破译德军密码的基地

《破译者》一书说：“人类使用密码的历史几乎与使用文字的时间一样长。”即在公元前 400 多年就已产生了。人们最早为了确保通信的机密，通过一些图形或象形文字相互传达信息。又如我国古代的烽火就是一种传递军情的方法。古代的“兵符”就是用来传达信息的密令。连闯荡江湖的侠士和被压迫起义者都各自有一套秘密的黑道行话和地下联络的暗语。

“密码学”真正成为科学是在 19 世纪末和 20 世纪初。由于两次世界大战中对军事信息保密传递和破获敌方信息的需要，密码学得到了空前的发展，被广泛用于军事情报部门的决策。

在第二次世界大战期间，德国使用了一种命名为“谜”的密码机，能产生220亿种不同的“密钥”组合，如果一个人每分钟测试一个密码，则需要1.2万年才能将所有的“密钥”可能组合试完。因此，希特勒完全相信其安全性。然而，英国却获知了“谜”型机的密码原理。英国在伦敦北边一百公里处征集了一块空地，在那里集结了一大批杰出的数学家、语言学家和象棋大师。其中包括计算机的开山鼻祖图灵(A. Turing)和创办世界上第一个人工智能系统的米基，他们专门负责截获、破译“谜”型机的密码。由于这个组织的努力，特别是图灵出色的工作，使他们掌握了一整套破译该密码的方法，并完成了一部专门针对“谜”型机的绰号叫“炸弹”的密码破译机，每秒可处理2000个字符，几乎可破译截获德国的所有情报。后来又研制出一种每秒可处理5000个字符的“巨人”型密码破译机，并投入使用。至此，几乎掌握了德国纳粹的绝大多数军事密码和情报，从而掌握了战争的主动权，而德国军方却一无所知。

图灵

在太平洋战争中，由于美国破译了日本海军的密码，就在日本舰队司令官山本五十六命令换炸弹的五分钟内，美军在中途岛彻底击溃了日本海军，导致了太平洋战争的决定性转折。因此，密码学为战争的胜利立下了大功。

如今“密码学”不仅用于国家军事安全上，而且更多的集中在实际生活中。如在生活中，为防止别人查阅你的文件，可将文件加密；为防止窃取你的钱财，可在银行账户上设置密码等。随着科学技术的发展和信息保密的需求，密码学的应用将融入到人们的日常生活中。

3. 数论：从纯粹数学走向应用

数论是数学中一门最古老、最纯粹的一个重要分支，大数学家高斯曾称“数论是数学的皇后”。数论的主要任务是研究整数(尤其是正整数)的性质。数论长期以来被认为是一门优美漂亮、纯之又纯的数学学科。就连20世纪世界数学大师、剑桥大学的哈代也曾说过：“数论是一门与现实、与战争无缘的纯数学学科。”

然而，哈代所说的并不完全符合今天的现实。在计算机科学与电子技术深入发展的今天，数论已经不仅是一门纯数学学科，同时也是一门应用性极强的数学学科了。如今，数论已经在物理、化学、生物、声学、电子、通信，尤其是在密码学中有着广泛而深入的应用。

密码设计长期以来一直是困扰军方的一个问题。保证军方的密码不被敌方破译，不是一件简单容易的事，在这里数论派上了它不可替代的用场。在“密码学”中许多新的加密和解密信息的方法都涉及到“公共密钥”加密术，而数论则在“公共密钥”加密术的发展中充当了至关重要的角色。纯数学的最后一块净土也终于被实用所“污染”了，然而由密码而推动的对数论的研究，将在数学史上写下有趣的一页。

4. 赫尔曼、麦克勒(DHM)法

1976 年，美国斯坦福大学教授赫尔曼(E. Hellman)和他的研究助理迪菲(W. Diffie)，以及博士生默克勒(R. C. Merkle)，首先创立了所谓的“公钥密码体制”(简称为 DHM)，并发表了题为“密码学的新方向”的论文。加密解密用两个不同的钥，加密用公钥，即可以公开，不必保密，任何人都可以用；解密用私钥，私钥必须严加管理，不能泄露。更为称绝的是，他们还发明了所谓的“数字签名”技术，即用私钥签名，用公钥验证。

传统的密码体制是“密钥密码体制”(即在加密解密中都采用同一个钥)，即知道了其中的一个钥，另一个钥就可以很容易地计算出来，这显然是不适于在军事上应用的。具体的军用通信是，军事指挥机关事先用密钥把军令加密之后再下达部队，与此同时(甚或提前)还要将密钥也下达到部队，否则其部下解不开军令。显然，“密钥”的管理与保护就成了一个大问题。因为如果“密钥”一旦为敌人所掌握，则“密码”就成了“明码”了。因此，在军事与外交部门是不惜代价而派专人专管传送“密钥”的，显然，这需很高的代价。

而现在数论密码却是公开的，其程序大致是这样：

1) 收方先告诉发方如何把情报变成密码(敌人也听到了这个做法)；

2) 发方依法发出情报的密码(敌人也听到了这个信号)；

3) 收方解开此密码为信息(但敌人解不开此密码)。

将之用于军事上，即使发方被捕，敌人仍得不到解密的机密。

DHM 的运作过程大意是：

首先 A、B 二人共同公开内定一个素数 q 和有限域 Fq 中的一个生成元 g。

A 选定一个随机数 a(a 可认为是 A 之私钥)，并将 g^a(modq)传送给 B。

B 选定一个随机数 b(b 可认为是 B 的私钥)，并将 g^b(modq)传送给 A。

则 A 可以算出$(g^b)^a$(modq)，B 也可以算出$(g^a)^b$(modq)，由于$(g^b)^a$(modq)$=g^{ab}$(modq)。因此，A 和 B 就形成了一个公共的密钥 g^{ab}(modq)，日后便可以以密钥进行传统的加密计算，从而可达到即使在不安全(如因特网上)的通道上也可进行保密通信的目的。

这是因为敌方虽然可以截获到 g、q、g^a(modq)、g^b(modq)，但却不能算出 g^{ab}(modq)，因为目前还没有从以上信息中迅速算出 a、b 的方法。

除了以上介绍的 DHM 方法外，现代具有代表性的公钥密码体制还有 RSA 体制[即在 1978 年由美国 MIT 的三位科学家里维斯特(R. L. Rivest)，沙米尔(A.

Shamir)和阿德尔曼(L. Adleman)提出的一种基于整数分解困难性的实用的公钥密码体制,现通称为RSA体制]和椭圆曲线密码体制(基于有限域的椭圆曲线上对信息进行加密解密,有较强的安全性),共计有三种。

而这三种具有代表性的现代公钥密码体制,是基于三种各不相同的数论难题(即整数分解、离散对数、椭圆曲线上离散对数),也就是说,事实上是将密码的加密、解密、破译等问题与数论难题的求解联系在一起了。

密码难破译亦即数论难题难解。因此,不仅数论本身的理论与方法具有使用价值,就是数论里的难题也为现实生活提供了应用场所。因此,国际数学大师陈省身先生又将数论作为一门应用数学,而数论密码也是目前密码学中的主流学科。

在寻找数论密码的长途上,数学家一定可以在路边拾到一些前人未发现的明珠。但愿有一天人类可以坦诚相处到不用密码通信的地步,而这些拾到的明珠却仍可在数学史上发出耀眼的光辉。

5. 中国数学家的重要贡献

我国段学复、万哲先、曾肯定等数学家在"密码学"方面做了许多重要的工作。

值得一提的是,近年来山东大学数学与系统科学学院教授王小云自1996年以来领导的研究团队成功地破解了一直在国际上广泛应用的两大密码算法MD5和SHA-1。她的研究成果表明:从理论上讲电子签名可以伪造,必须及时添加限制条件或者重新选用更为安全的密码标准,以保证电子商务的安全。王小云的主要研究领域为密码算法分析与设计。近年来她发表关于Hash函数碰撞攻击论文7篇,6篇被SCI网络版收录,被他人引用136次,SCI刊物引用43次。2000年至2005年,她的关于MD5与SHA-1等破解理论的4篇论文获得最佳论文奖,并囊括了国际最权威的两大密码学领域刊物*Eurocrypto*与*Crypto*的2005年最佳论文奖。

破解密码函数的女数学家王小云

2006年,是她收获之年。6月,她获得2006年"陈嘉庚科学奖",获奖金30万元人民币和一枚金质奖章;9月,在2006年中国科协年会上她又荣获"求是杰出科学家奖",杨振宁为她颁发了获奖证书和100万元人民币奖金;12月8日,她又获得第三届"中国青年女科学家奖"。这些都是表彰她在密码学领域所取得的杰出成就。

第七章　数学应用艺术中的数学文化

7.1　奇妙的分形

1. 欧氏几何的局限性

两千多年以来，人们一直用欧几里得几何的对象和概念(诸如点、线、平面、空间、三角形、正方形、圆……)来描述我们这个生存的世界。欧氏几何的重要性可以从人类文明史中得到证明。欧氏几何主要是基于中小尺度上点、线、面之间的关系，可知这种观念具有很强的“人为”特征，因而其应用也有一定的局限性。但这里并不是否定欧氏几何光辉的历史，而是指出应当认识欧氏几何只是人们认识把握客观世界的一种工具，但不是唯一的工具。

进入20世纪以来，人们常常发现自然界许多的随机现象已经难用欧氏几何来描述了。如对植物形态的描述，对晶体裂痕的研究，还有对海岸线、山脉、星系分布、云朵聚合物、天气模式、大脑皮层褶皱、肺部支气管分支及血液微循环管道等等，只能用一种“分形”的工具才能作最好的描述。有了分形，我们的几何学就能描述不断变化的宇宙了。

2. 分形概念的产生

B.B.芒德勃罗

1967年美国《科学》杂志发表了一篇划时代的文章，标题是《英国的海岸线有多长，统计自相似性与分数维》。文章的作者是美籍法国数学家、计算机专家芒德勃罗(Benoit B. Mandelbrot)，他认为，无论你做得多么认真细致，你都不能得到英国海岸线有多长的正确答案，因为根本就没有准确答案！

海岸线是陆地与海洋的交界线，芒德勃罗指出：“事实上任何海岸线在某种意义上都是无穷的长，从另一种意义上说，答案取决于你所用的尺的长度。如果用1公里的尺子沿海岸测量，那么小于1公里的那些弯弯曲曲就会被忽略掉；如果用1米的尺子去测量，测得的海岸线长就会增加，但1米以下的弯弯曲曲又会被忽略掉；如果用1厘米的尺子去量，则测得的海岸线长又会增加，但那些1厘米以下的曲折又会被忽略掉。如果让一只蜗牛沿海岸线爬过的每一个石子来看，这海岸线必然会长得吓人”(图 7-1-1)。

因而，通常我们谈论的海岸线长度只是在某种标度下的度量值。芒德勃罗以此为突破口，进行了艰难地探索，在前人研究的基础上，于 1973 年在法兰西科学院讲课时，首先提出了分维和分形几何的思想。芒德勃罗创立了分形几何，并于 1975 年以《分形：形状、机遇和维数》为名发表了他的划时代专著，第一次系统地阐述了分形几何的内容、意义、方法和理论。在数学史上，一门独立的学科——分形几何诞生了。

图 7-1-1　英国海岸线示意图

3. “分形”与“数学分形”

分形(fractal)一词是由分形几何的创始人芒德勃罗于 1975 年提出来的。据芒德勃罗自己说：“fractal”一词是 1975 年夏天的一个寂静夜晚，他在冥思苦想之余偶尔翻他儿子的拉丁字典时突然想到的。此词源于拉丁文形容词“fractus”，对应的拉丁文动词是“frangere”(“破碎”、“产生无规碎片”)。它们与英文的“fraction”(“碎片”、“分散”)及“fragment”(“碎片”)具有相同的词根。因此，取拉丁词之头，撷英文之尾的“fractal”本意是不规则的、破碎的、分数的。芒德勃罗是想用此词来描述自然界中传统欧几里得几何学所不能描述的一大类复杂无规则的对象。它于 20 世纪 70 年代末传到中国，被译为分形。

例如，弯弯曲曲的海岸线，起伏不平的山脉，粗糙不平的断面、变幻无常的浮云，九曲回肠的河流，纵横交错的血管，令人眼花缭乱的满天繁星等。它们的特点是极不规则或极不光滑，直观而粗略地说，这些对象都是分形。

一棵大树与这棵树上的各层次的枝杈，在形状上是相似的，这种形状关系在几何学上就称为自相似关系。数学分形正是揭示、研究这种现象的数学方法，是研究无限复杂但具有一定意义下的自相似图形和结构的几何学，是一种试图描述大自然的几何学。芒德勃罗于 1982 年出版的《大自然的分形几何学》正是这一学科的经典著作。

4. 分形的定义与特点

芒德勃罗曾经以数学方式为分形下过两个定义：

1) 满足下列条件 $\mathrm{Dim}(A)>\mathrm{dim}(A)$ 的集合 A，称为分形集。其中 $\mathrm{Dim}(A)$ 为集合 A 的 Hausdoff 维数(或分维数)，$\mathrm{dim}(A)$ 为其拓扑维数。一般来说，$\mathrm{Dim}(A)$

不是整数,而是分数。

2) 部分与整体以某种形式相似的形,称为分形。

然而经过理论和应用的检验,人们发现这两个定义很难包括分形如此丰富的内容。实际上,什么是"分形",到目前为止,还不能给出一个确切的定义,正如生物学中对"生命"也没有严格明确的定义一样,人们通常是列出生命体的一系列特性来加以说明。对分形的定义也可同样的处理。归纳起来可以作如下的描述:

1) 分形集都具有任意小尺度下的比例细节,或者说它具有精细的结构;

2) 分形集不能用传统的几何语言来描述,它既不是满足某些条件的点的轨迹,也不是某些简单方程的解集;

3) 分形集具有某种自相似形式,可能是近似的自相似或者统计的自相似;

4) 一般,分形集的"分形维数",严格大于它相应的拓扑维数;

5) 在大多数令人感兴趣的情形下,分形集由非常简单的方法定义,可能以变换的迭代产生。

5. 什么是分维

在欧氏空间中,人们习惯把空间看成是三维的,平面或球面看成是二维的,而把直线或曲线看成是一维的,认为点是零维的。还可以引入高维空间,但通常人们习惯于整数维数。

而分形理论把维数视为分数。既然线是一维的,面是二维的,那么一根锯齿形的直线又如何呢?在分形领域,一根锯齿形的直线维数位于 1 和 2 之间。分维的概念我们可以这样建立起来:我们首先画一个线段、正方形和立方体,它们的边长都是 1,再将它们的边长二等分,此时,原图的线段缩小为原来的 1/2,而将原图等分为若干个相似的图形。其线段、正方形、立方体分别被等分为:2^1、2^2、2^3 个相似的子图形,其中的指数 1、2、3,正好等于与原图相应的经验维数。一般说来,如果某图形是由把原图缩小为 $1/a$ 的相似的 b 各图形所组成,则有

$$a^D = b \Leftrightarrow D = \log_a b = \frac{\lg b}{\lg a}$$

的关系成立。其指数 D 称为相似性维数,D 可以是整数,也可以是分数。

一个典型的图形是"科赫雪花曲线"(图 7-1-2)。这是 1904 年瑞典数学家科赫(H. V. Koch)创造的。这个图形的出发点是一个等边三角形,然后在每条边上插入另外一个等边三角形,其边长是原等边三角形的 1/3,这样就得到一个六边形,如此重复下去,就形成了"科赫雪花曲线",这个过程是无止境的,是传统几何学无法描述的,当时被称为"数学怪物"。可知科赫雪花曲线是由把全体缩小成 1/3 时 4 个相似形构成的,所以根据上式,科赫雪花曲线的相似性维数可表示为

$$D=\frac{\lg 4}{\lg 3}=1.261859507143$$

它是一个非整数值，这是因为科赫雪花曲线，其整体是一条无限长的线折叠而成的。维数和测量有着密切的关系。显然，用小直线段量，其结果是无穷大；而用平面去量，其结果是0(此曲线中不包含平面)。那么只有找一个与科赫雪花曲线维数相同的尺子量它才会得到有限值，而这个维数显然大于1、小于2，那么只能是小数了。而这个非整数值维数，恰好定量地表现了科赫雪花曲线的复杂程度。说明分形的复杂程度可用非整数维去定量化。

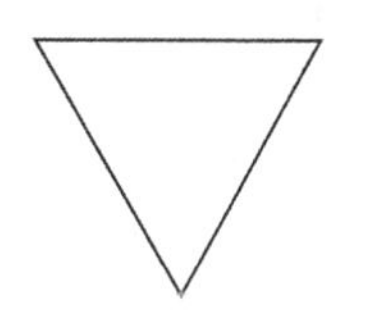

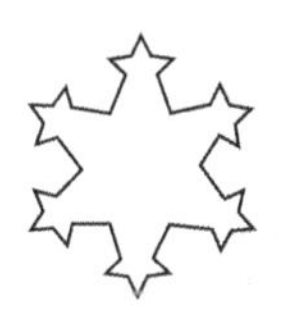

图 7-1-2　科赫雪花曲线

6. 分形几何学——描述大自然的几何学

欧几里得几何学，总是把研究的对象想像成一个个规则的形体，而我们生活的世界却是不规则的，与欧几里得几何图形相比，拥有完全不同层次的复杂性。分形几何则提供了这种不规则复杂现象中的秩序和结构的新方法。例如一棵参天大树与它自身上的树枝及树枝上的枝杈，在形状上没有什么大的区别，大树和树枝这种关系在几何形状上称之为自相似关系。

平面上决定一条直线或圆锥曲线只需数个条件，那么决定一片蕨叶需要多少条件？如果把蕨叶看成是由线段拼合而成，那么确定这片蕨叶的条件数是相当可观的。然而当人们以分形的眼光看这片蕨叶时，可以把它认为是一个简单的迭代函数系统的结果，而确定该系统所需的条件数相比之下要少得多，这说明用待定的分形拟合蕨叶比用折线拟合蕨叶更为有效。

分形观念的引入并不只是一个描述手法上的改变，从根本上讲分形反映了自然界中某些规律性的东西。这种按规律分裂的过程可以近似地看成是递归、迭代过程，这与分形的产生极为相似。在此意义上，人们可以认为一种植物对应一个迭代函数系统，人们甚至可以通过改变该系统中某些参数来模拟植物的变异过程。

作为多个学科的交叉，分形几何对以往欧氏几何不屑一顾(或说无能为力)的"病态"曲线(如科赫雪花曲线等)的全新解释，是人类认识客观世界不断开拓的必然结果。这说明欧氏几何只是对客观世界的近似反映，而分形几何则深化了这种认识，因此分形几何学是描述各种复杂自然曲线的大自然的几何学。

7. “分形之父”——芒德勃罗其人

芒德勃罗在北京讲学期间与北京大学非线性科学中心主任赵凯华教授交谈

芒德勃罗于1924年11月20日出生在波兰华沙的立陶宛犹太人家庭。1936年他全家搬迁到法国巴黎。

1944年他在巴黎理工学院开始上大学，1947年毕业于巴黎理工学院获学士学位。1948年在美国加州理工大学获硕士学位，1952年在巴黎大学获哲学博士（数学）学位，1953年开始在普林斯顿高级研究院工作，1955年到日内瓦工作，1958年在美国IBM的沃森Watson研究中心任学术顾问，1962年在哈佛大学任教，1967年在美国《科学》杂志上发表了《英国的海岸线有多长?》一文，1973年在法兰西学院讲课时提出了“分形几何”的思想，1982年出版了经典著作《大自然的分形几何学》，1987年成为美国耶鲁大学教授。1994年应邀来中国北京讲学，颇受欢迎，1996年8月再次来访中国参加李政道主持的“简单与复杂”的国际学术研讨会。对中国文化颇感兴趣。

《大自然的几何分形学》是一部分形学科的宣言书，包罗万象，显示了将分形用于自然现象描述的重要性。

芒德勃罗不是传统意义上的数学家，他的经历史无前例。他一生做了各种各样的研究，涉猎语言学、通信工程、热力学、经济学、湍流、布朗运动、复迭代等等。在他的工作中，数学与其他学科是自然结合在一起的，如果说他是什么什么家的话，他首先是“科学博物学家”。1973年以前，他一直不被各领域的科学家所认同，自“分形理论”诞生后，他的地位剧变，成为世界上最有名的科学家之一。

芒德勃罗所获得的荣誉包括：1985年，荣获巴纳杰出科学贡献奖章，并应邀去布莱梅大学的分形艺术图形展览揭幕式；1986年，荣获富兰克林奖；1987年，荣获亚历山大·洪堡奖；1988年，荣获斯坦因迈兹奖章；1989年，荣获哈维奖；1991年，荣获内华达奖章；1993年，荣获沃尔夫物理奖；1994年，荣获本田奖。

沃尔夫奖的评语认为芒德勃罗的分形理论“改变了我们的世界观”。

1993年《星期日泰晤士报》（伦敦）列出“20世纪的1000位缔造者”中，芒德勃罗按字母顺序列在曼德拉和毛泽东之间。1995年，法国《新观察家》周刊列出“世界上50位最有影响的人物”，芒德勃罗也位列其中。芒德勃罗现为美国艺术与科学院院士，美国国家科学院外籍院士，欧洲艺术、科学与人文学院院士。

8. 分形实例的赏析

分形最主要的性质是本来看来十分复杂的事物，事实上大多数均可用仅含很少参数的简单公式来描述。其实在简单中蕴含着复杂。分形几何的迭代法为我们提供了认识简单与复杂的辩证关系的生动例子。

世界是非线性的，分形无处不在，分形具有局部与整体的自相似性。复杂的分形图不能用传统的数学方法描述，但却能用简单的迭代法生成。可以应用迭代函数生成诸如植物、丛林、山川、云烟等复杂的自然景物。

“分形艺术”是纯数学的产物，创作者不仅要有很深的数学功底，还要有熟练的编程技能。电子计算机图形推开了分形几何学的大门，当我们踏入这个新的几何世界时，扑面而来的分形图像琳琅满目、美不胜收，令人流连忘返。美，是分形给每一个观赏者带来的第一印象。

(1) 分形的标志——芒德勃罗集

芒德勃罗集(简称 M 集)是号称“分形几何之父”的芒德勃罗于 1980 年发现的。它被公认为迄今为止发现的最复杂的形状，是人类有史以来最奇异最瑰丽的几何图形。它是由一个主要的心形图与一系列大小不一的圆盘“芽苞”突起连在一起构成的。由其局部放大图可看出，有的地方像日冕，有的地方像燃烧的火焰，那心形圆盘上饰以多姿多彩的荆棘，上面挂着鳞茎状下垂的微小颗粒，仿佛是葡萄藤上熟透的累累硕果，它的每一个局部都可以演绎出美丽的梦幻般仙境的图案(图 7-1-3、图 7-1-4)。它们像漩涡、海马、发芽的仙人掌、繁星、斑点乃至宇宙的闪电……因为不管你把它的局部放大多少倍，都能显示出更加复杂更令人赏心悦目的新的局部，这些局部既与整体不同，又有某种相似的地方，好像梦幻般的图案具有无穷无尽的细节和自相似性。而这种放大可以无限地进行下去，使你感到这座具有无穷层次结构的雄伟建筑的每一个角落都存在着无限嵌套的迷宫和回廊，催生起你无穷探究的欲望。难怪芒德勃罗自己称 M 集为“魔鬼的聚合物”。

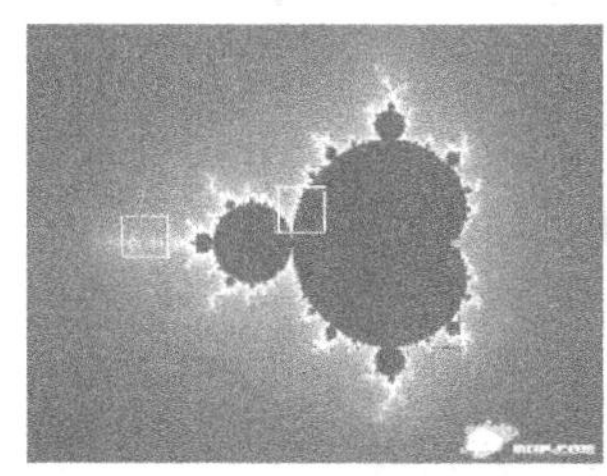
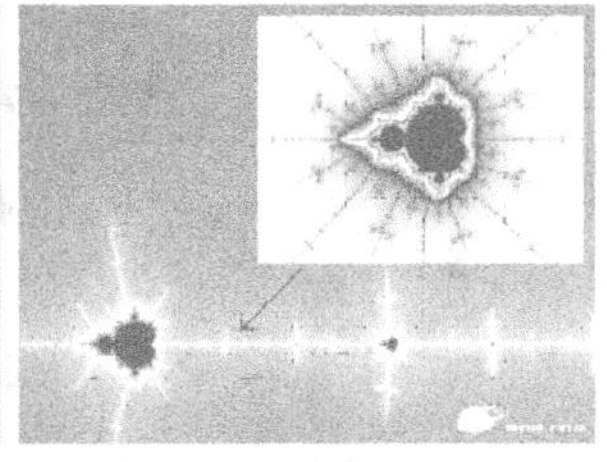
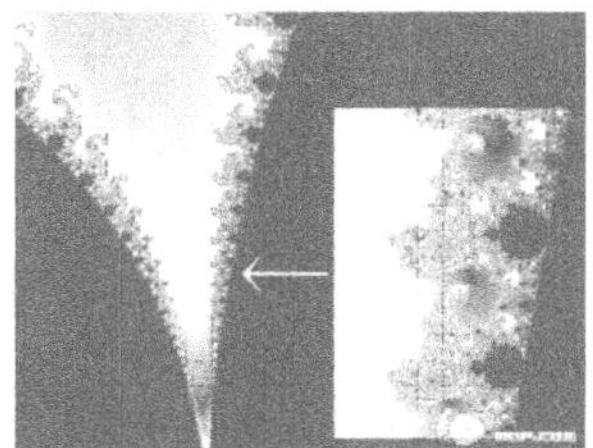

图 7-1-3　M 集的局部放大

图 7-1-4　M 集的多局部放大

(2) 走进朱利亚集

朱利亚(Julia)集(简称 J 集)形成的思想其实很简单:在复二多项式 $f(z)=z^2+c$ 中固定 C 值进行迭代,便可形成一个朱利亚集。取不同的参数值 C,便形成了不同的朱利亚集。它们的形状简直是复杂得难以置信:兔子、海马、宇宙尘、玩具风车……花样繁多,层出不穷(图 7-1-5,)甚至使画家"掷笔兴叹,顶礼膜拜"。

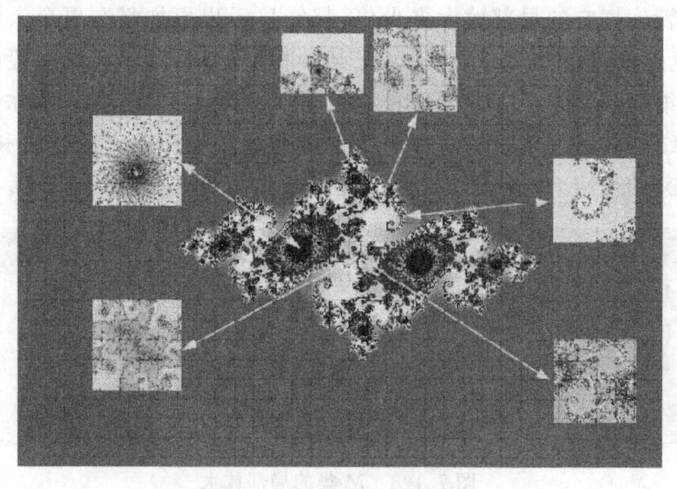

图 7-1-5　J 集的多局部放大

(3) 分形图欣赏

下面收集了一些分形图(图 7-1-6、图 7-1-7),并冠以“想像的名称”供读者欣赏,真是让人进入一个美的梦幻般的世界,并生出无穷的遐想,也许读者的想像能起出更加美而合适的名字。

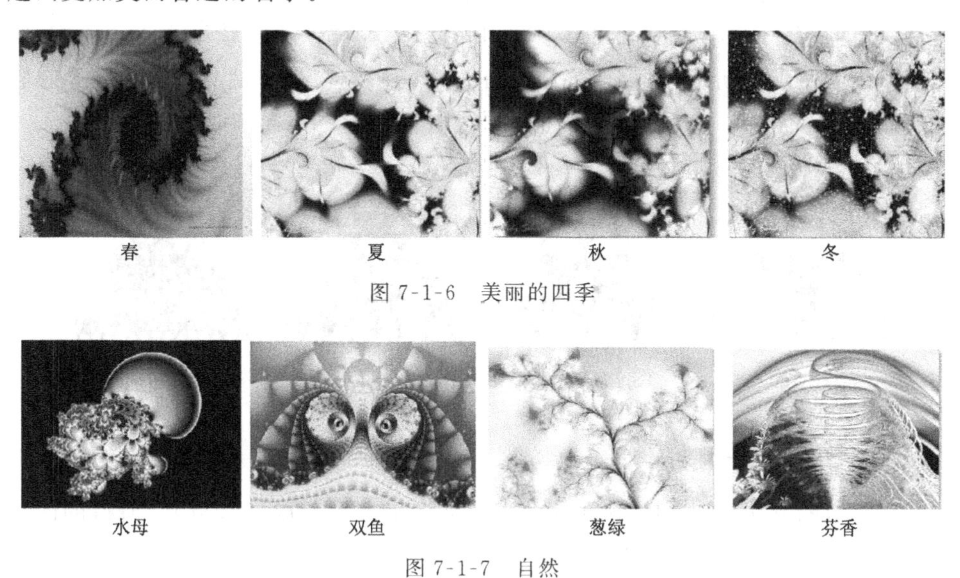

图 7-1-6　美丽的四季

图 7-1-7　自然

9. 用《几何画板》生成的分形图

在《几何画板》中利用图形迭代可生成一些分形图。下面列举几种有名的分形图的前几个阶段生成的图形供读者欣赏。

(1) 康托尔三分集

1883 年,德国著名数学家康托尔(G. Cantor)构造了一个奇异的集合:取一条长度为 1 的直线段,将它三等分,去掉中间一段,将剩下的两段各再三等分,各去掉中间一段,剩下更短的四段各再三等分,这样一直继续操作下去,直至无穷,便可得到一个离散的点集 F,称为康托尔三分集(图 7-1-8)。

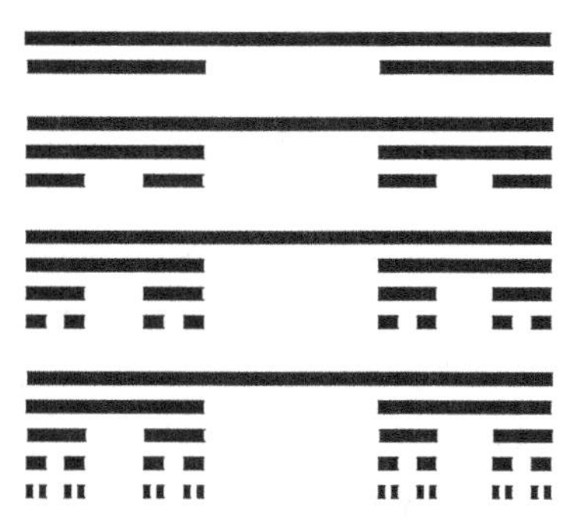

图 7-1-8　康托尔集的前 4 级

(2) 科赫曲线

这是 1904 年,由瑞典数学家 H. 科赫构造出的被称为“数学怪物”的著名曲线(图 7-1-2)。它被用作晶莹剔透的雪花模型。

(3) 谢尔宾斯基三角形“垫片”

1915～1916 年,波兰数学家 W. 谢尔宾斯基(Sierpinski)构造了这样一种图形:将边长为 1 的等边三角形均分成四个小等边三角形,去掉中间的一个小等边三角形,再对其余 3 个小等边三角形进行相同操作,这样操作继续下去直至无穷,所得图形称为谢尔宾斯基三角形“垫片”(图 7-1-9)。它被用作超导现象和非晶态物质的模型。

图 7-1-9　谢尔宾斯基三角形垫片

(4) 谢尔宾斯基“地毯”

将类似的操作,施以正方形区域(这里是将正方形分成 9 等分)。所得的图形称为谢尔宾斯基“地毯”(图 7-1-10)。

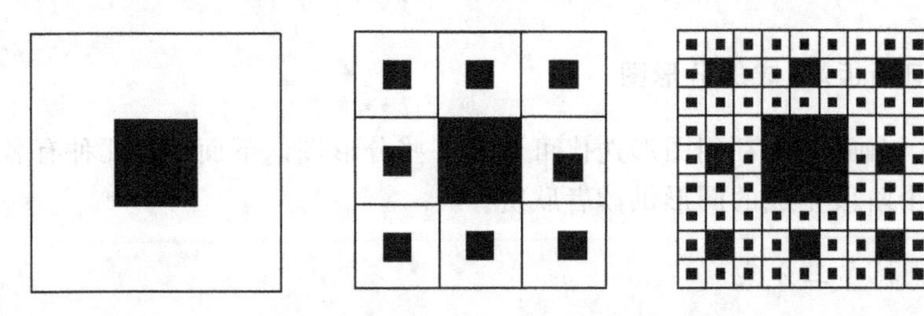

图 7-1-10　谢尔宾斯基地毯

(5) 门杰海绵与谢尔宾斯基金字塔

奥地利数学家 K. 门杰(K. Menger)从三维的单位立方体出发,用与构造谢尔宾斯基地毯类似的方法,构造了门杰“海绵”(1999 年以前,大部分分形著作中,均误称之为谢尔宾斯基海绵);用与构造谢尔宾斯基三角形垫片类似的方法,构造了谢尔宾斯基金字塔(图 7-1-11)。这是两座宏伟的集合大厦,里面有无数的通道,连接着无数的门窗。这种“百孔千窗”、“有皮没有肉”的结构的表面积是无穷大,它们是由反复挖去一拨比一拨小的立体所生成,是化学反应中催化剂或阻化剂最理想的结构模型。

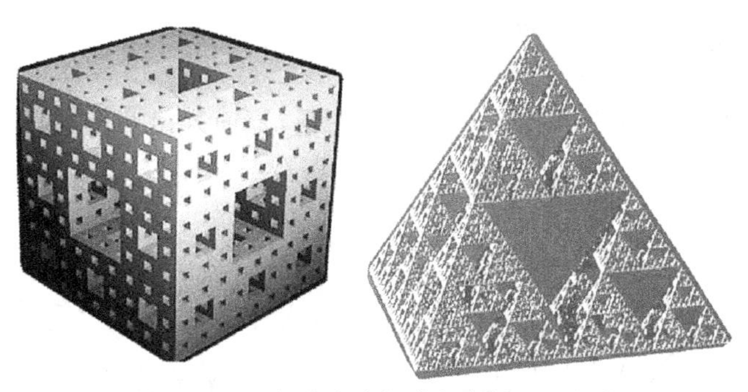

图 7-1-11　门杰海绵与谢尔宾斯基金字塔

(6) 皮亚诺曲线(Ⅰ)

1890 年,意大利数学家皮 G. 皮亚诺(G. Peano)构造了著名的皮亚诺曲线(图 7-1-12)。将一条线段三等分,以中间一段为边向线段两旁各作一正方形,如此继续作下去,以至无穷,便是皮亚诺曲线,这条曲线最终能填满整个正方形区域。

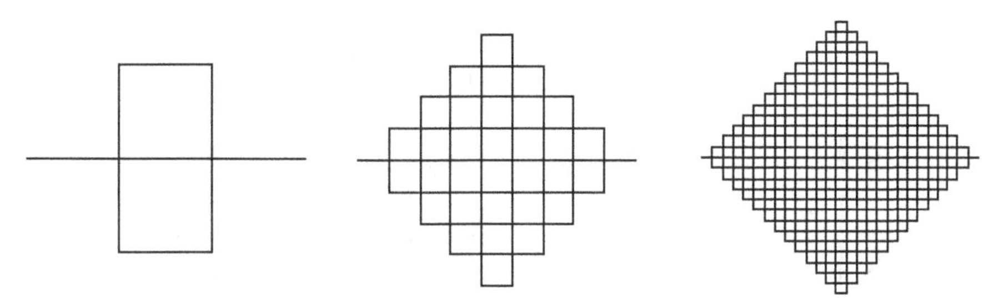

图 7-1-12　皮亚诺曲线(Ⅰ)

(7) 皮亚诺曲线(Ⅱ)

取一个正方形并把它分成 4 个相等的小正方形,然后从左上角的正方形开始至左下角的正方形结束,依次将小正方形的中心连接起来,再把每个小正方形又分成 4 个相等的正方形,则有 $4^2=16$ 个正方形,同样把它们连接起来……如此继续不断作下去,以至无穷,也便形成了一条皮亚诺曲线(图 7-1-13)。同样,这条皮亚诺曲线,也会填满“整个起始的正方形区域”。

图 7-1-13　皮亚诺曲线(Ⅱ)

(8) 其他分形图形

用《几何画板》还可制作出许多的分形图形，下面列出几幅供读者欣赏（图 7-1-14、图 7-1-15）。

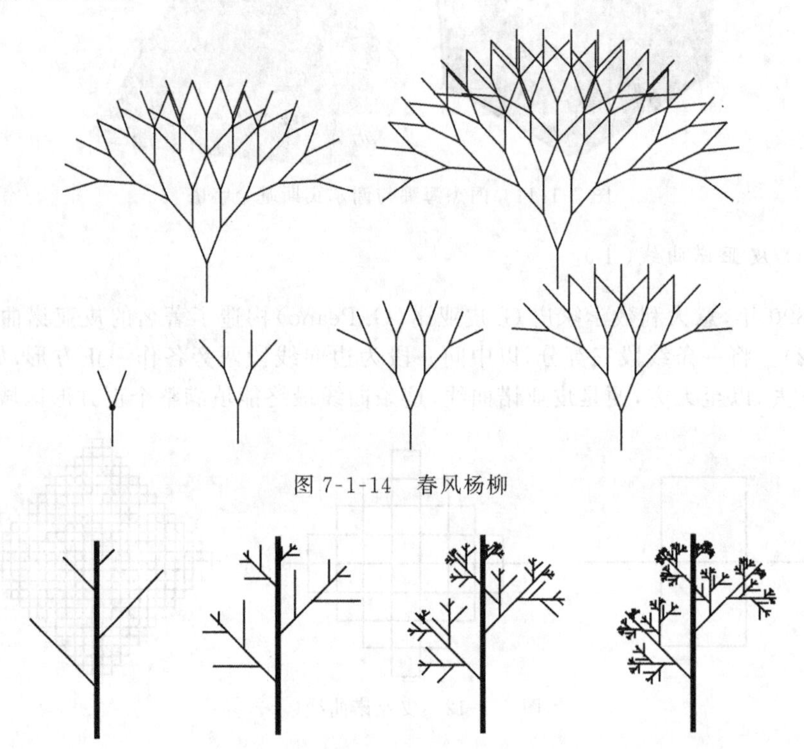

图 7-1-14　春风杨柳

图 7-1-15　嫩芽初放

分形几何还可被带入中学课堂，用《几何画板》生成分形图形，可以看到：①动态的生成过程；②作图速度快，且图形准确；③可以将各级图形加以比较。让学生体会到：科学家研究问题的方法并不神秘，只是他站得更高，看得更远。

10. 分形图形的审美意义

分形作为一种全新的概念，使许多人在第一次见到分形图形时都有新的感觉，读者在看了上面的那些分形图形后，相信会有一种置身梦境的新奇之感。无论从科学的观点还是从美学的观点看，分形图形可以体现出许多传统美学的标准，如平衡、和谐、对称等，但更多的是超越这些标准的新的表现。

分形图中的平衡是一种动态的平衡，是一种画面中各个部分在变化过程中相互制约的平衡；分形图形的和谐是一种数学上的和谐，每一个形状的变化，每一块颜色的过渡都是一种自然的流动，毫无生硬之感；分形图形的对称，既不是左右对称，也不是上下对称，而是画面的局部与整体的对称。

分形图形中那种分叉、缠绕、不规整的边缘和丰富的变换，给我们一种纯真的追求野性的美感，一种未开化的、未驯养过的天然情趣。

一件真正的艺术品不只是满足美的经典定义，而是要能激发兴趣，给人以启迪深思。显然，这些刺激都来自"创新"，也就是我们的视觉器官看到新的以往没有看到过的现象时的一种感觉。从这个意义上说，分形正在形成一种新的审美理想和一种新的审美情趣。

从分形图形的结构上看，它既不崇尚简单，也不崇尚混乱，而是崇尚混乱中的秩序，崇尚统一中的丰富。分形图形结构是复杂的，它总是有无穷的缠绕在里面，每一个局部都有更多的变化在进行。然而，它却杂而不乱，它里面有内在的秩序，有自相似的结构，即局部与整体的对称。整个画面从平衡中寻找着动势，使人处于跃跃欲试的激动之中，同时在深层次上它又有着普遍的对应与制约，使与这种狂放的自由不至于失之交臂。

在分形的图形中蕴涵着无穷的嵌套结构，这种结构嵌套性带来了画面极大的丰富性，仿佛里面蕴藏着无穷的创造力，使欣赏者不能轻而易举一览无余地看出里面的所有内涵。正如法国印象派大师雷诺所说的"一览无余则不成艺术"。因而，可以说分形图形是一种深层次的艺术。

11. 分形艺术——数学艺术

用数学方法对分形图像进行放大和着色处理，就变成一幅幅精美的艺术图案，这种艺术图案人们称之为"分形艺术"。分形艺术是一种跨学科的艺术，也可说是一种数学艺术。它是数学家研究与艺术家探索的完美结合的产物。

从数学上来说，分形是一种形式，它从一个对象开始，重复应用一个规则连续不断地改变直至无穷。这个规则可以用一个数学公式或者用文字来描述。要观察一个分形，你必须真的看到它在运动中，它是在连续不断地发展着的。今天我们有了计算机，能亲眼见到分形的生成。

当我们观察一张分形图片或照片时，我们看到的是它在某一瞬时的样子——在成长过程中某一特定阶段的冻结。分形的变化、运动思想，正好反映了自然界的客观法则与规律，因为自然界也是每一时刻都在变化着的。分形几何可以设计得出对你所想像的任何形状进行模拟。基于数学的分形受制于某种规则，但不一定仅仅受制于一种规则，有时是一系列的规则和规定，它们形成制约它的总规则。因此分形不是随意和随机的。

那些精美、梦幻般的分形图形，是数学与艺术的结晶，是数学家（分形艺术家）的创造。他们必须管理参数公式、映射、着色方案和掌握必需的参数集合。而这些是来自分形艺术家的智慧和沉思。

分形图的全部是无限的,它们没有结束,你永远也不能看到它的全部。你不断放大它的局部,也许你可能正在发现前人没有见到过的图案。这些图案非常精彩,它们与现实世界相符合。从浩瀚广阔的宇宙空间到精致的细节,说明都是可以用数学结构来描述的。

在谈到数学与艺术时,我们说数学就是一门创造性的艺术,因为数学家创造了美好的数学概念。分形艺术就是纯数学的产物,创作者要有很深的数学功底。

分形是桥梁,使人们感悟到数学与艺术的融合,数学与艺术审美上的统一,使人们对数学的感受不再是抽象的哲理,而是一种艺术创作。

12. “数学怪物”之“怪”

当那些数学分形图形刚被制作出来时,既不被当时持保守态度的数学家们接受,也不被他们认为值得研究。他们觉得分形与公认的传统数学相矛盾。因为有些分形是连续函数而又不可微,有些分形具有有限的面积和无限的周长,有些分形曲线却能完全充满空间。它们被称之为“数学怪物”或“病态曲线”。

下面我们就来考虑其中的一种病态曲线——科赫雪花曲线的面积和周长。雪花曲线的面积是有限的,但周长却是无限的。下面我们首先作出面积的推导:

设原三角形面积为 1,从雪花曲线的产生过程中,知各图形的边数依次为

$3,3\times4,3\times4^2,3\times4^3,\cdots,3\times4^{n-1},\cdots$

对于每条边(第 n 个步骤),下一步骤都将增加 $\left(\frac{1}{9}\right)^n$ 的面积。这样雪花曲线所围成的面积为

$$\begin{aligned}S&=1+3\times\frac{1}{9}+3\times4\times\left(\frac{1}{9}\right)^2+3\times4^2\times\left(\frac{1}{9}\right)^3+\cdots+3\times4^{n-1}\times\left(\frac{1}{9}\right)^n+\cdots\\&=1+\frac{3}{9}\left[1+\frac{4}{9}+\left(\frac{4}{9}\right)^2+\cdots+\left(\frac{4}{9}\right)^{n-1}+\cdots\right]\\&=1+\frac{3}{9}\times\frac{1}{1-\frac{4}{9}}=1+\frac{3}{5}=\frac{8}{5}\end{aligned}$$

至于雪花曲线的周长,可设原正三角形周长为 3,则在雪花曲线产生过程中,各个图形的周长,依次为

$$3,3\times\frac{4}{3},3\times\left(\frac{4}{3}\right)^2,3\times\left(\frac{4}{3}\right)^3,\cdots,3\times\left(\frac{4}{3}\right)^{n-1},\cdots$$

可知这是一个首项为 3,公比为 $\frac{4}{3}$ 的等比数列,故当步骤 n 无限增大时,周长也为无限大了。

13. 各种各样的分形

分形的一个基本特征是具有“自相似性”。如今分形已渗透到各个领域。下面我们介绍几种分形。

(1) 自然分形

“分形几何”又称“大自然的几何”。凡是在自然界中客观存在或经过抽象而得到的具有“自相似”的几何形体,都称为自然分形。自然分形又分为两类:

一类是正规分形。如谢尔宾斯基三角形衬垫、地毯,科赫雪花曲线,康托尔集,皮亚诺曲线等几何图形,它们都有一个共同的特征——自相似性,即局部与整体的相似性。

另一类是随机分形。如前面提到的弯弯曲曲的海岸线、起伏不平的山峰轮廓、材料的裂纹等,它们也具有自相似性,这种自相似性,是通过大量的统计而抽象出来的。

除了自相似性外,分形的另一特征是具有分数维,在欧氏几何中的维数都是整数,而在分形中的维数却是分数的。如雪花曲线的维数是1.2618…,康托尔粉尘维数是0.6309…,谢尔宾斯基三角形衬垫的维数是1.58496…。

(2) 社会分形

凡是在人类社会活动和社会体系中客观存在及表现出来的自相似性现象,称为社会分形。无论是史学、文学、哲学、辞学等都存在着自相似的现象。社会分形表现了社会生活和社会现象中一些不规则的非线性特征有着广泛的应用价值。如很小的商品包含着整个社会的信息,《红楼梦》中的贾府是当时封建社会的缩影。

(3) 思维分形

凡人类在认识意识活动过程中或结果上表现出来的自相似性特征,称为思维分形。如思维形式的概念,它是逻辑思维的最基本的分形元,反映了人类对事物整体本质的认识。又如每个人的思维都在某种程度上反映了人类整体的思维。

(4) 时间分形

凡是在时间长河中具有自相似性的现象都称为时间分形。我们常常会认为无生命的东西是固定不变的,事实上任何物质都在运动,只是有些运动是发生在分子级的水平上,我们看不见或无法直接测量到而已。

在晶体物质中,变化以指数的比率进行。对于放射性物质,在某一定时间间隔里以一半的速度衰减。而非晶体物质的分子变化或移动,则贯穿整个的变化时间,有些是以秒计，而另一些则以年计。这些非晶体物质的重组现象，就能够用时间分形来描述。

生物学中的海克尔(Haeckel)重演律，表明生物个体的发育是生物种系进化过程中的简短而又迅速的重演。如在母体中新生婴儿的发育过程，在一定程度上近似于人类从水母、鱼类、猿人，最后成为今天的现代人的整个进化过程近似的重演。它们在时间上具有自相似性。

(5) 诗词分形

前面提到社会分形中就包括有文学分形。下面我们来具体谈谈文学分形中的诗词分形。

①诗词的自相似性，即部分与整体结构的相似，是分形的特征之一。如每个中国人都能脱口而出的陆游名句：

山重水复疑无路，柳暗花明又一村。

第一句“山重水复”是对山水地理不同部分之间相似性的描述，“疑无路”是指地理的自相似性给旅客带来的疑惑。第二句是写的居民点的分形分布，在游客不断陷入困境后，村落又不断重复出现，给疑惑中的行人带来喜悦，也是一种分形的自相似美。

②诗词的时间分形。古典诗词中有许多反映时间分形的佳作。而王昌龄的《出塞》诗(之一)，算是时间分形的一篇佳作：

秦时明月汉时关，万里征程人未还。

但使龙城飞将在，不教胡马度阴山。

月亮还是那个月亮，关山还是那些关山，一样的万里征程，一样的戍边难返，一样企盼，一样的思念，一样的忧愁，一样的为国奉献。这正是时间尺度下的一种不变性。这是一种时间分形、历史分形之美，一种爱国主义的悲壮美。

③诗词分形中的哲理。在《西游记》第十四回开篇的一首古风中有这样几句：

内外灵光到处同，一佛国在一沙中。

一粒沙含大千界，一个身心万法同。

一粒沙包含整个佛国或大千世界，心即佛，乃佛教的基本哲理。佛教的这种自相似世界经莱布尼茨在西方的传播，引出美国诗人布莱克的如下回应：

一沙见世界，一花窥天堂。

手心握无限，须臾纳永恒。

须臾为时间最小部分，永恒为时间的全部，把时间分形的自相似性推向极致，必然得出“须臾纳永恒”的哲学洞见。

且看陆游的一首咏梅绝句：

闻道梅花坼晓风，雪堆遍满四山中。

何方可化身千亿，一树梅花一放翁。

漫山遍野的雪堆中，梅花迎着晓风绽开，这已经是一幅壮丽的分形画面，而酷爱梅花高洁品格的陆游怎样才能亲近每一株梅花呢？依据“分念成形”的思想，陆游想像自己的身躯经过逐步分化，由一而二，由少而多，直至千亿，最终实现了“一树梅花一放翁”的心愿。

14. 分形的应用

分形理论真正发展起来才近 20 年的时间，很多方面的理论还有待于进一步研究。值得注意的是，近年分形理论的应用远远超过了理论的发展。

(1) 在自然界中的应用

一枝粗的树干，可以分出不规则的枝杈，每个枝杈继续分为细杈……至少有十几次分支的层次，可以用分形几何去测量。

有人研究了某些云彩边界的几何性质，发现存在从 1 公里到 1000 公里的无标度区。小于 1 公里的云朵，更受地貌地形影响，而大于 1000 公里的云彩则受地球曲率半径的影响。而分形则存在于这中间三个数量级的无标度区。

(2) 在物理学中的应用

在显微镜下观察落入溶液中的一粒花粉，会看见它在不间断地作无规则的运动(布朗运动)。布朗(Brown)粒子的轨迹，只要有足够的分辨率，就可以发现原以为是直线段的部分，其实是由大量更小尺度的折线连成。这是一种处处连续，但又处处不可导的曲线。这种布朗粒子轨迹的分维是 2，大大高于它的拓扑维数 1。

(3) 在化学中的应用

如结晶、相变、电解等的分形生长，化学振荡，浓度花纹，化学波和高分子等都用到了分形理论。在某些电化学反应中，电极附近沉积的固态物质，以不规则的树枝形状向外增长。而受到污染的一些流水中，粘在藻类植物上的颗粒和胶状物，不断因新的沉积而生长，成为带有许多须须毛毛的枝条状，这些就可用上分维。

(4) 在生物学中的应用

生物学的分形是研究生物体内部各层次与整体间的关系，以及对生物体的生化组成、形态、生理和病理的影响。

如生命体的复制：基因复制，DNA 的半保留复制。DNA 具有全套相同遗传信息，对于 DNA 的双螺旋结构、信息编码、功能内涵等都具有分形的潜质。

蛋白质的分形：蛋白质的分子链和表面都具有分形的特征。

气管的其他分形特性。分形维数大于 2 的曲面积在原理上可以任意大。人肺的分维数大约为 2.17。这是因为肺的构造是从气管尖端成倍地反复分岔,使末端的表面积变得非常之大。

生物的全息律——分形性的表现:生物的统一性及其分形生长发育,生命体的组织、过程、生长、发育基本相同,是统一的。

(5) 在地球物理学中的应用

如海岸线、河流、地震预报、地震的时空氛围、断层分维与岩石破裂模型、地震前兆分维、地震的多重分形等。

(6) 在中医经络中的应用

微观的经络解剖形态和结构具有多重的分形。而分形理论对经络解剖结构或形态研究的启示是经络“壁”(经络分界)的复杂、不规则、粗糙、曲曲折折、不清晰的边界,这些都具有分形性。中医的观念是朴素的、原始的分形观念的产物。中医可以从整体到整体,从局部到整体,从整体到局部,是局部反映整体,整体包容着局部的分形观。这种原始分形观的扩展,形成“分形的”共形观——自相似、自仿射、他相似、他仿射、类相似、类仿射。而临床实践贯穿于中医学的始终或全部、隐含、潜在的远古分形观,形成了中医的奠基石。

中医的望、闻、问、切四诊是机体内在生理和病理变化的分形表现的结果。没有内在变化与外在表象的分形或全息的联系,中医的诊断和治疗是不可能和不存在的,这种具有分形特性的机体的内部变化与外部表现的联系,是中医望、闻、问、切四诊的原始基础。分形观念是中医学成立的、隐含的、潜在的思想和学说(学术)的基础。分形思想是中医中的潜意识,更是中医内在本质的基本内涵和关键的所在,只是没有用现代的分形科学的语言和方式进一步提炼、升华、深入、显性化而已。

(7) 在音乐中的应用

分形音乐是由一个算法的多重迭代产生的。利用自相似原理来构建一些带有自相似小段的合成音乐。主题在带有小调的三番五次的反复循环中重复,在节奏方面可以加上一些随机变化,它所创造的效果听起来很有趣。

有人甚至将著名的芒德勃罗集(M 集)转化为音乐,取名为《倾听芒德勃罗集》。他们在芒德勃罗集上扫描,将其得到的数据转换成钢琴键盘上的音调,从而用音乐的方式表现出芒德勃罗集的结构,极具音乐的表现力。实际上分形音乐已成为新音乐研究的最令人兴奋的领域了。

(8) 在日常生活中的应用

高精度的分形彩色图形用于建筑中,作装饰可获得很好的装饰效果;作为包装材料的图案,效果新颖;可制作成各种尺寸的分形挂历、台历、贺卡、明信片、扑克等;可用于纺织、陶瓷的分形纹样设计;可设计分形时装;还可利用分形图形制成加密防伪的IC卡(图7-1-16、图7-1-17)。

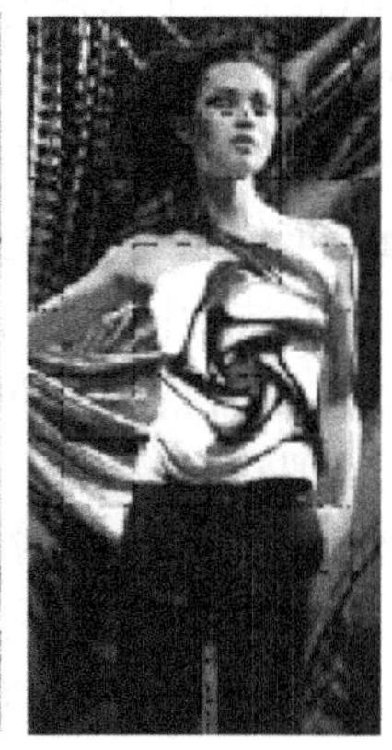

图7-1-16　分形时装

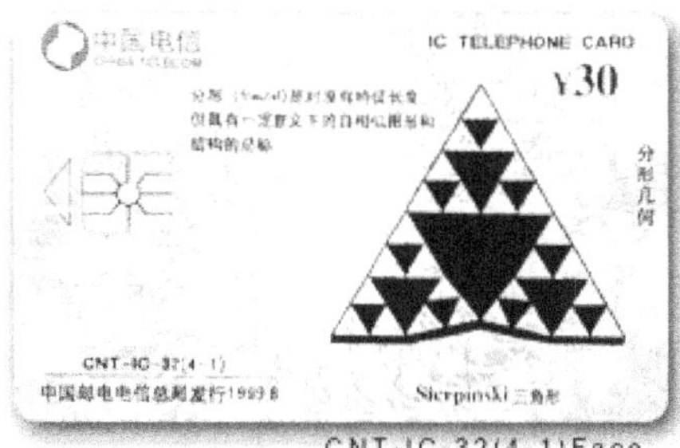

图7-1-17　分形IC卡

(9) 中国科学家利用分形理论所取得的杰出成就

谢和平

将分形理论引进到岩石力学,形成了一门新的交叉学科——“分形—岩石力学”。这是获得“有突出贡献的中国博士”称号的6名首届中国青年科学家奖获得者之一的谢和平教授的成果。这是一项在理论研究和工程应用上取得国际领先水平的突破成果,这一学术成就为促进岩石力学理论的发展与工程的应用,对提高我国相关领域中的国际地位推动国家科技进步与经济建设做出了杰出的贡献。因此,年仅42岁的谢和平教授便被任命为中国矿业大学校长,并成为国务院学位委员会学科评议组的成员。

高绪珊

据科技日报报道:日前中国科学家一项原始性创新将分形理论首次用于纤维制造及其应用中,北京服装学院的高绪珊教授等人完成的多维高仿真SFY产品一条龙加工技术的开发,创造了一个新化纤品种,使化纤从本质上实现了天然化,呈现天然纤维的形态、风格和手感。合成纤维实现了“龙缠柱”的本质形态,它与天安门前华表上的龙缠柱为一样的盘绕角度,如天作之合。目前该纤维及其织物已批量生产并有出口,新增效益超亿元。高绪珊教授等人因此荣获北京市科技进步一等奖。

其实作为一个全新的理论和方法,它还可以应用于人类生活的许多领域。著名的鲁卡斯电影公司(Lucasfilm),在利用分形方法创造出与众不同的景观方面已做了一些开拓性的工作。如影片《杰蒂的轮回》的剧情,《星际旅程Ⅱ:可汗的愤怒》中的分形风景画,还有行星起源的演变序列图,还有IBM公司利用分形画制作的广告,甚至青年人穿的T恤衫和街道上的招贴画都印上了分形的图案。

在学术上,许多世界性的刊物如《美国科学家》、《科学》、《自然》、《今日物理》、《研究与发展》、《科学美国人》、《非线性》等杂志的封面上,都出现过分形图案。分形用于书面设计上也屡见不鲜。

分形图形的错综、美丽和富于表现,不仅唤起科学和艺术世界的想像力,同时也使人们感受到它们与真实世界之间深奥的关系。

15. 分形理论带来的影响

分形作为一种新的概念和方法,正在渗透到许多领域,进行应用探索。从20世纪80年代初在国外开始的“分形热”经久不息。

(1) 涉及面广,影响众多学科

据美国科学情报研究所资料显示,全世界 1257 种权威学术刊物在 20 世纪 80 年代后期发表的论文中,与分形有关的文献占 37.5%,内容涉及哲学、数学、物理学、人口学、情报学、天文学、易学、美学、电影学、制图学、经济学等约 20 个学科。美国著名物理学家惠勒说过:"今后谁不熟悉分形,谁就不能被称为科学上的文化人。"

(2) 给数学理论提出了更新更高的要求

各种分形维数的计算方法和实验方法的建立、发展和完善,使之理论简便,可操作性强,是分形科学家们普遍关注的问题。而在理论研究上,维数的理论计算、估计、分形重购 J 集和 M 集及其推广形式的性质、动力学特征及维数研究将会成为数学工作者们十分活跃的研究领域,分形理论对数学提出了更高更新的要求。

(3) 为哲学提供了新的研究课题

在分形理论中,自相似的普遍性,M 集和 J 集的简单性与复杂性,复数与实数的统一性,多重分形相变与突变论的关系,自组织临界(SOC)现象的刻画以及分形内部的各种矛盾的转化等,给哲学提供了新的研究课题。

(4) 分形理论的提出和播散,正在形成一种新的审美理想和审美情趣

分形图形的出现是那么出人意料的新颖、别致、奇特多变,让人耳目一新,具有强烈的时代感。面对分形的美,无论从美学还是科学的角度,都会产生一种新的感觉,激发着人们的兴趣,启迪着人们的思维,刺激着人们的"创新意识"。一种新的审美理想和一种新的审美情趣正在形成、发展和完善。

(5) 为描述和研究大自然提供了一种更为适宜的理论和方法

分形抓住了范围更为广泛的一系列自然形式的本质,这些形式的几何在过去相当长的时间内是没法描述的,如海岸线、树枝、山脉、星系分布、云朵、聚合物、天气模式、大脑皮层褶皱、肺部支气管分支及血液微循环管道等。而用分形去描述、去研究却是最方便、最适宜的。

(6) 在艺术领域的非凡作用

分形冲击着不同的学术领域,尤其对艺术领域的影响更有着非凡的作用。让分形艺术登上大雅之堂,创作精美的分形艺术已成为国内分形艺术家们的人生追求。

(7) 一种科学和艺术相互作用的文化

分形的重要性，现在就下定论，显然为时过早，但其在各领域的渗透，其前景是非常看好的。现在许多分形已经对文化有重要的影响，而且已被看作是新艺术形式的成果。有些分形是对真实的模拟，而另一些分形却完全是虚构和抽象。数学家和艺术家出乎意料地看到了这样一种文化，一种数学与艺术相互作用的文化。

分形概念的提出，虽然只有 20 余年的历史，但其发展之迅速却超出人们的想像。如今，分形的观念已深入到科学，扎根于社会，渗透到各个领域之中。

7.2 迷人的平面镶嵌

1. 镶嵌历史——多元文化的展现

(1) 最早的镶嵌

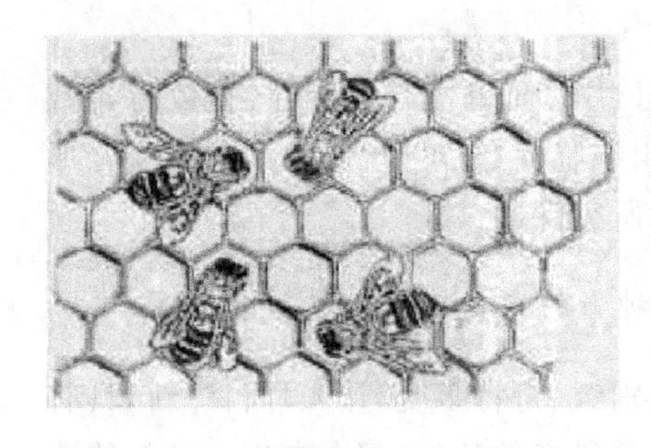

图 7-2-1

公元 2600 多年前，最早的镶嵌画是出现在西亚的美索布达米亚(Mesopotamia)平原上，苏美尔(Sumerian)人神殿墙上的镶嵌，而最早对于镶嵌的观察是自然界的六角形的蜂窝(图 7-2-1)。事实上，公元前 4 世纪古希腊的数学家帕普斯(Pappus)就观察到蜜蜂只用正六边形制造它们的巢室，这种形状的构造会使所需的材料最少，而且所形成的空间最大。

(2) 希腊的马赛克

马赛克(mosaic)，英语原意为镶嵌砖，镶嵌图案、镶嵌工艺(品)等。镶嵌工艺指的是一种艺术品创作手段，是运用镶嵌手法将包括彩色玻璃、陶板釉面料器、天然石材镶嵌材料、人造石材等材料，拼合在平面或立体的基底上的工艺技巧。

希腊的大理石马赛克铺石，是随着罗马皇帝亚历山大(Alexander)征服希腊而逐步发展的，他们那时可能已经在马赛克铺石上，熟悉了马赛克艺术。在晚期的希腊大理石马赛克中，天然的大理石并不是主要的使用材料，为了能更完美地捕捉容貌的特征，及其他部分设计的材料需要，艺术家开始需要更小的碎片，于是依自己的需要切割石头。这些切削成形的石头被定名为镶嵌物，它是马赛克镶嵌的基本元素。

(3) 罗马的马赛克

在罗马,奢侈的艺术,反而变得大众化,一般民宅及公共建筑的地板都用马赛克装饰,罗马宽阔的道路铺放马赛克,甚至连平民行走的道路亦复如此。

很多罗马的马赛克被高度图形化,其中一件马赛克名作是在庞贝(Pompeii)城的农牧神之屋被找到的。

庞贝古城街区遗址

公元79年8月,维苏威火山爆发,熔岩和灰烬吞没了庞贝和赫库兰尼(Herculeni)古城。及至18世纪庞贝古城重现天日,使我们惊奇地发现,许多在后来历次战乱中可能被彻底毁灭的艺术品却在大自然的灾难面前得以意外的保存。现收藏在那不勒斯国家博物馆的《伊苏斯(Issus)决战》是人类发现的早期镶嵌壁画中最有代表性的作品。这幅镶嵌作品的制作年代在公元前1世纪,从画面的风格来分析是出于埃雷特里亚的菲洛克塞努斯之手。此画高约248厘米,长约517厘米。构图庞大,人物众多,激烈的战争场面处理得非常细致。那里刻画了亚历山大及其骑兵们的威武雄姿,马其顿身披甲胄,率先闯入波斯军阵,正用长矛往大流士方向直刺过去,其余军士直奔溃军方向,力图杀尽敌人,战斗双方的胜负局势已跃然画上。戏剧性的冲突与对立构成了全画的基调,背景的战场气氛组成了画面的节奏美。希腊的绘画水平之高,由此镶嵌画便可得到印证。整个镶嵌画呈现出完整的西方写实艺术中的光影造型特点和构图规律,在整个世界造型艺术的产生和发展史中有着非常大的历史价值。

然而真正的马赛克的黄金时代应是伴随着早期基督徒来到罗马。在这里,首先出现了代表基督教的重要象征,如鸽子、凤凰、棕榈树枝和鱼。

(4) 拜占庭马赛克

直至公元313年,当君士坦丁(Costantino)大帝改信基督教,在君士坦丁堡[原为拜占庭(Byzantine)城]的米兰教会宣布基督教合法后,在罗马君士坦丁堡等地开始大兴土木修建基督教堂。华丽的教堂几乎在所有的穹顶、墙壁布满了宗教壁画,几乎都用马赛克作为装饰,马赛克为此时期最重要的成就。这一时期以圣像为题材的镶嵌壁画就被后来美术史家称之为拜占庭式马赛克。而在意大利东海岸小镇拉维那教堂墙上的《查士丁尼及侍者》更是充满拜占庭艺术风情的另一代表作。

伊苏斯决战

(5) 伊斯兰的镶嵌艺术

图 7-2-2　阿尔汗布拉宫

公元 7～8 世纪，镶嵌工艺在伊斯兰世界兴起。由于宗教的差异，镶嵌工艺在清真寺中是以装饰图案的形式出现的。在耶路撒冷和大马士革的清真寺中，无论是室内、室外镶嵌工艺都把清真寺点缀得繁琐和华丽。而西班牙的阿尔汗布拉宫(Palace of the Alhambra)是一座优雅的穆斯林建筑艺术的精粹(图 7-2-2)。它是摩尔(Moore)人艺术的最为优秀的例子之一。阿尔汗布拉宫建立了六百多年，它从地板到天花板都布满了绝妙的几何图案。这些复杂的伊斯兰图案只是用圆规和直尺作出来的，因此这些图案倾向于从中心向外辐射。阿尔汗布拉宫的墙更是用一种令人惊讶的变化的图案来装饰的。从那里可以看到诸如对称、反射、旋转、几何变换明暗一致等数学概念。艺术家发现并运用这些概念以寻求扩展他们的艺术形式。

由于穆斯林艺术中限制绘制人与动物，因此，穆斯林艺术家刻苦钻研数学，在装饰品中，使用复杂的几何图形。这些艺术家在运用几何学表达他们对服从于数学和推理的宇宙的宗教信仰的同时，创造出了许多美丽的艺术品，镶嵌便是穆斯林艺术家创作的一个非常特殊的领域。

(6) 从丢勒到埃舍尔的镶嵌图案

平面镶嵌图案的设计可远溯至15世纪,最先的是德国画家阿尔布雷特·丢勒(Albrecht Durer),他出生于德国的纽伦堡。他不但是著名的画家,而且是数学家、建筑设计师和机械师。丢勒对分形与镶嵌也都有过研究,曾绘制出最早的五边形和正五边形与菱形的平面镶嵌(图7-2-3)。

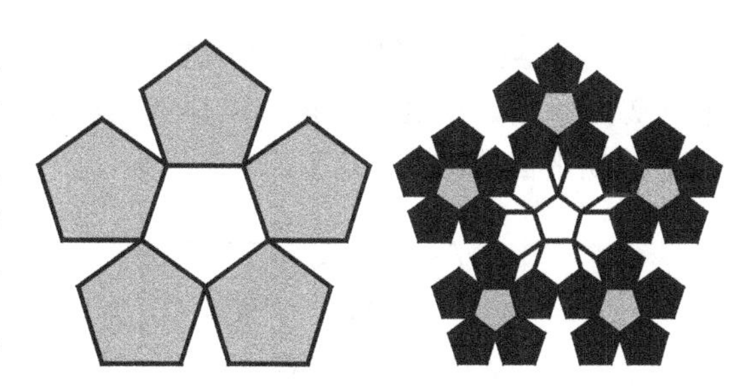

图7-2-3 丢勒的世界上第一个镶嵌图

荷兰艺术家M.C.埃舍尔(Maurits Cornclis Escher)(参阅7.3埃舍尔的数学艺术)是一个著名的镶嵌图形研究者,他对平面图形镶嵌的兴趣是1936年开始的,那年他旅行到西班牙的阿尔汗布拉宫,在那里他花了好几天的时间勾画那些镶嵌图案,过后宣称这些"是我所遇到的最丰富的灵感资源"。规则的平面分割已在理论上研究过了,其实许多不规则多边形平铺后也能形成镶嵌。埃舍尔在他的镶嵌图形中正是利用了这些基本图案,并利用几何学中的反射、平滑反射、变换和旋转来获得更多的图案,而且突破了几何图形的设计,使这些基本图案扭曲变形为鱼、鸟、爬虫、人物、天使、恶魔和其他的形状。这些改变不得不通过三次、四次甚至六次的对称变换以得到镶嵌图形。这样做的效果既是惊人的,又是美丽的。可以看出在埃舍尔的作品和他的一些设想中充满了现代数学的气息。下面刊出M.C.埃舍尔的几幅平面镶嵌图案,供大家欣赏(图7-2-4)。

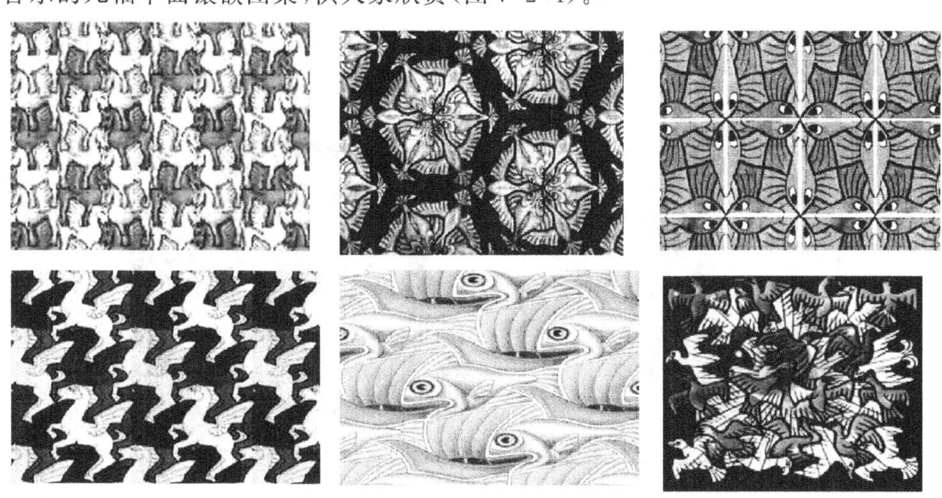

图7-2-4

(7) 彭罗斯拼砖

1974 年英国数学物理学家罗杰·彭罗斯(Roger Penrose)发现了风筝形拼砖和飞镖形拼砖。用这两种拼砖以很特别的方式镶嵌平面,能出色地产生出无穷多个非周期平面铺砌图案(图 7-2-5)。

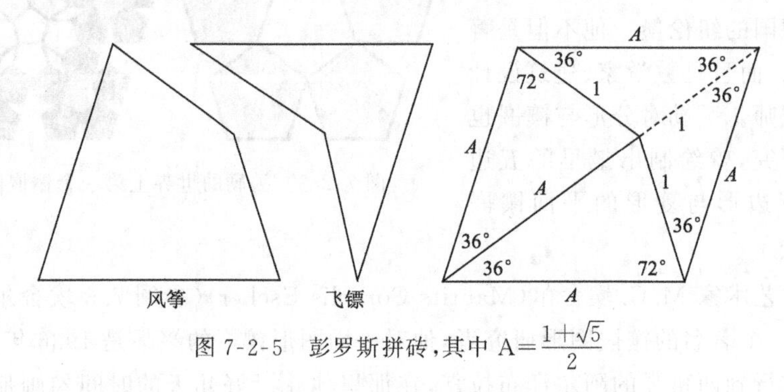

图 7-2-5　彭罗斯拼砖,其中 $A=\frac{1+\sqrt{5}}{2}$

(8) 中国人的镶嵌艺术

中国的镶嵌艺术具有悠久的历史和独特的风格。这些镶嵌艺术大多出现在工艺品和建筑的装饰上。下面我们来欣赏几件镶嵌工艺品:

1) 镶嵌几何纹敦(图 7-2-6):敦是盛放饭食的器皿。器和盖几乎对称,各有 3 足,可分开放置。此敦制作工巧精丽,造型圆柔优美,通体饰以阴阳互托的大三角形云纹,并用红铜丝、银丝或绿松石镶嵌具有细密流畅、富丽堂皇的效果。

2) 唐镶嵌钿腊人物花鸟镜(图 7-2-7):直径 23.9 厘米。圆钮、纹饰用螺钿镶成一幅图画,画中两老翁坐于树前,左侧一人弹琴,右侧一人持杯欲饮,前置一壶一樽,后有一侍女捧物侍立,树下蹲坐一犬,两侧鹦鹉展翅,树梢上饰对称四鸟,下有一只鹭丝和三只小鸟,其间点缀草石落叶。嵌螺青铜是唐代著名的工艺品。

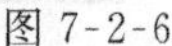
图 7-2-6

图 7-2-7

中国民间的窗棂(图 7-2-8):中国民间的窗棂具有更多的数学奥妙——由一个个筝形(内角分别为 60°、90°、120°)构成,而 3 个筝形可组成一个正三角形。如图 7-2-8 中国窗棂的几何构造,我们不难探索出更精妙的创作程序。中国现代艺术家也开始重视镶嵌这种艺术形式,在一些重要建筑物的室外创作了一些镶嵌画。

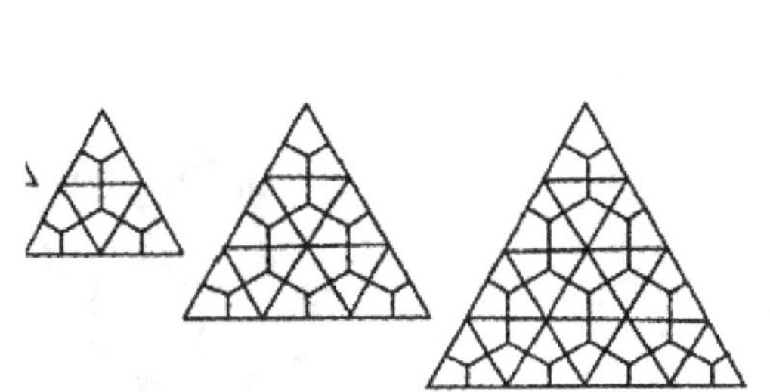
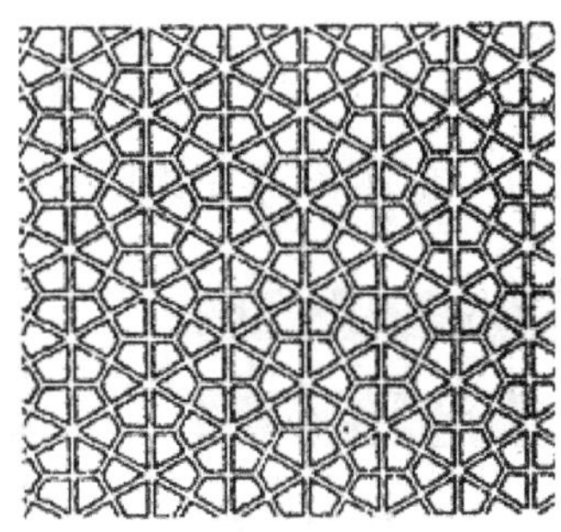

图 7-2-8

2. 各种多样平面图形的镶嵌

规则的平面分割叫做镶嵌,镶嵌图形是完全没有重叠并且没有空隙的封闭图形的排列。一般来说,构成一个镶嵌图形的基本单元是多边形或类似的常规形状(当然也有不规则的如开头埃舍尔作品中的许多镶嵌图形)。

如今,平面图形的镶嵌(密铺),已进入了中学数学教材,已完全进入到了人们的日常生活中。在教材中,对平面图形的镶嵌是这样定义的:

用形状、大小完全相同的一种或几种平面图形进行拼接,彼此之间不留空隙,不重叠地铺成一片,这就是平面图形的密铺,又叫平面图形的镶嵌。

(1) 用一种正多边形的平面镶嵌

要用一种正多边形镶嵌平面,正多边形应具备的条件是:几个相同正多边形的项角和恰是 360°,而正 n 边形的一个内角等于 $\frac{(n-2)\cdot 180°}{n}$,要使共点的 m 个内角和为 360°,即要满足 $m\cdot\frac{(n-2)\cdot 180°}{n}=360°$,得 $(n-2)(m-2)=4$。

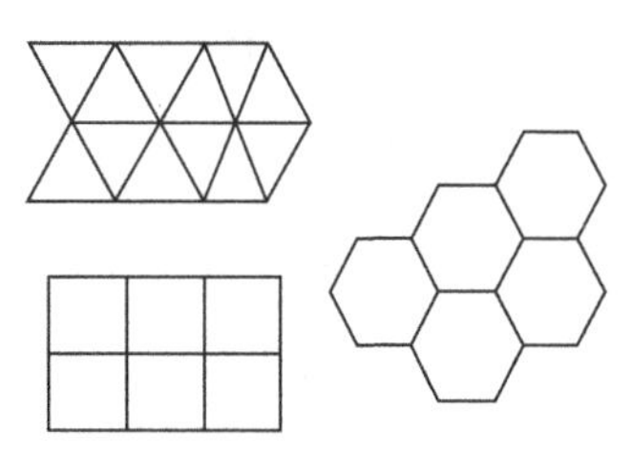

图 7-2-9

因为 m,n 皆是正整数,且 n 不能小于 3,所以 $n-2,m-2$ 也应是正整数,故以上之不定方程只有 3 组正整数解:

$$\begin{cases}n=3\\m=6\end{cases}\text{或}\begin{cases}n=4\\m=4\end{cases}\text{或}\begin{cases}n=6\\m=3\end{cases}$$

所以用相同正多边形镶嵌平面,只可能有正三角形、正方形和正六边形(图 7-2-9)。

(2) 用两种多边形的平面镶嵌

1) 用正三角形与正方形:设在一个顶点周围有 m 个正三角形的角, n 个正方形的角,则有 $60m+90n=360$,即 $2m+3n=12$,解得:

$\begin{cases}m=3\\n=2\end{cases}$,有(4,4,3,3,3)(图 7-2-10),(4,4,3,3,3)表示两个正方形和三个正三角形共一个顶点,其余类同,(4,3,4,3,3)(图 7-2-11)

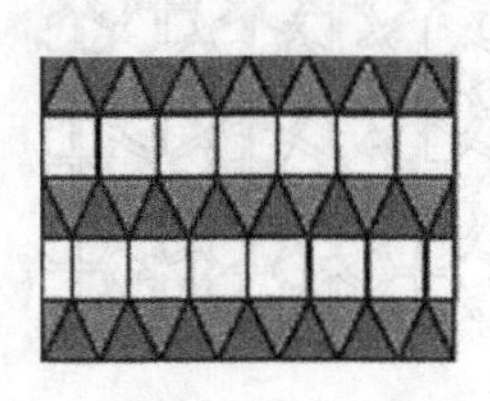

图 7-2-10

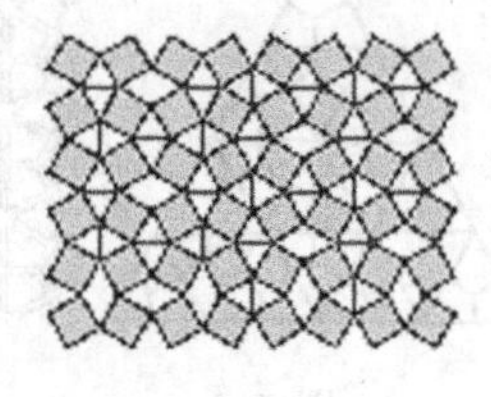

图 7-2-11

图 7-2-12

2) 用正三角形与正六边形有:(6,3,6,3)(图 7-2-12),(3,3,3,3,6)(图 7-2-13)。

3) 用正三角形与正十二边形有:(3,12,12)(图 7-2-14)。

4) 用正方形与正八边形有:(4,8,8)(图 7-2-15)。

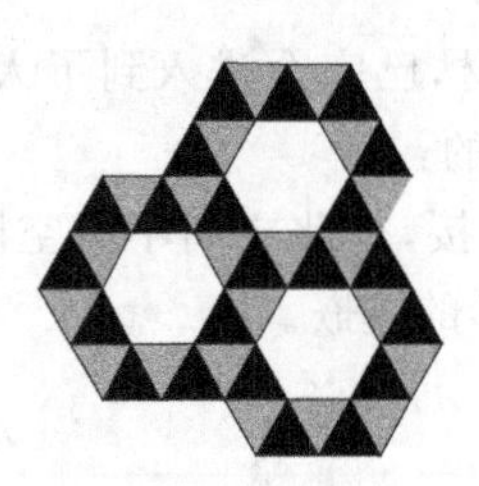

图 7-2-13

图 7-2-14

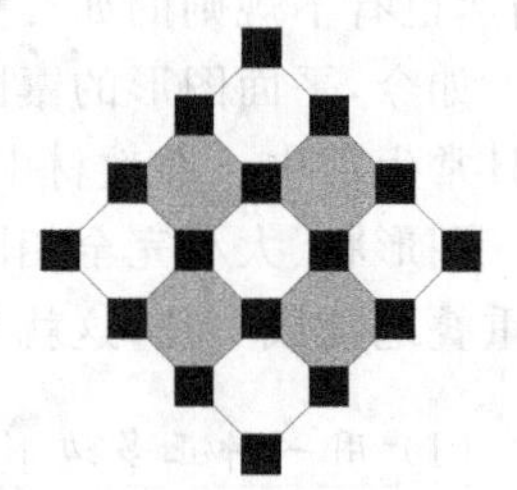

图 7-2-15

由上可知用两个正多边形的平面镶嵌共有 6 种。

(3) 用三个正多边形的平面镶嵌

关键是必须在一个顶点处,正多边形的内角和为 360°。

设三个正多边形的边数分别为 n_1、n_2、n_3,如果在每一个顶点处,一种正多边形只有一个,则根据平面镶嵌条件,则有 $\frac{(n_1-2)\cdot 180}{n_1}+\frac{(n_2-2)\cdot 180}{n_2}+\frac{(n_3-2)\cdot 180}{n_3}=360$,整理得 $3-2\left(\frac{1}{n_1}+\frac{1}{n_2}+\frac{1}{n_3}\right)=2$,即$\frac{1}{n_1}+\frac{1}{n_2}+\frac{1}{n_3}=\frac{1}{2}$。

当 n_1、n_2、n_3 互不相等时,平面镶嵌只有(4,6,12)(图 7-2-16)一种。

如果允许有相同正多边形的三个正多边形的平面镶嵌,则还有(6,4,3,4)

(图 7-2-17)，故用三个正多边形的平面镶嵌，只有两种。

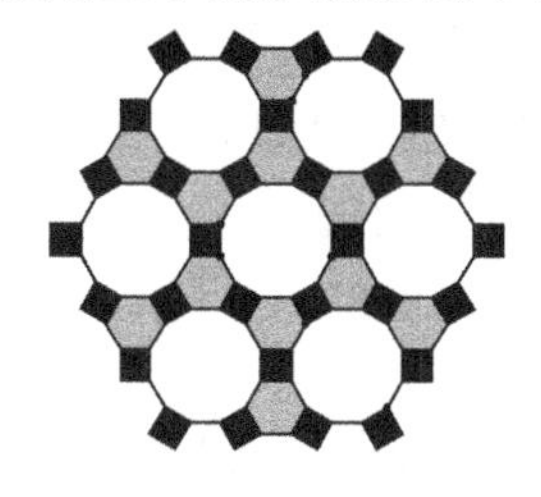
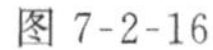
图 7-2-16

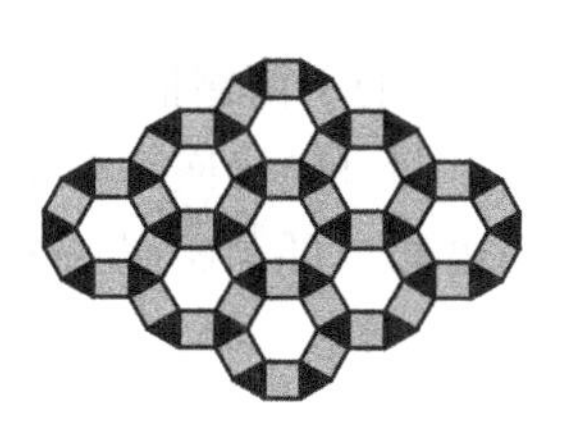
图 7-2-17

那么如何由一个统一的求解方程，得出所有用正多边形镶嵌平面的所有解？

因为一个正 n 边形的每个内角为 $\frac{(n-2)\cdot 180}{n}=\left(\frac{1}{2}-\frac{1}{n}\right)\cdot 360$，所以要作出均匀的镶嵌图案，就必须找出一些正整数 $n_1,n_2,n_3,\cdots$，使它们满足 $\left(\frac{1}{2}-\frac{1}{n_1}\right)+\left(\frac{1}{2}-\frac{1}{n_2}\right)+\left(\frac{1}{2}-\frac{1}{n_3}\right)+\cdots=1$

这是一个奇怪的方程式。其奇怪之处在于未知数的个数未确定，但限制未知数必须是不小于 3 的正整数。这个方程不只有一组解，而是有 17 组解。下面列出这 17 组解答：

(3,7,42)，(3,8,24)，(3,9,18)，(3,10,15)，(3,12,12)，(4,5,20)，(4,6,12)，(4,8,8)，(5,5,10)，(6,6,6)，(3,3,4,12)，(3,3,6,6)，(3,4,4,6)，(4,4,4,4)，(3,3,3,4,4)，(3,3,3,3,6)，(3,3,3,3,3,3)。

但在这 17 组情形中，从前面讨论中可以知道一个正多边形的平面镶嵌有：(3,3,3,3,3,3)，(4,4,4,4)，(6,6,6)共 3 种。

两个正多边形的平面镶嵌有：(3,12,12)，(4,8,8)，(3,3,6,6)，(3,3,3,4,4)，(3,3,3,3,6)，共 5 种。

三个正多边形的平面镶嵌有：(4,6,12)，(3,4,4,6)共两种。

因此在这 17 组情形中，只有 10 组可进行平面镶嵌。

(4) 如果不要求在每个顶点都是同样数目和同样形状的多边形，则我们可以得到许多更绚丽多姿的平面镶嵌图案(图 7-2-18～图 7-2-21)。

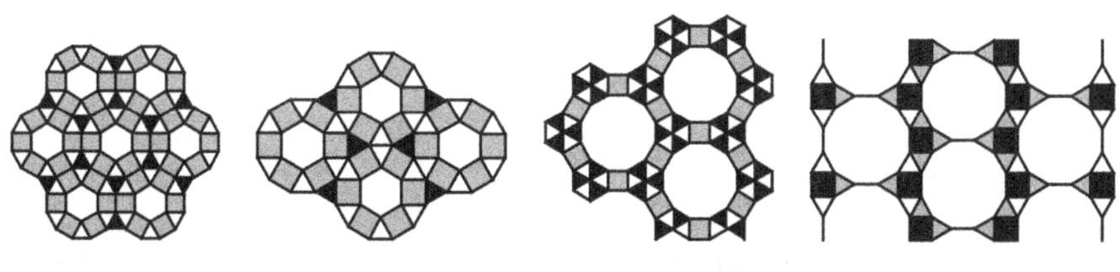
图 7-2-18　　图 7-2-19　　图 7-2-20　　图 7-2-21

(5) 一般凸多边形(非正多边形)的平面镶嵌

对于非正多边形的平面镶嵌,近年来发现有如下结果:

1) 任意三角形都可以镶嵌一个平面(图 7-2-22)。

2) 任意凸四边形也可以镶嵌一个平面(图 7-2-23)。

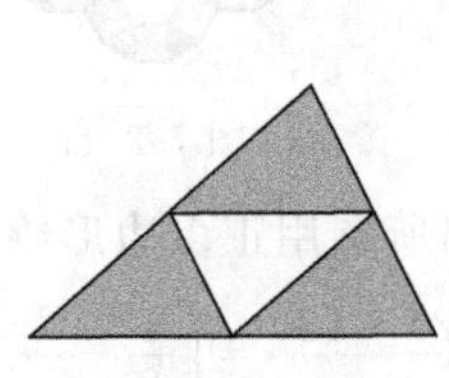
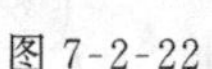
图 7-2-22

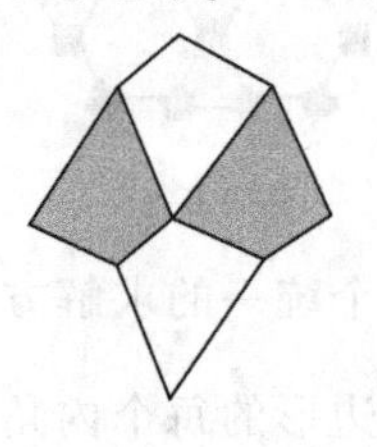
图 7-2-23

3) 对于凸五边形,只有特定的凸五边形,方可镶嵌一个平面。下面列举了两个凸五边形的镶嵌图(图 7-2-24 和图 7-2-25),尤其是图 7-2-25,是一种难以想出的五边形平面镶嵌。

4) 对于凸六边形,也只有特定的凸六边形(三组对边平行),才可以平面镶嵌(图 7-2-26、图 7-2-27),尤其是图 7-2-27 还可以镶嵌出“花瓣形”图案。

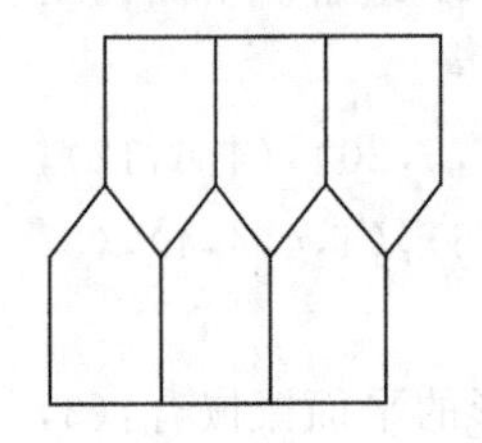
图 7-2-24

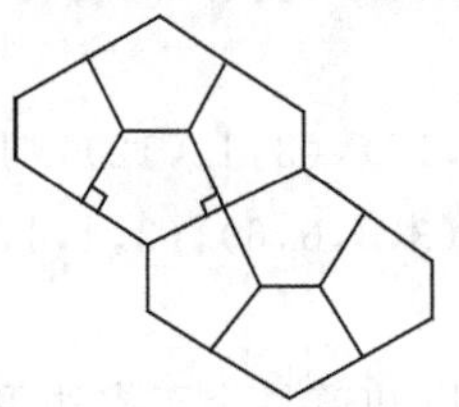
图 7-2-25

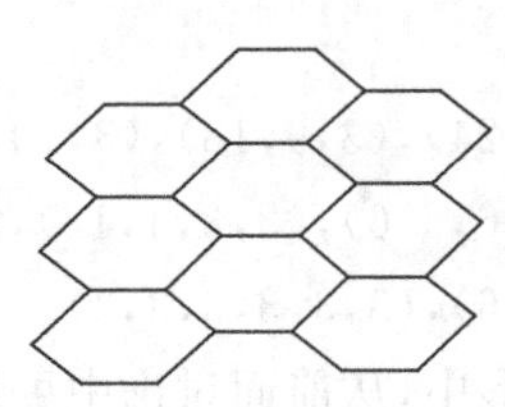
图 7-2-26

图 7-2-27

(6) 非凸多边形的平面镶嵌

非凸多边形同样可以镶嵌出赏心悦目的图案(图 7-2-28):

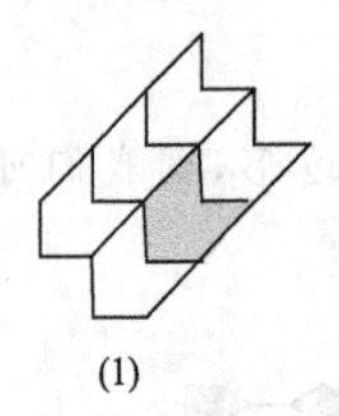
(1)

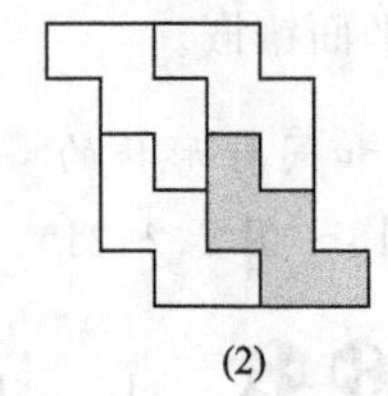
(2)

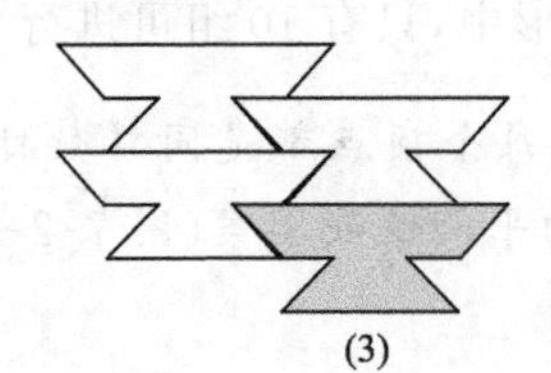
(3)

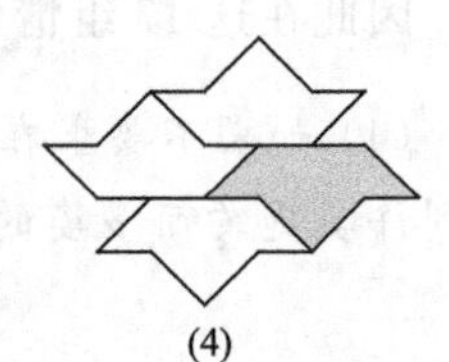
(4)

图 7-2-28

(7) 镶嵌图案的组合

图 7-2-29 、图 7-2-30,都是两个正三角形和两个正六边形的平面镶嵌,却形

成了两种不同的图案。

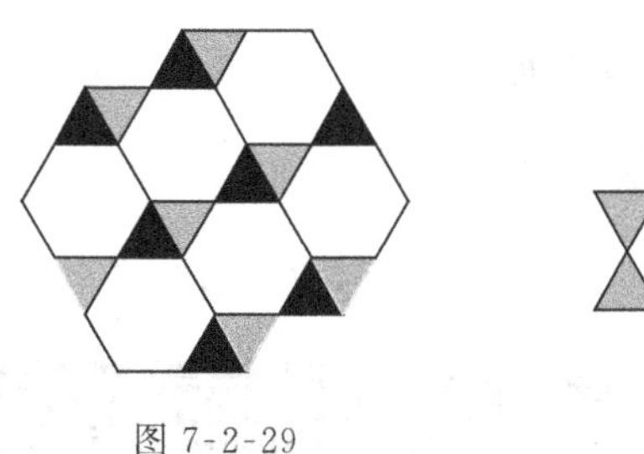

图 7-2-29

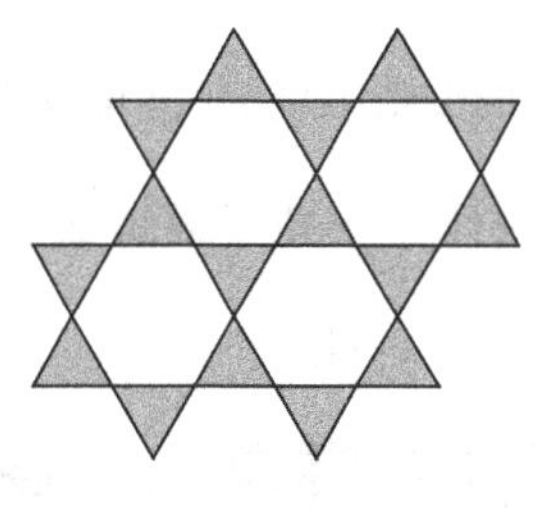

图 7-2-30

(8) 重复花样图案的镶嵌

就是用几个同样的图形拼出一个与它相似的大的图形。我们称具有这种性质的图形为重复花样,具有重复花样的图形包括凸多边形(图 7-2-31)和非凸多边形(图 7-2-32)。

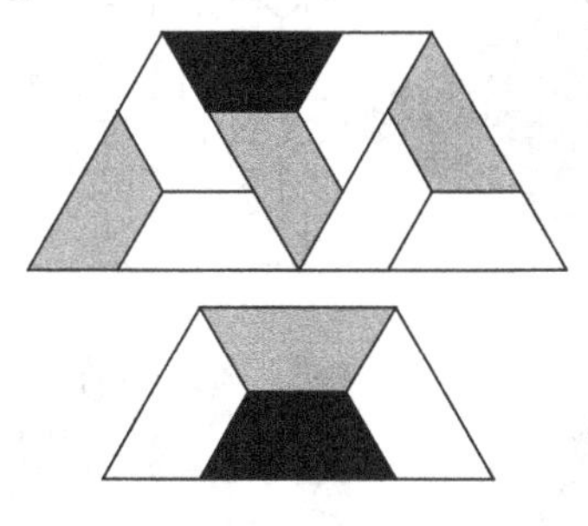

图 7-2-31

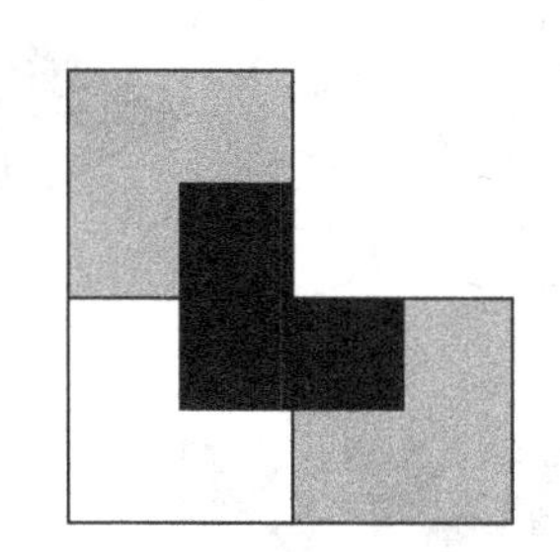

图 7-2-32

(9) 黑白图案的平面镶嵌

1) 黑白枫叶:将一片枫叶经过平移旋转,便可得到整个图形(图 7-2-33)。

2) 黑白奔羊:只需在一个矩形的两条边上作改变,再把这种改变平移到相对边上,所得图形便可镶嵌整个平面。如图 7-2-34,就像一群奔跑的黑白羊群。

图 7-2-33

图 7-2-34

(10) 不规则图形的平面镶嵌

有些不规则的图形,其实也能铺满平面。最杰出的是荷兰艺术家埃舍尔的作品。

3. 用几何画板制作的一些平面镶嵌图案

下面是用几何画板制作的几幅平面镶嵌图案,供读者参考欣赏(图 7-2-35)。

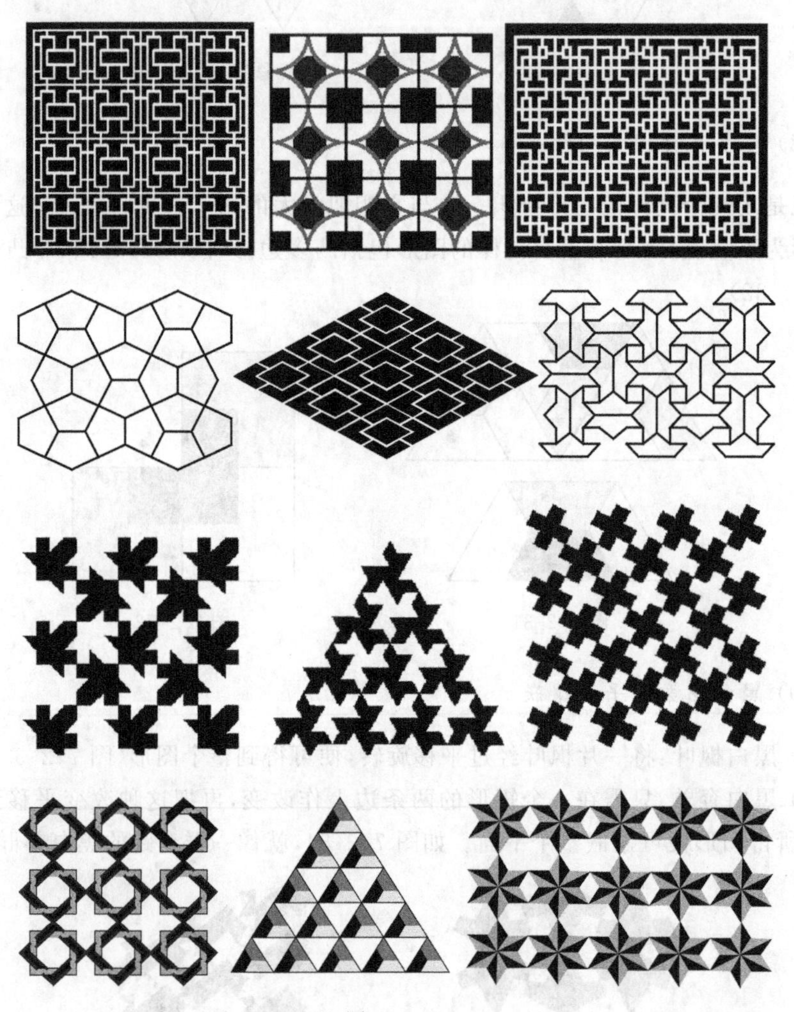

图 7-2-35

4. 多元文化背景下的数学平面而镶嵌

各种丰富多彩、赏心悦目不同风格的平面图形的镶嵌,都是在不同地域、不同宗教、不同民族的文化背景下所创立出来的。

1）图 7-2-36，展示了一幅由土耳其康雅的 B. K. 玛得瑞士（B. K. Madrash）设计的 13 世纪大门的设计图样。

2）图 7-2-37，是在伊朗发现的。

3）图 7-2-38，这一幅简单而雅致的花样图案地面，出现在罗马的拉卡拉浴场（Terme di Caracalla）。

图 7-2-36

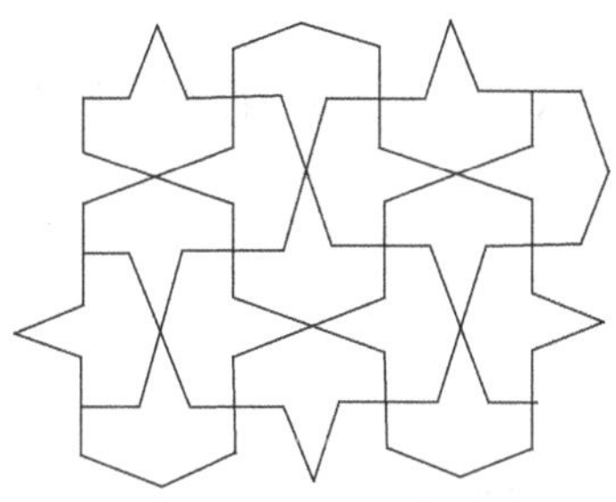

图 7-2-37

图 7-2-38

4）图 7-2-39、图 7-2-40，是从也门的一座清真寺尖塔上取出来的，而这正是前面介绍过的（6,4,3,4）和（4,6,12）型的平面镶嵌。

5）图 7-2-41，是丢勒利用正五边形和菱形创作的平面镶嵌。

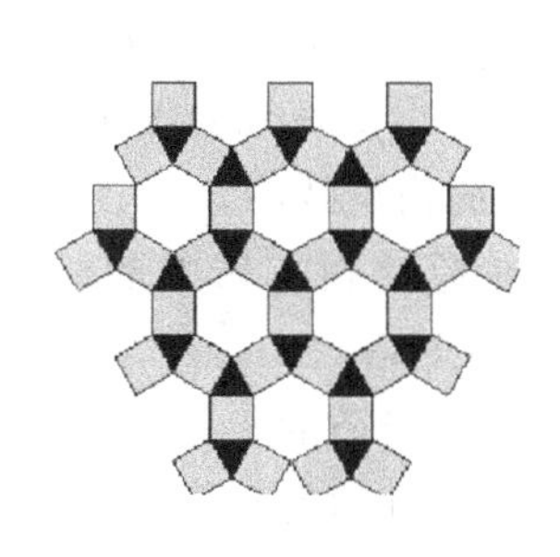

图 7-2-39

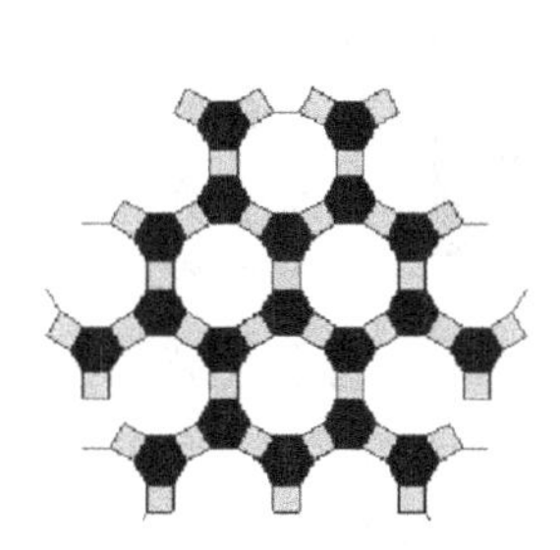

图 7-2-40

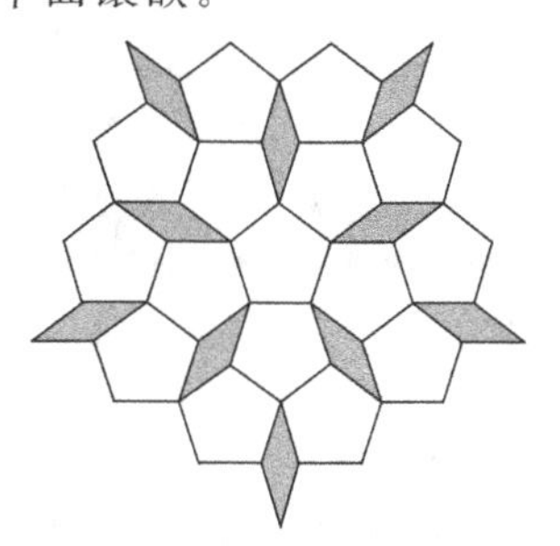

图 7-2-41

6）图 7-2-42 是中国苏州园林的两种漏窗。

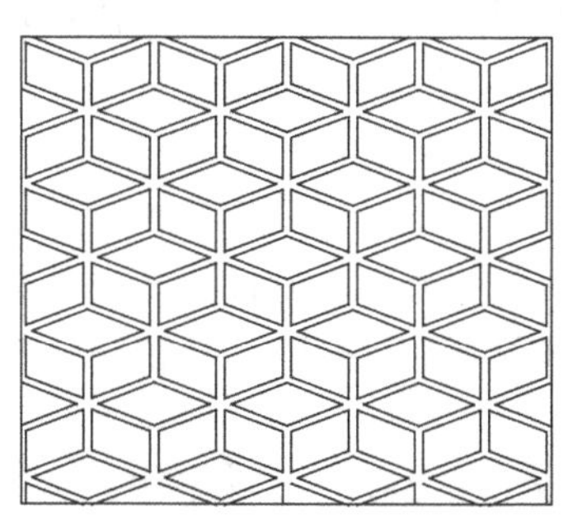

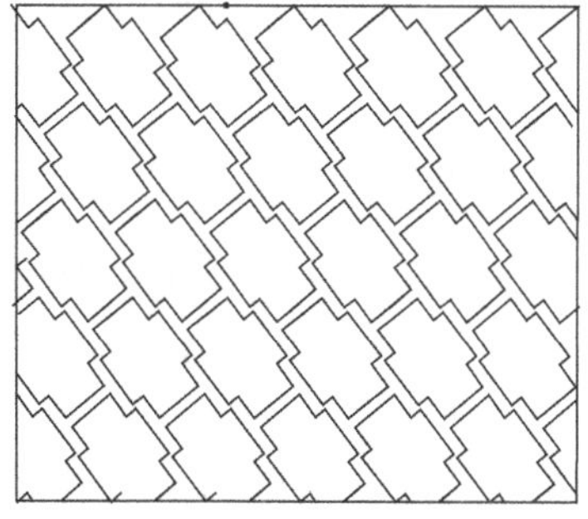

图 7-2-42

数学是全人类的财产，在不同文化背景下的数学思想、数学创造，都是数学文化的一部分，“多元文化”的观点正是未来社会开放性的一种必然要求。

平面镶嵌不仅可用于地砖铺地面，而且在建筑结构、经济截料、废物利用等方面都有着很大的实用性。对镶嵌平面理论的研究，可将您带入一个五彩缤纷、绚丽多姿的美丽世界。只要能潜心研究，您也可以设计出一些别出心裁、简洁优美的图案来。

7.3 埃舍尔的数学艺术

1. 埃舍尔生平简介

(1) 幸遇名师

M.C埃舍尔

莫里茨·科内里斯·埃舍尔(Maurits Cornelis Escher)，1898 年 7 月 17 日出生在荷兰北部雷瓦登城的一个富有的水利工程师的家里。1919 年埃舍尔到哈勒姆的一所建筑与美术学院学习建筑。这所学校传授从陶瓷制作到房屋设计的一切课程，对建筑的学习，不仅丰富了他的物理和数学知识，同时也奠定了他精严的描绘技能。

学院里有一位在荷兰很有影响的绘画艺术家萨缪尔·马斯奎塔(Samuel Masse-quita)，建议他改学版画。自 1919～1922 年，埃舍尔即在马斯奎塔的指导下，攻研各种材料的版画技巧。这个被教堂里巴赫(J. S. Bach)的音乐打动的年轻人，来到哈勒姆(Haarlem)后经常到圣巴沃斯教堂(St Bavos Cathedral)聆听管风琴演奏。这是医治他的忧郁情绪的最好方式。远离故乡阿纳姆(Arnhem)后，他经常被这种情绪缠绕，独自呆在房间里。在哈勒姆学习期间，他创作了一幅木版画《彷徨》：一个孤独的人，手提黯淡的灯笼，在危险的崇山峻岭中寻找道路。

(2) 移居意大利

毕业以后，埃舍尔同父母来到了意大利。他被这里的自然美景深深吸引，为了留住他住处的风光、事物和情绪，他不停地绘画，用各种画笔记录下他的见闻和灵感。

埃舍尔在意大利居住了 13 年。他在这里结婚，三个孩子中的两个出生在这里。他与朋友通信，“可以无所不读，包括哈勒姆、阿纳姆、性、生命的毁灭、达达主义等等”。他一半的版画作品和平版印刷品都是在这期间被创作出来的。

埃舍尔在意大利居住的日子里，为了寻找木版画的题材，埃舍尔每年春天都要进行一次徒步旅行，主要是去那些偏远的地区，进行风景写生。埃舍尔认为“漫步于山峦幽谷之间是人生的最大乐趣”。埃舍尔与妻子在罗马过着无拘无束的生活，漠视世俗的等级观念。

(3) 旅行积累素材

埃舍尔在西班牙和意大利旅行期间，制作了数百幅版画，其中一部分用来资助旅行。

20 世纪 30 年代末，埃舍尔却在西班牙找到了创作激情，在那里他发现了艺术作品平衡的法则。他“早上来到阿尔汉布拉宫，欣赏美妙的贵族艺术作品，阿拉伯人在这所宫里留下的装饰造型和技术深深吸引了他(图 7-2-2)。下午开始临摹陶瓷图案。平静、幽雅、神圣的宫殿居然建在这个默默无闻、肮脏腐败的城市之上，真是不可思议！”

(4) 研究、创作

埃舍尔早就注意到这些图案在二元世界中不停地重复，永无止境。在回家的途中，他试图将几何图形同人体、生物结合。他的一个数学教授的兄弟建议他读一些有关晶体分割的文章，他完全被这个理念所迷住了。他的平面分割理论虽然不适用于一般场合，但是他创作出的作品却使众人感到新奇。他在给一个好友的信中说：“我觉得生命的意义就是要解决这一平面分割问题。我也不清楚我为什么会如此地投入。”

离开意大利后，心灵的平静使他可以开始考虑新的创作，他观察周边的景色，寻找新的创作灵感。木版画的浪漫形式没有引起他的激情，他感兴趣的是木纹所产生的扭曲的视觉效果，或人工创作与自然结合所产生的视觉震撼。

(5) 回报

埃舍尔不再抱怨被社会忽视。权威的《时代》和《生活》杂志长篇幅地介绍他的故事；他的作品，在荷兰首都阿姆斯特丹博物馆展出，他出席了国际数学家大会并作专题演讲。

埃舍尔开始“关注混乱，让秩序成为混乱的中心，并显示秩序与混乱之间的差异，把各种被打乱的秩序，围绕在它的周围”。埃舍尔又有了新的观众。

他无限地热爱自己的工作，60 岁时仍然充满创作激情，但恐惧悲怆的事情发生了。埃舍尔走了，他的临终肖像看去没有悲哀，十分平静。我们看到一个人在工作室里工作，在他的橱柜门上，张贴着他老师马斯奎塔的照片和意大利南部的风景。埃舍尔于1941年终于回到了荷兰故土,1972年3月27日逝世于荷兰的拉伦城,终年74岁。

2. 埃舍尔作品欣赏

人们称埃舍尔为“错觉大师”,他像拿着一面魔镜,让我们从镜中看到一个离奇的世界,这是一个神秘莫测的谜和一个现实中难以实现的梦境。埃舍尔追求的目标不仅是“美”,更主要的是“奇”,他追求别人从未表现过的东西。他把许多用语言无法表达的思想形象地表现出来,把一些现实生活中不可能存在的事物用他的思想描绘出来。埃舍尔好像拿着一根魔棍的魔术家,使我们在夜里经历着幻觉和梦境,看到许多难以想像的奇异景象。

让我们沿着埃舍尔魔棍的指引去领略这一切吧!

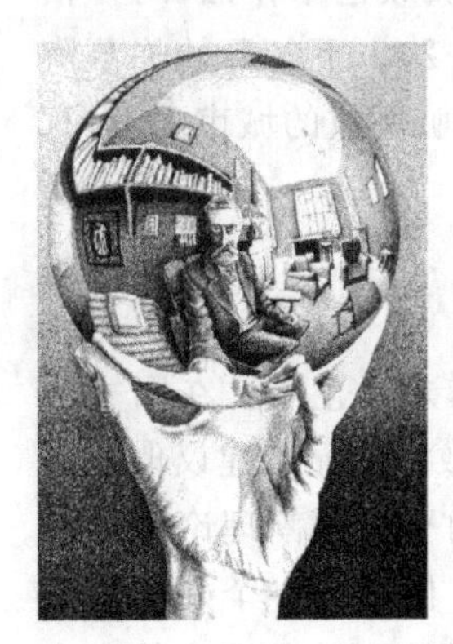
图 7-3-1

(1)《手与反光镜》

《手与反光镜》(图 7-3-1)是埃舍尔的自画像,当然古怪的画家要有古怪的自画像。球反射出举着球的画像,画家的书房。最妙的是从反光中又看到了球的本身。

其中镜成了一个被重点注意和再次审视的媒介。镜的功能被放大,但我们仍然是通过被镜处理过的影像来重新发现镜的魔力。

我们看到球内球外有些变形,难道这是数学上的度规张量吗?

(2)《爬行动物》

图 7-3-2

在《爬行动物》(图 7-3-2)中,埃舍尔的二维的平面蜥蜴怪异地变成了在现实三维空间中栩栩如生的立体蜥蜴。

一只只蜥蜴在书案上爬行,爬过书本、三角板、十二面体、跳上黄铜研钵,然后爬入桌上的绘画草稿,变成黑白灰互补的蜥蜴图案,而在图稿的另一端,一只蜥蜴正在从平面中挣扎出来,成为立体蜥蜴,要去跟上这支循环爬行的队伍。同是蜥蜴,一为三维世界的动物,另一为二维世界的平面图案。从一个世界进入另一个世界,也是从一个层次到另一个层次。

(3)《圆的极限Ⅲ》(四色木刻)

在彩色木版画《圆的极限Ⅲ》(图 7-3-3)中，属于一个系列的所有点都有相同的颜色，并且沿着一条从一边到另一边的圆形是多线首尾相连游动。离中心越近，它们变得越大。为了使每一行都与其周围形成完全对比，需要四种颜色。当所有这些成串的鱼像来自无穷远距离的火箭从边界射出，并再次落回到它射出的地方时，没有单个的鱼能到达边缘。因为边界是“绝对的虚无”。然而，如果没有周围的空虚，这个圆形的世界也就不存在。这实际上是一个双曲线空间。

图 7-3-3

(4)《圆的极限Ⅳ》(双色木刻)

图 7-3-4

作品《圆的极限Ⅳ》(图 7-3-4)是埃舍尔心目中的 L^2。这是一幅 P 模型画。图中黑色的魔鬼与白色的天使嵌满了整个 P 平面。这些魔鬼看起来大小不同，但按 P 长度都是相同的，天使也一样。

数学家证明过，罗巴切夫斯基几何中没有相似形，凡相似者必合同，从埃舍尔的画里看得很清楚。罗巴切夫斯基的世界是个无穷大的世界，而在埃舍尔的《圆的极限Ⅳ》中，每个魔鬼都有相等的罗巴切夫斯基面积，并有无穷多个魔鬼。

(5)《蛇》

木版画《蛇》(图 7-3-5)所表现的空间更不寻常。在缠绕和缩小的环的表现下，空间既向边界也向中心延伸并且无穷无尽。如果人在这个空间里，将是什么模样？

《蛇》也是介绍纽结理论的一件完美的艺术品。

图 7-3-5

(6)《鱼和鳞》

图 7-3-6

图形的整体和它的部分在结构上是相似的，虽然存在一定程度的变形和扭曲。埃舍尔利用这种思想创作了《鱼和鳞》(图 7-3-6)。当然，这种鱼和鳞的相似性只有用一种抽象的方式来看才是相似的。自我相似是一种我们的认知世界互相反映和互相交错的结果。因为我们身体上每一个细胞都以 DNA 形式携带着我们个体的完整信息。

(7)《互绘的手》

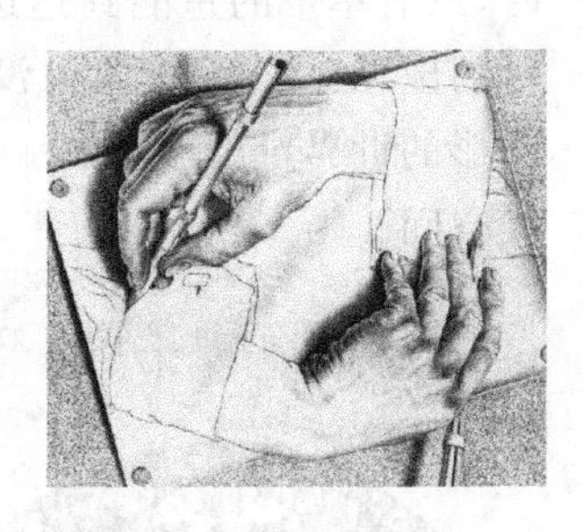

图 7-3-7

两只互相描画着的手，右手正在纸上认真地用线条勾勒快要完成的左手的衬衫袖口，而同时，一只真实的左手，逐渐从平面袖口里伸出来，左手也在描绘着右手的袖口(图 7-3-7)。这两只手到底是怎样开始的，又是怎样从纸上跃然而出的呢？它们到底是谁画谁呢？

但它们都是由埃舍尔的手画出来的，埃舍尔的手在这两只手的层次之上。

(8)《相对性》

图 7-3-8

看着《相对性》(图 7-3-8)这幅画，如果你一点也不头晕眼花，那你可算是真不错了。这也许是界定和通往某个特定空间的途径。以楼梯为基点，根据它和邻近物体的相互关系，我们可逐步认识周围世界。但走不多远就遇到了矛盾。换个基点也是这样，到底是什么地方不对头呢？

埃舍尔是创造错觉的能手。空间中的每个平面都可以随意成为地面。当看到人可以随时随地从“不可能”的位置出现时，你不必感到头晕，也不必困惑。

(9)《观景楼》

图 7-3-9

《观景楼》(图 7-3-9)这幅画,别有一种"恐怖"的魅力:地牢里囚禁着一个"犯人",正在绝望地探头向外,三楼上则站着一位贵妇人悠然自得地眺望远景。乍看上去,这幅画是"写实"之作,没有什么差错。其实,不合理的地方很多。如柱子扭得很厉害,原先在内侧的柱子,其下端却移到了外侧,而原来在外侧的柱子的上端又移到了内侧。二楼和三楼的建筑物竟然扭转了 90 度。还有画面中心,最引人注意的梯子是绝对不可能这样架设的。梯子的脚在房子里面,而其上端却明明架在房子的外面。更要注意画面下面的人,他手里拿着一个东西,这是一个不可能钉成的木框立方体(右下图是其放大图,此"立方体"后来还作为第 10 届国际数学家大会的会标)。

埃舍尔对平面镶嵌图案的奇妙创造,远远胜过传统的平面镶嵌图案。他给予他所镶嵌的对象以运动和生命。

(10)《天和水》

图 7-3-10

从鱼到鸟的演化,在同一的画面上,有两种不同的形象。

画面下半部黑色背景的水里,游着白色的鱼,上半部白色背景的天上,却飞翔着黑色的鸟,而空隙间,黑的为鸟,白的为鱼,都是由不同的几何图形演变而成的,构图非常生动自然(图 7-3-10)。

(11)《白昼和黑夜》

图 7-3-11

《白昼和黑夜》(图 7-3-11)是一张博得广泛称誉的作品。作品下方是黑白相错的菱形土地。目光引向上方,土地变成了鸟,黑鸟和白鸟互相填补。左边的白昼风景正好是右边黑色风景的反射。从左至右,是由白昼和黑夜的渐变过程,从上到下,是飞鸟到土地的渐变过程。在这张版画中,我们同时看到由白天渐变成黑夜,由天地渐变为飞鸟的过程。而十分巧妙的是白鸟和黑鸟的外轮廓是互相连接、紧密排列的，各向相反的方向飞去。对称的图形颇有装饰味，画面既美又耐人寻味。从左到右，白昼逐渐变成黑夜，从下到上，大地变成了天空的生灵，我们在这里领会到了生物与土地不可分割的关系，以及自然嬗变的交替与循环。

(12)《另一个世界》(异度空间)

图 7-3-12

《另一个世界》(图 7-3-12)似乎是在宇宙飞船上看到的星空景象，但又像置身于一间梦幻般的古旧建筑物中。房子有3个不同的视点，房间的中心点既像房间上半部的底点，又像房间下半部的顶点。从3个不同的角度看房子外面的景色，好像是月球上的环形山及宇宙星空。窗口的人头鸟和类似牛角的东西更增添了画面的神秘感。画中以面面相同的形式来表现真实和不真实的世界。

这幅画蕴含的内容很多：宇宙时空、史前鸟、海螺、星空、内外空间与时间的凸凹等等。埃舍尔向我们展示了一个神奇的世界和一个神秘莫测的谜。

(13)《画廊》

《画廊》(图 7-3-13)是埃舍尔的一幅经典名画。连埃舍尔也认为《画廊》是他最好的作品。画里讲述一个故事：一个在河边的城市，城里有一个画廊，画廊里的第一幅画就是这座城市本身。里面是一位年轻人正在欣赏这幅画。画面上是一座水城。一艘汽船正在水上行驶，岸上有两三个人正在驻足观看。一位妇女正扒在窗台上向外眺望。离奇的是，这位妇女的楼下就是那位看画的年轻人所在的画廊。画面将整个画廊和那位看画的年轻人都包括在画内。这位看画的年轻人是现代人——世界图景的时代的一个象征，世界通过科学被展现在我们的面前，就像一幅画一样。其实在船坞上，有一家小店，在店里面是一个艺术画廊及一个年轻人，他正朝着海边的小镇一角望去……在某种程度上，埃舍尔把空间由二维变成了三维，使人感觉到那个年轻人同时既在画内又在画外。通过有限的二维平面表达无限的空间。

请注意画面中央一块白色的区域，这个区域本来是可以画实的，但这里没有画实，它使这幅画的怪圈更富意味。它传达了两点思想：一是表明画是未完成的，即“世界”难以自圆其说；二是它在这块空白处，签上了埃舍尔的名字，意思是说，这幅未完成的、但形式上已经完成了的画，是由埃舍尔这个人“造”出来的。这个空白处，隐藏着这幅画的真正秘密，也是这幅画的诞生地，这是埃舍尔“神秘的运作”。

图 7-3-13

面对《画廊》，我们想到了已故诗人卞之琳先生的一首诗：

你站在桥上看风景

看风景的人在楼上看你

明月装饰了你的窗子

你装饰了别人的梦

诗中那富有哲理的意蕴，不正是《画廊》所揭示的吗？

(14)《瀑布》

埃舍尔用他的奇异风格取笑自然规律，在作品《瀑布》(图 7-3-14)(永恒运动)中，他巧妙地改变了建筑物轮廓的形状，结果呈现给我们的是一种荒诞的情景：一股水流沿着一条封闭的环形道无止境地流着，当水从三层楼流下时，推动着磨坊的轮子转动——一种以自身能量为能源的机器。水从左上方倾倒下来，推动了轮子，落在底层的水池，然后水在曲折的水渠里继续流动。是往上流，不，又好像是平着流。终于水又意外地回到了原地，再次从上面倾泻下来推动了轮子在作"永恒的运动"。

图 7-3-14

(15)《上升和下降》

图 7-3-15

在作品《上升和下降》(图 7-3-15)中,埃舍尔精心地使用了透视画法规律,画出一队爬上楼梯的士兵,沿着一个不可能的台阶一直往上爬,结果却发现他们又回到了出发点。好像士兵们说:“是的,是的,我们往上爬呀,我们想像我们在上升;每一级约十英寸高,十分使人厌倦——它到底会把我们带到哪里?哪里也没有去,我们一步也没有去。我们一步也没有走远,一步也没有升高。”

(16)《骑马的人》

图 7-3-16

有一个是由正好互为镜像的两组骑马人组成的队列,这两组骑马人沿着一条扭曲的环带的两个面朝相反的方向行进。埃舍尔的《骑马的人》中的带子在图画的中心连接起来了,从而接通了两个分开的面,使这两组马能够相遇。因此,《骑马的人》(图 7-3-16)不是一个真正的莫比乌斯带,因为它有两个面和两条带。

埃舍尔是一个天才,他擅长刻画生活中模棱两可或出乎意料的事情,他在莫比乌斯带中,为他的艺术创作找到了一片沃土。

(17)《黑白骑士》

图 7-3-17

埃舍尔的图案因为有一系列黑白填充而使整个图形显得生动活泼。黑骑士的上下有白骑士,而白骑士的上下有黑骑士,但是他们是相互朝相反的方向行进着(图 7-3-17)。

画面上的黑色骑士一排,由左向右,而在空隙的背景里,却又有白色骑士一排,从右向左,黑与白相反相成,构成统一的画面。其实在物理学里这种对称性的法则是十分普遍的。当所有的物理探索最终落实到基本粒子构造时,对称性理论便成了进一步研究的利器。因此,诺贝尔奖获得者杨振宁在他的《基本粒子发现简史》中就是以埃舍尔的《黑白骑士》图作为封面,而引起世人的注目，显示了物理大师的艺术底蕴，并使埃舍尔的名声大振而享誉世界。

(18)《高与低》

与《画廊》一样，《高与低》(图 7-3-18)这幅画也是埃舍尔的一件精品。不仅作品的意图以高超的技巧表达了出来，画面本身也非常漂亮。

如果一个人从右下方的地窖走出来，就会自然穿过石拱门，沿着廊柱向上跳跃。

在画面的左侧，我们可以爬上楼梯登上房子的二楼，发现窗边有一个姑娘正向下看着，与坐在下面楼梯上的男孩正进行着对话。房子似乎坐落在街角，与画外左侧的房子相连。

在画面未遮盖部分的顶部正中，我们可以看见镶着瓷砖的天花板就处在我们的正上方，其中心点就是我们的天顶。所有上升的曲线都指向这个点。现在，让我们将那张遮挡画面上部的纸下移到遮住画的下半部分。我们看到同样的场景再次出现——同样的广场、棕榈树、街角的房子、男孩与女孩、楼梯和那座塔。

正如我们开始情不自禁地向上看，现在不由自主地向下看。最初的天花板变成了地板，天顶也成了天底，依然是下行曲线的交点。我们发现，《高与低》充满了许多难以说清的秘密。

以上只是分析了埃舍尔数百幅艺术作品中的极少数作品。让我们永远思考从幻想世界、数学世界和现实世界中抽象出来的这些世界之间的丰富联系。

图 7-3-18

3. 数学与埃舍尔艺术

(1) 数学艺术家

埃舍尔的许多作品都源于悖论、幻觉和双重意义，他努力追求图景的完备性而不顾它们的不一致性，或者说让那些不可能同时在场者同时出场。借此他创造了一个颇具魅力的“不可能世界”。

埃舍尔的世界永远充满着好奇、想像和不知疲倦的探索，他对于艺术追求的高度与境界是常人无法企及的。埃舍尔的作品后来与数学有着紧密的联系，埃舍尔给人们留下深刻印象的作品都是带有数学意味的奇妙作品。他所构造的世界，每一种形象都是经过严密计算的结果。他俨然是一位数学家，然而就画面的美丽而言，他又毫无疑问是一位真正的艺术家。数学是埃舍尔艺术的灵魂。这其中包括数学家们对其作品数学意义的认同，以及埃舍尔本人对数学知识的渴望，是一种典型的艺术与数学的融合。

埃舍尔的作品通常归类为“视错觉艺术”，也有人归类为“数学艺术”。他那看似秩序却又混乱的作品，超越了艺术与数学之间的界限，甚至融合了物理学与哲学等的概念。埃舍尔在透视、反射、周期性平面分割、立体与平面的表现、“无穷”概念的表现、“不可能结构”的表现、正多面体等等方面，都做了大量探索。而这些都与数学、几何、光学等有关，他留下来的大量设计草图证明了这一点。

如果我们用不同的角度来理解埃舍尔的画，就会觉得他的画没有那么难理解了；而理解了他的画，似乎又觉得数学这个高深艰涩的领域也就不那么让人畏惧了。埃舍尔所描绘的自然界的图像有一种抒情之美和精致的数学之美！

(2) 多面体图形

图 7-3-19

多面体对于埃舍尔而言具有特殊的魅力，他把它们作为许多作品的主题。我们知道正多面体只有五种：正四面体有 4 个三角形的表面；正方体有 6 个正方形的表面；正八面体有 8 个三角形的表面；正十二面体有 12 个正方形的表面；正二十面体有 20 个三角形的表面。而埃舍尔常常把几个正多面体匀称地交叉了，并且使它们呈半透明状。埃舍尔常把几何体的每一面都由表面为三角形的金字塔形来代替。通过这种变换，使多面体变成了一个尖锐的、三维的星形几何体。如在《有序和无序》中，是一个星形十二面体隐现在水晶球中。而木版画《星》(图 7-3-19)，是一个由星形状的八面体、四面体和立方体交叉构成的几何体。

(3) 非欧几何与拓扑模型

埃舍尔创造了许多美丽的双曲线空间的作品。例如，木版画《圆极限Ⅲ》居然把双曲几何的庞加莱模型刻画得如此深刻。当你从它的中心走向图像的边缘，你会像图像里的鱼一样缩小，从而到达你移动后实际的位置，这似乎是无限度的，而实际上你仍然在这个双曲线空间的内部，你必须走无限的距离才能到达欧几里得空间的边缘，这一点确实不是显而易见的。空间的弯曲使缠绕成为可能，使“有限无界”成为可能。埃舍尔把一个世界描述为“这个无限而有界的平面世界的美”。

埃舍尔的另一幅著名的版画《画廊》探索了空间逻辑与拓扑的性质。该画在某种程度上把空间由二维变成了三维，使人感觉到那位年轻人“既在画内，又在画外”。画的中间有一个洞(空白)。一个数学家将这叫做“奇异点”，一个空间的结构不再保持完整的地方，要将整个空间编成一个无洞的整体是非常困难的。

有数学家说：“《画廊》完全可以作为黎曼曲面的一个范例。”

(4) 透视与射影几何

在《高与低》的透视作品中，艺术家总共设置了五个消失点(上方的左边、右边，底部左边、右边以及中心)。其结果是：作品下半部的观众往上看，但作品上半部的观众往下看，为了强调他所取得的成果，埃舍尔把上半部和下半部合成一幅完整的作品。

(5) 错觉与不可能图形

《瀑布》是一幅奇诡美妙的图案，是一幅典型的数学艺术。瀑布经过几折又回到源头，自我关联自我生成，在这里瀑布成了一个封闭的系统，能使作坊的车轮像一台永动机一样连续的转动，这就违背了能量守恒定理。

而在《上行和下行》中，两队士兵(一说僧侣)，一队往上走，一队往下走，他们感觉是各自永远地上行和下行着，然而却没有一个尽头。因为他们最后又“自然而然”地回到了原来的“低处”和“高处”。

在《瀑布》与《上行和下行》这两幅“不可能”的画中，一方面对我们的视觉提出了挑战，另外又体现了埃舍尔的一种无穷思想。

埃舍尔说过：“我深深地感觉到，我的心灵与数学家们靠得更近，而不是我的画家的同行。”可见“不可能”的画与数学家的关系非比寻常。

(6) 自我复制(自相似与分形)

《互绘的双手》和《鱼和鳞》表现了埃舍尔的一个核心概念——自我复制。这两幅画用不同的方法表达了这个思想。前者的自我复制是直接的，概念化的，在这里自我和自我复制是连接在一起的，也是相互等同的。而在《鱼和鳞》这幅画中，自我复制具有更大的功能：在这里描述的不仅是鱼而是所有的有机体，是更深层次的一种自我相似(或分形)，是认知世界互相反映和相互交错的结果。

(7) 平面镶嵌与无限概念

埃舍尔对平面镶嵌具有浓厚的兴趣。他开拓性地使用了一些基本的图案，并应用了反射、平移、旋转等数学方法，获得了许多优美的镶嵌图形，其中不仅有正多边形，还有由基本图案扭曲变形为动物、鸟和其他的形状。一位俄国数学家对他说："你比我们任何一位都懂得更多。"其中具有代表性的规则平面镶嵌有：《鸟的规则平面镶嵌》、《爬虫的平面镶嵌》、《天鹅的规则平面镶嵌》、《黑白骑士图》及其他作品(参见"7.2 迷人的镶嵌")。

埃舍尔使无穷大的概念活了起来，不需要用什么话来给它下定义，他的作品就说明了无穷大的意义。如在《漩涡》中，螺旋就把人们的目光带上了无穷的旅程。而《圆的极限》是庞加莱的有界而又无限的非欧几何的理想模型。在《立方空间分割》中，我们同时获得无穷大和空间镶嵌图案的概念。而《蛇》表现的空间是既向边界也向中心无穷无尽延伸的。

(8) 超越时代

图 7-3-20

直到 20 世纪 90 年代后期，人们才发现埃舍尔的视觉模拟和今天的虚拟三维现象与数学方法是如此相像。如结构线条之间的穿插，将人的图形分解成博大的条带(图 7-3-20)，几乎和今天的数学方法没有区别，而他的各种图像美学也几乎是今天电脑图像视觉的翻版，充满着电子时代和 20 世纪中叶智性的混合气息。因此，埃舍尔的艺术是真正超越时代、深入自我理性的现代艺术。他的艺术价值正在超越许多现代艺术流派显示出永恒的魅力。

4. 埃舍尔艺术的价值与意义

(1) 数学艺术

埃舍尔是一名无法"归类"的艺术家，艺术家追求的是美，而他所追求的"首先是惊奇"，是用数学计算出来的美。虽然他的作品无法"归类"，但对他作品表现出极大兴趣的却是数学家、晶体学家和物理学家，而不是他的同行。因此，有人称他的艺术是"数学艺术"。是科学家首先发现了埃舍尔作品的价值和意义。

(2) 空间与平面在绘画表达关系上的完美体现

在埃舍尔的作品中，没有复杂的感情纠葛，有的只是对于天空、对于大地、对于整个宇宙的惊讶和敬畏之情。对大自然的爱，可以说是埃舍尔一生中最为持久、最为强烈的感情。

埃舍尔作品的魅力，在很大程度上，来自他所构建的二维世界与真实的三维世界的关系。如在《瀑布》、《观景楼》和《画廊》中，二维世界的画面，在三维世界中却是不可实现的。而在《爬行动物》(亦名《蜥蜴》)、《魔镜》和《循环》中,我们看到的是二维和三维(平面和立体)图形的互化。埃舍尔作品的非凡魅力体现在"空间与平面在绘画表达上的关系"。埃舍尔完美地创造了一个只可能存在于二维的画纸上,却不可能存在于三维的现实世界。

埃舍尔作品像一座巨大的迷宫,繁复而细腻。但仔细打量,你会发现,这些乍看合乎常情的图像,却存在着诸多的不可能,而待你再寻着这些不可能追溯上去时,仿佛这一切又归于正常,如此反复,最后迷失。

(3) 艺术与科学的交汇

当著名物理学家杨振宁发现《黑白骑士》所蕴含的意境与他写的《基本粒子发展简史》的内容相符时,便将此图作为该书的封面;而生物学家则可以从《鱼和鳞》中看到一片鱼鳞是如何"演化"成一条鱼的;而《群星》则一定会引起地质学家的兴趣。埃舍尔的画,让艺术与科学交汇,这使他的作品首先为科学家所接受,因为他们在作品中,可看到某些定理的再现。作品《彼岸》曾被美国权威刊物《科学》作为封面。而一个宇航员也一定会在《相对性》中找到帮助和受到启示:空间中的每个平面都可以随意的成为地面,他们必须习惯,在看到同事们随时随地都可能从"不可能"的位置出现时,他们不会头晕,也不会感到困惑。

(4) 对传统视觉世界的挑战

我们欣赏埃舍尔的画,同时也进入了一个埃舍尔的视觉世界。焦点却在他的眼睛里。人的基本运动、事物的规律、时间的相互关系,都在埃舍尔约定的魔法中上上下下,来来去去。看他的作品,视觉会在盲点中失明,传统绘画的意味与功能在盲点中消失。埃舍尔针对的终究不是视觉,而是大脑、逻辑与哲学演化运算出图像的结果。埃舍尔对传统的视觉世界发出根本性的挑战。我们可以从《鱼和鳞》及《圆的极限》等作品中看到这些。

(5) 对世界思考的体现

埃舍尔不是一位专门的科学家,他是一位画家,他的作品反映的是他的思想,他的感情。他的作品虽然多为建筑或几何图形等抽象的主题,但其所揭示的规律,合理表象下的矛盾与荒谬,那天使与魔鬼互为背景的构图,白天与黑夜中交叉逆行的飞鸟与田亩,天与水中黑白交错的鱼与鸟等,谁能说这些不是埃舍尔对世界的思考呢?他的每一幅作品都是他思想探索的一个记录和总结。埃舍尔认为:"在我作画的时候,有时感到自己不过是一个精神工具,被我笔下幻化的事物所控制。似乎它们在自我决定它们选择出现的形状。"如在《互绘的手》中,在画出左手和右手的后面隐藏着的是埃舍尔那只绘出它们的神奇之手。

埃舍尔的画，从表面上看，缺乏通常意义上的激情，但画中那些精心雕琢的细节却包含着一种使人如痴如醉的情绪。他的作品，用埃舍尔自己的话说："是为了传达思维的一条特殊的线索——这是主宰我们周围世界的自然法则——通过观察的结果，最终使艺术步入数学领域。"

(6) 超越国界的影响

虽然埃舍尔的画无法归入20世纪艺术的任何一个流派，但随着时间的推移，他的画的价值正在超越许多现代艺术流派，显示出永恒的魅力。

埃舍尔的作品也许堪称是世界上被复制最多的艺术家的作品，每年欧洲、美国和日本数以万计的艺术爱好者购买大量其艺术作品的招贴画和明信片。

埃舍尔作品的意境是如此的深邃，是否能为一般大众所接受呢？一位艺术家曾为此担心过："埃舍尔的鸟、鱼和蜥蜴都是语言所不能形容的。它们所需要的新的思维模式，恐怕没几个人能有。"然而时间已证明，无论在西方还是在东方，都有无数的"埃舍尔迷"。一群美国的年轻人给埃舍尔写过一封信，在一幅画的下面写道："埃舍尔先生，感谢你的存在。"在中国的北京和上海举行过两次埃舍尔作品展，都引起了轰动。这一切都足以证明埃舍尔在世界范围内的影响，埃舍尔的魅力是超越国界的。

第八章　文学中的数学文化

文学与数学看似风马牛不相及，是在两条道上跑的车，但实际上文学与数学有着奇妙的同一性。先看几位著名学者对于文学与数学的关系的独到见解：

雨果(Victor Hugo)说："数学到了最后阶段就遇到想像，在圆锥曲线、对数、概率、微积分中，想像成了计算的系统，于是数学也成了诗。"

哈佛大学的亚瑟杰费说："人们把数学对于我们社会的贡献比喻为空气和食物对生命的作用，我们大家都生活在数学的时代——我们的文化已'数学化'。"

我国著名科学家钱学森提出，现代科学六大部门(自然科学，社会科学，数学科学，系统科学，思维科学，人体科学)应当和文学艺术六大部门(小说杂文，诗词歌赋，建筑园林，音乐，书画造型，综合)紧密携手，才能有大的发展。

文学与数学的同一性来源于人类两种基本思维方式——艺术思维与科学思维的同一性。文学是以感觉经验的形式传达人类理性思维的成果，数学则以理性思维的形式描述人类的感觉经验。文学是"以美启真"，数学则"以真启美"，虽然方向不同，实则同一。文学与数学的统一归根到底是在符号上的统一：数学揭示的是隐秘的物质世界运动规律的符号体系，而文学则是揭示隐秘的精神世界的符号体系。

8.1　文学与数学

1. 诗中的数学意境

在我国的一些古诗名句中，也能找到一种数学意境，让人遐想，让人品味。

(1) 大漠孤烟直，长河落日圆

这是唐代诗人王维在《使至塞上》中的绝唱，描绘了一幅空阔、荒寂的塞外黄昏景象。但数学家将那荒无人烟的戈壁视为一个平面，而将那从地面升起的直上云霄的如烟气柱，看成是一条垂直于地面的直线(如图 8-1-1)；那远处横卧的长河被视为一条直线，而临近河面逐渐下沉的一轮落日被视为一个圆，"长河落日圆"在数学家的眼中便是一个圆切于一条直线(图 8-1-2)。

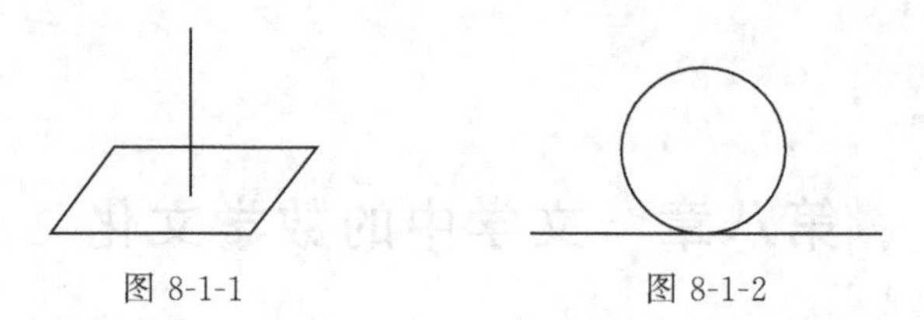

图 8-1-1　　　　图 8-1-2

（2）孤帆远影碧空尽，唯见长江天际流

孤帆远影碧空尽，唯见长江天际流

这是李白在《黄鹤楼送孟浩然之广陵》中的名句。当我们在理解无穷小量是以零为极限的变量时，如果在脑海中能出现一幅“一叶孤舟随着江流远去，帆影在逐渐缩小，最终消失在水天一际之中”这样的图景，数学概念也就融合在这优美的诗意中了。

（3）横看成岭侧成峰，远近高低各不同

这是苏轼的七绝《题西林壁》诗中的前两句。意思是说“正看庐山，高岭横空，侧看庐山，峭拔成峰；远近高低，形象各异”。

我们观察事物，如果所处的立场不同，观察到的结果也会不同。我们思考处理某个数学题，如果从某一角度用某种方法解决难以奏效时，不妨换一个角度去观察，换一种方法去处理，便有可能“迎刃而解”。

（4）前不见古人，后不见来者，念天地之悠悠，独怆然而涕下

这是初唐诗人陈子昂的名句，是时间和三维欧氏空间的文学描述。在陈子昂看来，时间恰可比喻以他自己为原点向两端无限延伸的一条直线。天是一个平面，地也是一个平面，人类生活在这悠远而空旷的时空里，不禁感慨万千。这是古人乃至今人对时间与空间的认识。

2. 数字入诗

著名作家秦牧在其名著《艺海拾贝》中辟有“诗与数学”一节，认为数字入诗，显得“情趣横溢，诗意盎然”。数字入诗，别具韵味，闪烁着迷人的光彩，给人以美的享受和隽永的印象。

(1) 连用10个“一”

一帆一桨一渔舟，一个渔翁一钓钩。

一俯一仰一场笑，一江明月一江秋。

这是清代陈沆的一首诗，勾勒了一幅意境悠远的渔翁垂钓图。

(2) 用一至十10个数字

一去二三里，烟村四五家。

亭台六七座，八九十枝花。

这是宋代理学家邵雍描写一路景物的诗，反映了远近、村落、亭台和花。这是一幅乡村风景画，通俗自然，脍炙人口。

(3) 卓文君的数字镶嵌诗

相传西汉时，卓文君与司马相如成婚不久，司马相如便辞别娇妻去京城长安求取功名，终于官拜中郎将，时隔五年，不写家书，心有休妻之念。痴情的卓文君朝思暮想，等待着丈夫的“万金家书”，殊不知等了五年等到的却是一封只写着“一二三四五六七八九十百千万万千百十九八七六五四三二一”的数字家书。

聪颖过人的卓文君当然明白丈夫的意思，家书中数字无“亿”，表示丈夫对她“无意”了，只不过没有直说罢了，卓文君既悲且愤又恨，当即复书如下：

一别之后，两地相似，只说是三四月，又谁知五六年，七弦琴无心弹，八行书无可传，九连环从中折断，十里长亭望眼欲穿。百思念，千思念，万般无奈把郎怨。

万语千言道不尽，百无聊赖十凭栏，九重登高看孤雁，八月中秋月圆人不圆。七月半，烧香秉烛问苍天。六伏天，人人摇扇我心寒。五月里，榴花如火偏遇阵阵冷雨浇。四月间，枇杷未黄我欲对镜心意乱。三月桃花随水流，二月风筝线儿断。噫！郎呀郎，巴不得下一世你为女来我为男。

在卓文君的信里，由一写到万，又由万写到一，写得明白如话，声泪俱下，悲愤之情跃然纸上。司马相如看了诗信，被深深打动了，激起了对妻子的思念，终于用高车驷马亲自回四川把这位才华出众的妻子卓文君接到了长安。此后，他一心做学问，终于成了一代文豪。

3. 数字入联

将数字嵌入对联之中，可产生意想不到的效果。当你读联吟咏时，既提高了文学修养，还得到了美的享受。

(1) 乾隆"千叟宴"

乾隆在乾清宫举行一次"千叟宴",赴宴者达3900人之多,其中有一老人年龄最大,已141岁。乾隆出了一个上联:

花甲重逢,又加三七岁月。

其中两个"花甲"为120岁,再加上三七二十一岁,正好是141岁。可知乾隆的上联,实际上相当一个等式:$60\times2+3\times7=141$。

当时在座的大臣们见此对联,都感到束手无策,非常惶恐不安,幸而纪晓岚(清朝大学士,有名的才子)灵机一动,对出了下联:

古稀双庆,更多一度春秋。

其中两个"古稀"是140岁,再加1年,也是141岁。相当一个等式:$70\times2+1=141$。纪晓岚完全摸准了皇上的心思,对仗又很工整,引得龙颜大悦,大家尽欢而散。

(2) 乾隆七十寿联

清乾隆到处游山玩水,自称"十全老人"。在他70岁生日时,自己写了一副很得意的对联:

七旬天子古六帝;

五代曾孙余一人。

乾隆统计过,历史上活到70岁的皇帝,有汉武帝刘彻活到70岁,梁武帝萧衍活到86岁,女皇帝武则天活到82岁,唐明皇李隆基活到78岁,明太祖朱元璋活到71岁,连他在内,只有六人。不过元世祖忽必烈也超过了70岁,却将他漏掉了,不知什么原因。

(3) 纪晓岚的祝寿联

纪晓岚是《四库全书》的总纂官,乾隆50岁时,他曾献给乾隆一副祝寿联,竭力颂扬了大清盛世的帝国版图之大:

四万里皇图,伊古以来,从无一朝一统四万里;

五十年圣寿,自今而后,尚有九千九百五十年。

数字对联能做到如此工整,可谓难得了。

(4) 郭沫若题联颂《聊斋》

名著《聊斋志异》的作者蒲松龄,乃山东淄博人。郭沫若为蒲松龄的故居写了一副对联,一直为人称颂:

写鬼写妖高人一等;

刺贪刺虐入骨三分。

(5) 穷书生赶考

明朝有一位穷书生,历尽千辛万苦赶往京城应试,由于交通不便,赶到京城时,试期已过。经苦苦哀求,主考官让他从一到十,再从十到一作一对联。穷书生想起自己的身世,当即一气呵成:

一叶孤舟,坐着二三骚客,启用四桨五帆,经过六滩七湾,历尽八颠九簸,可叹十分来迟。

十年寒窗,进了九八家书院,抛却七情六欲,苦读五经四书,考了三番两次,今天一定要中。

几十载的人生之路,通过十个数字形象深刻地表现出来了。主考官一看,拍案叫绝,便把他排在榜首。

(6) 船夫巧对难状元

据说明朝嘉庆年间,江西吉水县的状元罗洪光与几位饱学之士同游九江,顺流而下,江风助行,眼看要到九江了,这时邻船一名船夫慕名来到罗洪光的船上,说有一上联请大人续对。罗洪光根本没有把船夫放在眼里,心想凡夫俗子能出什么妙联,船夫写出上联:

一孤舟,二客商,三四五六个水手,扯起七八尺风帆,下九江,还有十里。

罗洪光傻了眼,迟迟无法下笔,同船的文人墨客也你看我,我看你不知所措,以后也无人对出,成了"绝句"。时隔400年,直到解放后的1959年,才被一个叫李戎翔的人在用轮船装运木料"九里香"(一种名贵的香樟木)时,触发灵感,对出下联。下联是:

十里远,九里香,八七六五号轮,虽走四三年就到,只二日,胜似一年。

(7) 郁达夫的巧对

我国小说家、诗人郁达夫,某年秋天到杭州约了一位同学游九溪十八涧,在一茶庄要了一壶茶,四碟糕点,两碗藕粉,边吃边谈。结账时,茶庄主人说:

"一茶、四碟、二粉、五千文。"

郁达夫笑着对庄主说,你在对对子:

"三竺、六桥、九溪、十八涧。"

4. 数字谜

1) 苏东坡是北宋著名的文学家,诗、词、文乃至琴、棋、书、画无一不精。他的诗清雅奇丽;他的文行云流水,有一泻千里之势;他的词豪健纵放;他的画浓淡有致，形神兼备，但传世之作不多，而"百鸟图"却一直为世人所珍藏。百鸟神态各异，栖飞各得其所，在晚霞的映照下，显示出大自然的舒适与和谐。奇怪的是，画中没有配诗词，以苏东坡这样的文学大家，没有诗词配画，岂非美中不足。

相传清代某公珍藏此画，为弥补画缺诗的遗憾，特请诗人伦文叙（注：伦文叙乃清代乾隆年间状元，出生于广东南海县。有"鬼才"之称。自幼聪慧，善于吟诗拟对，有急才且又诙谐。）题诗。伦文叙审视该画良久，挥毫写出了颇富数学情趣的配诗：

归来一只复一只，三四五六七八只。

凤凰何少鸟何多，鸟去鸟来山色里。

其妙在于首句"一只又一只"为两只，第二句为 3×4+5×6+7×8，共 98 只，两句之和正好 100 只，与"百鸟"之题相切。而后两句奇峰突起，表达了对文冠三江的苏学士的崇敬。

2）乾隆很欣赏纪晓岚的渊博知识，有时候又故意出难题考他，有一次，乾隆出了这样一个颇有趣的词谜：

下珠帘焚香去卜卦，

问苍天，侬的人儿落在谁家？

恨王郎全无一点真心话，

欲罢不能罢，

吾把口来压！

论文字交情不差，

染成皂难讲一句清白话。

分明一对好鸳鸯却被刀割下，

抛得奴力尽手又乏，

细思量口与心俱是假。

乾隆得意洋洋地问纪晓岚："纪爱卿，你可知道词的谜底是什么？"纪晓岚沉思了片刻答道："圣上才高千古，令人敬佩！这表面上是一首绝情诗，实际上各句都隐藏着一个数字。"原来谜底是"一二三四五六七八九十"。解法是：

"下"去"卜"是一；

"天"不见"人"是二；

"王"无"一"是三；

"罢"无"去"是四；

"吾"去了"口"是五；

"交"不要"差"（"×"、"叉"谐音，）是六；

"皂"去了"白"是七；

"分"去了"刀"是八；

"抛"去了"力"和"手"是九；

"思"去了"口"和"心"是十。

5. 唐诗中数字的妙用

（1）李白的《早发白帝城》

朝辞白帝彩云间，千里江陵一日还。

两岸猿声啼不住，轻舟已过万重山。

诗中"千里"与"一日"的悬殊对比，写出了行舟时间短，而诗的后两行中镶有"两岸"与"万重"，写出了轻舟之快，诗人之乐，也是一首长江漂流的名篇，展示了一幅轻快飘逸的画卷。

两岸猿声啼不住，轻舟已过万重山

（2）杜甫的《绝句》

两个黄鹂鸣翠柳，一行白鹭上青天。

窗含西岭千秋雪，门泊东吴万里船。

"两个"句写鸟儿在新绿的柳枝上成双成对的鸣唱，呈现出一派愉悦的景色。"一行"句则写出白鹭在青天的映衬下，自然成行，无比优美的飞翔姿势。"千秋"句言雪景时间之长。"万里"句言船景空间之广，给读者以无穷的联想。这首诗一句一景，一景一个字，构成了一个优美、和谐的意境。诗人真是视通万里，思结千载，胸怀广阔，深化了时空的意境，让读者叹为观止。

（3）李白的《山中与幽人对酌》

两人对酌山花开，一杯一杯复一杯。

我醉欲眠卿且去，明朝有意抱琴来。

诗人与意气相投的"幽人""两人对酌"，"一杯复一杯"地开怀畅饮。接连重复三次"一杯"，不但极写饮酒之多，而且极写快意之至，仿佛看到了那痛饮狂歌的情景，听到了那"将进酒，杯莫停"（《将进酒》句）那兴高采烈劝酒之声，以至于诗人"我醉欲眠卿且去"，一个随心所欲、恣情纵饮、超凡脱俗的艺术形象呼之欲出。

（4）王之涣的《凉州词》

黄河远上白云间，一片孤城万仞山。

羌笛何须怨杨柳，春风不度玉门关。

首联两句诗写黄河向远处延伸直上远天，一座孤城座落在万仞高山之中，极力渲染西北边地辽阔、萧疏的特点，用“一”来修饰，和后面的“万”形成强烈的对比，愈显城地的孤危，勾画出一幅荒寒、萧索的景象。后两句反映了戍边将士艰苦的征战生活和思乡之情。

(5) 齐己的《早梅》

万木冻欲折，孤根暖独回。
前村深雪里，昨夜一枝开。
风递幽香出，禽窥素燕来。
明年如应律，先发望春台。

齐已曾就这首诗求教于郑谷，诗的第二联原为“前村深雪里，昨夜数枝开”。郑谷读后说：“‘数枝’非‘早’也，未若‘一枝’佳。”齐已深为佩服，便将“数枝”改为“一枝”，并称郑谷为“一字师”。这虽属传说，但说明“一枝”两字是极为精彩的一笔。

这首诗的立意在“早”，“一”在此表示“少”，但突出的却是“早”，而“一枝开”使人联想到“昂首怒放花万朵”，其中蕴含着梅花顽强的生命力。“一”字的妙用，切合了“早梅”的立意，在全诗中起到了“画龙点睛”的作用。

飞流直下三千尺，疑是银河落九天

(6) 李白的《望庐山瀑布》

日照香炉生紫烟，遥看瀑布挂前川。
飞流直下三千尺，疑是银河落九天。

前两句是说艳阳下的庐山香炉峰紫烟袅袅，远远望去，瀑布像一匹白练高挂在山川之间。后两句中的“三千尺”与“落九天”非实指，而是通过它们领略到庐山山势险峻、高大雄伟，瀑布水流飞驰，一泻千里的壮观场面。本诗显示了李白诗歌的积极浪漫主义风格和对祖国大好河山的热爱之情。

6. 元曲中数字的雅俗运用

元曲是我国诗和词由“雅”到“俗”的产物。它
活泼生动，俏皮泼辣，更贴近生活。元曲中数字的运用比比皆是，随处可见。曲因数字而生趣，数字因曲而生动，使得有些小曲广为流传，成为千古绝唱。

(1) 汤氏的《双调 · 庆东 · 京口夜泊》

故园一千里，孤帆数日程。倚篷窗自叹漂泊命。城头鼓声，江心浪

声，山顶钟声，一夜梦难成，三处愁相并。

曲中有"一千里"、"孤帆"、"一夜"三处数字，而"城头"+"江心"+"山顶"亦叠加成"三处"与前面的"三处"相呼应，渲染出作者处处忧愁的孤旅及悲寂的游子情怀。

(2) 卢挚的《双调·蟾宫曲》

想人生七十犹稀，百岁光阴，先过三十，七十年间，十岁顽童，十载尫羸。五十岁除分昼夜，刚分得一半儿白日，风雨相催，兔去乌飞。仔细沉吟，都不如快活了得。

曲中巧妙地运用了减法。人生百年，就常人而言，先减去无法过的后三十年，只按七十岁来计算。七十岁，减去十岁顽童，再减去十年尫羸[尫(wāng)羸：瘦弱，疲惫]，等于五十年，接着又用除法，五十年的一半是白天，一半是黑夜，只剩下二十五年了。

(3) 无名氏的《水仙子·遣怀》

百年三万六千长，风雨忧愁一半妨。眼儿里觑，教我鬓边丝怎地当，把流年仔细推详。一日一个浅酌低唱，一夜一个花烛洞房，能有多少时光。

一年三百六十日，百年三万六千长。叹人生之短暂。

(4) 阿鲁威的《双调·蟾宫曲》

问人世谁是英雄？有酾酒临江，横槊曹公。紫盖旗，多应借得赤壁东风。更惊起南阳卧龙，便成名八阵图中。鼎足三分：一分西蜀，一分北魏，一分江东。

曲中巧妙运用了除法分析法，将天下分为三分：一分西蜀，一分北魏，一分江东。

(5) 张可九的《沉醉东风·秋夜思》

二十五点秋更鼓声，千三百里水馆邮程。青山去路长，红树西风冷。百年人半纸虚名。得似璩源阁上僧，午睡足窗日影。

曲中巧妙运用了除法。古时夜里以击鼓计时，每夜五更。二十五点除以五等于五，是五个夜晚之意。

7. 回文数与回文诗

数字与文学有着相似之处，如数学中有回文数，诗中有回文诗。自然数中有一种数，无论从左往右或是从右往左去读都是一个数，称这样的数为“回文数”。如88，454，7337，43534 等都是回文数。有一种诗，顺念倒念都有意思，称这种诗为“回文诗”。如

云边月影沙边雁，水外天光山外树。

倒过来读，便是

树外山光天外水，雁边沙影月边云。

其意境和韵味读来真是一种享受。

(1) 回文数

1) 回文数的个数。

两位数中只有九个回文数：11，22，33，44，55，66，77，88，99；

三位数中的回文数，由前两位数确定，共有 $9\times10=90$ 个，它们是：111，121，131，…，212，222，…，989，999。

一般地 n 位数的回文数：

当 n 为偶数($n=2k$)时，有回文数 $9\times10^{k-1}$ 个($k\in N^*$)

当 n 为奇数($n=2k+1$)时，有回文数 9×10^{k} 个($k\in N^*$)

2) 人生难过“对称年”。

从 11 世纪到 20 世纪的 1000 年中，“对称年”(年份数为回文数)只有 10 个，即 1001，1111，1221，1331，1441，1551，1661，1771，1881，1991，也就是说一个世纪只有一个“对称年”，两个“对称年”间隔 110 年，所以，一个人活到 110 岁也只能遇到一个“对称年”。

但如果生年巧，虽然年龄小，也可以遇到对称年。如 20 世纪与 21 世纪的对称年相隔最近，只有 11 年，即 1991 年出生的孩子，只须要经过 11 年，又可赶上一个对称年 2002 年，这样一生便可能赶上两个对称年了。从 30 世纪到 31 世纪也是这样。

3) 将两个回文数相加或相减其结果仍是回文数。

例如，$56365+12621=68986$，$5775-2222=3553$。

4) 回文数猜想。

任取一个正整数，与它的倒序数(如 1962 的倒序数是 2691)相加，若其和不是回文数，再与其倒序数相加，重复这一步骤，一直到获得回文数为止。例如从 1992 开始，经过 7 步就得到了回文数：

A $1992+2991=4983$

B $4983+3894=8877$

C $8877+7788=16665$

D $16665+56661=73326$

E 73326＋62337＝135663

F 135663＋366531＝502194

G 502194＋491205＝993399

于是数学家提出如下的猜想：不论开始采用什么正整数，在经过有限次倒序相加步骤后，都会得到一个回文数。这仅仅是一个猜想，因为有些数并不“驯服”。如196就是利用上面方法似乎永远也变不成回文数的一个最小的数：

A 196＋691＝887

B 887＋788＝1675

C 1675＋5761＝743

D 7436＋6347＝13783

E 13783＋38731＝52514

…………

据说利用计算机重复数十万次，仍未得到回文数。但是人们既不能肯定也不能否定这样永远下去得不到回文数。

回文数像一座迷宫，它在等待后来的有志者去揭示其间的奥秘。

(2) 回文诗

回文诗是根据汉字语言的特点创造的修辞方法。切莫把这样的作品看作“文字游戏”，因为要构造出一首回文诗，选词和巧妙安排是很费心思的。

回文诗词有多种形式，如“通体回文”、“就句回文”、“双句回文”、“本篇回文”、“环复回文”等。回文诗词的创作难度很高，但运用得当，它的艺术魅力是一般诗体所无法比拟的。

下面举几种不同形式的类似“回文”的诗、词、联：

1) 宋苏轼的回文诗。

诺贝尔奖获得者杨振宁教授曾在香港大学讲演“物理和对称”时，举了苏东坡的七律诗《游金山寺》，作为“对称”的例子：

潮随暗浪雪山倾，远浦渔舟钓月明。

桥对寺门松径小，巷当泉眼石波清。

迢迢远树江天晓，蔼蔼红霞晚日晴。

遥望四山云接水，碧峰千点数鸥轻。

让我们把这首七律每两句由后往前读下去，就成了：

明月钓舟渔浦远，倾山雪浪暗随潮。

清波石眼泉当巷，小径松门寺对桥。

晴日晚霞红蔼蔼，晓天江树远迢迢。

轻鸥数点千峰碧，水接云山四望遥。

这不是一首与原诗意境相同的优美七律吗？也可以将整首原诗由后往前读下去，就成了：

轻鸥数点千峰碧，水接云山四望遥。

晴日晚霞红霭霭，晓天江树远迢迢。

清波石眼泉当巷，小径松门寺对桥。

明月钓舟渔浦远，倾山雪浪暗随潮。

这首回文诗无论是顺读还是倒读，都是情景交融、清新可读的好诗，历来被视为回文诗中的上乘之作。

2）宋李禺的回文诗。

李禺写了一首诗，顺读为丈夫思念妻子，倒读为妻子思念丈夫，这真是一首绝妙好诗。

枯眼望遥山隔水，往来曾见几心知。

壶空怕酌一杯酒，笔下难成和韵诗。

途路阻人离别久，迅音无雁寄回迟。

孤灯夜守长寥寂，夫忆妻兮父忆儿。

3）吴文英的回文词。

南宋吴文英写的《西江月·泛湖》词，下阕是上阕的倒读词：

过雨轻风弄柳，湖东映日春烟。晴无平水远连天，隐隐飞翻舞燕。

舞燕翻飞隐隐，天连远水平无，晴烟春日映东湖，柳弄风轻雨过。

4）《莺莺操琴》。

苏州评弹《莺莺操琴》，音调铿锵，非常动听，像是辘轳连转，回环吟诵。它所使用的实际上是清代女词人吴绛雪的一首回文诗：

香莲碧水动风凉，水动风凉夏日长。

长日夏凉风动水，凉风动水碧莲香。

5）老舍茶馆的回文对联。

北京前门的老舍茶馆有一副对联：

前门大碗茶，茶碗大门前。

其中的下联是将上联倒过来而得的，它将这家茶馆的地理位置、经营特色都一览无余地表现出来了，但总共只有区区5个字，真可谓雅俗共赏，情趣盎然，别具匠心，妙笔生花。不失为脍炙人口的传世佳作。

6）天然居餐馆的回文对联。

北京有一家“天然居”名餐馆，顾客进店，便可以看到一副对联：

客上天然居，居然天上客。

顾客一见到自己居然成了天上的客人，虽然还未进餐，就产生了一种好感。这副对联不但意境好，而且是一首回文联，即将上联倒过来念，便成了下联。

据说清乾隆皇帝曾把这幅回文联两句并成一句，作为新的上联，看谁能对出下联。乾隆手下的才子大臣纪晓岚居然对出了下联：

人过大佛寺，寺佛大过人。

可不是吗，人们来过大佛寺，寺庙里的佛像自然是大过人的。这种巧妙的对仗，不正体现出一种对称、和谐美吗？

7）苏轼巧破回文谜图诗。

秦少游是苏东坡的好友，也是亲戚（妹夫），在文字的驾驭上不输东坡。有一次苏东坡去探望少游，刚好他外出回家，苏东坡问他去哪里，少游不答，就在纸上写了一圈十四个字（如图 8-1-3）。

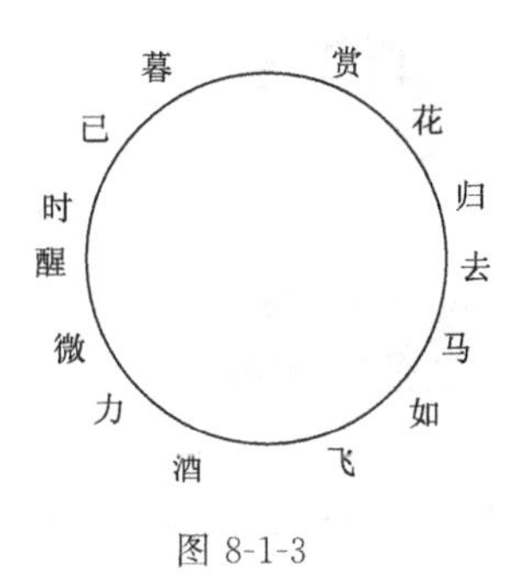

图 8-1-3

苏东坡一看这是一首回文谜图诗，哈哈大笑，拿起笔来把这谜底诗写出，这是一首顺的回文绝句：

赏花归去马如飞，去马如飞酒力微。

酒力微醒时已暮，醒时已暮赏花归。

中国语文不单音律词藻美，也很有形式变化的美，如果能巧妙灵活地运用，一定能创造出优美的作品。

8）陈琼仙的《秋月》回文诗。

清代诗人陈琼仙曾以秋天的景物为名创作 27 首回文诗，总标题名为《秋宵吟》，其中《秋月》一首，写诗人于月下泛舟，树木与山峦在模糊的月光下移动着，诗人品茗弹琴，在竹声中诗兴颇浓。诗云：

轻舟一泛晚霞残，洁汉银蟾玉吐寒。

楹倚静荫移沼树，阁涵虚白失霜峦。

清琴瀹茗和心洗，韵竹敲诗入梦刊。

惊鹊绕枝风叶坠，声飘桂冷露浸浸。

其诗可回读为：

浸浸露冷桂飘声，坠叶风枝绕鹊惊。

刊梦入诗敲竹韵，洗心和茗瀹琴清。

峦霜失白虚涵阁，树沼移荫静倚楹。

寒吐玉蟾银汉洁，残霞晚泛一舟轻。

8.2 数学工作者咏数学

下面收集了几首数学工作者咏数学的诗。

1. 钱宝琮的《水调歌头·咏古代数学》

钱宝琮

立法渊源远，算术流更长。畴人功世千古，辛苦济时方。分数齐同子母，幂积青朱移补，经注要端详。古意为今用，何惜纸千张！

圆周率，纤微尽，理昭彰。况有重差勾股，海岛不难量。谁是刘徽私淑？都说祖家父子，成就最辉煌。继往开来者，百世尚流芳！

2. 李尚志《沁园春·数学》

数苑飘香，千载繁荣，百世流芳。读《九章算术》，何其精彩，《几何原本》，意味深长。实变函数，概率理论，壮阔雄奇涌大江。逢盛世，趁春明日暖，好学轩昂。

难题四处飞扬，引无数英才细参商，仰伽罗华氏，辉煌群论，华陈理论，笑傲万方。一代天骄，爱·怀尔斯，求证费马破天荒。欣回首，看满园桃李，无限风光。

3. 游家骅的《数学情结》

所有直线表眷恋，前后延伸情无限。

所有交叉是歧路，生活处处有考验。

所有曲线像爱情，曲折包含苦与甜。

所有故事绘人生，周而复始总是圆(缘)。

4. 易南轩的《赞美诗》

我赞美那与我日夜相守的

数字、字母、符号、式子和图形，

像浮在空中轻轻飘荡的五色花瓣，

萦绕在我的脑海之中；

像一个个流动的金属音符，

碰撞发出一串串清脆叮咚之声，

像钢琴上的键盘，

弹奏出悦耳的谐音；
像一道划破长空的闪电，
将我灵感的引线接通。
* * * * * * * * * *
那数字、字母、符号、式子和图形，
在莫测的变幻里
组合出一个神奇的世界。
而我从方程、公式、图形的直觉
和逻辑推理中，
获得一种优美而崇高的体验，
痴情、忘我，融汇成了
一种快慰和神圣的感情！

5. 大罕的《数学美》

数学美，
桂林的山，阳朔的水。
数学美，
婴儿的笑，少女的眉。
数学是花园，
四季如春吐芳菲。
数学是桥梁，
一路彩霞白云飞。
数学是驿站，
数形怡情忘却累。
唱不尽和谐与简洁，
道不完奇异变幻美。
且不说周髀算经话勾股，
且不说杨辉三角唱堆垒，
哥德巴赫猜想遥相望，
陈省身猜想迎春晖。
啊，数学美，
细细地品，
数学美，
微微地醉……

数学美，
凝固的诗，永恒的规，
智者的心，灵动的轨。
数学是体操，
陶冶性情锤炼思维。
数学是武器，
攻城破关无坚不摧。
数学是文化，
清风化雨绽放红梅。
唱不尽鬼斧匠神工，
道不完曲径通精微。
且不说三大危机困千年，
且不说数学史上建丰碑，
声光电磁生物克隆创奇迹，
月宫折桂星际览胜追先辈。
啊，数学美，
细细地品，
数学美，
微微地醉……

8.3 能诗善文的数学大师——华罗庚

华罗庚教授是一位数学大师，他热爱中国古文化，留下不少诗文作品。

1.《从孙子的"神奇妙算"谈起》序诗

在20世纪60年代初期，华罗庚为青少年写了一本通俗著作《从孙子的"神奇妙算"谈起》，他用的是一首诗作为序：

华罗庚

神奇妙算古名词，师承前人沿用之。
神奇化易是坦道，易化神奇不足提。

妙算还从拙中来，愚公智叟两分开。
积久方显愚公智，发白才知智叟呆。

埋头苦干是第一，熟练生出百巧来。
勤能补拙是良训，一分辛劳一分才。

其中“勤能补拙是良训，一分辛劳一分才”，成了勉励青年学子的名句。

2. 劝勉诗

1962年6月16日在《中国青年报》上，华罗庚写了一篇题为《取法乎上，仅得乎中》的文章，勉励青少年应该早努力，学好本领。勉励青年刻苦学习，不要嫌迟，他写了这样的诗：

发奋早为好，苟晚休嫌迟。

最忌不努力，一生都无知。

3. 三强韩、赵、魏，九章勾股弦

1953年华罗庚随中国科学院出国考察。团长为钱三强，团员有大气物理学家赵九章教授等十余人，途中闲暇，为增加旅行乐趣，华罗庚便出一上联求对：

三强韩赵魏

片刻人皆摇头，无以对出。他只好自对下联：

九章勾股弦

联中的“三强”，一指钱三强，二指战国时韩赵魏三大强国；“九章”，既指赵九章，又指我国古代数学名著《九章算术》。该书首次记载了我国数学家发现勾股定理。全联数字相对，平仄相应，古今相连，堪称一副佳联。

4. 对“数形结合”的论述

华罗庚对数学中的“数”与“形”的关系，用词的形式作了如下形象的论述：

数与形，本是依倚，焉能分作两边外，数缺形时少知觉，形少数时难入微，形数结合百般好，割裂分家万事休，切莫忘，几何代数统一体，永远联系，切莫分家。

5. 数学家的妙对

1981年4月，华罗庚到合肥中国科技大学讲学，同去的有张广厚、王元等著名数学家。4月合肥，正是春光明媚，鸟语花香的季节。华先生一行住在风景如画的“稻香楼”里朝南的一个小院子，科大还专门派了一位医生倪女士照顾华先生。华先生在科大生活很愉快，每天傍晚由同住的数学家陪他散步、聊天，也说说笑话。一天，华先生在住处，突然诗兴大发，他看看倪医生笑着对大家说：“我出一个对子，你们对一下。”

妙人儿倪家少女

这个对子很难，其中“妙”字拆成了“少女”，“倪”字拆成了“人儿”，又与倪医生相对出。大家想了许久，实在想不出下联，最后还是由华先生说出了下联：

搞弓长张府高才

其中“搞”字拆成“高才”,“张”字拆成“弓长”,却正好又对着在座的数学家张广厚。大家惊叹不已,赞赏对联之妙。

6. 铭胸志

华先生因心肌梗塞留在医院休养6星期,离院时写了首意气风发的诗:

呼伦贝尔骏马,珠穆朗玛雄鹰,
驰骋草原志千里,翱翔太空意凌云,
一心为人民。
壮士临阵决死,哪管些许伤痕,
向千军老魔作战,为百代新风斗争,
慷慨掷此生。

7. 十六字令·读《攻关》

难?
英雄岂惧书千万。
苦践能过关。
难?
不畏艰辛向上翻。
从头越,
群山脚下看。
难?
科学高峰竞登攀。
集众智,
更上出云端。
难?
更怕刻苦与顽强。
年继年,
战果数不完。
难?
科学顶峰是峰峦。
登攀上,
远望喜开颜。

8.4　诗人数学家——苏步青

苏步青

著名数学家和数学教育家苏步青教授其实也是一位优秀的诗人，到1983年就写了300多首旧体诗，分别编成《西居集》和《原上草集》。1994年群言出版社出版了《苏步青业余诗词钞》，收集了由1931年到1993年长达60年的诗词作品。2000年由百花文艺出版社出版了苏步青教授的诗词、散文选集《数与诗的交融》。

苏先生诗词写作为业余之事，生平作诗词近500首，这是他人格的投影，生命的结晶，为我们了解现代中国正直的知识分子的心灵世界提供了一份不可多得的艺术参照。

1.《原上草集》序诗

苏步青教授曾任全国政协副主席，倡导"理工科学生应该学些文学"，发表数学论文150篇。他为业余诗作《原上草集》作序诗曰：

筹算生涯五十年，纵横文字百余篇。
如今老去才华尽，犹盼春来草上笺。

2. 念奴娇·抗日战争胜利后

该诗写于1945年抗日战争胜利后。

苏步青

东海三岛，自金弹落后，烟消云歇。万里怒涛争裂岸，淡日西风悲咽。折戟沉沙，降幡出垒，遗恨君能列。樱花开谢，几番成败余迹。

回首禾黍离离，凋零故国，涕泪空怜恤。莫遣峨嵋观战者，更向神州飞檄。唯有元元，譬成上帝，树此煌煌业。浙江归去，战尘还倩潮涤。

3. 暮抵伊尔库次克作

1956年去东欧访问，10月4日下午在贝加尔湖畔的大城市伊尔库次克飞机场降落，晚上在旅馆休息3个多小时，做诗名《暮抵伊尔库次克作》：

朝别京师向北行，却从机上望长城。
平沙遥接塞疆合，巨邑独临湖水清。
畴昔天涯今咫尺，眼前云树半秋声。

凉风吹澈晴空暮，晚起相思万里情。

4. 悼陈建功教授诗两首

我国著名的数学家陈建功教授是苏教授的良师益友，“文革”时期遭迫害，不幸于1971年在杭州逝世，当时苏教授写了两首悼念陈建功教授的诗：

其一

武林旧事鸟空啼，故侣凋零忆酒旗。

我欲东风种桃李，于无言下自成蹊。

其二

清歌一曲出高楼，求是桥边忆旧游。

世上何人同此调，梦随烟雨落杭州。

5. 夏日偕老伴游杭州(两首)

1978年苏老偕夫人游杭州成诗两首：

一

暂来湖畔作游人，万木郁葱楼阁新。

水秀山明今胜昔，莺歌燕舞夏如春。

黉门危耸推杭浙，筹算纵横继祖秦。

薄暮苏堤堤上望，夕阳红处净无尘。

二

廿载重游浓绿天，钱江风色思锦绵。

轻车深入梅家坞，盛夏漱香龙井泉。

身在九溪十八涧，心随四化两千年。

明朝歇浦忙归去，跃上青骢加一鞭。

6. 七律

1981年8月出席在北京召开的学科评议会，各地专家学者聚集一堂为培养我国自己的博士积极筹划，意义十分深远。苏老深感责任重大，写下七律一首：

群贤毕集北京城，共为中华图振兴。

已往翰林无后继，将来博士几门生。

树人犹抱百年志，报国常怀四化情。

惹得老夫难坐稳，神州一派驰骋声。

7.《神州吟》序诗

1983年由广播出版社出版的《神州吟》，是一本收集海峡两岸和海外华人的唱和诗词选，由苏教授作序，序以一首七律结束：

扫尽乾坤月正圆，中秋国庆两争妍。
已开千载辉煌业，更望九州团聚年。
骨肉无由长睽隔，江山自古本相连。
人民十亿女娲在，定补鲲南一线天。

8. 七律

在苏步青教授执教 65 周年时，各界为其举行庆祝会。苏老在庆祝会上致答谢辞，并吟七律一首，是对自己经历所作的回顾和思考：

五十知非识所之，今将九十欲何为。
丹心为泯创新愿，白发犹残求是辉。
偶爱名山轻远屐，漫随群彦拂征衣。
战天斗地万民在，不信沧浪有钓矶。

8.5　丘成桐的文学情怀

丘成桐，1949 年生于广东汕头市，后随家人移居香港，曾受业于当代几何学大师陈省身先生，1983 年获数学界的诺贝尔奖——菲尔兹奖，目前他是美国哈佛大学讲座教授、美国科学院院士，中国科学院外籍院士、浙江大学数学科学研究中心主任，并创立中科院晨星数学研究所。他也是 2002 年国际数学家大会在中国召开的倡议者。2003 年获中国国际科学技术合作奖。

丘成桐

丘成桐成功地解决了许多有名的猜想（如卡拉比猜想）。在偏微分方程、微分几何、复几何、代数几何，以及广义相对论等诸多领域都有不可磨灭的贡献。

1. 文史对丘成桐的影响

丘成桐不仅是一位数学大家，而且在文学方面也有很深的造诣。他的父亲是一名哲学教授，对他影响深远。他说："先父教给我的文学、哲学及历史的学问却是终身受用的。"2002 年 8 月 20 日，丘成桐接受《东方时空》的采访时说："我把《史记》当作歌剧来欣赏"，"由于我重视历史，而历史是宏观的，所以我在看数学问题时，常常采用宏观的观点，和别人的看法不一样。"中国诗词都讲究比兴，有深度的文学作品必须要有"义"、有"讽"、有"比兴"。数学亦如是。我们在寻求真知时，往往只能凭已有的经验，因循研究的大方向，凭我们对大自然的感觉而向前迈进，这种感觉是相当主观的，因个人的文化修养而定。

丘教授的这种高瞻远瞩的眼界，与他的文学、历史、哲学的涵养有很大关系。

2. 数文融会说《红楼梦》

丘成桐说，数学与人文有太多相通之处，他喜爱的文学作品是《红楼梦》。《红楼梦》的迷人之处在于由卷初一首诗开始，章回紧扣地发展下来；优美的数学也是在一个宏观的概念之下，经由严谨的论证，简单有力地表达出来。

严谨的猜想，传世之作，也许这是描述复杂无常的观点的一个策略。无独有偶，丘成桐的成名作是解决了“卡拉比猜想”。

3. 对王国维做大学问的“三个阶段”的解读

丘成桐教授在台湾交通大学演讲时，对王国维做大学问的三个阶段，作了如下评说：

1）第一阶段是：昨夜西风凋碧树，独上高楼，望尽天涯路。（晏殊《蝶恋花》）

丘教授评说：“那是说，成就学问，不要以为眼见的是最重要的，眼界胸襟都要看开一点，不要受旁人的意见阻挠，要站高点、看得远，才能成大事。”

2）第二阶段是：衣带渐宽终不悔，为伊消得人憔悴。（柳永《凤栖梧》）

丘教授评说：“但无论看得多远，有多漂亮的前景，若不花时间去打好根基，去争取，一样是得不到的。所以在数学研究上，要有热情和毅力，否则就做不成大学问。我们要培养很多不同的技巧来解决一个个小问题，从而成就大学问。”

3）第三阶段是：众里寻他千百度，蓦然回首，那人却在灯火阑珊处。（辛弃疾《青玉案》）

丘教授评说：“最后就是问题突然解决了，像神来之笔，其实是花了很长时间努力的成果，是一种灵感忽然来到的感觉，若达到了这样的境界，你会解决许多意想不到的问题。”

4. 数学与中国文学比较——丘成桐教授在浙江省图书馆的演讲(节录)

中国文学与数学好像风马牛不相及，为什么要讨论，就是因为我幼受庭训，影响我至深的是中国文学，而我最大的兴趣是数学，所以将它们做一个比较是相当有意义的事。

(1) 数学之基本意义

数学之为学，有其独特之处，可说是人文科学与自然科学的桥梁。

广义相对论提出了场方程，它的几何结构为几何学家梦寐以求的对象，因为它能赋予空间一个调和而完美的结构。我研究这种几何结构垂三十年，时而迷惘，时而兴奋，自觉同《诗经》、《楚辞》的作者或陶渊明一样，与大自然浑为一体，自得其趣。

我花了五年工夫，终于找到了具有超对称的引力场结构，并将它创造成数学上的一重要工具。当时的心境可以用以下两句诗来描绘：

落花人独立，微雨燕双飞。

(2) 数学的文采

数学的文采，表现为简洁，寥寥数语，便能道出不同现象的法则。我的老师陈省身先生创作的“陈氏类”就文采斐然，令人赞叹。他在扭曲空间中找到简洁的不变量，在现象界中成为物理学界求量子化的主要工具，可说是描述大自然的美丽诗篇，直如陶渊明的：

采菊东篱下，悠然见南山。

的意境。

文学家为了达到最佳意境的描述，不见得忠实地描写现象界。数学家为了创造美好的理论，也不必依随大自然的规律，只要逻辑推导没有问题，就可以尽情地发挥想像力，然而文章终究有高下之分。大致来说，好的文章，“比兴”的手法总会比较丰富。

(3) 数学的品评与演化

江山代有人才出。能够带领我们进入新的境界的都是好的数学，数学的演化和文学的演化有极为类似的变迁。从平面几何到立体几何，至微分几何等等，一方面是工具得到改进，另一方面是对自然界进一步了解，将原本所认识的数学结构美发挥尽致后，须要进入一个新的境界，能够带领我们进入新的境界的都是好的数学。

当一个大问题悬而未决的时候，我们往往以为数学之难莫过于此。待问题解决后，前途豁然开朗，看到比原来更灿烂的火花，就会有不同的感受。即如《庄子》所言：“今尔出于崖缦，观于大海，乃知尔丑，尔将可与语大理矣。”

(4) 数学的意境与感情

气有清浊，如何寻找数学的魂魄，视乎我们的文化修养。王国维在《人间词话》中说：“词以境界为最上，有境界则自成高路。”数学研究当然也有境界的概念，当年欧拉开创变分法和推导流体方程，他又凭自己的想像力研究发散级数，而得到 zeta 函数的种种重要结果，开三百年数论之先河，可谓是从“无我之境”而达“有我之境”。

不少伟大的数学家，以文学、音乐来培养自己的气质，与古人神交，直追数学之本源，来达到高超的意境。

(5) 数学的应用与训练

解除名利的束缚，把欣赏大自然的直觉毫无拘束地表现出来，乃是数学家养气最重要的一步。好的数学家需要领会自然界所赋予的情趣，因此也须向同道学习他们的经验，然而学习太过，则有依傍之病。顾亭林云："君诗之病在于有杜，君文之病在于有韩、欧。有此蹊径于胸中，便终身不脱依傍二字，断不能登峰造极。"

数学家如何不依傍才能作出有创意的文章？屈原说："纷吾既有此内美兮，又重之以修能。"如何能够解除名利的束缚，把欣赏大自然的直觉毫无拘束地表露出来，乃是数学家养气最重要的一步。

一般说来，作者经过长期浸淫，才能下笔成章；经过不断推敲，才能有可喜的文采。王勃的《滕王阁序》，丽则丽矣，终不如陶渊明的《归去来辞》、庾信的《哀江南赋》、曹植的《洛神赋》诸作来得结实。文学家的推敲在于用字和遣词，张衡的《两京赋》、左思的《三都赋》，构思十年，始成巨构，声闻后世，良有以也。数学家的推敲极为类似，由工具和作风可以看出他们的风格。传世的数学创作更要有宏观的看法，也要锻炼和推敲才能成功。

5. 丘成桐的古文佳作

中土数学，源于九章，盛于华陈。刘徽注解，祖冲割圆，陈氏作类，华氏堆垒。此先人之智慧，今世之光华也。

当欧战初萌，国难方兴，孙杨拔贤士于津沪，姜熊传心法于清华。及云南讲学，江表立所，薪传至今。已历三世，门生故旧，遍于天下。

俟陈氏去国，续领风骚，竟存一脉于海外。而华氏返京，继绝存亡，终创大业于国内。斯时也，华熊弟子，得数论精妙，奠复变根基；苏冯门下，发方程微义，开计算先河。郁郁其文，无愧于先，彬彬大业，有传于后矣。

然十年动乱，九州震荡，上下受刑，天地为悲。父子殊途，师生异路。学忠马列，文必颂圣。长者不敢有谋，学者不敢有志矣。及将军擒凶，国乃太平。小平开国，世传中兴，百姓乐业，万国来华。

然而国士不比外宾，商贾有逾学人。于是家家望子放洋，户户经商朝富。文革宿怨未消，而国初锐气消磨矣。

晚近游子思归，学士东来，能者屡见于台湾，业绩不绝于香江。两地科研，有声于国外；海疆数学，不亚于中土矣。欧美诸君，承先贤之余荫，得大师之熏陶，其驰域外，各取明珠。

无奈华夏虽众，长城未修；天地虽宽，瑕疵难容。终究德不如欧美，力不逮乎日苏,根之腐矣,枝叶不荣,叶之枯矣,根茎何养?

今我同胞,其无相煎,如足如手,其无相负,如师如友,咨尔贤俊,其能养士,而敦而敬,其能养气,而刚而正,庶可博文约礼,立德立言,究天地之造化,争日月之光华矣。

冬日良会,华夏初筑。聚我精英,集我同志。修睦言欢,切磋演绎。盛宴必再,以待千年。真理同觅,以传永世。何以为欢,必有弦歌。何以为庆,必有德言。

6. 丘成桐赋诗表达对破解"庞加莱猜想"的心情

丘成桐说过:"我不是文学家,但我喜欢将做学问与中国文学融合在一起。"

我曾小立断桥
我曾徘徊河边
想望着你绝世的姿颜

我曾独上高楼
远眺天涯路
找寻你洁白无瑕的脸庞

柔丝万丈
何曾束缚你轻妙的体形

圆月千里
何处不是你的影儿
漫漫长空
你何尝静寂
光芒一直触动着我的心弦

那活动的流水
那无所不在的热能
不断地推动你那深不可测的三维

活泼的舞姿
终于摒弃了无益的渣滓

造物的奥秘

造物的大能
总究需要他自己来启示
在那茫茫的真理深渊里
空间展开了它的华丽:平坦而素朴

然而在这典雅的中间却充满了可厌的精灵

啊
我们终于捕捉到这些精灵

就在这一瞬间
她却展现出她灿烂的身形

让我们来祝贺
我们终于听完了宇宙这完美歌剧的一章

让我们再来接受挑战
让我们再揭开大自然的另一章

丘成桐说:"这首诗描述了我30年来研究证明'庞加莱猜想'的整个心路历程。'庞加莱猜想'这个命题太优美、太重要了,我们没办法来抵抗她的魅力。就像我们年轻时喜欢漂亮的女孩子一样,不会因为有困难而不去追求她。

"我们用音乐、文学来表达自己,通过它们,我们的心与大自然交流,大自然迸发出的火花,使我们对科学有进一步的认识,空间的结构正是如此,这是数学伟大的成果,也是艺术的结晶。"

8.6　数学家的文学修养

1. 国内篇

数学是科学的语言。数学不仅用来写数字,而且可以描述人生。

著名的数学家徐利治先生把自己的治学经验概括为培养兴趣、追求简易、重视直观、学会抽象、不怕计算五个方面。近期在南京讲学时他又特意补上一条——喜爱文学,并谆谆教导后学,不可忽视文学修养。

前面介绍过华罗庚、苏步青、丘成桐三位著名数学家深厚的文学功底。华罗庚能诗善文,所写科普文章居高临下,通俗易懂,是后人效法的楷模;苏步青自幼热爱旧体诗词，读过许多文史书籍，他把写作诗词作为自己的业余爱好，用来调节生活；丘成桐自幼受家庭熏陶，更是精通文史哲，对他所从事的数学事业产生了重大的影响。

1）曾任美国数学会主席，获世界最高数学奖——沃尔夫奖的数学大师陈省身教授，1972 年 9 月，中美两国结束对峙状态不久，他偕妻女访问新中国，追昔抚今，成诗一首：

陈省身

飘零纸笔过一生，

世誉犹如春梦痕。

喜看家园成乐土，

廿一世纪国无伦。

感慨兴奋之情，跃然纸上。

1980 年陈省身教授在中科院的座谈会上即席赋诗：

物理几何是一家，一同携手到天涯。

黑洞单极穷奥秘，纤维联络织锦霞。

进化方程孤立异，曲率对偶瞬息空。

筹算竟得千秋用，尽在拈花一笑中。

把现代数学和物理学中的最新概念纳入优美的意境中，讴歌数学的奇迹，毫无斧凿痕迹。

陈老曾言："我有一特点，对数学很用功，不断思考，早晨起就想数学，主要对它有兴趣，多思考就有发展了。"他在 75 岁生日时，写成七绝一首：

百年已过四分三，浪迹生平亦自欢。

何日闭门读书好，松风浓雾故人谈。

2）1945 年，陈省身教授发现了著名的"陈省身示性类"（简称"陈类"）。20 世纪的半个世纪以来，这一工作对整个数学界乃至理论物理的发展都产生了广泛而深刻的影响。"陈类"现在不仅在数学中几乎随处可见，而且与杨-米尔斯场及其他物理问题有着密切的关系，是最基本、最有应用前景的示性类。诺贝尔奖获得者杨振宁写诗来称赞他：

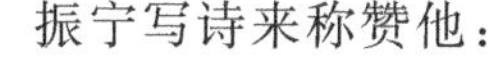

陈省身和杨振宁在一起

赞陈氏级

天衣岂无缝，匠心剪接成。

浑然归一体，广逑妙绝伦。

造化爱几何，四力纤维丛。

千古寸心事，欧高黎嘉陈。

他称赞"陈类"不但具有划时代的贡献，也是十分美妙的构想。他认为陈省身在数学界中的地位，已直追大数学家欧几里得、高斯、黎曼和嘉当。

李国平

3）李国平教授不仅是中国的"复分析"奠基人之一，也是一位优秀的诗人，其诗集《李国平诗选》1990年由武汉大学出版社出版发行，序言则是苏步青教授的一首颂诗：

名扬四海句清新，文字纵横如有神。

气吞长虹连广宇，力挥彩笔净凡尘。

东西南北往行遍，春夏秋冬人梦频。

拙我生平偏爱咏，输君珠玉得安贫。

这被传为数坛佳话。

熊庆来

4）数学家熊庆来是发现华罗庚的伯乐，也是杨乐、张广厚的导师，当杨乐宣读完自己的第一篇论文时，熊教授即席赋诗赞美：

带来时雨是东风，成长专长春笋同。

科学莫道还落后，百花将见万枝红。

谷超豪

5）苏步青院士的学生、中科院院士谷超豪教授在数学上也功勋卓著。他说："研究数学就像爬山，努力翻过一个山头，会发现眼前一亮，前面的景色多美啊。往上看又是叠叠的山峰，只有不断地攀登，才会有更广阔的视野，才能看到更美的风景。"1991年谷超豪教授为母校温州中学90周年校庆做诗一首，抒发了自己对数学的眷恋之情：

人言数无味，我道味无穷。

良师多启发，珍本富精蕴。

解题岂一法，寻思求万通。

幸得桑梓教，终生为动容。

谷教授一直都在经历着奋斗的艰苦和欢乐，这正如他爬山的性格。故又有如下的诗句：

上得山丘好，欢乐含苦辛。

请勿歌仰止，雄峰正相迎。

李尚志

6）在李尚志：这位中国首批18名博士之一的中国科技大学教授心中，数学如同中国古典诗词一般美丽。作为另一种语言形式，能使语言表达到极致，而且作为人类文化瑰宝世代流传不绝，不断发扬光大。

数学、诗歌、自然现象、社会现象在李尚志教授脑中已经和谐、自然地融为一体。他是怎样步入这种境界的呢？请看他下面的一首诗：

白水东城忆少年，几分豪气几分痴。

五年苦读甘如蜜，六艺初探兴有余。

在劫难逃惊噩梦，执迷不悟索真知。

师恩胜似春晖暖，古国神游有所思。

数学和文学是相通的，学习数学的人要注重文学修养，有志于数学的青年人尤其不要忽视这一点。

2. 国外篇

在不少人看来，数学和文学似乎是磁铁的两极，前者靠理性思维，后者属形象思维，两者互相排斥，然而在西方历史上有许多大数学家都有较好的文学修养。

1）笛卡儿对诗歌情有独钟，认为“诗是激情和想像力的产物”，诗人靠想像力让知识的种子迸发火花。

2）莱布尼兹从小对诗歌和历史怀有浓厚兴趣。他充分利用家中藏书博古通今，为后来在哲学、数学等一系列学科取得开创性成果打下了坚实的基础。

3）被称为数学王子的高斯在哥廷根大学就读期间，最喜好的两门学科是数学和语言学，并终生保持着对它们的爱好。

4）大数学家柯西从小喜欢数学，后在数学家拉普拉斯向其父建议下，系统地学习了古典语言、历史、诗歌等，打下了坚实的文学基础。具有传奇色彩的事是柯西在政治流亡国外时，曾在意大利的一所大学里讲授过文学诗词课，并有《论诗词创作法》一书问世。

5）著名数学教育家波利亚年轻时对文学特别感兴趣，尤其喜欢大诗人海涅的作品，曾将其作品译成匈牙利文而获奖。

6）英国著名哲学家、数学家、著名“理发师悖论”的发现者罗素，也是一位文学家，有多部小说集出版发行，这位非科班出身的文学家竟获得了1950年的诺贝尔文学奖。

7）在历史上集数学家与文学家于一身的不乏其人。瑞士著名数学家雅各·伯努利(Jacob Bernoulli)在其《猜想的艺术》中赋诗一首，表达他对于“无穷级数有和”的惊喜之情：

区区一个有限数，无穷级数囊中收。

“巨大”之魂何处寻？细小之中长居留。

“有限”不是等闲物，狭小范围岂可囿。

无穷大中识微细，人生快乐复何求。

广袤无边管中窥，物外神奇我心游！

柯瓦列夫斯卡娅

8）俄国著名女数学家索菲亚·柯瓦列夫斯卡娅(Sofya

Kovalevskaya)在文学上也享有盛名,她的《童年的回忆》具有经久不衰的文学价值,以至让她一辈子也始终无法决定到底更偏爱数学还是更偏爱文学。

奥马·海亚姆

9) 当11世纪波斯(今伊朗)满腹经纶的著名数学家奥马·海亚姆(Omar Khayyami)在古稀之年反省自己,却发现自己一无所知时,写下了如下的四行诗:

我的心智始终把学问探讨,
使我困惑不解的问题已经很少,
七十二年我日日夜夜苦苦寻思,
如今才懂得我什么也不曾知晓。

不要忘了,奥马·海亚姆在诗歌史上的地位甚至超过他在数学史上的地位!这位11世纪的波斯人,不仅因给出了三次方程的几何解释载入数学史册,同时又作为《鲁拜集》(四行诗集)一书的作者而闻名于世。奥马·海亚姆可说是人类历史上在数学和文学上都作出杰出贡献为数极少的人之一。

当海亚姆智慧的诗句震撼着我们的心灵时,当柯瓦列夫斯卡娅在给文学家蒙特维德(Montvid)的信中,表露出对数学和文学不能放弃其中任何一门时,当数学家哈代以优雅的文笔写下了自己对于《数学的辩白》时,谁能说数学和文学犹如鱼和熊掌而不可兼得!谁能说这两种文化间的鸿沟不可逾越?!

8.7 天才数学家和天才诗人

数学与诗歌都是想像的产物。"诗人的狂热"的"灵感",对数学家也一样重要。

1) 数学王子高斯为证明困扰他多年的某一算术定理,曾冥思苦想达数年之久而突然得到一个想法,他获得成功后回忆说:"终于在两天前成功了,像闪电一样,谜一下解开了。我自己也说不清楚是什么把原先的知识和我成功的东西接起来的。"

而当约翰·沃尔夫冈·冯·歌德(Johann Wolfgang von Goethe)听到耶路撒冷(Jerusaiem)(歌德好友)自杀的消息时,仿佛突然间见到一道光在眼前闪过,立刻他就把《少年维特之烦恼》一书的纲要想好,他回忆说:"这部小册子好像在无意识中写成的。"

歌德

数学家的工作是发现,诗人的工作是创造。高斯是一位天才数学家,歌德是一位天才诗人。两位天才的成功过程竟然是如此的相通。

2) 伽罗华(E. Galois)与普希金(A. S. Pushkin)一样,都

是与人决斗而死的，最后闪出的是绝对光华。伽罗华在决斗的前一夜写出了一篇几乎半个世纪都没人看懂的论文，只有 32 页纸，在论文的最后说："我没时间了。"他用超前的群论概念证明了五次以上的一般代数方程无根式解。他的生命只有 21 岁！而普希金留下了像《上尉的女儿》等让后人难以超越的名篇，他的生命只有 39 岁！

3) 20 世纪两个天才数学家，一个是印度的拉马努金(S. A. Ramanajan)，他所受的数学正规教育很少，完全凭天分工作，按照哈代(G. H. Hardy)的说法，如果拉马努金的数学天才是 100 分，则希尔伯特(D. Hilbert)是 80 分，而哈代自己只有 20 分。拉马努金留下的数学手稿中的命题到现在还没有全部证明，拉马努金只活了 33 岁。另一位数学天才是 2002 年到过中国的纳什(J. Nash)，已经 70 多岁了，他凭着一篇薄薄的学生时代的论文获得 1994 年诺贝尔经济奖，其实他的数学生涯终结于 30 岁，他的数学成就是关于实代数流形的工作，他的一本不厚的文集是今后数学家数十年必读的经典。

阿贝尔

伽罗华

拉马努金

与其他任何学科相比，数学更是年轻人的事业。最著名的数学奖——菲尔兹奖是只奖励 40 岁以下的数学家的，我们可以列举出一大串 40 岁以下的杰出数学家的名字：

普希金

雪莱

济慈

黎曼(德国数学家)40 岁，帕斯卡(法国数学家)39 岁，拉马努金(印度数学家)

33 岁，阿贝尔(挪威数学家)27 岁，伽罗华(法国数学家)21 岁。

另外我们也可开出一长串早逝的诗人名单：

普希金(俄国诗人)39 岁，王尔德(Oscar Wilde)(爱尔兰诗人)34 岁，雪莱(P. B. Shelley)(英国诗人)30 岁，济慈(John Keats)(英国诗人)26 岁。

因此，我们认为在数学和文学领域里是最需要天才的。由于伽罗华、阿贝尔、拉马努金和普希金、雪莱、济慈这些年轻人的存在，所以相信有年轻的天才存在。最后引用普希金的几行诗作为本篇的结束：

但愿有年幼的生命嬉戏
欢乐在我的墓门之前
但愿冷漠的自然在那里
以永远的美色向人示艳

8.8　文人的数学情怀

数学与文学的亲缘关系，还表现在西方一些文化名人赋诗论数或献给数学家的诗。

1) 17 世纪，查普曼(G. Chapman)作诗献给同时代英国著名数学家哈里奥特(T. Harriot)：

你心灵的深度测量着高度
以及一切重物的所有标尺
对于所有重大的和永久的发明
理性是基础、是结构、是装饰
而你清澈的眼睛
是理性运转的球体

2) 18 世纪英国著名诗人蒲柏(A. Pope)为牛顿撰写的墓志铭：

自然和自然的规律在黑夜里隐藏
上帝说："让牛顿来吧"，于是一切都变得光亮

3) 有一些诗人由于对数学的不了解，甚至对数学进行嘲笑。如在布特勒(Samuel Butler)的著名的讽刺诗"Hudibras"的第一部分中写道：

在数学上，他的成就
　　比第谷或帕特更伟大；
因为他，利用几何这杆秤，
能把酒壶的大小量不差。
如果面包或黄油缺了斤两
　　他就用符号和切线来解决它；

利用代数学，他明智地告诉人们

什么时辰，闹钟敲几下。

4）19世纪的诗人曾表示出对牛顿机械论的强烈反感，如美国著名诗人惠特曼（Walt Whitman）于1855年出版的诗集《草叶集》中的一首诗这样写道：

当我聆听博学的天文学家讲演

当证明图形一栏栏摆在我的面前

当他出示图表和图形，要我对它们进行加、除和测量

当我坐在教室里听天文学家讲课，下面的听众不断地鼓掌

我很快变得莫名的倦怠和厌恶

直到起身悄然离开，独自散步

在那神秘、潮湿的夜色中

万籁俱寂间，不时抬头仰望星空

5）法国著名作家和诗人雨果（Victor Hugo）于1864年用诗歌向我们描述了他少年时代学习数学的经历：

雨果

我是“数”的一个活生生的牺牲品

这黑色的刽子手让我害怕

我被强制喂以代数

他们把我绑上 Bois-Bertrand 的拉肢刑架

在恐怖的 X 和 Y 的刑架上

他们折磨我，从翅膀到嘴巴

6）挪威诗人约恩松（Johnson）纪念数学家阿贝尔的诗：

数的科学，像时间一样不知不觉地流逝

融于永不消失的晨曦，是千变万化的数字

她们，像雪一般地，比空气更轻

却强于整个世界，其值无价

她们带来的是一片光彩

7）美国数学家谢尔曼·克·斯坦因（S. K. Stein）写了一本数学通俗读物《数字的力量》，诗人汉娜·斯坦因（H. Stein）在读过其中的第二十三章《π是一块蛋糕——是不是?》并同数学家谢尔曼·克·斯坦因讨论之后，写下了下面的这首诗。这首诗不仅描述了她对π扮演的诸多角色的惊叹，也包括了对谢尔曼·克·斯坦因的惊叹。标题为《献给数学家的爱》：

以太，或者别的什么，高高在上——

玲珑剔透的无穷阶梯，任凭遐想——

亦真亦美，为你欢乎激昂——

我永远追你不上，

哪怕是第二层次，也不敢期盼。
我习惯于认为，
π 只是一种方式，把圆测量。
现在你告诉我，
π 在气态、液态的世界里，到处潜藏，
那里没有圆，即使投入一颗卵石，
也不能激起环状波浪。
那里也没有卵石，
——没有圆盘没有球体，没有赤道的模样——
只有纯粹的构造，谁能想像！
你说得对，π 在到处，
像一位没有理性的老大叔，周游全国，
玩着纸牌的戏法勾当。
然而，圆只是他的杰作之一：
π 将它的拇指伸入奇数的染缸；
从它的藏身之地，在平方根中，平方根下，
像一辆满载异常土豆的货车，π 发出吟唱：
与圆无关，除以一个素数的平方。
在出类拔萃的数学家天地之外。
π 把道路照亮，
它高视阔步地走过黑洞和红移
它出没于电子之间，空穴之乡。
像生长着的晶体
一点一点地进入宇宙的缝隙空当。
π 期待着思维的降临，
期待着有一支笔突然击撞，
当他的奥妙，放射到
坚忍不拔的求索的心房。
我请问你：是 π 把整个宇宙紧扣在一起
莫非他是上帝下降？
我第一次相信，
我能追随你，永远向上，向上——

8.9　数学在文学中的应用

1."倍尔数"在诗歌中的应用

《数学——科学的皇后和仆人》一书的作者是美国著名的数学家倍尔(E. T. Bell),所谓"倍尔数"是指数列1、2、5、15、52……这个数列排列有一定的规律,其规律如下:

1

1,2

2,3,5

5,7,10,15

15,20,27,37,52

52,67,87,114,151,203

……

这样的数列,形状像个三角形,因而又叫"倍尔三角形",巧得很,第一竖列依次是1、1、2、5、15、52,…右边斜行也是1、2、5、15、52…

仔细观察、分析可知倍尔数的形成有两条规律:一是每排的最后一个数都是下一排的第一个数;二是其他任何一个数等于它左边相邻数加左边相邻数上面的一个数。

根据上面的两条规律我们可以知道:

第七行:203,255,322,409,523,674,877

第八行:877,1080,1335,1657,2066,2589,3263,4140

据说"倍尔数"与诗词有着奇妙的联系,应用倍尔数可以算出诗词的各种押韵方式。例如,由于B5第5个倍尔数=52,外国的一些文艺研究家就判断出五行诗有52种不同的押韵方式,这在大诗人雪莱《云雀》及其他名家的许多诗篇中得到验证。

2. 矩阵与中国古诗

我们律诗的平仄变化错综复杂,难以掌握,但如果从数学观点去认识,却是一种具有简单运算规则的数学模式,其中蕴涵着一种数学美。任何平仄格式都可化为一个数学矩阵,律诗和绝句的平仄矩阵共有16个,可归纳成一个律诗平仄的数学公式,为学习和掌握律诗和绝句的各种平仄格式,提供了一个可行的方法。可惜我国懂律诗的诗人中懂数学的人不多。

3. 两桩公案的解决

(1) 公案一

18 世纪后期有人化名朱利叶斯(Julius)连续发表抨击朝政的文章,辱骂英国当权者,这些文章后来以《朱利叶斯信函》为名结集出版,但作者是谁,近 200 年来不得定论,成了英国文学史上的悬案。

直到 20 世纪 60 年代瑞士文学史家埃尔加哈德(Elgehard)从《信函》中拣出 500 个"标示词"(如词序、节奏、词长、句长等),分析了 50 组同义词的使用,比较了 300 个"涉嫌者"的生平资料,结果发现菲利普·弗朗西斯(Philipp Francis)爵士以 99%的比率与《信函》相一致,这一结果得到了文学史界的公认,从而结束了 200 年的争论。

(2) 公案二

18 世纪 80 年代,美国的亚历山大·汉密尔顿(Alexander Hamilton)和詹姆斯·麦迪逊(James Madison)围绕合众国立宪问题,写了 85 篇文章,其中 73 篇的作者是明确的,但有 12 篇的作者却不知是他们两人中的哪一位。直到 20 世纪 60 年代,美国的莫索·泰勒(Musor Taylor)和华莱士(Wallace)用"标示词"统计学和以词频率综合比较的办法,解决了这一难题。综合他们二人各种用词的写作习惯,最后判定这 12 篇的作者是詹姆斯·麦迪逊。

4. 两部世界名著作者的考证

(1)《静静的顿河》作者的争议

肖洛霍夫

前苏联著名作家米哈依尔·肖洛霍夫(M. A. Sholokhov)的名著《静静的顿河》出版后,有人怀疑说这本书是从一个名不见经传的哥萨克作家克留柯夫(Keliukefu)那里抄袭来的。

在这种情况下,捷泽(Jieze)等学者决定采用"计算风格学"(利用计算机计算一部作品或作者平均词长和平均句长,对作品或作者使用的字、词、句的频率进行统计研究,从而了解作者的风格,这被称之为"计算风格学")的方法来考证《静静的顿河》真正的作者。他们从《静静的顿河》四卷本中随机地挑选了 2000 个句子,再从没有疑问的肖洛霍夫和克留柯夫的小说中各取一篇小说,从中随机地各选出 500 个句子,一共是三组样本共 3000 个句子，输入计算机进行处理。根据二人的句子结构分析，捷泽等人已有充分的事实证明《静静的顿河》确定是肖洛霍夫的作品。后经苏联文学研究者使用计算机经过更严格精确的考证，进一步确定了《静静的顿河》确实是肖洛霍夫写的。

(2)《红楼梦》作者的争议

我国学者对《红楼梦》的作者也有所争议。因此，从“数理语言学”的角度来研究这个问题几乎是不可避免的了。用“语言统计法”研究《红楼梦》作者的有下列几位：

1954 年，瑞典汉学家高本汉考察了 38 个字在《红楼梦》前 80 回和后 40 回出现的情况，认为前后作者为一人。

赵冈、陈钟毅夫妇用“了”、“的”、“若”、“在”、“儿”五个字出现的频率分别作均值的 t 检验，认为前 80 回和后 40 回明显不同。

曹雪芹

1981 年，首届国际《红楼梦》研讨会在美国召开，美国威斯康星大学讲师陈炳藻独树一帜，宣读了题为《从词汇上的统计论〈红楼梦〉作者的问题》的论文，首次借助计算机进行《红楼梦》研究，轰动了国际红学界。陈炳藻从字、词出现频率入手，通过计算机进行统计、处理、分析，对《红楼梦》后 40 回系高鹗所作这一流行看法提出异议，认为 120 回均系曹雪芹所作。

1983 年，华东师范大学的陈大康开始对《红楼梦》全书的字、词、句作全面的统计分析，并发现了一些“专用词”如“端的”、“越性”、“索性”在各回中出现的情况，得出前 80 回为曹雪芹一人所写，后 40 回为另一人所写，但后 40 回的前半部分含曹雪芹的残稿。

值得人们关注的是 1987 年复旦大学数学系李贤平教授的工作。李教授用陈大康先生对每个回目所用的 47 个虚字(之，其，或，亦……呀，吗，咧，罢；……的，着，是，在……，可，便，就，但……，儿等)出现的次数(频率)，作为《红楼梦》各个回目的数字标志，输入计算机，然后将其使用频率绘成图形，从中看出不同作者的创作风格。据此，他提出了《红楼梦》成书新说：

是轶名作者作《石头记》，曹雪芹“批阅十载，增删五次”，将自己早年所作《风月宝鉴》插入《石头记》，定名为《红楼梦》，成为前 80 回书。后 40 回是曹雪芹的亲友将曹的草稿整理而成，其中宝黛故事为一人所写。而程伟元、高鹗为整理全书的功臣。

第九章　中国数学中的数学文化

9.1　世界之最的中国数学成就

1. 最早应用十进制

中国是最早应用“十进制”计数法的国家。早在春秋战国时期，便已能熟练地应用十进制的算筹记数法，这种方法和现代通用的二进制笔算记法基本一致，这比所见最早的印度(公元595年)留下的十进制数码早1000多年。而印度又比欧洲先进，因为在欧洲关于“印度数码”的最早记载是出现在公元976年的西班牙的手抄本中，并且直到11世纪才懂得用零。

2. 最早提出负数的概念

中国的数学专著《九章算术》，是世界上杰出的古典数学著作之一，这本书中就已引入了负数概念。这比印度在公元7世纪左右出现的负数概念约早600多年。欧洲人则在10世纪时才对负数有明确的认识，比中国要迟1500多年。

3. 最早论述了分数运算

中国在《九章算术》中，最早系统地论述了分数的运算。像这样系统地论述分数的运算方法，在印度要到公元7世纪左右，而在欧洲则更迟了。

4. 最早提出联立一次方程的解法

中国最早提出联立一次方程组的解法，也是在《九章算术》中出现的。同时还提出了二元、三元、四元、五元的联立一次方程组的解法，这种解法和现在通用的消元法基本一致。在印度，多元一次方程的解法最早出现在7世纪初的印度古代数学家婆罗门笈多(约在公元628年)的著作中。至于欧洲使用这种方法，则要比中国迟1000多年了。

5. 最早论述了最小公倍数

在世界上，中国最早提出了最小公倍数的概念。由于分数加、减运算上的需要，也是在《九章算术》中就提出了求分母的最小公倍数的问题。在西方，到13世纪时意大利数学家斐波那契才第一个论述了这一概念，比中国至少要迟1200多年了。

6. 最早研究不定方程

中国最早研究不定方程的问题，也是在《九章算术》这部名著中，书中提出了解六个未知数、五个方程的不定方程的方法，要比西方提出解不定方程的丢番图大概早 300 多年。

而一个涉及不定方程的具体问题(百鸡问题)，是出现在公元 500 年前后的《张邱建算经》中。

7. 最早运用极限概念

大约在公元 3 世纪，中国数学家刘徽在他的不朽著作《九章算术注》中，讲解计算圆周率的"割圆术"和开方不尽根问题，以及讲解求楔形体积时，最早运用了极限的概念。虽然欧洲在古希腊就有关于这一概念的想法，但是真正运用极限概念，却是在公元 17 世纪以后的事了，这要比中国大约要晚 1400 多年。

8. 最早得出有六位准确数字的 π 值

祖冲之是中国古代杰出的数学家，他在公元 5 世纪左右就推算出 π 的值为

$$3.1415926<\pi<3.1415927$$

这是中国最早得到的具有六位数字的 π 的近似值。祖冲之同时得出圆周率的"密率"为 355/113，这是分子、分母在 1000 以内的表示圆周率的最佳近似分数。德国人奥托在公元 1573 年也获得这个近似分数值，可是比祖冲之已迟了 1100 多年。

9. 最早创立增乘开方法和创造二项式定理的系数表

公元前 1 世纪，开平方和开立方在中国就已有了高度发展。公元 4 世纪孙子开平方的方法和 5 世纪张邱建开立方的方法，直到公元 630 年才在印度著作中出现类似的方法。

中国最早创立了"增乘开方法"和"开方作法本源"。公元 11 世纪中叶的中国数学家贾宪，最早创立了"增乘开平方法"和"增乘开立方法"。这一方法具有中国古代数学的独特风格。贾宪提出的方法，可以十分简便地推广到任意高次幂的开方中去，并可用来解任意高次方程。他的方法比西方类似的"鲁斐尼—霍纳方法"要早 770 年。同时贾宪的"开方作法本源"图，实际上给出了二项式定理的系数表，比法国数学家帕斯卡所采用的相同的图(被称为"帕斯卡三角形")要早 500 多年。

10. 最早提出高次方程的数值解法

在唐代(公元7世纪),王孝通成功地解决了三次数字方程。中国南宋的伟大数学家秦九韶,在《数书九章》(公元1247年)中最早提出了高次方程的数值解法,秦九韶在贾宪创立的"增乘开方法"的基础上,加以推广并完善地建立了高次方程的数值解法,比欧洲与此相同的"霍纳法"要早800多年。

11. 最早给出"勾股定理"的"弦图"证明

公元3世纪赵君卿的《周髀注》中给出了"勾股定理"的"弦图"证明,而西方直到公元12世纪才由巴斯卡拉给出了同样的证明。

12. 最早发现"等积原理"

在中国,"等积原理"(祖暅原理)是南北朝时的杰出数学家祖冲之和他的儿子祖暅共同研究的成果。他们在研究几何体体积的计算方法时,提出了"缘幂势既同,则积不容异"的原理,这就是"等积原理"。所指的意思是:"等高处平行截面的面积都相等的二个几何体的体积相等"。这一发现,要比西方数家卡瓦列利发现这个原理大约早1100多年。

13. 最早创立几何三角测量

在公元3世纪刘徽的《九章算术注》中,附有《重差》一章,收集了一些利用两次或多次测量所得资料来推算远处目标物的高、深、广、远的问题(唐初将之改名为《海岛算经》作为《算经十书》之一)。直到公元9世纪才在日本书中出现。

14. 最早发现二次方程求根公式

二次方程的求根公式也是中国最早发现的。中国古代数学家赵爽,在对中国古典天文著作《周髀算经》作注解时,写了一篇有很高科学价值的《勾股圆方图》的注文,在此文中赵爽在讨论二次方程 $x^2-2cx+a^2=0$ 时,用到了以下的求根公式:

$$x=c\pm\sqrt{c^2-a^2}$$

这个公式与我们今天采用的求根公式是很相似的。赵爽这一发现,比印度数学家婆罗门笈多(公元628年)提出的二次方程求根公式要早许多年。

15. 最早认识代数关系式和几何关系式的一致性

1000多年来,中国数学家一直深刻地认识到代数关系式和几何关系式基本上是一致的。而在别的国家,直到公元9世纪才由波斯数学家花拉子模予以阐明。

16. 最早使用“假设法”

在汉代的《九章算术》中就出现了“假设法”，而直到公元13世纪才在意大利的书中出现。

17. 最早引用“内插法”

早在公元6世纪，中国古代天文学家刘焯为了编制历法，首先引用了“内插法”，亦即现在代数学中的“等间距二次内插”。这个方法，直到17世纪末，才被英国数学家牛顿所推广，但已是时隔1100多年以后的事了。

18. 最早运用消元法解多元高次方程组

公元1303年，中国元代数学家朱世杰在其《四元玉鉴》等著作中，把中国古代数学家李治(1192～1279)总结的“天元术”(即列方程解一元高次方程的方法)推广成为“四元术”，创造了用消元法解二、三、高次方程组的方法，这是世界上最早运用消元法解高次方程组的例子。而在西方，直到18世纪，法国数学家皮兹才对这一问题作出系统的叙述，朱世杰比他要早500多年。

19. 最早研究解同余式组的问题

南宋数学家秦九韶在《数书九章》中提出了“大衍求一术”，他对求解一次同余式组的算法作了系统的介绍，与现代数学中所用的方法很类似，这是中国数学史上的一项突出的成就。实际上秦九韶推广的闻名中外的中国古代数学巨著《孙子算经》中的“物不知数”题，取得的解法被称为“中国剩余定理”，就是在这一方面的重要成就。他的这项研究成果比在18、19世纪欧洲伟大数学家欧拉和高斯等人对这一问题的系统研究要早500多年。

20. 最早研究高阶等差数列并创造“逐差法”

早在北宋时期，数学家沈括(1030～1904)就创立了与高阶等差数列有关的“隙积术”；南宋末期数学家杨辉亦研究了高阶等差数列，并提出了“垛积术”；到了元朝，优秀的天文学家和数学家郭守敬(1231～1316)在以他为主编著的《授时历》中，就用高阶等差数方面的知识，来解决天文计算中的高次招差问题。朱世杰则在其所著的《四元玉鉴》(1303)一书中，把中国宋、元数学家在高阶等差级数求和方面的工作更向前推进了一步，对这一类问题得出了一系列重要的求和公式，其中最突出的是他创造了“招差法”(即“逐差法”)，在世界数学史上第一次得出了包括有四次差的招差公式。在欧洲，首先对招差术加以说明的是格列高里(约1670)，而牛顿的著作中在1676～1684年间方才出现了招差术的普遍公式，朱世杰比他们约早了

400 年。

21. 位置计数法的最早使用

所谓位置计数法是指同一个数字由于它所在位置的不同而有不同的值。例如,327 中,数字 3 表示 300,2 表示 20。用这种方法表示数,不但简明,而且便于计算。采用十进位置值制记数法,以我国为最早。在殷墟甲骨文中就已经对此作了记载,它用 9 个数字、四个位置值的符号,可以表示出大到上万的自然数,已经有了位置值制的萌芽。

9.2　以华人命名的数学成果

在中华民族灿烂的文化瑰宝中,数学在世界上也同样具有许多耀眼的光环,这不仅反映了中华民族文化的博大精深,也说明了我们的民族是一个聪明智慧的民族,有不少数学人才和世界领先的数学研究成果,其中有以华人数学家命名的研究成果载入世界数学史册。中国古代算术的许多研究成果里面就早已孕育了后来西方数学才涉及的思想方法,近代也有不少世界领先的数学研究成果就是以华人数学家命名的,在科学的征途中矗起一座一座不可磨灭的丰碑。这是中华民族的光荣和骄傲。

下面就是收集到的以华人数学家命名的研究成果。

刘徽原理、刘徽割圆术　魏晋时期数学家刘徽提出了求多面体体积的理论,在数学史上被称为“刘徽定理”;他发现了圆内接正多边形的边数无限增加,其周长无限逼近圆周长,创立了“刘徽割圆术”。

祖率　南北朝数学家祖冲之将 π 计算到小数点后第七位,比西方国家早了 1000 多年。被推崇为“祖率”。

祖暅原理　祖冲之之子祖暅提出了“两个几何体在等高处的截面积均相等,则两体积相等”的定理,该成果领先于国外 2000 多年,被数学界命名为“祖暅原理”。

刘徽(邮票)

祖冲之父子在研究数学

贾宪三角　北宋数学家贾宪提出“开方作法本源图”是一个指数是正整数的二项式定理的系数表，比欧洲人所称的“巴斯卡三角形”早六百多年，该表称为“贾宪”三角。

秦九韶公式　南宋数学家秦九韶提出的“已知不等边三角形田地三边长，求其面积公式”，被称为“秦九韶”公式。

杨辉三角　南宋数学家杨辉提出的“开方作法本源”，后又称“乘方术廉图”，被数学界命名为“杨辉三角”。

秦九韶（雕像）

杨辉

李善兰恒等式　清代数学家李善兰在有关高阶差数方面的著作中，为解决三角自乘垛的求和问题提出的李善兰恒等式，被国际数学界推崇为“李善兰恒等式”。

华氏定理　1949 年，我国著名数学家华罗庚证明了“体的半自同构必是自同构自同体或反同体”。1956 年阿丁在专著《几何的代数》中记叙了这个定理，并称为“华氏定理”。

华氏算子　数学家华罗庚发现一组具有与调和算子类似性质的微分算子，国际数学界称为“华氏算子”。

华-王方法　华罗庚与数学家王元于 1959 年开拓了用代数数论的方法研究多重积分近似计算的新领域，其研究成果被国际誉为“华-王方法”。

李善兰

华罗庚

苏氏锥面　数学大师苏步青在一般曲面研究中发现了四阶（三阶）代数锥面。

成为几何研究中的重大突破，在国际上命名为“苏氏锥面”。

陈-哈代-李特尔伍德定理　数学家陈建功与哈代、李特尔伍德共同发现三角级数在区间上绝对收敛的充要条件，被国际上誉为“陈-哈代-李特尔伍德定理”。

苏步青

陈建功

熊庆来

熊氏无穷极　我国数学家熊庆来，早在20世纪30年代关于整函数、亚纯函数、代数体函数及正规族的研究方面的重要成果，受到世界数学界的高度评价，被誉为“熊氏无穷极”。

陈示性类　数学家陈省身关于示性类的研究成果被国际上称为“陈示性类”。先后完成了两项划时代的重要工作，其一为黎曼流形的高斯-博内一般公式，另一为埃尔米特流形的示性类论。在这两篇论文中，他首创应用纤维丛概念于微分几何的研究，引进了后来通称的陈示性类，为大范围微分几何提供了不可缺少的工具，成为整个现代数学中的重要构成部分。

陈-博特定理、陈-莫泽理论：陈-西蒙斯微分公式　数学家陈省身建立的公式还有复变函数值分布的复几何化中的“陈-博特定理”，复流形上的实超曲面的“陈-莫泽理论”，量子力学的“陈-西蒙斯微分公式”。

陈-严公式　数学大师陈省身与南京大学教授严志达合作建立的高维欧氏空间积分几何运动的基本公式，被国际上命名为“陈-严公式”，成为积分几何的经典理论之一。

卡拉比-丘流形　数学家丘成桐与卡拉比在微分几何上的研究成果，被国际上誉为“卡拉比-丘流形”。

胡氏定理　我国数学家胡国定于1957年在苏联进修期间，关于数学信息论他写了三篇论文，其中的主要成就被第四届国际概率论统计会议的文件汇编收录，并被誉为“胡氏定理”。

丘成桐

周氏坐标　数学家周炜良在代数几何学方面的研究成果，被国际数学界称为“周氏坐标”；另外还有关于解析簇的“**周氏定理**”，复解析流形的“**周-小平定理**”，在射影簇方面有“**周炜良簇**”和“**周炜良环**”，关于阿贝尔簇的“**周炜良定理**”等。周炜良把毕生精力奉献给代数几何的研究，成为20世纪代数几何学领域的主要人物之一，以周炜良名字命名的数学名词，仅在日本《岩波数学词典》里就收有7个。回顾20世纪中国数学的历史，能在世界数坛上留下痕迹的华人数学家并不多，周炜良是其中杰出的一位。

吴氏方法　我国杰出的数学家吴文俊教授于1977年发表了用机器证明几何定理的新方法，受到了世界的公认，被誉为“吴氏方法”，运用该种方法，实现了欧氏几何定理的机械化。

吴氏示性类　数学家吴文俊在拓扑学做出了奠基性的贡献，他的“示性类”和“示嵌类”研究被国际上誉为“吴氏示性类”、“吴示嵌类”。

王氏悖论　数学家王浩关于数理逻辑的一个命题被国际上定为“王氏悖论”。

吴文俊

王浩

柯氏定理　我国数学家柯召于20世纪50年代开始专攻“卡特兰问题”，于1963年发表了《关于不定方程 $x^2-1=y$》一文，其中的结论被人们誉为“柯氏定理”。另外，他与数学家孙琦在数论方面的研究成果被国际上称为“**柯-孙猜测**”。在不定方程方面，解决了一百多年来未能解决的卡塔兰猜想的二次情形，并获一系列重要结果。在组合论方面，与他们合作得出了关于有限集组相交的一个著名定理即“**定道什-柯-拉多定理**”，开辟了极值集论迅速发展的道路。

陈氏定理　我国著名数学家陈景润，于1973年发表论文，把200多年来人们一直未能解决的“哥德巴赫猜想”的证明推进了一大步，现在国际上把陈景润的“1+2”称为“陈氏定理”。

柯召

陈景润

杨乐与张广厚

杨-张定理　从1965年到1977年，数学家杨乐与张广厚合作发表了有关函数论的重要论文近十篇，发现了“亏值”和“奇异方向”之间的联系，并完全解决了50年的悬案——奇异方向的分布问题，被国际数学界称为“杨-张定理”或“杨-张不等式”。

陆氏猜想　数学家陆启铿关于常曲率流形的研究成果被国际上称为“陆氏猜想”。

夏道行函数　数学家夏道行研究的一类解析函数成果，被称为“夏道行函数”。

夏氏不等式　数学家夏道行在泛函积分和不变测度论方面的研究成果被国际数学界称为“夏氏不等式”。

姜氏空间　数学家姜伯驹关于尼尔森数计算的研究成果被国际上命名为“姜氏空间”；另外还有以他命名的“姜氏子群”。

陆启铿

夏道行

姜伯驹

侯氏定理　我国数学家侯振挺于1974年发表论文，在概率论的研究中提出了有极高应用价值的“Q过程唯一性准则的一个最小非负数解法”，震惊了国际数学界，被称为“侯氏定理”，他因此荣获了国际概率论研究卓越成就奖——“戴维逊奖”。

侯振挺

周海中与同事

周氏猜测　数学家周海中关于梅森素数分布的研究成果被国际上命名为“周氏猜测”。他提出的“模糊数理语言学”和“网络语言学”受到学术界的关注。在著名数学难题——梅森素数分布的研究中所提出的科学猜想被国际数学界命名为“周氏猜测”。

王氏定理　西北大学教授王成堂在点集拓扑研究方面成绩卓著，其中《关于序数方程》等三篇论文，引起日、美等国科学家的重视，他的有关定理被称为“王氏定理”。

袁氏引理　数学家袁亚湘在非线性规划方面的研究成果被国际上命名为“袁氏引理”。

陈氏文法　数学家陈永川在组合数学方面的研究成果被国际上命名为“陈氏文法”。陈永川从事的主要研究领域有组合计数理论、构造组合学、形式文法、对称函数理论、计算机互联网络、组合数学在数学物理中的应用等，并取得了许多重要的研究成果，同行认为他是“世界最领先的离散数学家之一”。

袁亚湘

陈永川

景氏算子　数学家景乃桓在对称函数方面的研究成果被国际上命名为“景氏算子”。景乃桓主要从事无限维李代数、量子群和表示论方面的研究工作。1988年他和Frenkel合作首次构造仿射量子代数的顶点表示，之后完全构造绕型仿射量子代数的顶点表示。引入顶点算子方法研究Schur Q-，Hall-Littlewood等对称多项式函数，推动了无限维李代数和代数组合论的交叉研究。

景乃恒

张氏法形式　我国拓扑学家张素诚对 $A_n^2(n>2)$ 多面体分类，给出了规范的形式，在国际上被称为“张氏法形式”。

9.3　机器证明——中国数学家的杰出贡献

1. 什么是机器证明

机器证明是指用计算机证明定理。机器证明的研究包括试探法、判定法、证明算法、机器辅助法等途径。用计算机证明定理主要还是在推理上，推理的过程包括一些逻辑处理的过程和模拟人的思维推理过程。

所谓定理的机器证明，就是对一类定理(可以是成千上万)提供一种统一的算法，使得该类定理中的每个定理，都可依此方法给出证明。从而实现从"一理一证"到"一类一证"的飞跃。在数学中，要通过推理和证明来建立定理，证明的每一个步骤都是通过逻辑推理，推出另一些命题。从它们出发进行推理的命题称为前提，由此推出的命题称为结论。而机器证明，就是要把这项推理和证明的工作交由计算机去完成。它是现代数学中一种新兴的边缘性学科，是现代人工智能发展的一个重要方向。

2. 机器证明的必要性和可能性

数学命题机器证明的出现不是偶然的，而是有其客观必然性，它既是电子计算机和人工智能的产物，也是数学自身发展的需要。

(1) 机器证明的必要性

数学命题(尤其是现代数学命题)的证明是一种极其复杂而又富有创造性的思维活动。它不仅需要进行逻辑推理能力，而且需要高度的技巧、灵感和洞察力。如果我们把定理的证明交由计算机去完成，就可把数学家从繁难冗长的逻辑推理中解放出来，从而把聪明才智投到更多的富有创造性的工作中，诸如建立新的数学概念、提出新的数学猜想、构造新的数学命题、创造新的数学方法、开辟新的数学领域等等，由此可更能提高数学创造的效率。

"四色猜想"的机器证明就是一个令人信服的例子。沿着传统的手工证明道路，数学家们作了近百年的努力，都未能加以证明。直到1976年，由于借助电子计算机才算解决了这道百年难题。高速计算机花费了120个机器小时，完成了300多亿个逻辑判断，才算将定理证明。这项工作如果由一个人用手工去完成，约需20万年时间。

(2) 机器证明的可能性

在定理的证明过程中，既有创造性的思维活动，又有非创造性的思维活动。而这两种思维活动并不是完全割裂的，而是互为前提、相互制约、相互转化的。非创造性工作是创造性工作的基础，而创造性工作又可以通过某种途径部分地转化为非创造性工作。当我们通过算法程序能把定理证明中的创造性工作转化为非创造性工作时，也就有可能把定理的证明交由计算机去完成了。如今理论上已经证明，的确有不少类型的定理证明可以机械化，可以放心地让计算机去完成。

3. 机器证明的艰难历程

历史上一些大师级的数学家，曾在几何定理的机器证明这条道路上艰辛地探索过。

笛卡儿为了用代数的方法来处理千变万化的几何问题，发明了坐标方法，创立了解析几何，这是科学上的一件大事，从而为用计算机解决几何问题打下了基础。

莱布尼滋，微积分的创始人之一，曾有过"推理机器"的设想。他还提出了现代计算机上所用二进制记数法，这项工作促进了数理逻辑的早期工作。

大数学家希尔伯特在他的《几何基础》中，曾给出了一类几何问题的机械化解题方法。

1945 年，波兰数理逻辑学家塔尔斯基(A. A. Tarski)证明了一个值得称道的定理——塔尔斯基定理：一切初等几何和初等代数的命题，都可以机器证明。(前提和结论都可以用有限个整系数多项式的等式或不等式来表达的命题，叫做初等几何和初等代数命题。)

1975 年，考林斯(Collins)提出了"柱面代数分解方法"，比塔尔斯基的方法提高了许多，但在计算机上仍然只能解决个别稍难点的几何问题。

另一条路线是把解决几何问题的传统综合方法机械化。这是格兰特(Gelernter)在 1959 年发表的一篇论文中提出来的。他实际上是一种后推搜索法。1975 年，奈文斯又提出了一种前推搜索法，但由于搜索的空间过大，未能形成有效的算法。

总的来说，在几何问题寻求机器证明的举步艰难的 20 多年间，机器证明的研究和应用虽然有了长足的进步，但在切实可行的关键步骤方面却未能突破。

而真正作出重要突破工作的数学家却是来自中国。

4. 吴文俊的创造性工作

吴文俊是我国当代著名的数学家。1919 年生于上海，1940 年毕业于上海交通大学数学系，1949 年在法国斯特拉斯堡(Strasbourg)大学获博士学位，1951 年回国。

(1) 经典式的贡献

吴文俊的研究工作分成两个阶段，一个是"文革"前的拓扑学研究，一个是"文革"后的机器证明，在这两个领域吴文俊都作出了开创性的工作。

吴文俊

1947 年，吴文俊去法国留学。在那几年里，他与另外 3 位法国的年轻数学家一起，引发了一次次拓扑学界的"地震"。在那段时间里，吴示性类、吴示嵌类、吴示痕类、吴公式……一系列拓扑学的重大成果在他的纸笔下诞生。他的工作成为拓扑学研究中承前启后的经典，先后被 5 位菲尔兹奖得主引用，其中 3 位还在他们的得奖工作中使用了吴文俊的研究成果。

吴文俊 1951 年回到祖国。由于这些震动世界数学界的工作,使年仅32岁的吴文俊就与华罗庚、钱学森这样的大科学家共同捧得了1956年的国家自然科学一等奖。1957年,年仅38岁的吴文俊便当选为中国科学院学部委员(院士),是当时最年轻的学部委员。1984年当选为中国数学会理事长。

温家宝总理看望吴文俊院士

20世纪70年代以来,吴文俊研究机器证明问题。他提出的机械化方法,国际上称之为"吴方法",被认为是机器证明的里程碑式的贡献。2001年,吴文俊获首届中国国家最高科技奖,而机器证明是获奖的主要原因。

2006年,吴文俊由于"对数学机械化这一新兴交叉学科的贡献"获"邵逸夫数学科学奖",这是一项国际性大奖(有东方诺贝尔奖之称),评委是来自国际数学界的权威。吴文俊对他的"数学机械化研究"得到国际数学界的承认与肯定深感欣慰,认为这比奖金重要得多。

(2) "吴方法"的创立

吴文俊自20世纪70年代起,受中国古代数学算法化思想和计算机技术的启发,开始进行几何定理机器证明的研究,从而开拓了一条数学机械化的道路。

1977年吴文俊在《中国科学》杂志上发表了题为"初等几何判定问题和机械化证明"的论文,提出了一个证明初等几何定理的新的代数方法。在证明等式型几何定理时效率比以前的方法要高得多。国际上称此为"吴方法"。用了"吴方法",它能在计算机上仅用几秒钟的时间便可完成很难的几何定理的证明。

举世瞩目的"吴方法"可分成下面三个主要步骤证明几何问题:

第一步:从几何的公理系统出发,引进数学系统与坐标系统,使任意几何定理的证明问题化为纯代数问题。

第二步:将几何定理假设部分的代数关系式进行整理,然后依确定步骤验证定理终结部分的代数关系式是否可以从假设部分已整理成序的代数关系式中推出。

第三步:依据第二步中确定步骤编成程序,并在计算机上实施,以得出定理是否成立的最后结论。

第一步称为几何的代数化与坐标法,第二步为几何机械化,至于第三步能否使用计算机作最后验证,完全依赖于第二步机械化之是否可能。如果一门几何可以依照这样三步(事实上只要前面两步即可)来完成定理的证明,就说明这门几何可以机器证明。

(3) 里程碑式的成就

1984年,吴文俊院士的学术专著《集合定理机器证明的基本原理(初等几何部分)》由科学出版社出版。这本专著遵循机械化思想引进数系和公理,依照机械化观点系统地分析了各类几何体系,诸如 Pascal 几何、垂直几何、度量几何,以及欧氏几何,证明确立了各类几何的机械化定理,系统地阐明了几何定理机器证明代数方法的基本原理。这本书的问世是世界上数学机器证明领域的大事,奠定了数学机器证明研究在我国的基础。到 1994 年,该书又被译成英文,由著名的斯普林格出版社出版。在计算机自动推理的研究中,几何定理的机器证明曾经是最不成功的领域,而现在已经成了最成功的领域。这一历史的转折,乃是缘于"吴方法"的出现。

吴文俊院士在机器证明独创性的研究工作,不仅在国内,同时,在国际上也产生了广泛的影响。数学家莫尔(Moore)认为,在吴的工作之前,几何的机器证明处于黑暗时期,而吴的工作给整个领域带来了光明。美国定理自动证明的权威人士沃斯(Worth)认为吴的证明路线是处理几何问题的最强有力的方法,吴的贡献将永载史册。

现在由吴文俊院士担任学术指导,国内有几十个单位的数十名科学家在从事数学机器证明的研究。机器证明,一个出发点就是"寓理于算"。最后用吴院士的一句话来总结机器证明的实质:"把质的困难转化为量的复杂。"其实,这也是算法思想的实质。

5. 中国数学家的杰出工作

早在 1959 年美籍华人数理逻辑学家王浩只用 9 分钟机器时间,就在计算机上证明了罗素和怀特海《数学原理》一书中的一阶逻辑部分的全部 350 多条定理。

(1) "吴方法"解决的问题

1984 年,中国留美学者周咸青在他的博士论文中就用到了"吴方法"。他列举了基于"吴方法"所编写的程序证明的 130 个非平凡的几何定理。不久,他又在一本专著中列出了用"吴方法"证明的 512 个几何定理。"吴方法"从此在国际自动推理研究领域广为传播。

吴文俊、周咸青、王浩、胡森、王车明等人,使用"吴方法"在微机上迅速地解决了下列各问题:①初等几何定理的机器证明与机器发明(包括非欧几何、放射几何、圆几何、线几何、球几何等领域);②微分几何定理的机器证明与机器发明;③未知关系的机械推导;④高次代数方程组的求解;⑤因子分解问题(特别是对多变量多项式的因子分解)。

(2) 例证法

1986 年以来洪加威等人又提出了通过数值实例的检验来证明几何定理的思

想方法,这一方法在机器证明中是一个很有前景的热点。洪加威等人提出的方法叫做列举法。所谓“列举法”,就是用列举的方法证明定理。当时国内许多人,对这种违反传统的方法表示惊奇:它的根据是什么?它可靠吗?其实它的基本思想很简单,从中学数学就能找到最简单的例证。如要证明恒等式

$$(x+1)(x-1)=x^2-1 \qquad (*)$$

通常是把左端展开,合并同类项,便可得到右式。

其实,我们也可用数值检验:取$x=0$,两端都是-1;取$x=1$,两端都是0;取$x=2$,两端都是3。若($*$)式不是恒等式,它便是一个一元二次代数方程。它最多有两个根。而现在已有$x=0,1,2$三个根了。这就表明($*$)式不是方程,而是恒等式了。

至于例子要多少,这要看代数式的次数,如果次数不超过n,则有$n+1$个便够了。

1986年,洪加威最早得出用举例的方法可以证明几何定理(即单点例证法);1989年张景中和杨路正式提出了另一种更有实用价值的方法,即数值并行法(也称多点例证法);1990年侯晓荣在天津计算机会议上又提出了另一种例证法。

其实,这三种方法中,最实用的是由张景中、杨路提出的数值并行法。由于例证法在书写中证明过程较长,这就牵涉到一个“可读性”问题。而“数值并行法”正好弥补了这一点。

(3)“面积法”——“可读证明”的突破(张景中等的杰出贡献)

20世纪80年代,由于“吴方法”的成功,促进了机器证明这个领域在国际范围的蓬勃发展,但是包括“吴方法”在内的各种代数方法,在证明几何定理的过程中,都用到多元多项式的加减乘除。由于这些多项式常常是几十项、几百项甚至上千项的大多项式。显然打印这样的多项式,人很难看明白。即使看明白了计算过程,也未必懂其中的几何意义,这便产生了几何定理可读证明的自动生成问题。这种可读证明即指便于人们理解、掌握和检验证明。在这方面我国学者张景中、杨路、周咸青、高小山等做了一系列的开拓性工作。

张景中

1992年5月张景中院士提出了以“面积法”为工具,用计算机生成“短证明”的设想。“面积方法”是一种普遍有效的平面几何解题方法。那时还未形成“可读证明”的概念,但是所说的“短证明”,就是后来所说的“可读证明”。

接着,便开始用LISP语言写程序,这一工作开辟了几何问题机器证明的另一条路径。很快,新编的程序已经证明出70多条定理了。

1994年,他们撰写的英文专著《几何中的机器证明》出版。

书中收集了近 500 条由计算机自动生成可读证明的几何定理。这项进展得到自动推理领域一些著名科学家的好评。美国《数学评论》评论该书克服了“吴方法”所未克服的困难;美国机器证明新成就奖获得者保义耳教授写道:“这是自动推理领域三十年来最重要的工作,是计算机发展处理几何问题能力之路上的里程碑。”

(4) 进一步获取成果

1992～1995 年,张景中等进一步将机器证明推广到了立体几何,并实现了求解的“体积法”。还有几何定理可读证明自动生成的向量法、复数法和全角法。

1993 年,张景中、杨路、高小山和周咸青等把“面积法”推广到非欧几何,并发现了几十条新定理,且自动生成了它们的“可读证明”。并进一步发展了基于前推搜索法,使这一方法达到了实用阶段。这些成就,使他们获得了 1997 年国家自然科学二等奖。

1996 年后,李洪波、王车明发展了不变量方法,把消点法推广到了广义的向量空间。1997 年,吉林大学的张树国教授和杨海圈博士又把消点法推广到一批圆锥曲线定理,并完成自动生成可读证明。1999 年,在张景中院士指导下,黄勇在其博士论文中完成了同一法的机器证明,并实现了可读证明。

自 1996 年以来,关于不等式的机器证明的研究,也有了重要进展。1996 年,杨路、侯晓荣和曾振柄提出了对任意次的实系数代数方程建立完全判别系统的通用算法,使这个实代数的基本问题得到完满的回答。梁松新在博士论文中解决了任意次数的复系数多项式判别系统问题。1998 年,杨路在发表的一篇论文中,提出了不等式机器证明的降维算法与通用程序,使这一问题得到突破。根据以上算法,杨路用 MPALE 语言编制成的通用程序 BOTTEMA 已在 PC 机上成功地验证了 1000 多个不等式,其中近半数是近期提出未加证实的猜想。该软件已能成批验证非平凡的不等式,其效率与等式型几何定理证明软件相比已不相上下。

6. 展望与应用前景

(1) 展望

自 20 世纪 70 年代以来,计算机解几何问题的本领已飞跃提高。但是更难的问题的解决,要求发展更有力的新方法。发展非线性代数方程组的并行插值求解方法,综合不同方法的长处以建立有效的人机交互求解系统,都是极有希望的研究方向。对于几何不等式和几何作图的机器求解的研究,这不但有传统的兴趣,更有广泛的应用,是目前国际上一个很活跃的领域。这一方向方兴未艾,有大量的工作可做。在几何定理的机器证明的各种方法都有长足的发展,如何把不同的方法综合起来,组织成有效的几何问题计算机自动求解或人机交互求解系统,将成为更有意义的研究方向。吴文俊院士提出了如下的数学机械化方案：

首先，将整个数学尽量用许多领域覆盖起来，每一领域既是够小使机械化成为可能，又是够大使具有数学意义与趣味；其次，Newton 反平方律的自动推导，提供了一个范例，可供在将来对各种科学中出现的许多定律作类似的探讨。

（2）应用

如今，几何定理机器求解的研究已从基础研究领域扩展到了应用和开发研究的领域。在研究几何定理机器求解时，创造或发展了一些新的方法或代数工具，它们也可以用来解决其他领域的问题。如机构设计、曲面造型、计算机辅助设计、机器人控制、计算机视觉、自动控制、化学平衡、几何模型等领域都有着广泛的应用。但这些都是本领域人员自己的设想，与技术领域的实际需求有一定的距离。因此，有必要做更具体的分析，并开发界面友好、易学易用的软件。

另一种应用是把几何定理机器证明的程序发展成软件，或者直接嵌入计算机应用软件中。这类需求主要有：

一是为研究者、教师和数学爱好者提供智能性几何解题电子词典，对两千多年的初等几何作一个相对完美的总结。这一工作工程浩大，如果做好，将是对科学文化事业重大的贡献。

二是应用几何定理机器证明的成果，可以制出高智能的教育软件。这方面有形成软件产业的可能性。如今已开发的有中学数学教育智能软件（数学实验室），这是我国第一批通过了教育部教材审定委员会的中学数学软件，受到教育专家和老师们的欢迎。

社会的需求还会把机器证明推到更广的领域去寻求探讨一般理科问题的机器求解方法。相信在不久的将来，一批体现我国在这一领域高水平的优秀软件将脱颖而出。

机器证明的优秀成果，必将走进大众教育，这是一个多么诱人的前景！

9.4 中国数学家在破解“庞加莱猜想”中的贡献

1. “庞加莱猜想”简介

法国著名数学家亨利-庞加莱(Jules-Henri Poincare)在 1904 年发表的一组论文中，提出了这样的猜想：“单连通的三维闭流形可简单地理解为一种曲面同胚（“同胚”是一种保持“连续性”的等价关系，在拓扑学中，同胚图形就视为“一样的”图形）于三维球面。”后又被推广为：“任何与 n 维球面同伦的 n 维闭流形必定同胚于 n 维球面。”

庞加莱

对于“庞加莱猜想”，我们不妨作一个下面的比喻：“如果我们伸缩围绕一个苹果表面的橡皮带，那么我们可以既不扯断它，也不让它离开表面，使它慢慢移动收缩为一个点。另外，如果我们想像同样的橡皮带以适当的方法被伸缩在一个轮胎面上，那么不扯断橡皮带或者轮胎面，是没有办法把它收缩到一个点的。我们说苹果表面是‘单连通的’，而轮胎面不是”。这一猜想的高维推论已得到解决，唯独三维的情形仍向全世界的数学家发出挑战。三维庞加莱猜想也可以这样通俗地不太严格地表述：“任何一个封闭的三维曲面，只要它上面的所有封闭曲线可以收缩于一点，这个曲面就是一个三维球面。”

值得注意的是：“三维流形”或“三维曲面”不是三维空间中的图形。“二维流形”才是三维空间中的图形。如三维空间中的球面上确定一个点的位置，只需要两个数（经度和纬度），所以球面是二维闭曲面，也就是二维闭流形。“三维闭流形”是“四维空间”中的图形，在平面上无法画出来，在现实中也做不出它的模型。

对“庞加莱猜想”的证明及其带来的影响，将会加深数学家对流形性质的认识，甚至对人们用数学语言描述宇宙空间产生影响，因此设在波士顿的克莱数学研究所于 2000 年 5 月 24 日将它列为“千禧年七大数学难题”之一，并悬赏 100 万美金奖励这一猜想的证明者。

提出这一猜想的法国数学家庞加莱，1854 年 4 月 29 日生于法国南锡，1912 年 7 月 17 日卒于巴黎。庞加莱研究涉及到数论、代数学、几何学、拓扑学等诸多领域，最重要的工作是在分析学方面。他发表论文 500 余篇，科学著作约 30 部，被公认为 19 世纪末到 20 世纪初世界数学界的领袖人物。

2. 证明“庞加莱猜想”的历程

庞加莱本人曾力图证明这一猜想，但始终未能如愿。在 1960 年之前，所有证明（或否证）庞加莱猜想的尝试都归于失败。1960 年美国数学家斯梅尔（S. Smale）才证明了庞加莱猜想对五维和五维以上的情形是成立的。20 年之后，另一位美国数学家弗里德曼（M. H. Freedman）证明了四维的庞加莱猜想（二人因此分别获得 1966 年和 1986 年的菲尔兹奖）。这样庞加莱猜想只剩下三维情形没有解决，而“庞加莱猜想”当初恰恰是针对三维球面而提出的猜想的，由此可知庞加莱猜想在当今数学中的地位。

解决“庞加莱猜想”有几种不同的途径，刚开始是拓扑学方法，即所谓切割方法，但这个方法到 20 世纪 70 年代就很难再进一步了。1978 年，美国数学家瑟斯顿（W. P. Thurston）引进几何结构方法来做切割，这个方法很重要，他因此获得

1982 年的菲尔兹奖。

Ricci 流理论之父
理查德·汉密尔顿

1982 年，丘成桐的朋友、康奈尔大学的汉密尔顿(Richard Hamilton)，发表了一篇文章，提出了一种名为"瑞奇流(Ricci flow)"的数学工具来构造几何结构，这是用微分方程来做的，不同于瑟斯顿的几何结构方法。可是汉密尔顿在使用"瑞奇流"进行空间变换时，遇到一个重要问题：在用曲率方法推动空间变化时遇到了奇怪的点(奇异点)。如何处理奇异点就成为整个庞加莱猜想证明中最重要的部分。1993 年，汉密尔顿发表了一篇重要论文，开始对奇异点有了深刻了解，但如何切割奇异点又是一个新的困难。但汉密尔顿已作了解决庞加莱猜想的奠基工作。

对"庞加莱猜想"作出重要贡献的另一位数学家是来自俄罗斯的数学家格里高里·佩雷尔曼(Grigori Perelman)。他是圣彼得堡斯蒂克洛夫数学研究所的研究员，2002 年 11 月，佩雷尔曼通过互联网公布了一个研究报告，声称证明了由美国数学家瑟斯顿提出的有关三维流形的"几何化猜想"(椭圆化猜想)，而"庞加莱猜想"正是后者的一个特例。四个月后，佩雷尔曼又在网上公布了第二份报告，介绍证明了更多的细节。同时他也通过电子邮件与该领域的少数专家进行交流，佩雷尔曼很快成了一位新闻人物。2006 年在西班牙马德里举行的第十五届国际数学家大会上，格里高里·克雷尔曼被宣布获得 2006 年的菲尔兹奖，而他却不去领这笔奖金。著名的《自然》杂志在一篇关于佩雷尔曼的文章中说："他需要的是数学，而不是奖金、资金和职位。"

3. 中国数学家的工作

美国数学家汉密尔顿虽然提出了解决庞加莱猜想的纲领，为破解猜想奠定了基础，但在处理证明庞加莱猜想中最主要部分的"奇异点"上未予很好地解决；而俄罗斯数学家佩雷尔曼的"证明"后来也发现不够"完善"。

1982 年，丘成桐是普林斯顿高等研究中心的教授，曹怀东是附近普林斯顿大学的研究生，因慕名丘成桐而成为丘成桐第一位来自中国大陆的博士生。1984 年，丘成桐邀请汉密尔顿到圣地亚哥分校，他们之间有许多关于"庞加莱猜想"的讨论。而曹怀东的博士论文也是关于用丘成桐的几何方法来做庞加莱猜想和三维空间几何化的问题。

1994 年，朱熹平(中山大学数学系教授、博士生导师、数学与计算科学学院院长，广东省数学学会理事长)首次在香港中文大学数学研究所的讨论班上遇见丘成桐。1997 年，丘成桐建议朱熹平集中精力到庞加莱猜想的证明上。之后，丘成桐每年邀请朱熹平到香港中文大学工作半年，期间他们有许多关于庞加莱猜想的讨论。

丘成桐　　朱熹平　　曹怀东

就在佩雷尔曼公布其研究时，朱熹平对庞加莱猜想的研究也有了部分结果。不久后，佩雷尔曼的证明开始接受专家的评审。谁来完成庞加莱猜想的证明，竞争非常激烈。这时丘成桐让曹怀东在2003年夏天开始和朱熹平合作。2005年，二人解决了最后的问题。

2005年初夏，丘成桐建议哈佛大学邀请朱熹平到哈佛大学数学系访问半年，获得数学系全体教授同意。当年9月，朱熹平来到哈佛大学，他的主要任务是向专家讲解他们的论文。

从2005年9月到2006年3月，朱熹平每周在哈佛大学讲3小时，共讲了70多个小时。听讲解的有五六位教授，包括丘成桐和哈佛数学系主任在内。丘成桐自始至终都参加了听讲，对全过程都很了解，认为这是一件很不容易的事。

2006年6月2日，专程从美国来到北京的丘成桐教授拿着最新一期(6月)《亚洲数学期刊》(美国出版集团办的数学书刊)，这期刊物很特殊，封面是国际著名数学大师陈省身的半身照片，背景是天津南开大学的数学研究所。据说，陈省身教授多年来一直在思考庞加莱猜想问题，直到逝世前他还在想这个世界难题。所以，本期《亚洲数学期刊》特地登载了陈省身教授的照片，以告慰先生在天之灵。本期刊

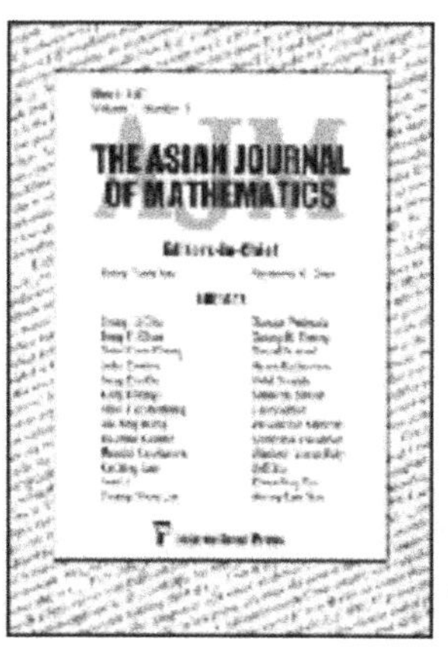

《亚洲数学期刊》2006年6月号

物有一个特别之处,就是整期篇幅只刊登了朱熹平和曹怀东合作的这篇论文,论文标题是《庞加莱猜想暨几何化猜想的完全证明:汉密尔顿-佩雷尔曼理论的应用》,共328页。论文中引用了众多数学家的成果,都分别加以注释,仅注释所用的文章就有130多篇。丘成桐说:“这是一篇实实在在的重要论文。最重要的是,文章从头开始,完完整整地将整个证明过程一步一步地写得清清楚楚,从来没有人做过这件事,这篇论文从头到尾,每句话我都看了。论文经过审稿,实实在在,可以当大学教材。”

4. 中国数学家不可磨灭的贡献

第25届国际数学家大会于2006年8月22日在西班牙的首都马德里召开。本届大会有可能因见证庞加莱猜想由“猜想”成为“定理”而载入史册。

本届大会的菲尔兹(Fields)奖颁发给了格里戈里·佩雷尔曼(俄罗斯)、文德林·维尔纳(Wendelin Werner)(法国)、安德烈·奥昆科夫(Andrel Okounkov)(俄罗斯)、陶哲轩(Terence Tao)(澳大利亚、中国)4人。其中俄罗斯数学家佩雷尔曼的获奖是奖励他在证明“庞加莱猜想”的功绩。但这并不能说明中国数学家对“庞加莱猜想”的证明没有贡献,因为菲尔兹奖只授予40岁(包括40岁)以下作出杰出贡献的青年数学家。

在第25届国际数学家大会8月22日下午的学术报告会上,在破解庞加莱猜想上起到关键作用的美国数学家汉密尔顿说:“庞加莱猜想在集体的努力下已经克服了最后的难题,中国数学家在庞加莱猜想方面的工作非常出色。”

法国《费加罗报》等媒体也在报道俄罗斯数学家摘取菲尔兹奖的文章中提到中国数学家与美国、法国、俄罗斯等其他国家一道参与了庞加莱猜想的证明,并作出了积极的贡献。

在美国权威学术杂志《自然》的文章中列举了三组“令人尊重的科学家”的论文,指出他们的工作填补了佩雷尔曼工作的细节,而中国数学家的贡献占有重要的一席之地:

田刚

第一篇是2006年5月25日,作者为密尔根大学的布鲁斯·克莱纳(Bruce Kleine)和约翰·洛特(John Lott),把名为“佩雷尔曼论文注记”的192页文章放到了arxiv网站上,这是他们对2004年关于佩雷尔曼部分工作的注记、修改和补充。

第二篇是麻省理工学院华人数学家田刚和哥伦比亚大学的拓扑学家约翰·摩根(J. Morgan)撰写的一部关于“庞加莱猜想”的473页的书,于2006年7月25日放到了arxiv网站上。

第三篇是作者为中国中山大学的朱熹平和美国里海大学的曹怀东，论文发表在2006年6月出版的《亚洲数学期刊》上，论文声称彻底证明了庞加莱猜想和几何化猜想，而不仅仅只是充实佩雷尔曼的工作。《亚洲数学期刊》主编丘成桐认为，曹怀东和朱熹平使用了一些不同于佩雷尔曼的论点。

《自然》杂志的文章说，这三篇文章的出现为佩雷尔曼获得菲尔兹奖的传言推波助澜。因为4年颁发一次的菲尔兹奖最多只授予4位年龄不超过40岁的数学家，而佩雷尔曼好正在当年度符合这一资格。

美国克莱数学研究所所长卡尔森(James Carlson)认为："克莱纳和洛特，曹怀东和朱熹平、摩根和田刚，三个小组中的每一个都在检验佩雷尔曼的工作中做出了重要的贡献。能够有3个独立的数学家小组来做这件事，当然比只有一个小组要好得多了。"

被誉名"瑞奇流"理论之父的汉密尔顿就庞加莱猜想及中国学者在庞加莱猜想证明中的贡献发表了讲话。汉密尔顿认为，中国数学家在证明庞加莱猜想的过程中作出了非常重要的贡献。陈省身、丘成桐建立了非常了不起的微分几何中国学派。中国数学家在这一发展中作出了非常重要的贡献。他说："丘成桐教授最早提示我，三维流形上的'瑞奇流'将会产生瓶颈现象，并把流形分解为一些连通的，可以用来证明庞加莱猜想。"

汉密尔顿强调，曹怀东和朱熹平最近在佩雷尔曼与前人工作的基础上，给出了关于庞加莱猜想的一个完整与详细的描述。他说："我很高兴这两位'瑞奇流'领域里的杰出学者所写的这篇文章。他们引入了自己的新思想，使得证明更容易理解，包括完备流形上解的唯一性，这是基于朱熹平与陈兵龙关于孤立子扩张的工作。"汉密尔顿表示，曹怀东与朱熹平在文章中充分肯定了佩雷尔曼的工作和他证明庞加莱猜想所起的重要作用。同样，在佩雷尔曼的文章中也明确指出他的工作是建构于前人众多贡献基础上的。所有中国人都应该为中国数学家在微分几何领域所取得的成就和对庞加莱猜想的贡献感到骄傲。

2006年，在西班牙马德里举行的第25届国际数学家大会上，汉密尔顿作一小时的报告，在预先散发的报告摘要中，清楚地提到了丘成桐、曹怀东和朱熹平的贡献。汉密尔顿说："丘成桐和我一起发展了一套纲领——用'瑞奇流'来解决这个问题(庞加莱猜想)。基于几篇网页上的手稿，佩雷尔曼称他完成了这个纲领；而一个完整的解释最近由曹怀东和朱熹平完成。"汉密尔顿演讲中的这两句话，无疑极大地肯定了中国数学家在其中的作用。

正如著名数学家杨乐所说："我们推崇并尊重汉密尔顿和佩雷尔曼的杰出贡献，但也要非常重视朱熹平、曹怀东这样的中国科学家的贡献，尤其是在现在国内学术界有些坐不下来、急功近利、浮躁的时候。300多页的数学长文确实花了极大的工夫，朱、曹的工作应该得到充分肯定。中国人能和美、俄数学家一起参与到国际上这样重大的数学问题的解决中,而且在其中有一份重要的贡献,这就是很好的事情,值得中国数学家自豪,而且也应大力宣传朱熹平的这种精神。”

由上可知,中国数学家在破解“庞加莱猜想”中的贡献,不但使国人感到自豪欣慰,同时也得到国外数学界的认可。中国数学家在破解“庞加莱猜想”中的功绩是不可磨灭的。

5. 破解“庞加莱猜想”的意义

著名数学家丘成桐在评价“庞加莱猜想”时说,“庞加莱猜想”是拓扑学和几何学的主流。它被国际上许多数学家所关注,并致力于研究。破解“庞加莱猜想”的意义是十分深远的。它将有助于人类更好地研究三维空间。比如物理学要研究液体,工程上要研究深海工程,都会遇到三维空间的控制。我们认为这一方法对物理和工程中的三维空间的研究是一个重要贡献,会产生深远的影响。

“庞加莱猜想”的破解,把许多流形分类问题转化为代数拓扑问题。从拓扑学的角度看,这一猜想可视为拓扑学的中心问题之一,而且涉及微分几何、黎曼流形等学科分支。而代数拓扑是当今数学最具活力的领域之一。

9.5 中国现代数学的发展

中国现代数学的发展从 20 世纪初到现在约分四个时期。

1. 兴起时期

中国现代数学始于清末民初。大批知识分子怀着“科技救国”的抱负,远涉重洋,赴欧美和日本留学,他们中的多数回国后成为著名的数学教育家。其中胡明复 1917 年取得美国哈佛大学博士学位,成为第一位取得博士学位的中国数学家。

随着留学人员的回国,各地大学的数学教育有了起色。一批年轻有为的留学归国的数学家纷纷在全国各地创办起数学系。例如,留日归来的冯祖荀在北京大学建立了数学系。1920 年从美国哈佛大学留学归来的姜立夫去天津南开大学创建数学系。熊庆来分别在东南大学(现南京大学)和清华大学创建数学系。在美国取得博士学位的胡明复和他的哥哥胡敦复回上海办大同大学。不久,武汉大学、齐鲁大学、浙江大学、中山大学都陆续设立了数学系,陈建功和苏步青先后到浙江大学工作。到 1932 年,全国已有 32 所大学设立了数学系或数理系。1930 年熊庆来在清华大学首创数学研究部,开始招收研究生。20 世纪 30 年代出国留学的还有江泽涵(1927)、陈省身(1934)、华罗庚(1936)、许宝騄(1936)等人,他们都成为中国现代数学发展的骨干力量。同时外国数学家也有来华讲学的。如英国的罗素(B. Russell)(1920)、美国的伯克霍夫(G. D. Birkhoff)(1934)、奥斯古德(C. E. Osgood)(1934)、维纳(N. Wiener)(1935),法国的阿达玛(J-S. Hadamard)(1936)等。

1935年中国数学会成立大会在上海召开,1936年《中国数学会学报》和《数学杂志》相继问世。这些都标志着中国现代数学的兴起。

此后,在分析学方面,陈建功的三角级数论、熊庆来的亚纯函数与整函数论的研究是代表作,另外还有泛函分析、变分法、微分方程与积分方程的成果;在数论和代数方面,有华罗庚等人的解析数论、几何数论和代数数论以及近世代数取得的举世瞩目的成果;在几何与拓扑学方面,苏步青的微分几何学,江泽涵的代数拓扑学,陈省身的纤维丛理论和示性理论等研究做了开创性的工作;在概率论与数理统计方面,许宝騄在一元和多元分析方面得到许多基本定理及严密证明。此外,李俨和钱宝琮开创了中国数学史的研究,他们在古算史料的注释整理和考证分析方面做了许多奠基性的工作,使我国的民族文化遗产重放光彩。

2. 转折时期

1949年11月成立中国科学院,1951年3月《中国数学学报》复刊,1952年改名为《数学学报》。1951年10月《中国数学杂志》复刊,1953年改名为《数学通报》。1951年8月中国数学会召开了建国后第一次全国代表大会,讨论了数学发展方向和各类学校数学教学改革问题。1952年,在北京成立了中国科学院数学研究所,并陆续建立了许多数学学科的研究室。各大学数学系也广泛开展了科研工作,并先后开始招收研究生。

建国后的数学研究取得了长足的进步。50年代初出版了华罗庚的《堆垒素数论》(1953)、苏步青的《射影曲线概论》(1954)、陈建功的《三角函数的级数和》(1954)和李俨的《中算史论丛》5集(1954～1955)等专著,到1966年,共发表各种数学论文约2万余篇。除了数论、代数、几何、拓扑、函数论、概率论与数理统计、数学史等学科继续取得成果外,还在微分方程、计算机、运筹学、数理逻辑与数学基础等分支有所突破,有许多论著达到世界先进水平。

老一辈的数学家成了学科研究的带头人和辛勤的教育家,他们从无到有开创了我国数学许多的分支和研究方向,培养了大批数学人才,一支生气勃勃的科研、教学队伍逐步形成。这一时期,特别值得一提的是形成了中国数学的四大流派:

(1) 以陈建功、熊庆来为代表的函数论流派;

(2) 以华罗庚、柯召为代表并与陈景润、王元、潘承洞等共同形成的中国数论流派;

(3) 以苏步青、严志达为代表的微分几何流派;

(4) 以江泽涵、吴文俊为代表的拓扑学流派。

1956年评定国家自然科学奖时,华罗庚的"典型域的多元复变函数论"、吴文俊的"示性类及示嵌类的研究"均获一等奖,苏步青的"K展空间和一般度量空间"

获二等奖。

到1966年,我国数学水平经过17年的努力,正接近当时的国际水平,出版或发表了数量较多、质量较高的论著,某些分支学科已经作出了相当出色的成就。

3. 低潮时期

“文革”时期是中国数学发展的低潮时期,使得我国数学和国际水平已缩小的差距又拉大了。

但在这十年内,仍有少数人坚持数学研究,取得了世界一流的成绩,陈景润就是一个突出的例子。

1970年《数学学报》恢复出版,并创刊《数学的实践与认识》。1973年陈景润在《中国科学》上发表了《大偶数表示为一个素数及一个不超过二个素数的乘积之和》的论文,在哥德巴赫猜想的研究中取得了世界领先的结果。一位英国数学家致函陈景润说:“您,推动了群山!”在古典的函数值分布论方面,杨乐和张广厚取得了一系列具有国际水平的成果。侯振挺在《齐次可列马尔可夫过程》一书中提出的“非保守Q过程唯一性准则”,被国际上誉为“侯氏定理”,并荣获1978年度戴维逊(Davidson)奖。冯康从事的有限元方法研究在国际上居领先地位。陆家羲彻底解决了组合数学中的“柯克曼(Kirkman)序列”和“斯坦纳(Stana)序列”两大世界难题。

陈景润

冯康

在应用数学方面,以华罗庚为首的数学工作者在全国积极推广“统筹法”和“优选法”;以苏步青为首的数学工作者在上海江南造船厂结合船体放样,开展了曲线奇点和拐点的理论及计算几何的研究都取得了显著的成绩。此外,关肇直、秦元勋、周毓麟、李德元等在国防建设方面均作出了重大贡献。

4. 发展时期

(1) 数学研究的复苏

拨乱反正,迎来了科学的春天,数学百花园中出现了百花争艳、万紫千红的景象。1977 年制定了新的数学发展规划,恢复了全国数学学会和各地数学分会。1978 年 11 月中国数学会召开第三次代表大会,标志着中国数学的复苏。1978 年恢复全国数学竞赛,1985 年中国开始参加国际数学奥林匹克竞赛。《中国科学》、《数学学报》、《应用数学学报》及各大学的学报每年发表大量优秀论文。中国学者在国外发表的数学论文每年约 300 篇(1990 年统计数字)。

值得一提的是,一位地处边陲的包头市第九中学物理教师陆家羲,潜心钻研组合数学二十余年,耗尽毕生心血,终于证明了"斯坦纳系列"和"寇克满系列"(今译作"柯克曼系列",是"斯坦纳系列"中的一种)中长期没有解决的重要问题.完成了两项在组合计算领域内具有国际水平的第一流工作。

陆家羲

1980 年以前,中国数学家在国外出版的专著只有 6 本,但到 1990 年统计,在国外已出版专著 44 本,另有 10 余本在印刷中,若将约稿书计算在内,则总数将近 100 本。国际上久负盛名的出版社斯普林格出版社出版了 36 名数学家的选集。其中有三名华人:陈省身、华罗庚和许宝騄。这家出版社出版的数学丛书已收有三位中国青年数学家的著作:肖刚(华东师大,第 1137 号)、时俭益(华东师大,第 1179 号)、王小路(北京大学,第 1257 号)。

(2) 获奖与各种奖项的设立

许宝騄

在 1956、1982、1987、1989 年共 4 次颁发的国家自然科学奖中,共有 394 项成果获奖,其中数学就有 39 项。陈景润获 1982 年国家自然科学一等奖。1983 年国家首批授予 18 名中青年学者以博士学位,其中数学占 2/3。近年来,还出现了不少以数学家名字命名的数学奖:如"许宝騄统计数学奖"(1984 年)、"陈省身数学奖"(1985 年)、"华罗庚金杯奖"(1986 年)、"钟家庆纪念基金"(1987)、"苏步青数学教育奖"(1991 年)等。这些数学奖项的设立,进一步推动了我国现代数学的蓬勃发展。

更值得一提的是,为了更好地发展我国的数学科学,加速培养应用数学科学的优秀人才,国际工业与应用数学联合会(ICIAM)于 2003 年 7

月设立了“苏步青奖”。作为以我国科学家名字命名的第一个国际性数学大奖，这是苏步青先生的光荣，也是我国广大数学工作者的光荣，更是我们国家和民族的骄傲。

2003 年 11 月设立 CSIAM 苏步青应用数学奖，旨在奖励我国在数学对经济、科学技术发展的应用方面做出杰出贡献的工业与应用数学工作，是国内应用数学的最高奖。近年来，数学在我国的经济建设、科学技术、军事与安全中得到了有效的应用，并取得了许多可喜的成果。

(3) 数学走出中国

1986 年，中国在国际数学联合会(IMU)的代表权问题终获解决。中国第一次派代表参加于 1986 年 7 月 31 日在美国加利福尼亚州的奥克兰举行的国际数学联合会第十届会员国代表会议。会议一致通过了中国数学会提出的方案，即中国为第一类会员国。此后，中国数学界与 IMU 的交往增加，派往参加大会的人数也逐届增加。

1986 年在伯克利的会议上，吴文俊应邀作了题为“中国数学史的新研究”的 45 分钟的报告。1990 年京都会议上，我国旅美数学家田刚、林芳华各做了 45 分钟报告。直至 2002 年在北京举行的第 24 届国际数学家大会前，中国内地数学家正式在大会上做过 45 分钟报告的有冯康、吴文俊、张恭庆、马志明。

2002 年第 24 届国际数学家大会得以在北京召开，这标志着我国在国际数学界地位的提高，我国数学的研究和发展已经受到国际数学界的认可和重视。

5. 现代世界前沿的科研成果

(1) 吴文俊与机器证明

吴文俊院士对“机器证明”的研究，他所创立的方法被国际上称为“吴方法”，后经张景中、周咸青等将其方法完善，如今“机器证明”在国内已形成了以吴文俊院士为首的中国“机器证明”的学派，在国际上居领先地位(详见“9.4 机器证明——中国数学家的杰出贡献”)。

(2) 陈景润与哥德巴赫猜想

陈景润在“哥德巴赫猜想”证明中所取得的(1+2)的成果，仍是现今世界的最佳结果(详见“5.2 哥德巴赫猜想”)。

(3) 朱熹平和曹怀东与“庞加莱猜想”

在破解千禧年“七大数学难题”之一的“庞加莱猜想”中，我国数学家朱熹平和曹怀东作出了不可磨灭的贡献(详见“9.5 中国数学家在破解‘庞加莱猜想’中的贡献”)。

(4) 王选与汉字印刷术的第二次发明

在 20 世纪 80 年代末 90 年代初,我国花巨资引进的外国照排系统均告失败,质疑汉字是否可以生存于信息时代的声音此起彼伏。如果外国公司突破了汉字处理技术,中国将面临全国印刷市场的全面崩溃,不但要承担巨额支出,而且还会面临无密可保的境地。

这时,王选领导的科研集体研制出的汉字激光照排系统,跨越了当时日本的光机式二代机和欧美的阴极射线管式三代机阶段,开创性地研制出当时国外尚无商品的第四代激光照排系统。针对汉字印刷的特点和难点,发明了高分辨率字形的高倍信息压缩技术和高速复原方法,率先设计出相应的专用芯片,在世界上首次使用控制信息(参数)描述笔画特征的方法,这些成果的产业化和应用,废除了我国沿用上百年的铅字印刷,推动了我国报业和印刷出版业的技术革命。其后,又相继提出并领导研制了大屏幕中文报纸编排系统、彩色中文激光照排系统、远程排版技术和新闻采编流程管理系统等。这些成果达到国际先进水平,在国内外出版、印刷领域得到迅速推广应用,使中国报业技术和应用技术、应用水平一跃为世界最前列。

王选

其后,王选致力于研究成果的商品化、产业化工作,成功地闯出了一条产、学、研紧密结合的市场化道路,使得汉字照排系统占领国内报业 99%和书刊(黑白)出版业 90%的市场,以及 80%的海外华文报业市场,创造了巨大的经济和社会效益,王选被誉为“当代毕昇”。

由于所取得的一系列杰出成果,王选获得了多项大奖——国家科技进步一等奖、联合国教科文组织科学奖、何梁何利科学与技术进步奖、2001 年国家最高科学技术奖。

6. 几位世界级的华人数学家

(1) 数学大师华罗庚

华罗庚 1910 年 11 月 12 日出生于江苏金坛金城镇,1924 年金坛中学初中毕业后刻苦自学。1936 年赴英国剑桥大学访问、学习。1938 年回国后任西南联合大学教授。1946 年赴美国,任普林斯顿数学研究所研究员、普林斯顿大学和伊利诺斯大学教授。

华罗庚

1949 年，华罗庚毅然放弃国外优裕生活，携全家返回祖国。历任清华大学教授，中国科学院数学研究所、应用数学研究所所长，中国数学学会理事长。华罗庚是中国解析数论、矩阵几何学、典型群、自安函数论等多方面研究的创始人和开拓者。在国际上以华氏命名的数学科研成果就有“华氏定理”、“怀依-华不等式”、“华氏不等式”、“普劳威尔-嘉当-华定理”、“华氏算子”、“华-王方法”等。

华罗庚在农村推广优选法

华罗庚为中国数学的发展作出了举世瞩目的贡献。美国著名数学家贝特曼(Bateman)称华罗庚“一直是中华人民共和国第一流的科学巨人之一……，像爱因斯坦在美国一样，最后成为本国传奇式的科学家”，“足够成为全世界所有著名科学院院士”。他被芝加哥科学技术博物馆列为当今世界 88 位数学伟人之一，国际数学界公认他是“绝对第一流的数学家”。

在研究和教学工作中，他注重理论联系实际。从 1960 年起，华罗庚开始在工农业生产中推广统筹法和优选法，足迹遍及 27 个省、自治区、直辖市。主要学术著作有《堆垒素数论》、《数学引论》、《典型群》、《高等数学引论》(第 1 卷)、《数论导引》、《优选法》、《统筹方法平话》、《数学归纳法》等。发表论文约 200 篇，专著数十本，其中有 8 本被国外翻译出版，有些被列入 20 世纪经典著作之列。

陈省身

1985 年 6 月 12 日，华罗庚应日本数学界的邀请在东京大学讲台上作《在中国普及数学方法的若干个人体会》的学术演讲，突然昏倒在地上——急性心肌梗死，在场医生立即进行抢救，然而一切努力都无济于事。享年 75 岁。

(2) 数学大师陈省身

陈省身先生开创并领导着整体微分几何、纤维丛微分几何、“陈省身示性类”等领域的研究，在国际数学界享有崇高的威望，被尊为“微分几何之父”。

1979 年，陈省身从加州大学伯克利分校退休时，学校为他举行了为期 5 天的国际微分几何会议，从世界各地赶来的 300 多位数学家用歌声颂扬他的数学功绩：

向陈省身致敬！数学的伟人！

他使得高斯-博内公式家喻户晓，
他发现了内蕴的证明，
他的真理传遍了世界，
他给我们陈类，
还有第二不变量，
纤维丛和层，
分布和叶形！
让我们大家向陈省身欢呼致敬！
向陈老先生鞠躬！
他的数学，至美，至纯。
他的一生，至简，至定。

作为热爱祖国的华人，1985 年，陈先生回到天津创办南开大学研究所，并确立了"立足南开，面向全国，放眼世界"的办所宗旨。在他的带领和倡议下，南开数学研究所连续 11 年举办了 12 次"学术年"活动，从全国各地选拔优秀数学研究生和青年教师集中培训，由陈先生出面邀请世界数学名家演讲，一批中青年数学人才随之脱颖而出。陈先生晚年的最大心愿是使中国成为一个数学强国。他对于当代中国数学迈向国际学术前沿，发挥了非常独特的桥梁作用。

江泽民同志接见数学大师陈省身

为了实现"21 世纪把中国建成为数学大国"的梦想，陈省身殚精竭虑，捐巨款设立"陈省身数学奖"、"陈省身奖学金"，可谓不遗余力。陈省身先生和夫人已经立下遗嘱，将自己的遗产一分为三(分给两个子女，加上南开数学所)，对南开数学所的感情，已转化为一种亲情，这种亲情何止是对天津和中国，而是寄情于中华民族的未来！

陈省身艰苦奋斗一生研究数学取得举世瞩目的成就，获得了各种殊荣和奖励：

1975 年，获美国国家科学奖。

1983～1984 年，获有数学诺贝尔奖之称的以色列沃尔夫奖。

2001 年，获"振兴数学终身成就奖"。

2004 年 5 月，中国天文台将一颗新发现的小行星命名为"陈省身星"。美国科学院任命陈省身为终身院士。

2004 年 9 月，获香港"邵逸夫奖"——东方诺贝尔奖，并将奖金 100 万美元全部捐给南开大学。

陈省身先生生命不息、奋斗不止的献身精神和他为世人描绘的数学美景，将鼓舞我们在科学的征途上不懈探索；他谦虚谨慎、爱国奉献的崇高品格，将永远激励后人,为中华民族的振兴而努力工作。

(3) 新一代的华人数学家代表——丘成桐

丘成桐获得菲尔兹奖

陈省身和丘成桐,这两位获得世界数学的最高奖——沃尔夫奖和菲尔兹奖的华人数学家拥有一段长达35年的师生缘。

22岁时,年轻的丘成桐就获得了美国加州大学伯克利分校的博士学位,27岁攻克了著名的卡拉比(Kahlabi)猜想。他用几何方法构造了好几个"卡拉比-丘流形",这些奇妙、美丽的图形让他站在了微分几何的最前端,并由此又连克一系列世界数学难题,从此奠定了他在微分几何领域大师的地位。1983年,只有34岁的丘成桐获得了数学界的最高奖——菲尔兹奖。

丘成桐接受中央电视台记者采访

1979年,丘成桐提出的100个猜想,重新构建了微分几何整个结构体系,他心目中的数学王国像一部完美的文学作品。由于丘成桐与文史已结下了不解之缘(参阅8.11《丘成桐的文学情怀》)赋予了他做学问时的独特长远的眼光。人文之根已深深地植入了他的身体之中,丰富的文史涵养让数学更添了一份广博之美,让丘成桐包容了数学之外更多的东西。丘成桐的数学成果已经在其他科学领域得到了广泛的应用。

在丘成桐的大力推动下,1994年香港中文大学创建数学所,1996年中科院建立晨兴数学中心,2002年浙江大学创建数学研究中心。这些研究中心是在中国专门培养有气质、有眼光的数学家的土壤,为他们接近国际数学研究前沿创造条件。中心邀请国际一流数学家或相关学科的大师来与青年数学家们对话。而丘成桐在这些研究中心讲课、教学、工作,不收取任何报酬。和他的老师陈省身先生一样,他此生最大的愿望是让中国成为一个数学强国。

9.6 陈省身猜想——21世纪的数学强国

1. 猜想的提出

1988年夏天,在天津南开大学数学研究所召开了"21世纪中国数学展望学术讨论会”。会上，陈省身预言：中国在21世纪将成为一个数学大国。1991年他在一次演讲中又说：“愿中国的青年和未来的数学家放开眼光，展开壮志，把中国建成为数学大国。”

“中国必将成为数学大国”这一预言，在数学界被称为“陈省身猜想”。“陈省身猜想”的范畴不仅仅是数学的，它蕴含着炎黄子孙对整个中华民族的期望。

2. 数学大国与数学强国

我们正在努力实现“成为数学大国”这一目标。正如2002年陈省身在北京举行的第25届国际数学家大会期间接受记者采访时说的，中国现在已经是数学大国了，但中国现在还不是数学强国，做大容易，做强却很难，难在中国现在还没有出现领袖级的能挑大梁的人物，就像高斯那样的数学家。高斯不是那种只能解决数学中某一点问题的数学家，而是在许多方面都富有创建性，他能解决许多数学家都无法解决的问题。

努力实现“数学强国”这一奋斗目标，不仅是中国实现现代化的需要，也是中国对人类文化应该做出的贡献。

3. 追赶世界先进数学水平迈进的步伐

在过去的一个世纪里，尤其是改革开放20年来，不仅数学学科体系变得庞大，而且与其他学科的联系变得更密切。许多负笈海外的青年才俊和国内培养的数学家也迅速崛起，数学发展的许多前沿阵地都有中国数学家拓疆驰骋的身影，他们填补着数学上的重要空白领域，如本来就有较强实力的数理逻辑、数论、拓扑学、泛函分析等，以及起来较晚的一些学科，如代数几何、整体几何、整体微分几何、机器证明和模糊数学等，近年来也都有达到或接近国际水平的成果。改革开放的20多年来，我国数学的研究人员队伍迅速扩大，研究论文和专著成十倍地增长，研究领域和方向也发生了深刻的变化。在世界各地许多大学的数学系里都有中国人任教，特别是在美国，中国数学家还在大多数名校占有重要教职。在许多高水平的国际学术会上都能见到做特邀报告的中国数学家。在重要的数学期刊上，不仅中国人的论著屡见不鲜，而且在引文中，中国人的名字亦频频出现。在一些有影响的国际奖项中，中国人也开始崭露头角。据统计，近十年发表论文的排行榜上，中国已位居第4位。

另外，数学体系不断完善，雄厚的数学后备力量正在形成。现在不少大学的数学专业不再是无人问津的冷门，而是考生争相报考的专业。宽松的学术环境正在形成，以往急功近利的科研考核、评估办法也正逐渐改变着。中科院与系统科学研究院组织数学家成立了“核心数学中具有挑战性的问题”和“复杂性科学”两个国际研究团队，向一些世界性的数学难题发起冲击，研究人员在几年的时间内可以不受评价体系的束缚，为生存去做一些一般的问题，而是专注于解决数学难题。

在国家投入巨资的“973”项目（国家重点基础发展规划项目）中，有不少是数学项目，比如核心数学前沿问题，大规模科学计算研究等。中科院系统的创新工程、百人计划、高校系统的985工程、长江学者计划、国家自然科学基金委的数学天元基金，这一切使得数学工作者们的个人待遇大大提高，工作环境科学研究条件也明显改善。

陈省身先生说：“数学思想最终转化到能应用于我们的生活，是需要时间的，过于功利的研究往往不会产生好的效果。不是给了经费支持，数学研究就一定会成功，要允许失败，而且多半是失败的。从总体上说，只要有足够的财力支持，就可以吸引人才，在一定时间内，肯定会出成果。”陈先生还说：“数学是个个人的学问，经费问题不太严重，比其他科学容易发展。目前，中国数学拥有十分有利的环境，或许短时间内在数学研究的总体水平难以实现全面超越，但肯定会在一些重要领域取得突破。”

4. 2002年在北京举行的第24届国际数学家大会

在北京举行的第24届国际数学家大会会徽

20世纪90年代初，国际数学大师陈省身和他的学生、当时唯一的华人菲尔兹奖得主丘成桐教授向当时国家主席江泽民建议，中国可以申办国际数学家大会，借以提高我国在国际数学界的地位，促进我国数学科学的研究和教学。建议得到了我国政府大力支持。江泽民说：“中国政府支持2002年在北京召开的国际数学家大会，并希望借此契机力争在下世纪初（作者注：此处指21世纪初）将中国的数学研究和人才培养推向世界前列，为中国今后的科技发展奠定坚实雄厚的基础。”

2002年8月第24届国际数学家大会在北京胜利召开。能在国际数学家大会上被邀请作1小时报告和45分钟报告的数学家都将视此为极高的荣誉而倍加珍惜。而在此次大会上，我国有11位数学家登上大会的讲坛作大会报告。本届大会主席吴文俊高兴地说，我们拿到了11块“金牌”。

记住这些为数学事业作出了贡献、为祖国赢得了崇高荣誉的数学家的名字吧，他们是：丁伟岳、王试宬、龙以明、曲安京、严加安、张伟平、陈木法、周向宇、洪家兴、郭雷、萧树铁、田刚、张圣宏、鄂维南，其中田刚被邀请作1小时报告。

在大会召开的10多年前，我国数学界认为国际数学研究的整体格局是：美苏领先，西欧紧随其后，日本迎头赶上，中国是个未知数。而如今，中国已不再是未知数了,中国已成为一个潜在的数学大国。

5. 外界评论——中国必将成为世界强国

2006年在西班牙召开的第25届国际数学家大会之际法国媒体不惜笔墨地介绍了中国对数学研究的投入和中国科学研究的飞跃发展。

法国《世界报》刊文《世界数学界重新发牌》,介绍了中国对数学研究的高度重视。该文援引法国高等科学研究院院长布吉尼翁的话说,中国目前的数学家人数还不多,但这支队伍很快将会壮大起来,因为中国已定下了决心发展数学研究,国家大量增加投入,并以极其优越的工作条件从世界各地吸引回大量优秀人才,中国在国际数学界地位的不断上升将会很快引起“世界数学界的重新组合”。

法国《世界报》的另一篇文章写道:“十年之内中国的科研经费增加到7倍,在较短时间内在国际杂志发表论文数量增加2倍以及计划到2020年使科研投入与国内生产总值的份额翻倍的国家,不是美国和日本,也不是欧洲各国,而是中国。”文章认为,昨天的科学“矮人”,将是明天的科学“巨匠”。

国际数学家联盟前主席路德维希·法德夫也十分看好中国的数学研究。他说:“你们种下了树,并且让它成长,在不久的将来便可得到果实。我们可以断言,在10到15年之后不久,中国在数学上的地位将比欧洲任何一个国家都重要。中国数学家正在酝酿从‘量变’到‘质变’的强大力量。”英国数学大师约翰·科茨(John Coates)动情地说:“陈省身教授提出的中国成为世界数学大国的愿望已实现,中国将成为世界数学强国!”

6. “数学强国”梦何时能圆?

(1) 当今中国数学在世界数学中所处的地位

著名数学家丘成桐说:“我们的科技水平和国外确实有一段距离,数学也比较落后,对世界影响不大,中国距数学强国还有漫长的路要走。”

在24届数学大会上做学术报告的陈木法教授说:“我国数学水平排在美、德、法、日、俄、加等国之后,仅处于发展中国家的第一方阵,只能在某些领域和世界对话。”

(2) 问题所在

专家认为“我们目前跟踪研究的比较多,真正属于原创性的很少,小的原创成果有,大的原创性成果没有,希望有更多的对整个数学发展有重大影响的原创性成果”。而一个重要的原创成果,就会造就一位大家。我们呼唤原创性成果的出现,期待着大师的出现。

“数学研究不必一定是解答别人提出的问题。中国数学家应该提出自己的问题,多做些原创性研究,才能真正成为一流的数学大国。”

“我们现在有一些将才,但缺乏帅才,像华罗庚这样的帅才,不仅本人是好几个领域的专家,而且有非常长远的眼光,我们现在缺少这样一个领军人物。”

因此当务之急是在原创性方面下工夫,在数学王国里开创更多的“中国学派”,开创一个新的领域,让全世界的人跟着我们去研究。

(3) 展望

数学家杨乐对此非常乐观,他说:“如果一切正常,发展顺利,20 年时间中国应该能成为数学强国。”他认为,现在国家对科学和教育很重视,科技人才正在成批成长。

诺贝尔奖获得者杨振宁曾经预言:中国科技未来三四十年内可能冲到世界最前线,取得诺贝尔奖级的成果,这个领域很可能就是数学。“很可能”是一种猜想。要证明这一猜想还需要众多数学家的努力,需要更多原创性成果。

2004 年 12 月 24 日国家主席胡锦涛看望著名数学家杨乐,向他了解当前基础科学研究的情况,并发表了要重视自主创新的重要讲话

丘成桐说:“数学是科学之母,是科学的基础。数学的落后,基础研究的落后,将影响整个国家的长久竞争力,尤其是在这个知识当道、科技争锋的时代。尽管我们离数学强国的目标还有很长的距离,但是中国的数学正大步走向世界。”

中国在数学研究方面有很好的传统。随着国家经济发展、社会进步和国际交流日益广泛,年轻人对数学的兴趣有了很大提高,投身数学研究的人越来越多,涌现出一批非常有才华的青年人才,只要抓住这个机遇,中国数学就有希望。

陈省身先生晚年最大的心愿就是使中国成为一个数学强国,陈先生曾套用陆游的诗说:“一朝数学大国日,家祭毋忘告乃翁。”

我们希望陈先生的愿望能早日实现,我们希望“陈省身猜想”能早日成为“陈省身定理”。

参考文献

陈克艰.2005.数学逍遥游.上海:少年儿童出版社

陈仁政.2005.不可思议的e.北京:科学出版社

陈仁政.2005.说不尽的π.北京:科学出版社

邓冬皋,孙小礼,张祖贵.1999.数学与文化.北京:北京大学出版社

费林北.2000.迷人的彩虹——美中的数.上海:上海科学技术出版社

金保云,刘斌.1997.中外数学名题荟萃.武汉:湖北人民出版社

靳平.2004.数学的一百个基本问题.太原:山西科学技术出版社

卡尔文·克劳森.2005.数学魔法.长沙:湖南科学技术出版社

李文林.2005.数学史概论.北京:高等教育出版社

刘华杰.1997.分形艺术.长沙:湖南科学技术出版社

刘健飞,张正齐.1989.数学五千年.武汉:湖北少年儿童出版社

朴京美.2006.数学思维树.北京:中信出版社

朴京美.2005.数学维生素.北京:中信出版社

苏步青.2000.数与诗的交融.天津:百花文艺出版社

谈祥柏.2005.乐在其中的数学.北京:科学出版社

王庚.2004.数学文化与数学教育——数学文化报告集.北京:科学出版社

吴义方,吴卸耀.2005.数字文化趣谈.上海:上海大学出版社

易南轩.2006.数学美拾趣.北京:科学出版社

易南轩.2006.易南轩中学数学美育探微.济南:山东教育出版社

张楚廷.2004.数学文化.北京:高等教育出版社

张顺燕.2004.数学的美与理.北京:北京大学出版社

张顺燕.2003.数学的源与流.第二版.北京:高等教育出版社

张维忠.2005.文化视野中的数学与数学教育.北京:人民教育出版社

郑毓信,王宪昌,蔡仲.2001.数学文化学.成都:四川教育出版社

朱汉林.2002.数学文化.苏州:苏州大学出版社

邹瑾,杨国安.2003.开心数学.哈尔滨:哈尔滨工业大学出版社

附录1　改变世界面貌的十个数学公式

1971年5月15日，尼加拉瓜发行了十张一套题为“改变世界面貌的十个数学公式”邮票，由一些著名数学家选出十个对世界发展极有影响的公式来表彰。这十个公式不但造福人类，而且具有典型的数学美：简明性、和谐性、奇异性。

（一）手指计数基本法则　$1+1=2$

这是人类一开始对数量认识的基础公式。人类祖先计数，都是从这一公式开始的，都是从手指计数基本法则开始，因为人有十个手指，计算时以手指辅助。正是这一事实自然地孕育形成了现在我们熟悉的十进制系统。记数法与十进制的诞生是文明史上的一次飞跃。

（二）勾股定理(毕达哥拉斯定理)　$A^2+B^2=C^2$

若一直角三角形的直角边为A、B，斜边为C，则有$A^2+B^2=C^2$。这就是欧氏几何中最著名的勾股定理(国外一般称之为“毕达哥拉斯定理”)。它在数学与人类的实践活动中有着极其广泛的应用。勾股定理的另一大影响是导致无理数的发现。

（三）阿基米德杠杆原理　$F_1X_1=F_2X_2$

公式中 F 为作用力，X 为力臂，FX 即为力矩，从原则上说，只要动力臂足够长，而阻力臂足够短，就可以用足够小的力撬动足够重的物体。为此，阿基米德说了一句壮语："给我一个支点，我就能撬动地球。"

（四）纳皮尔指数与对数关系公式　$e^{\ln N}=N$

其中 e=2.718281828…。对数是由苏格兰业余数学家约翰·纳皮尔（John Napier）男爵经 20 年潜心研究大数的计算技术而发明的。伽利略发出了豪言壮语："给我时间、空间和对数，我可以创造出一个宇宙来。"对数表这一惊人发明很快传遍了欧洲大陆，曾在几个世纪内为数学家、会计师、航海家和科学家所广泛应用。对数和指数已经成为每一个中学生必学的内容。

（五）牛顿万有引力定律 $F=\frac{G\cdot m_1m_2}{r^2}$

使人联想到那个家喻户晓的牛顿和苹果的故事。在那个神奇的假期里，一个苹果偶然从树上掉下来，却成了人类思想史的一个转折点，促使牛顿发现了对人类具有划时代意义的万有引力定律。公式中的 G 为引力常量，m_1、m_2 分别表示两个物体的质量，r 为两个物体的距离。

（六）麦克斯韦电磁方程组　$\nabla^2 E=\frac{K\mu}{C^2}\cdot\frac{\partial^2 E}{\partial t^2}$

麦克斯韦电磁方程组确定了电荷、电流、电场和磁场之间的普遍联系，是电磁学的基本方程。由此公式可以证明电磁波在真空中传播的速度等于光在真空中传播的速度。电磁学理论奠定了现代电力工业、电子工业和无线电工业的基础。

（七）爱因斯坦质能关系式　$E=mc^2$

这里 c 为光速，m 为质量，E 为能量。这就是著名的质能关系式，是制造原子弹的理论基础。1905 年提出这个公式的是年仅 26 岁的爱因斯坦。今天核能已广泛用于农业及军事。爱因斯坦一辈子也在追求物理中的数学美（简洁美与对称美）。

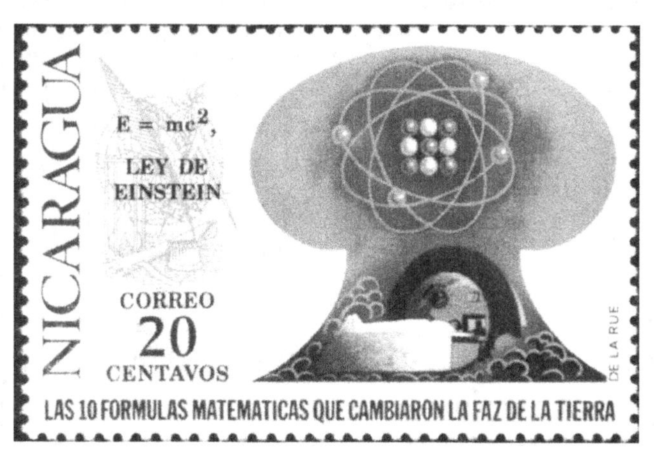

（八）德布罗意公式 $\lambda=\dfrac{h}{mv}$

这是由德布罗意(L. De Brogile)提出的表达波粒二象性的公式。其中 λ 为与粒子相伴的物质波的波长，h 是普朗克常量，mv 为粒子的动量。他认为任何实物、粒子都同时具有波与粒子二种性质，而物质波的概念为波动力学的发展提供了重要的理论基础。量子力学不仅是理论物理学，也是科学哲学研究的范畴，甚至影响了我们日常生活中的一些基本假定。

（九）玻尔兹曼公式 $S=K\ln W$

“熵”是表示封闭体系杂乱程度的一个量，“熵”是希腊语“变化”的意思。1877

年由玻尔兹曼给出了表示系统的无序性大小的一个关系式。其中 k 为玻尔兹曼常数，s 是宏观系统熵值，是分子运动或排列混乱程度的衡量尺度。W 是可能的微观态数。W 越大，系统就越混乱无序。由此可以看出熵的微观意义：熵是系统内分子热运动无序性的一种量度。

（十）齐奥尔科夫斯基公式　$V=V_e \cdot \ln \frac{m_o}{m_i}$

前苏联科学家齐奥尔科夫斯基提出利用火箭进行星际航行和发射卫星的可能性，并建立了火箭结构特点与飞行速度之间的关系式，即著名的齐奥尔科夫斯基公式（简称火箭公式）。其中 V 为火箭的速度增量，V_e 为喷流相对于火箭的速度，m_o 和 m_i 分别代表发动机开启和关闭时火箭的质量。它成为人类征服太空的钥匙。1957 年苏联发射第一颗人造卫星，揭开太空时代的序幕，1961 年送出第一位航天员——加加林，美国在 1969 年送阿姆斯特朗踏上了月球。

附录 2　世界著名数学大奖简介

令人费解也令人遗憾的是，在举世瞩目、一年一度的诺贝尔奖中，只设有物理学、化学、生物学、文学或医学、和平事业五个类别奖项，1986 年又设立了经济学奖，而对于科学的皇后——数学一科，竟然没有设立奖项。这使得数学这一重要学科失去了一个在世界上评价其重大成就和表扬其卓越人物的机会。正是在这种背景之下，世界上设立了下面三个著名的数学大奖。

(一)菲尔兹(Fields)奖简介

菲尔兹

菲尔兹奖是以已故的加拿大数学家、教育家 J. C. 菲尔兹(Fields)的姓氏命名的。J. C. 菲尔兹 1863 年 5 月 14 日生于加拿大渥太华。菲尔兹 17 岁进入多伦多大学攻读数学，24 岁时在美国的约翰·霍普金斯大学获博士学位，后任美国阿勒格尼大学教授。1902 年回国后执教于多伦多大学。J. C. 菲尔兹于 1907 年当选为加拿大皇家学会会员。他还被选为英国皇家学会、苏联科学院等许多科学团体的成员。

J. C. 菲尔兹强烈地主张数学发展应是国际性的，他对于数学国际交流的重要性，对于促进北美洲数学的发展都抱有独特的见解并满腔热情地作出了很大的贡献。1924 年主持了在多伦多召开的国际数学家大会(这是在欧洲之外召开的第一次国际数学家大会)。当他得知这次大会的经费有结余时，他就萌发了把它作为基金设立一个国际数学奖的念头。他为此积极奔走于欧美各国谋求广泛支持，并打算于 1932 年在苏黎世召开的第九次国际数学家大会上亲自提出建议。但不幸的是未等到大会开幕他就去世了。J. C. 菲尔兹在去世前立下了遗嘱，他把自己留下的遗产加到上述剩余经费中，由多伦多大学数学系转交给第九次国际数学家大会，大会立即接受了这一建议。

J. C. 菲尔兹本来要求奖金不要以个人、国家或机构来命名，而用“国际奖金”的名义，但是，参加国际数学家大会的数学家们为了赞许和缅怀 J. C. 菲尔兹的远见卓识、组织才能和他为促进数学事业的国际交流所表现出的无私奉献的伟大精神，一致同意将该奖命名为菲尔兹奖。

第一次菲尔兹奖颁发于1936年，当时并没有在世界上引起多大注意。连许多数学专业的大学生也未必知道这个奖，科学杂志也不报道获奖者及其业绩。然而30年以后的情况就完全不一样了。每次国际数学家大会召开，从国际上权威性的数学杂志到一般性的数学刊物，都争相报道获奖人物。菲尔兹奖的声誉不断提高，终于被人们确认：对于青年人来说，菲尔兹奖是国际上最高的数学奖。

菲尔兹奖的一个最大特点是奖励年轻人，只授予40岁以下的数学家（这一点在刚开始时似乎只是个不成文的规定，后来则正式作出了明文规定），即授予那些能对未来数学发展起到重大作用的人。

菲尔兹奖是一枚金质奖章（重约14克拉）和1500美元的奖金。奖章的设计是：

1）正面：① 中间人像是古代数学家阿基米德的浮雕头像；② 刻有希腊文：ΑΡΧΙΜΗΛΟΤΣ（阿基米德）；③ 周围是拉丁文字串：TRANSIRE SVVM PECTVS MVNDOQVE POTIRI，意思是"超越人类的局限，做世界的主人"。

2）背面：①周围是拉丁文字串：CONGREGATI EX TOTO ORBE MATHEMATICI OB SCRIPTA INSIGNIA TRIBVERE，意思为"全世界的数学家们，为知识作出新的贡献而自豪"；②以象征和平的橄榄枝为底衬。

正面

反面

菲尔兹奖章

就奖金数目来说，与诺贝尔奖金相比菲尔兹奖可以说是微不足道，但为什么在人们的心目中，它的地位竟如此崇高呢？主要原因有三：

第一，它是由数学界的国际权威学术团体——国际数学联合会主持，从全世界的第一流青年数学家中评定、遴选出来的；

第二，它是在每隔四年才召开一次的国际数学家大会上隆重颁发的，且每次获奖者仅2—4名（一般只有2名），因此获奖的机会比诺贝尔奖还要少；

第三，也是最根本的一条，是由于得奖人的出色才干，赢得了国际社会的声誉。

正如20世纪著名数学家C. H. H. 外尔，对1954年两位获奖者的评价：他们"所达到的高度是自己未曾想到的"，"自己从未见过这样的明星在数学天空中灿烂升起”，“数学界为你们二位所做的工作感到骄傲”。最后，外尔以不同寻常的词句赞扬道：“像我这样年纪的人，要跟上年轻一代在数学方法、问题、成果方面的进展是困难的。……一个老年人是不容易跟上你们的步伐的。数学界为你们所做的工作而感到骄傲。这表明数学这株扭曲的老树依然充满活力与生机。你们是怎样开始的，就怎样继续吧！”从而证明了菲尔兹奖对青年数学家来说是世界上最高的国际数学奖。

菲尔兹奖的授奖仪式，都在每次国际数学家大会开幕式上隆重举行，由一些权威数学家分别、逐一简要评价得奖人的主要数学成就。从 1936 年开始到 2002 年获菲尔兹奖的已有 53 人，他们都是数学天空中升起的灿烂明星，是数学界的精英。

历届菲尔兹奖得主是：

1936 年：L. V. 阿尔福斯（芬兰-美国），J. 道格拉斯（美国）。

首届菲尔兹奖在 1936 年挪威奥斯陆第十届国际数学家大会上颁发，此后由于第二次世界大战爆发而中断，直至 1950 年才恢复颁发。

1950 年：L. 施瓦尔兹（法国），A. 赛尔伯格（挪威-美国）。

1954 年：小平邦彦（日本），J. P. 塞尔（法国）。

1958 年：K. F. 罗斯（英国-德国），R 托姆（法国）。

1962 年：L. V. 赫尔曼德（瑞典），J. W. 米尔诺（美国）。

由于一项匿名捐款充实了菲尔兹奖的基金。评选委员会主席 G. 德拉姆（De Rham）汇报了这一情况，并说明由于 30 年前首次颁奖以来数学领域已大大扩展，因此颁奖人数“可以审慎地”增加到每次 4 人。

1966 年：M. F. 阿提雅（英国），P. J. 科思（美国），A. 格罗爱迪克（法国），S. 斯梅尔（美国）。

1970 年：A. 贝克（英国），广中平佑（日本），S. P. 诺维科夫（前苏联），J. G. 汤普逊（美国）。

1974 年：E. 邦别里（意大利），D. B. 曼福德（美国）。

1978 年：C. 费弗曼（美国），P. 德林（比利时），D. 奎伦（美国），G. A. 玛古利斯（前苏联）。

1983 年：A. 孔涅（法国），T. 瑟斯顿（美国），丘成桐（中国）。

1986 年：M. 弗里德曼（美国），S. 唐纳森（英国），G. 福尔廷斯（德国）。

1990 年：V. F. R. 琼斯（新西兰-美国）. 森重文（日本），V. 德里费尔德（前苏联），E. 威顿（美国）。

1994 年：J. 布尔金（比利时），P.L. 里昂斯（法国），J. C. 约柯兹（法国），E. 契尔马诺夫（俄国）。

1998 年：R. E 博彻兹（英国），W. T. 高尔（英国），M. 康特谢维奇（俄罗斯），C. T. 麦克马伦（美国）。

2002 年：L. 拉福格(法国)，V. 沃沃得斯基(俄罗斯-美国)。

2006 年：格里戈里·佩雷尔曼(俄罗斯)，安德烈·奥昆科夫(俄罗斯)，文德林·维尔纳(法国)，陶哲轩(澳大利亚-中国)。

1982 年华裔数学家丘成桐荣获菲尔兹奖，成为获此殊荣的第一位华人数学家。2006 年，又有一位华裔数学家陶哲轩成为了第二位获此殊荣的华人数学家。龙的传人，光照世界。

(二) 沃尔夫(Wolf)奖简介

沃尔夫

由于菲尔兹奖只授予 40 岁以下的年轻数学家，所以年纪较大的数学家没有获奖的可能。1976 年 1 月 1 日，R. 沃尔夫(Ricardo Wolf)及其家族捐献 1000 万美元成立了沃尔夫基金会，其宗旨主要是为了促进全世界科学、艺术的发展。R. 沃尔夫，1887 年生于德国，其父是德国汉诺威城的一位五金商人，也是该城犹太社会的名流。R. 沃尔夫曾在德国研究化学，并获得博士学位。第一次世界大战前移居古巴。他用了将近 20 年的时间，经过大量试验，历尽艰辛，成功地发明了一种从熔炼废渣中回收铁的方法，从而成为百万富翁。1961～1973 年他曾任古巴驻以色列大使，以后定居以色列。他是沃尔夫基金会的倡导者和主要捐款人。R. 沃尔夫于 1981 年逝世。基金会的理事会主席由以色列政府官员担任。评奖委员会由世界著名科学家组成。

沃尔夫基金会设有数学、物理、化学、医学、农业五个奖(1981 年又增设艺术奖)。1978 年开始颁发，通常是每年颁发一次，每个奖的奖金为 10 万美元，可以由几人分得。由于沃尔夫数学奖具有终身成就的性质，他们的成就在相当程度上代表了当代数学的水平和进展。该奖的评奖标准不是单项成就而是终身贡献，获奖的数学大师不仅在某个数学分支上有极深的造诣和卓越贡献，而且都博学多能，涉足多个分支，且均有建树，形成了自己的著名学派，他们是当代不同凡响的数学家。自 1978 年到 2002 年已有 40 位数学家获得沃尔夫数学奖，所以这 40 位数学家都是蜚声数坛、闻名遐迩的当代数学大师。沃尔夫奖一年举行一次。

历届沃尔夫奖的得主是：

1978 年：西格尔(C. L. Siegel，德国)，盖尔范德(L. M. gelfand，苏联)。

1979 年：韦伊(A. Weil，法国)，勒雷(J. Leray，法国)。

1980 年：柯尔莫哥洛夫(A. N. Kolmogorov，苏联)，嘉当(H. Cartan，法国)。

1981 年：扎里斯基(O. Zariski，苏联-美国)，阿尔福斯(L. V. Ahlfors，芬兰-美国)。

1982 年:克列因(M. G. Krein,苏联),惠特尼(H. Whitney,美国)。

1984 年:陈省身(中国-美国),爱尔特希(P. Erdos,匈牙利)。

1985 年:列威(H. Lewy,波兰-美国),小平邦彦(K. Kodaira,日本)。

1986 年:爱伦伯格(S. Eilenberg,波兰-美国),塞尔伯格(A. Selberg,挪威-美国)。

1987 年:拉克斯(P. D. Lax,美国),伊藤清(K. Ito,日本)。

1988 年:赫曼德尔(L. V. Hormander,瑞典),希策布鲁赫(F. Hirzebruch,德国)。

1989 年:米尔诺(J. W. Milnor,美国),卡尔德隆(A. P. Calderon,阿根廷-美国)。

1990 年: 德·乔治(E. de·Giorgi,意大利),皮亚捷斯基一夏皮诺(I. Piatetski－Shapiro,苏联-以色列)。

1992 年:汤普森(J. G. Thompson,美国),卡尔森(L. A. E. Carleson,瑞典)。

1993 年:蒂茨(J. Tils,比利时-法国),格罗莫夫(M. Gromov,俄罗斯-法国)。

1995 年:莫泽(J. K. Moser,德国)。

1996 年:怀尔斯(A. J. Wiles,英国),朗兰兹(R. Langlands,美国)。

1997 年:凯勒(J. B. Keller,美国),西奈(Y. G. Sinai,俄罗斯)。

1999 年:斯坦(E. M. Stein,美国),洛瓦斯(Lászlo Lovász,匈牙利)。

2000 年:波特(R. Bott,美国),塞尔(Jean－Pierre Serre,法国)。

2001 年:阿诺(V. I. Amold,俄罗斯),瑟拉(S. Shelah,以色列)。

2002 年:佐藤干夫(Sato Mikio,日本),塔特(J. T. Tate,美国)。

1984 年华裔美国数学家陈省身荣获沃尔夫奖,成为目前获此殊荣的唯一一位华人数学家。

(三)挪威设立的数学界大奖——阿贝尔(Abel)奖简介

阿贝尔

2001 年 8 月 23 日,挪威首相在奥斯陆大学宣布,挪威政府将捐出 2 亿挪威克朗(约 2200 万美元)的基金,成立一个全新的国际性数学奖项——阿贝尔奖。为了纪念挪威天才数学家阿贝尔诞辰 200 周年而设立了阿贝尔纪念基金,基金的收益将用于阿贝尔奖奖金、阿贝尔奖颁奖典礼和青少年数学教育活动。阿贝尔在五次方程和椭圆函数研究方面远远的走在当时研究水平的前面,但因在学术上始终无法得到承认而贫病交加,不到 27 岁就染上肺结核去世。法国数学家埃尔米特曾感叹地说:"阿贝尔所留下的思想,可供数学家们工作 150 年。"2002 年在北京举行的第 24 届国际数学家大会上,出席国际数学联盟成员国代表大会的奥斯陆大学数学系教授斯托默宣布了设立阿贝尔奖的消息。

阿贝尔奖将一年一度地颁发给那些在数学领域作出杰出贡献的科学家，获奖者没有年龄的限制，颁奖典礼将于每年六月在奥斯陆举行。由5人组成的阿贝尔评奖委员会的全部5名委员必须经由挪威科学院任命，其中有两人来自挪威科学院，其余三人分别来自挪威皇家社会科学院、挪威高等教育委员会和奥斯陆大学。

1. 2003年阿贝尔奖

2003年6月3日，在奥斯陆举行了第一次授奖仪式。阿贝尔奖的第一位获奖者是在数学诸多领域都有成就的法国数学家让-皮埃尔·塞尔(Jean-Pierre Serre)。阿贝尔奖授奖委员会发布的授奖理由是："他在拓扑学、代数几何学和数论等诸多领域为现代数学的坚实基础做出了杰出的贡献。"塞尔是1926年生人，1954年当他28岁时就已获得过菲尔兹奖，是菲尔兹奖历史上最年轻的获奖者。

2. 2004年阿贝尔奖

2004年3月25日，该年度的"阿贝尔奖"在挪威首都奥斯陆揭晓。英国数学家迈克尔·阿蒂亚与美国数学家艾沙道尔·辛格由于发现了指标定理，两人将分享了总额高达87.5万美元的巨额奖金。挪威科学院高度评价了这两位科学家的研究成果，称"他们的杰出贡献在于发现了指标定理，该定理将过去曾被认为毫不相关的拓扑学、几何学和分析学完美地结合在一起，因而是现代核心数学中最引人注目的一个领域"。

1993年，阿蒂亚与辛格共同发现并证明了指标定理。自20世纪80年代以来，物理学家大量引用阿蒂亚与辛格的研究成果，在超弦和量子场论研究领域获得了大量成果，并对拓扑学、微分几何学的研究有极其深远的影响。鉴于指标理论对基础数学和基础物理研究的巨大贡献，国际数学界将指标定理的证明与著名的费马大定理的证明相提并论，将它们称为20世纪取得的最伟大成果。

阿贝尔奖的设立弥补了以前所有国际数学大奖的不足：一是奖金数额与诺贝尔奖相当；二是每年颁发一次；三是取消了年龄限制。因此，阿贝尔奖虽然设立的时间不长，但很快在世界范围内获得了承认，极有可能打破数学界长期以来没有一项荣誉能够与诺贝尔奖相比拟的尴尬局面，无可争辩地成为一项国际数学界的"诺贝尔奖"。

3. 2005年阿贝尔奖

2005年5月25日，有"数学界诺贝尔奖"之称、金额为600万挪威克朗(约合98万美元)的挪威阿贝尔奖得主名字揭晓。挪威王储哈康24日将该年度阿贝尔奖授予出生在匈牙利的美籍数学家彼得·拉克斯。

拉克斯是美国纽约大学数学教授，被认为是他这一代人中最有才华的数学家之一，以“理论数学和应用数学的结合研究”而著称。挪威科学院的评价说，拉克斯“在偏微分方程及其计算解答的理论和应用研究方面作出了创造性贡献”。

彼得·拉克斯是匈牙利裔美国数学家。作为一名数学神童，他 19 岁时就参与了研制原子弹的“曼哈顿计划”。终于在 79 岁时，他获得了世界数学界的最高荣誉——阿贝尔奖。

拉克斯在纯数学及应用数学方面均做出巨大贡献，获得了极高的荣誉，堪称世界数学界泰斗级的人物。拉克斯曾先后担任过美国数学学会主席、美国原子能委员会计算和应用数学中心主任，他还身兼美国国家科学院院士和巴黎科学院及前苏联科学院等外籍院士。

1975 年，拉克斯获得了美国数学会维纳应用数学奖，1983 年获得美国国家科学院应用数学奖，1986 年获得美国国家科学奖章，1987 年因“在分析许多领域和应用数学中做出突出贡献”而获沃尔夫奖，1993 年获得斯蒂里奖的终身成就奖。

4. 2006 年阿贝尔奖

挪威科学与文学院决定，将 2006 年度阿贝尔奖授予瑞典数学家 Lennart Carleson 教授，该项奖金为 6 000 000 克朗（约 920 000 美元，或 520 000 英镑，或 755 000欧元）。挪威国王于 5 月 23 日在奥斯陆举行的颁奖仪式上，向 Lennart Carleson 教授颁奖。Carleson 教授获奖是因为“他在平稳动力系统的调和分析和理论方面意义深远的贡献”。阿贝尔奖委员会认为“Carleson 教授的工作永远改变了我们对分析的理解。他不仅证明了一些极其困难的定理，而且证明这些定理时所引入的工具被认为和定理本身一样重要”。

Carleson 教授是当代著名的分析大家之一。在 Fourier 分析、复分析、拟共形映射及动力系统理论等方面均有重要贡献。他在 1952 年发表的关于各种函数的唯一性集理论是这个领域的重大突破。

5. 2007 年阿贝尔奖

2007 年 5 月 23 日挪威举行颁奖仪式，由国王哈拉尔五世将有“诺贝尔数学奖”之称的 2007 年度“阿贝尔奖”颁发给美籍印度数学家、纽约大学教授斯里尼瓦·瓦拉丹，以表彰他在概率论研究方面作出的突出贡献。

挪威首相斯托尔滕贝格出席了颁奖仪式后举行的宴会。他在讲话中表示，瓦拉丹教授在概率论方面作出巨大贡献，特别是他的大偏差理论更是成为现代概率论的基石。瓦拉丹 1940 年出生于印度，现为美国公民。